科学出版社“十四五”普通高等教育本科规划教材

原子及原子核物理

（第二版）

主　编　郭　江
副主编　罗培燕　邓邦林
　　　　赵晓凤　张传瑜

科学出版社
北　京

内 容 简 介

本书整合了原子物理及原子核物理的内容，使其在保持各自原有课程知识体系相对完整的基础上，又组成新的知识结构体系，从而达到融合两门相对独立的课程的目的，使学生只花费较少的时间就能初步掌握这两门课程的基本内容. 它以原子及原子核的结构、特性和变化为中心，重点阐述原子物理、原子核物理两大部分.

全书共 15 章，各章均附有习题. 第 1～8 章为原子物理部分，从原子的核式结构及氢原子的玻尔理论、量子力学初步、碱金属原子和电子自旋、多电子原子、原子的壳层结构、外场中的原子、X 射线、分子结构和光谱等方面的实验事实总结出的规律汇总到原子结构的全貌. 第 9～14 章为原子核物理部分，主要包括原子核的基本性质和结构，放射性衰变及其应用，α、β、γ衰变，原子核反应，原子核的裂变与聚变，射线与物质的相互作用. 第 15 章为粒子物理的简单介绍.

本书可作为工科相关专业原子及原子核物理学的综合性教材或近代物理教材，也可作为物理学专业原子物理学的教材.

图书在版编目（CIP）数据

原子及原子核物理 / 郭江主编. —2 版. —北京：科学出版社，2023.10

ISBN 978-7-03-076477-5

Ⅰ. ①原… Ⅱ. ①郭… Ⅲ. ①原子物理学-高等学校-教材 ②核物理学-高等学校-教材 Ⅳ. ①O562 ②O571

中国国家版本馆 CIP 数据核字（2023）第 187588 号

责任编辑：龙嫚嫚 赵 颖 / 责任校对：杨聪敏

责任印制：师艳茹 / 封面设计：无极书装

科学出版社 出版

北京东黄城根北街 16 号

邮政编码：100717

http://www.sciencep.com

北京九州迅驰传媒文化有限公司 印刷

科学出版社发行 各地新华书店经销

*

2014 年 1 月第 一 版 开本：720×1000 1/16

2023 年 10 月第 二 版 印张：21

2024 年 1 月第十三次印刷 字数：423 000

定价：69.00 元

（如有印装质量问题，我社负责调换）

前　言

本书是2010年国防工业出版社及2014年科学出版社出版的《原子及原子核物理》的修订版，是一本整合原子及原子核物理两部分内容的综合性教材. 目前国内各高等院校的原子物理和原子核物理学课程的教材几乎都是单独编写的，学时数需求较多，而多数理工科专业需要用较少的学时完成这两门课程的教学与学习. 编者结合讲授这两部分内容的教学实践经验和教改研究成果，对原子物理学及原子核物理学两门课程进行科学合理的整合，达到融合两门相对独立课程的目的. 本书在保持原有各自知识体系的基础上，又组成新的知识结构体系，使学生用较少的时间就可初步掌握这两门课程的基本内容. 本书既可以作为相关工科专业原子与原子核物理学的综合性教材，也可以作为物理学相关专业原子物理学的教材以及目前越来越多专业所开设的近代物理概论的教材，同时可作为物理学专业及其他相关专业学生或相关科技人员的参考书.

原子及原子核物理学是学生认识和研究微观世界的开始，其理论基础是量子力学，这增加了学习的难度. 因此作者在教材中，围绕具体的实验过程来引导学生逐步加深对原子及原子核层次上的微观结构、特性和变化的认识，掌握必备的学科基本知识. 另外，适当介绍微观物理学对现代科学技术的重大影响、各种技术应用及正在发展的学科前沿，可以培养学生的学科应用能力并拓宽视野，最终转化为学生的科学素质和创新能力.

全书共15章，计划学时约64学时. 第1～8章为原子物理部分，主要介绍光谱学、电磁学、X射线、分子光谱等方面的实验规律与理论基础，进而使读者了解原子分子结构的全貌. 第9～14章为原子核物理部分，主要描述原子核物理的基本知识和实验规律，包括原子核的基本性质与结构、放射性衰变与核反应，并介绍核能应用的物理基础及射线与物质的相互作用. 第15章为粒子物理的简单介绍，其中带“*”的章节为选讲内容.

本次修订，郭江负责整体内容的把控，罗培燕负责原子核物理部分的修订与基础数据的更新，邓邦林负责原子物理部分的修订，赵晓凤和张传瑜负责内容的校验. 修订本书过程中，作者在保留原有体系和风格的同时，注意内容的更新和调整，使本书的使用对象在物理学专业学生的基础上，更能兼顾核类工科专业学生的需要. 主要修订内容：添加思考题并更新习题，调整原子核物理部分的章节结构并深化部分内容(第10～14章)，更新完善基础数据，等等.

在本书出版之际，感谢成都理工大学的资助，感谢兰州大学张鸿飞教授对原子核物理部分的审阅，感谢所有对此书的撰写、修订与出版有所裨益的人.

由于编者学识所限，书中难免会有不足之处，敬请读者指正.

郭　江　罗培燕

2023 年 2 月于成都

目　　录

第 2 篇　原子核物理

绪　论

物理学是研究物质运动的最一般规律和物质基本结构的学科. 物质的结构按空间尺度分成一个一个层次. 原子及原子核物理学研究空间尺度在 10^{-15}～10^{-10}m 的物质层次，是关于物质微观结构的一门科学，其研究对象分别为物质结构的原子(10^{-10}m)和原子核(10^{-15}m)层次. 它主要研究原子、原子核的结构与性质及有关问题，即研究物质在原子和原子核层次是由什么组成，这些组成体如何相互作用，这些组成体是怎么运动的.

尽管人们提出原子的概念已有两千多年的历史，但原子及原子核物理学，准确来说都是在 19 世纪末 20 世纪初随着近代物理学的发展而迅速发展的. 特别是人类在 1895 年、1896 年、1897 年的三大发现 (X 射线、放射性和电子的发现)，拉开了近代物理的序幕，开启了原子物理、原子核物理发展的新篇章.

原子及原子核物理学课程，上承经典物理，下接量子力学，属于近代物理的范畴，但在内容体系的描述上，采用普通物理的描述风格讲述量子物理的基本概念和物理图像. 本书在原子物理部分，从原子光谱入手，提出假设，建立模型，研究价电子的运动规律；以实验为基础研究磁场对原子的作用；从元素周期律和 X 射线入手研究内层电子的运动规律和排布；然后再进行实验验证，最后形成理论. 通过学习，学生应建立正确的原子结构图像(原子的量子态、电子自旋、泡利原理等)，掌握原子物理学的研究方法及基本概念和原理，掌握原子光谱、能级和能级跃迁的基本规律，了解在原子领域中经典物理遇到的主要困难，以及为克服这些困难而引入的一些全新的分析方法和推理方法、一些与经典物理不同的新概念，辩证认识经典与近代物理的基本关系. 本书的重点放在对有关概念和规律的物理分析和阐述上，严格的理论处理留待量子力学等后继课程去完成.

由于原子核是典型的量子多体复杂体系，原子核中包含了丰富的内禀自由度与最多种类的基本相互作用，所以利用射线轰击原子核引起核反应的方法以及利用原子核的放射性衰变特性是研究原子核的主要手段. 我们借助原子核的放射性衰变(α 衰变、β 衰变、γ 衰变)、核反应等大量的科学实验，归纳总结稳定的核素或寿命较长的放射性核素的基态和较低激发态的性质，并通过理论分析建立各种唯象模型，讨论核子在核内的运动和核衰变、核反应机制，对实验事实给出理论解释. 原子核物理学是与整个科学技术发展紧密相连的，它以兴建若干大科学工程为标志，而对大科学工程的研究与开发需在全球范围开展合作竞争，以及较大的公共资源投入，因此，原子核物理学是具有典型的“大科学”特征. 同时，原子核物理学还具有接近实际、依赖实验、唯象成分较多的特点，在学习与研究中应留意.

第1篇

原子物理

第 1 章

原子的核式结构及氢原子的玻尔理论

1.1　原子的基本状况

随着科学的发展，人们已经证实了原子的存在. 现在，我们已经证明原子不是如同古人所想象的那样简单而不可分割，而是有复杂的结构和运动，并且是可以被击破的. 化学已经阐明各种物体是由元素构成的，原子是元素能保持其化学特征的最小单元，各种元素的原子结构是有差异的. 例如，碳和铁是不同类型的元素，它们的最小单元就是碳原子和铁原子，这两种原子有各自的结构和特征，它们都可以被击破，但击破后分出来的粒子不再具有碳或铁的特征，已经不是碳或铁了. 各种原子的成分是相同的，只是几种基本粒子. 这几种基本粒子怎样构成多种多样的、具有各种元素特征的原子，我们将逐步说明. 本节先介绍原子的一般情况.

1.1.1　原子的质量

不同原子的质量不同，在化学和物理学中常用到它们质量的相对值. 我们把碳在自然界中最丰富的一种同位素 ^{12}C 的质量定为 12 个单位，以此作为原子量的标准，即一个 ^{12}C 原子质量的 1/12 为 1 个原子质量单位 u (是 unit 的缩写) ——碳单位. $1u = m_{^{12}C} \times 1/12$，其他原子的质量同 ^{12}C 的质量比较，定出质量相对值，称为原子量. 于是氢的原子量是 1.0079u，碳是 12.011u，氧是 15.999u，铜是 63.54u 等. 原子量可用化学方法测定.

u 和 g 的换算关系推算如下：按阿伏伽德罗定律，1mol 原子的物质中，不论哪种元素，都含有同一数量的原子. 这个数称为阿伏伽德罗常量 N_0. 如 1mol 的 ^{12}C 或 12g(^{12}C 的原子量以克为单位)^{12}C 含有 N_0 个 ^{12}C 原子，则每个碳原子的质量以 g 为单位为 $12/N_0$(g)；现在把它定义为 12u，故 u 和 g 的换算关系为 $12u=12/N_0 g$，即

$$1u = \frac{1}{N_0}g = 1.6605387 \times 10^{-27}\,kg$$

所以，知道了原子量，可以求出原子质量的绝对值. 如果以 A 代表原子量，N_0 代

表阿伏伽德罗常量，M_A代表一个原子的质量绝对值，那么

$$M_A = \frac{A}{N_0}(\text{g}) \tag{1-1}$$

式中，A 代表 1mol 原子的以克(g)为单位的质量，只要 N_0 知道，M_A 就可以算出.

测定 N_0 的方法有几种，现在列举一种.

通过电解法可以实验测得法拉第常数

$$F = 96485.309(29)\text{C/mol}$$

F 表示 1mol 带单个电量的离子所带的总电量. 如果原子的原子价为 n，则显然有

$$\begin{aligned} N_0 &= 1\text{mol的原子数} \\ &= \frac{\text{分解1mol原子的物质所需的电量}}{\text{一个离子所带的电量}} \\ &= \frac{nF}{ne} = \frac{F}{e} \end{aligned} \tag{1-2}$$

如果电子电量 e 精密测得，N_0 便可求出. 目前认为最精密的 N_0 值为

$$N_0 = 6.022142 \times 10^{23}\,\text{mol}^{-1} \tag{1-3}$$

由式(1-1)可算得氢原子的质量，即

$$M_{\text{H}} = 1.67367 \times 10^{-24}\,\text{g} \tag{1-4}$$

其他原子质量的绝对值同样可算出，最大的原子质量是这个数值的 200 多倍.

1.1.2　原子的大小

原子的大小可以从下述几个方法加以估计.

(1) 在晶体中原子是按一定的规律排列的. 从晶体的密度和一个原子的质量可以求出单位体积中的原子数. 假设晶体中的原子是互相接触的球体，并已知其排列情况，就可以算出每个原子的大小. 即使排列情况未知，也可以求得原子大小的数量级. 单位体积中的原子数的倒数大约是每个原子的体积，其立方根的数值表示原子线性大小的数量级

$$r = \left(\frac{3A}{4\pi\rho N_0}\right)^{1/3} \propto A^{\frac{1}{3}}$$

(2) 从气体分子运动论也可以估计原子的大小. 关于气体分子的平均自由程，有下列理论公式：

$$\lambda = \frac{1}{4\sqrt{2}N\pi r^2} \tag{1-5}$$

式中，λ 是分子平均自由程；N 是单位体积中的分子数；r 是分子的半径 (假定为

球形).

如果 λ 和 N 由实验求得，则 r 可以由上式算出. 简单分子的半径的数量级与组成这个分子的原子的半径数量级相同. 对单原子的分子，r 亦是原子的半径.

(3) 从范德瓦耳斯方程也可以测定原子的大小. 在方程

$$\left(P+\frac{a}{V^2}\right)(V-b)=RT$$

中，理论上 b 值应等于分子所占体积的 4 倍. 由实验定出 b，就可以算出分子的半径，其数量级和原子半径相同.

用不同方法求一种原子的半径，所得数值可能会稍有不同，但数量级是相同的，都是 10^{-10}m. 各种原子的半径是不同的，但都具有如上所述的数量级.

*1.2　原子的核式结构

20 世纪初，从实验事实已经知道电子是一切原子的组成部分. 1897 年汤姆孙从放电管中的阴极射线发现了带负电的电子，并测定了荷质比 e/m，1910 年密立根用油滴实验发现了电子的电量值为 $e = 1.602\times10^{-19}$C，从而算出电子质量 $m_e = 9.109\times10^{-31}\text{kg} = 0.511\text{MeV}/c^2$，大约是氢原子质量的 1/2000，即电子的质量比整个原子的质量要小得多. 但物质通常是中性的，足见原子中还有带正电的部分. 这些实验结果和当时的经典理论是考虑原子结构模型的基础.

J.J.汤姆孙(J.J.Thomson)最早提出了一个“葡萄干镶面包”的原子结构模型或称为“西瓜”模型. 他根据上述资料，设想原子的带正电部分是一个原子那么大的、具有弹性的、冻胶状的球，正电荷在球中均匀分布着，在这个球内或球上，有负电子嵌着. 这些电子能在它们的平衡位置附近做简谐振动. 观察到的原子所发光谱的各种频率就相当于这些振动的频率. 汤姆孙的原子模型好像能够把当时知道的实验结果和理论考虑都归纳进去.

德国科学家莱纳德(Lenard)从 1903 年起做了多年的实验，其电子在金属膜上的散射实验显示了汤姆孙模型的困难. 他发现较高速度的电子很容易穿透原子，原子不像是具有 10^{-10}m 半径的实体球. 1904 年长冈半太郎(Hantaro Nagaoka)提出原子的土星模型，认为原子内的正电荷集中于中心，电子均匀地分布在绕正电荷旋转的圆环上，遗憾的是他没有对此深入研究下去. 再后来，α 粒子散射实验对汤姆孙模型构成了强有力的挑战.

1.2.1　α 粒子的散射实验

1909 年，卢瑟福(E. Rutherford)的学生盖革(H. Geiger)和马斯顿(E. Marsden)

在用 α 粒子轰击铂的薄膜靶子的实验中，观察到一个重要现象，发现 α 粒子在轰击铂原子时，绝大多数平均只有 2°～3°的偏转，但有大约 1/8000 的 α 粒子偏转角大于 90°，其中有的接近 180°. 实验装置和模拟实验大致如图 1-1 所示.

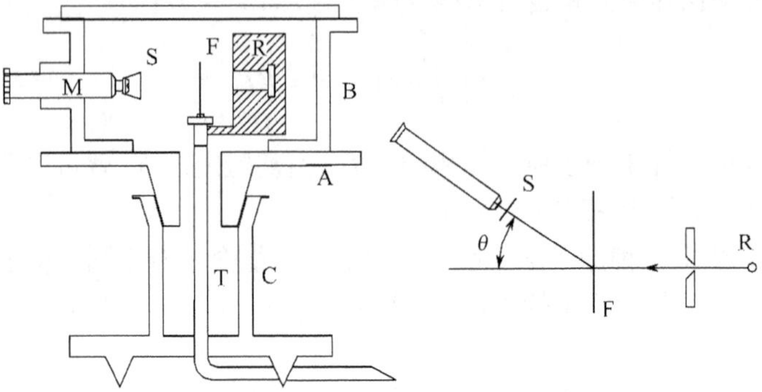

图 1-1　观测粒子散射的实验装置和模拟实验

R 为 α 放射源；F 为散射的铂箔；S 为闪烁屏；M 为显微镜，可以转到不同方向对散射的 α 粒子进行观察；A 为刻度圆盘；B 为圆形金属匣；T 为抽空 B 的管；C 为光滑套轴

对这样的事实，卢瑟福感到十分惊奇. 因为大角度散射不可能解释为都是偶然性的小角度散射的累积，这种可能性要比 1/8000 小得多，绝大多数应该是一次碰撞的结果，但这在汤姆孙的原子模型中是不可能发生的.

作为粗略的估算，如果我们忽略散射的 α 粒子受到原子中电子的影响，只考虑原子中带正电而质量很大的部分对散射粒子的影响，按照汤姆孙原子模型，原子是半径为 R 的均匀带正电荷 Ze 的球体，所以散射粒子与原子之间的库仑力，当 $r>R$ 时，是 $2Ze^2/(4\pi\varepsilon_0 r^2)$；当 $r<R$ 时，是 $2Ze^2 r/(4\pi\varepsilon_0 R^3)$；当 $r=R$ 时，即粒子掠过原子表面时作用力最大，因此原子对掠过原子边界的 α 粒子有最大的偏转.

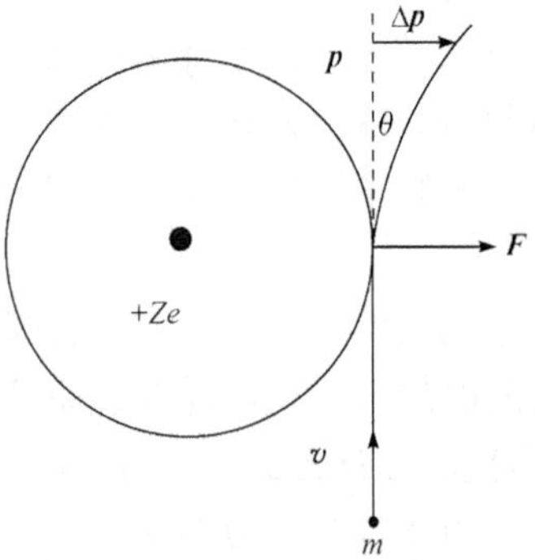

图 1-2　α 粒子掠过原子核的偏转示意

为了估计 α 粒子由于散射而引起的动量的变化，只要把作用力乘以 α 粒子在原子核附近掠过的时间(大约为 $2R/v$)，即

$$\Delta p = F_{\max}\Delta t = \frac{2Ze^2}{4\pi\varepsilon_0 R^2}\cdot\frac{2R}{v}$$

从而 α 粒子的最大偏转角为 $\theta_{\max}$，如图 1-2 所示.

$$\theta_{\max} = \frac{\Delta p}{p} = \frac{Ze^2}{\pi\varepsilon_0 R^2}\frac{R}{mv^2} = \frac{Ze^2}{2\pi\varepsilon_0 R}\bigg/\left(\frac{1}{2}mv^2\right) \approx 3\times10^{-5}\frac{Z}{E_\alpha(\text{MeV})}\text{rad}$$

E_α 是入射的 α 粒子动能.

对于动能为 5MeV 的 α 粒子，每次碰撞的最大偏转角将小于 10^{-3}rad，要引起 1°的偏转，必须经多次碰撞积累，但因为每次 α 粒子的偏转方向都是随机而无规律的，所以发生大角度偏转的概率是十分小的，可以估计，要发生偏转 90°的散射，概率大约为 10^{-3500}！但实验值却是 1/8000！

用卢瑟福自己的话说："这是我一生中从未有过的最为难以置信的事件，它的难以置信好比你对一张白纸射出一发 15 英寸①的炮弹，结果却被顶了回来打在自己身上，而当我做出计算时看到，除非采用一个原子的大部分质量集中在一个微小的核内的系统，否则是无法得到这种数量级的任何结果的，这就是我后来提出的原子具有体积很小而质量很大的核心想法．"

1.2.2　原子的核式结构模型

经过对 α 粒子散射实验结果的计算和分析，卢瑟福于 1911 年提出了原子的核式结构模型. 在这个结构模型中，原子有一个带正电的中心体——原子核，所带正电的数值是原子序数 Z 乘以单位电荷 e 的值. 原子核的半径为 10^{-15}～10^{-14}m. 原子核外散布着 Z 个带负电的电子围绕它运动，但原子质量的绝大部分是原子核的质量. 这样一个原子的核式结构模型在卢瑟福提出后很快被大家接受，认为它代表了原子的真实情况. 下面我们讨论使用卢瑟福原子模型对 α 粒子散射实验的解释.

*1.3　卢瑟福散射公式

1.3.1　库仑散射公式

根据卢瑟福的原子核式结构模型，将 α 粒子散射看作是 α 粒子和原子核两个点电荷在库仑力作用下的两体碰撞问题. 忽略原子中电子的影响 (当散射角 θ 很小时除外)，并且当原子核的质量 M 远大于 α 粒子的质量 m_α 时，可以忽略原子核的运动，从而将 α 粒子的散射问题简化为单一质点在有心的库仑斥力作用下的运动问题.

首先我们关心从无限远处来的 α 粒子，以瞄准距离 b (b 是原子核离 α 粒子原运动路径的延长线的垂直距离) 射向原子核，经库仑力作用后偏离入射方向，又飞向无限远的运动状态，如图 1-3 所示. 出射与入射方向的夹角为 θ，称为散射角. 由于能量守恒，所以 $v_A = v_B = v_0$. α 粒子在任意位置有

$$F = \frac{2Ze^2}{4\pi\varepsilon_0 r^2}$$

$$m_\alpha \frac{\mathrm{d}v_\perp}{\mathrm{d}t} = F_\perp = F\sin\varphi$$

① 1 英寸=2.54 厘米.

即

$$m_\alpha \frac{\mathrm{d}v_\perp}{\mathrm{d}t} = \frac{2Ze^2}{4\pi\varepsilon_0 r^2}\sin\varphi$$

由角动量守恒 $m_\alpha b v_0 = m_\alpha r^2 \frac{\mathrm{d}\varphi}{\mathrm{d}t}$，所以，$\frac{v_0 b}{r^2} = \frac{\mathrm{d}\varphi}{\mathrm{d}t}$，代入上式并积分有

$$\int_0^{v_0\sin\theta} \mathrm{d}v_\perp = \int_0^{\pi-\theta} \frac{2Ze^2}{4\pi\varepsilon_0 m_\alpha v_0 b}\sin\varphi \mathrm{d}\varphi$$

$$\cot\frac{\theta}{2} = 4\pi\varepsilon_0 \frac{m_\alpha v_0^2}{2Ze^2} b = 4\pi\varepsilon_0 \frac{E_\alpha}{Ze^2} b \tag{1-6a}$$

该式称为库仑散射公式. 常表示为

$$b = \frac{1}{4\pi\varepsilon_0}\frac{Ze^2}{E_\alpha}\cot\frac{\theta}{2} \tag{1-6b}$$

库仑散射公式给出了瞄准距离 b 和散射角 θ 的对应关系，b 越小，则 θ 越大；b 越大，则 θ 越小. 所以，要得到大角度散射，正电荷必须集中在很小的范围内，α 粒子必须在离正电荷很近处通过.

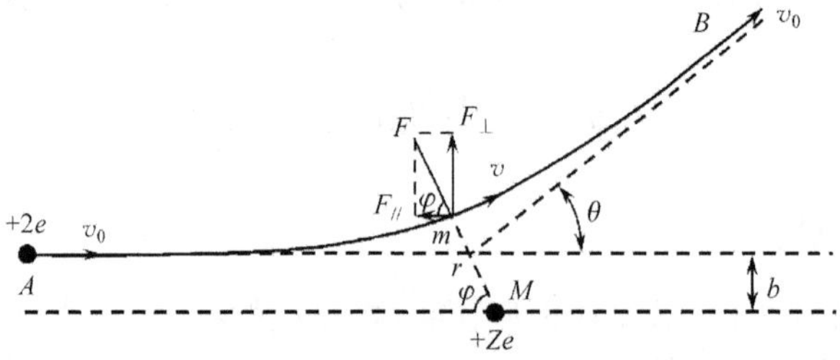

图 1-3　α 粒子在原子核的库仑场中的偏转

例 1-1　以动能为 7.68MeV 的 α 粒子轰击金箔，求当 b 分别等于 10fm①、100fm、1000fm 时 α 粒子的散射角 θ.

解　按库仑散射公式(1-6b)可求出 b 与 θ 的关系为：当 b=10fm 时，θ=112°；当 b=100fm 时，θ=16.9°；当 b=1000fm 时，θ=1.7°.

库仑散射公式尽管在理论上很重要，但至今我们却无法在实验中验证，因为瞄准距离 b 至今还是一个不可控制的参量，不能在实验中测量.

1.3.2　卢瑟福散射公式

由库仑散射公式(1-6b)可得

① 1fm=10^{-15}m.

$$2\pi b\mathrm{d}b=\pi\left(\frac{1}{4\pi\varepsilon_0}\right)^2\left(\frac{Ze^2}{E_\alpha}\right)^2\frac{\cos\frac{\theta}{2}}{\sin^3\frac{\theta}{2}}\mathrm{d}\theta \tag{1-7}$$

可见那些瞄准距离在 b 到 $b-\mathrm{d}b$ 之间的 α 粒子，经散射必定向 θ 到 $\theta+\mathrm{d}\theta$ 之间的角度出射，如图 1-4 所示，即凡通过图中所示以 b 为外半径，$b-\mathrm{d}b$ 为内半径的那个环形面积的粒子，必定散射到角度在 θ 到 $\theta+\mathrm{d}\theta$ 之间的一个空心圆锥体之中.

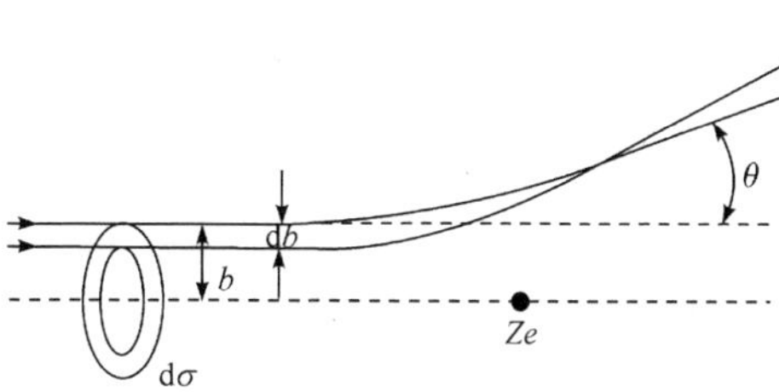

图 1-4　α 粒子散射角与瞄准距离的关系

式(1-7)中的 $\mathrm{d}\theta$ 可用空心圆锥体的立体角的表达式 $\mathrm{d}\Omega$ 来代替，即

$$\mathrm{d}\Omega=\frac{\mathrm{d}S}{r^2}=2\pi\sin\theta\mathrm{d}\theta=4\pi\sin\frac{\theta}{2}\cos\frac{\theta}{2}\mathrm{d}\theta$$

式(1-7)可表示为

$$\mathrm{d}\sigma=\left(\frac{1}{4\pi\varepsilon_0}\right)^2\left(\frac{Ze^2}{2E_\alpha}\right)^2\frac{\mathrm{d}\Omega}{\sin^4\frac{\theta}{2}} \tag{1-8}$$

式中，$\mathrm{d}\sigma=2\pi b\mathrm{d}b$，为图 1-4 中圆环的面积. 式(1-8)的物理意义是，被一个原子散射到 $\theta\sim\theta+\mathrm{d}\theta$ 的空心立体角 $\mathrm{d}\Omega$ 内的 α 粒子，必定打在 $b\sim b-\mathrm{d}b$ 的 $\mathrm{d}\sigma$ 这个环形带上,所以 $\mathrm{d}\sigma$ 代表 α 粒子被一个原子核散射到 $\theta\sim\theta+\mathrm{d}\theta$ 的空心立体角 $\mathrm{d}\Omega$ 内的概率的大小. 将其称为原子核的有效散射截面，也称作散射概率，这就是 $\mathrm{d}\sigma$ 的物理意义. 散射截面的单位是 m^2 或靶恩(简称靶，符号 b)，$1\mathrm{b}=10^{-28}\mathrm{m}^2$.

常定义微分截面

$$\frac{\mathrm{d}\sigma}{\mathrm{d}\Omega}=\left(\frac{1}{4\pi\varepsilon_0}\right)^2\left(\frac{Ze^2}{2E_\alpha}\right)^2\frac{1}{\sin^4\frac{\theta}{2}} \tag{1-9a}$$

式(1-9a)就是著名的卢瑟福散射公式. 它的物理意义是，α 粒子被一个原子核散射到 θ 方向单位立体角内的概率.

现在的问题是粒子入射到 $\mathrm{d}\sigma$ 这样一个环中的概率是多大呢？设铂箔靶的面积为 A，厚度为 t，并设铂箔靶很薄，以致铂箔靶中的原子对射来的粒子前后互不遮蔽，从而α粒子打到这样一个环上的概率为$\mathrm{d}\sigma/A$，也即α粒子被一个原子核散射到$\theta\sim\theta+\mathrm{d}\theta$的空心立体角$\mathrm{d}\Omega$内的概率. 一个铂靶有许多这样的环，对应于一个原子核就有一个环，假设铂靶中单位体积内的原子核数为n，则在体积At内共有nAt个原子核对入射α粒子产生散射，也即有nAt个环(假定各个原子核对α粒子的散射是独立事件)，α粒子打到这样的环上的散射角都是$\theta\sim\theta+\mathrm{d}\theta$，故α粒子打到铂箔靶上，被散射到$\mathrm{d}\Omega$内的总概率为$nAt\mathrm{d}\sigma/A$. 另外，设有$N$个α粒子入射到铂箔靶上，在$\theta\sim\theta+\mathrm{d}\theta$方向上测量到的散射α粒子数为$\mathrm{d}N$，所以α粒子被散射到$\mathrm{d}\Omega$内的总概率又可表示为$\mathrm{d}N/N$，从而有

$$\frac{\mathrm{d}N}{N}=\frac{nAt\mathrm{d}\sigma}{A}\Rightarrow \mathrm{d}\sigma=\frac{\mathrm{d}N}{nAtN}A\propto\frac{\mathrm{d}N}{ntN} \tag{1-9b}$$

由式(1-9a)、式(1-9b)可知，被散射到θ方向单位立体角内的α粒子数为

$$\frac{\mathrm{d}N}{\mathrm{d}\Omega}=\frac{ntN\mathrm{d}\sigma}{\mathrm{d}\Omega}=\left(\frac{1}{4\pi\varepsilon_0}\right)^2\left(\frac{Ze^2}{2E_\alpha}\right)^2\frac{1}{\sin^4\dfrac{\theta}{2}}ntN \tag{1-10}$$

式(1-10)也称为卢瑟福散射公式. 据此，盖革和马斯顿做了一系列实验，实验结果与理论符合得很好，从而确立了原子的核式结构模型.

1.3.3　原子核半径的估算

我们可通过计算入射粒子与原子核的最近距离r_m，来估算原子核大小的上限. 在α粒子散射实验中，由能量守恒有

$$\frac{1}{2}m_\alpha v_0^2=\frac{1}{2}m_\alpha v^2+\frac{2Ze^2}{4\pi\varepsilon_0 r_\mathrm{m}} \tag{1-11}$$

由角动量守恒，并考虑到当$r=r_\mathrm{m}$时，r最小，此时入射粒子径向速度为零，只有切向速度，这就是所谓“近日点”的特征，有

$$m_\alpha v_0 b=m_\alpha v r_\mathrm{m} \tag{1-12}$$

再结合库仑散射公式，有

$$\cot\frac{\theta}{2}=4\pi\varepsilon_0\frac{m_\alpha v_0^2}{2Ze^2}b=4\pi\varepsilon_0\frac{E_\mathrm{k}}{Ze^2}b$$

联立求解可得

$$r_\mathrm{m}=\frac{1}{4\pi\varepsilon_0}\frac{2Ze^2}{m_\alpha v_0^2}\left(1+\frac{1}{\sin(\theta/2)}\right) \tag{1-13}$$

由式(1-13)可知，当$\theta=180°$时，r_m取最小值，这就是入射粒子与原子核的最近距离，也是原子核半径的上限值. 计算表明原子核半径的上限值为$10^{-15}\sim10^{-14}$m.

*1.4　氢原子玻尔理论的历史背景

1.4.1　卢瑟福原子核式结构模型的困难

卢瑟福的原子核式结构模型很好地解释了 α 粒子的散射实验. 但这个模型又与经典电磁理论存在着不可调和的矛盾，按卢瑟福原子核式结构模型，原子中的电子绕原子核做圆周运动，根据经典电磁理论，做加速运动的电子将不断向外辐射电磁波. 伴随电磁辐射，原子不断向外辐射能量，其总能量将逐步减小，电子绕核旋转的半径也将逐步减小，形成电子向着原子核做螺旋形运动，最后在非常短的时间内掉到核内去而后相遇，原子全部崩溃，原子将是一个不稳定的系统，如图 1-5 所示. 然而，在现实世界中，谁也没见这样的事发生过. 这是卢瑟福原子核式结构模型面临的困难.

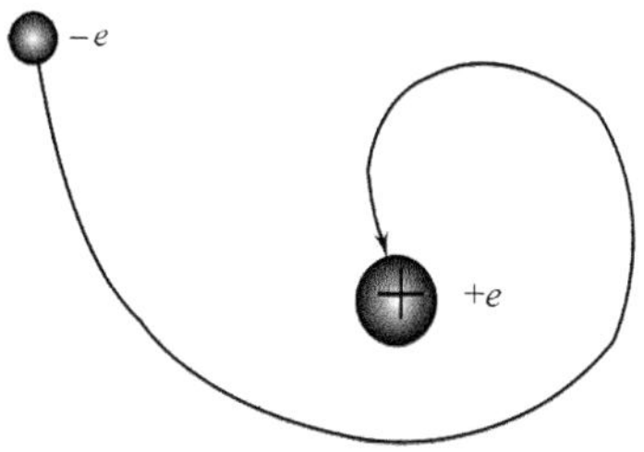

图 1-5　卢瑟福原子核式结构模型的困难

1.4.2　黑体辐射

任何一个物体在任何温度下，都会发射电磁波，这种由于物体中的分子、原子受到热激发而发射电磁辐射的现象，称为热辐射. 另外，任何物体在任何温度下都要接收外界射来的电磁波，除一部分反射回外界外，其余部分都被物体所吸收. 这就是说，物体在任何时候都存在着发射和吸收电磁辐射的过程. 若物体辐射的能量等于在同一时间内所吸收的能量，物体便达到热平衡，称为**平衡热辐射**，此时物体具有固定的温度. 实验表明，不同物体在某一频率范围内发射和吸收电磁辐射的能力是不同的，但是，对同一个物体来说，若它在某频率范围内发射电磁辐射的能力越强，那么，它吸收该频率范围内电磁辐射的能力也就越强；反之亦然. 一般说来，入射到物体上的电磁辐射，并不能被物体全部吸收. 设想有一种物体能完全吸收投射到它上面的一切外来辐射，而无反射，这种物体称为**黑体**(也称**绝对黑体**)，是一种理想的物理模型. 一个由任意不透明材料做成的空腔，在其上开一个小孔，小孔口表面就可近似看作黑体. 这是因为，入射小孔的电磁辐射，要被腔壁多次反射，每反射一次，腔壁就要吸收一部分电磁辐射能，以致射入小孔的电磁辐射很少有可能从小孔逃逸出来，所以认为电磁辐射被小孔全部吸收，而成为黑体.

1. 黑体辐射的实验规律

如果上述空腔处于某一恒定的温度时，也有电磁辐射从小孔发射出来，那么这

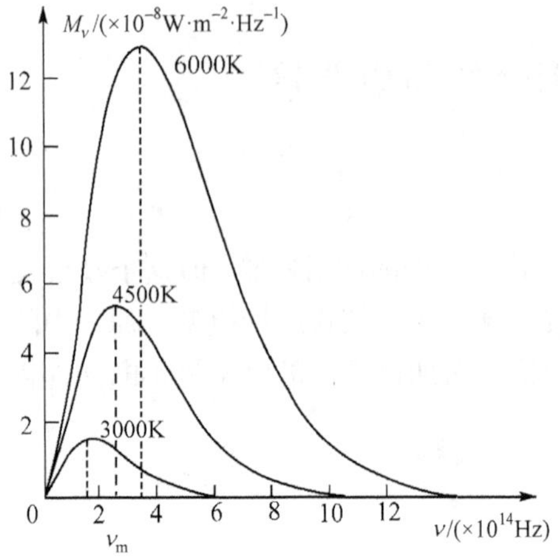

图 1-6　黑体辐射的单色辐出度的实验曲线

种从空腔上的小孔所发出的电磁辐射称为黑体辐射. 实验发现，温度一定时，黑体的**单色辐出度** $M_\nu(T)$(也称单色辐射强度)定义为单位时间内从物体单位面积发出的频率在 ν 附近单位频率区间(或波长在 λ 附近单位波长区间)的电磁波能量，与黑体辐射的频率 ν(或波长 λ)之间的关系曲线如图 1-6 所示. 特点是：辐射谱是连续谱，与 T、λ 有关(T 是黑体的热力学温度)，与黑体材料无关. 遵循如下的规律：

(1) 斯特藩–玻尔兹曼定律. 1879 年奥地利物理学家斯特藩由实验曲线得出，黑体的总辐射出射度(单位时间从黑体单位面积辐射的电磁波的总能量)与黑体的热力学温度 T 的 4 次方成正比，即

$$M(T)=\int_0^\infty M_\nu(T)\mathrm{d}\nu=\sigma T^4 \tag{1-14}$$

1884 年玻尔兹曼由热力学理论也得出上述结论，故上式称为斯特藩–玻尔兹曼公式，式中 σ 称为斯特藩常量，其值为 $5.67\times10^{-8}\text{W}\cdot\text{m}^{-2}\cdot\text{K}^{-4}$.

(2) 维恩(W. Wein)位移律. 从图 1-6 可见，每条曲线有一极值频率 ν_m，随黑体温度的升高，每一曲线的峰值频率 ν_m 与 T 成比例地增加. 维恩于 1893 年用热力学理论找到了 T 与 ν_m 之间的关系为

$$\nu_m=b_\nu T \tag{1-15}$$

式中，b_ν 为常量，其值为 $5.88\times10^{10}\text{Hz/K}$.

式(1-15)表明随黑体热力学温度升高 ν_m 向高频方向移动，故此关系式称为维恩位移律.

2. 黑体辐射公式及经典物理的困难

获得黑体辐射的实验规律后，探求单色辐出度 $M_\nu(T)$理论上的数学表达式，对热辐射理论研究和实际应用都是很有意义的. 因此，19 世纪末，许多物理学家试图用经典物理理论来说明这种能量分布的规律，希望能推导出与实验结果(见图 1-6)相一致的能量分布 $M_\nu(T)$的数学表达式，对黑体辐射的频率分布做出理论说明，但都未能成功如愿，由经典理论导出的公式都与实验结果不符合！其中最具有代表性的是维恩公式和瑞利(J.W.Rayleigh)–金斯(J.H.Jeans)公式.

维恩公式是维恩用经典热力学结合一定假设推导得出，即

$$M_\nu(T) = C_1 \nu^3 e^{-\frac{C_2 \nu}{T}} \tag{1-16}$$

式中，C_1 和 C_2 为经验参数，维恩公式(1-16)在高频部分和实验结果相符合，但在低频部分却明显偏离实验曲线，如图 1-7 所示.

瑞利和金斯使用经典电动力学结合统计物理学的方法推导出了瑞利-金斯公式

$$M_\nu(T) = \frac{2\pi\nu^2}{c^2} kT \tag{1-17}$$

瑞利-金斯公式(1-17)在低频部分与实验相符，但随频率增加与实验的差距越来越大，在高频部分即紫外区与实验明显不符，高频极限下 $M_\nu(T)$ 为无限大——这是当时著名的“紫外灾难”，如图 1-7 所示.

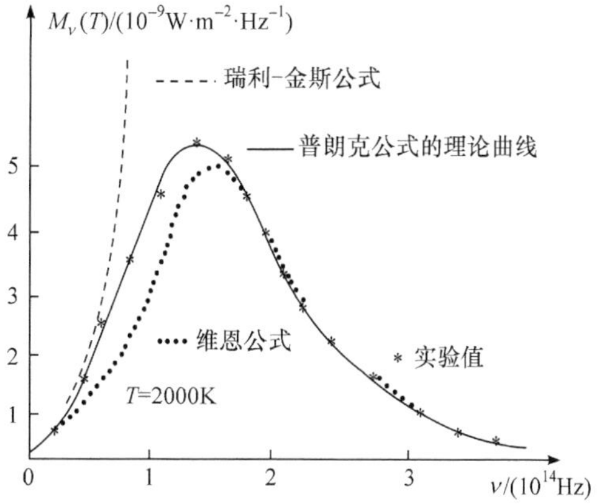

图 1-7　黑体辐射理论公式与实验结果的比较

3. 普朗克的能量子假说和黑体辐射公式

普朗克(M.Planck)依据式(1-16)、式(1-17)，用数学内插法得出了与实验结果符合得很好的普朗克公式

$$M_\nu(T)\mathrm{d}\nu = \frac{2\pi h}{c^2} \frac{\nu^3 \mathrm{d}\nu}{e^{h\nu/(kT)} - 1} \tag{1-18}$$

式中，h=6.62607755×10^{-34}J · s，是普朗克常量；k=1.380662×10^{-23}J/K，是玻尔兹曼常量. 1900 年 10 月 19 日，普朗克在德国物理学会议上报告了他的黑体辐射公式，这个公式是他“为了凑合实验数据而猜出来的”. 当天，鲁本斯(H.Rubens)立即把它与陆末(O.Lummer)和普林斯海默(E.Pringsheim)当时测得的最精确的实验结果进行核对，发现两者以惊人的精确性相符合(图 1-7)，并在第二天把这一喜讯告诉了普朗克，这使普朗克决心“不惜一切代价找到一个理论的解释”. 经过两个月的日夜奋斗，他于 12 月 14 日在德国物理学会上提出了他的假设：

(1) 黑体中电子的振动可视为是由带电的线性谐振子组成.

(2) 谐振子的能量不连续，频率为 ν 的谐振子的能量只能取一系列和频率有关的分立的数值，即 $nh\nu$，n=1,2,3,⋯.

(3) 物体只能以 $h\nu$ 为基本单位发射或吸收能量，即物体发射或吸收电磁辐射只能以“量子”方式进行，每个能量子的能量就是 $h\nu$.

普朗克由于提出量子假说于 1918 年获得诺贝尔物理学奖. 量子假说的核心思想是能量的量子化(不连续)，这与经典物理是完全不相容的，所以在量子说提出后的 5 年内一直没人对其加以理会，直到 1905 年，才由爱因斯坦做了发展，提出了光的量子说. 更有趣的是，尽管普朗克提出了能量量子化的思想，但由于量子化的概念和经典物理严重背离，普朗克一直内心不安，诚惶诚恐，认为自己做了一件错事，把原本很和谐的经典物理弄得一团糟，所以在此后的十余年内，普朗克很后悔当时提出“量子说”，并试图把它纳入经典物理的范畴.

1.4.3　光电效应

当光照射到金属表面时，电子从金属表面逸出的现象，称为**光电效应**，逸出的电子称为光电子，实验装置如图 1-8 所示. GD 为光电石英管，光通过石英窗口，照射到作为阴极的金属 K 表面，光电子从阴极表面逸出；光电子在电场加速下向阳极 A 运动，形成光电流. 若将 K 接正极，A 接负极，则光电子离开 K 之后，将受到电场的阻碍作用，当 K、A 之间的反向电势差等于 U_0 时，从 K 逸出的动能最大(E_{max})的光电子刚好不能到达 A，电路中便没有光电流，U_0 叫作遏止电势差，U_0 与 E_{max} 间满足：$E_{max}=eU_0$.

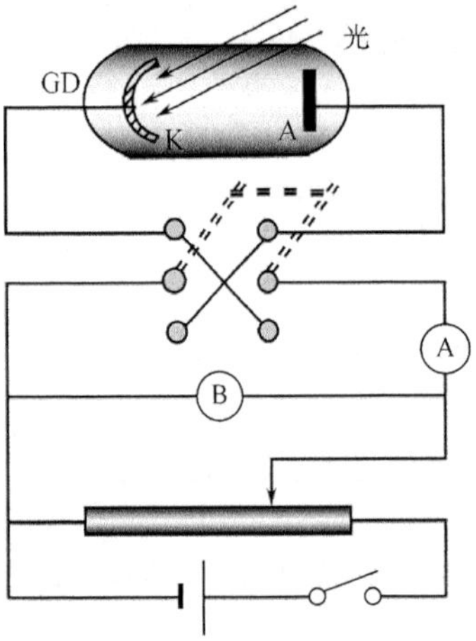

图 1-8　光电效应实验装置示意图

1. 光电效应的实验规律

(1) 存在截止频率 ν_0，对某种金属材料阴极，只有当入射光的频率大于某一频率 ν_0 时，才有光电子从金属表面逸出，电路中才有光电流，这个频率 ν_0 叫作截止频率(也称红限). 不同金属有不同的截止频率 ν_0.

(2) 当 $\nu>\nu_0$ 时，逸出光电子的最大初动能 E_{max} 随 ν 增加而线性增加，与光强无关；实验上表现为截止电势差 U_0 随 ν 增加而线性增加.

(3) 当 $\nu>\nu_0$ 时，光电流 i 和饱和光电流 i_m 随入射光强 I 增加而增大，如图 1-9 所示. 当光电流达到饱和时，阴极 K 逸出的光电子全部飞到了阳极 A 上，所以此结果意味着，单位时间内从金属表面逸出的光电子数与入射光强成正比.

(4) 光电效应的瞬时性. 即无论入射光的强度如何，只要其频率 ν 大于截止频率 ν_0，当光照射到金属的表面时，几乎立刻($<10^{-9}$s)就有光电子出射.

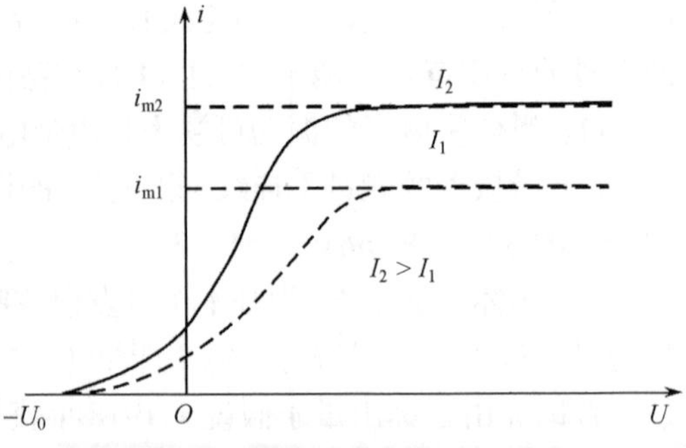

图 1-9　光电流与入射光强的关系

2. 经典物理的困难

经典物理在解释光电效应时遇到很大的困难，按照光的经典电磁理论，光波的能量与频率无关，电子吸收的能量也与频率无关，更不存在截止频率. 另外，光波的能量分布在波面上，电子积累能量需要一段时间，光电效应不可能瞬时发生.

3. 爱因斯坦的光量子假说

为了解决光电效应的实验规律与经典物理的矛盾，1905 年，爱因斯坦发展了普朗克的量子理论. 普朗克的能量量子化的概念只局限于物体内振子的发射或吸收上，并未涉及辐射在空间的传播，相反，当时认为空间传播的电磁辐射，其能量仍是连续的，这显然是不协调的，因此爱因斯坦提出了新的量子理论，他认为光可以看作是由静止质量为零的微粒构成的粒子流，这些粒子叫光量子，以后就称为光子. 对频率为 ν 的光波，光子的能量为 $h\nu$，光子具有整体性，一个光子只能“整个地”被电子吸收或放出. 对单个光子，能量取决于频率；而对一束光波，能量既与频率有关又与光子数有关.

按照爱因斯坦的观点，当频率为 ν 的光束照射到金属表面时，光子的能量被单个电子一次性吸收，使电子获得能量 $h\nu$，当入射光的频率 ν 足够高时，可以使电子具有足够的能量从金属表面逸出，逸出时电子需克服阻力而做功，所做的功称为逸出功 W. 不同金属材料具有不同的逸出功，表 1-1 给出了几种金属逸出功的近似值.

表 1-1　几种金属的逸出功

金属	钠	铝	锌	铜	银	铂
W/eV	2.28	4.08	4.31	4.70	4.73	6.35

根据爱因斯坦的假设，设电子具有初动能 $mv^2/2$，由能量守恒定律可得

$$h\nu = \frac{1}{2}mv^2 + W \tag{1-19}$$

式(1-19)叫光电效应的爱因斯坦方程. 从方程可以看出，当光子的频率为 ν_0 时 ($W=h\nu_0$)，电子的初动能为零，电子刚好能逸出金属表面，ν_0 即为前述的截止频率，其值为 $\nu_0=W/h$. 显然，只有当入射光的频率大于 ν_0 时，电子才能从金属表面逸出来，并具有一定的初动能. 如果入射光的频率小于 ν_0，电子吸收光子的能量就小于逸出功 W，此时，电子是不能逸出金属表面的，这与实验结果是一致的. 所以，只要 $\nu>\nu_0$，电子就会从金属中释放出来而不需要积累能量的时间，光电子的释放和光的照射几乎是同时发生的，是“瞬时的”，这与实验结果也是一致的. 从爱因斯坦方程还可看出，当 $\nu>\nu_0$ 时，光电子的出射动能是与入射光的频率成正比的，

这解释了遏止电压 U_0 与频率 ν 成正比的实验事实. 此外，按照光量子假设，在频率 ν 不变时，光的强度越大，光束中所含的光子数目就越多，因此只要 $\nu>\nu_0$，随着入射光强的增加，单位时间内逸出的光电子数也增加，光电流就增大，所以，光电流与入射光强成正比，符合实验结果. 至此，通过爱因斯坦光量子的假设，光电效应的实验结果得到了很好的解释，使我们对光的本性的认识有了一个飞跃.

4. 光的波粒二象性

光电效应的实验表明，光是由光子组成的看法是正确的，即光具有粒子性. 我们又知道，光是电磁波，具有干涉、衍射、偏振等现象，明显表现出波动性. 因此，我们认为光既具有波动性又具有粒子性，即光具有波粒二象性. 有些情况下(传播过程)，波动性突出；有些情况下(和物质相互作用时)，粒子性突出. 由相对论的能量动量关系 $E^2=p^2c^2+E_0^2$ 可推导出光的波动性和粒子性之间的关系. 因为光子 $E_0=0$，$E=pc$，又 $E=h\nu$，所以 $p=h/\lambda$，从而描述光的粒子性的物理量 E、p 和描述光的波动性的物理量 ν、λ 通过普朗克常量 h(作用量子 h)联系起来了. 对于光的波粒二象性的更深刻的认识我们将在量子力学中讲到. 应当注意，光子具有粒子性并不意味着光子一定没有内部结构，光子也许由其他粒子组成，只是迄今为止，尚无任何实验显露出光子存在内部结构的迹象.

1.4.4 氢原子光谱的规律

原子的核式结构模型建立时，只是肯定了原子核的存在，但还不知道原子核外电子的运动情况，这便需要进一步的研究. 在这方面的发展和研究中，光谱的观察和分析提供了很多有用的资料和有关原子结构的信息，这些资料和信息是关于原子结构和核外电子部分知识的重要源泉，所以光谱是研究原子结构的重要途径之一. 今后我们将从光谱的实验事实逐步论述原子中电子部分的状况，从而对原子的结构进行描述.

1. 光谱

所谓光谱就是光(电磁辐射)的频率成分和强度分布的关系图；有时只是频率成分的关系图. 牛顿早在 1704 年就说过：若要了解物质的内部情况，只要看其光谱就可以了.

光谱仪 光谱仪是用于测量光谱的仪器. 用光谱仪可以把光按波长展开，把不同成分的强度记录下来，或把按波长展开后的光谱拍摄成相片. 光谱仪的种类很多，但其基本结构和原理几乎都一样，大致由三部分组成：光源、分光器(棱镜或光栅)、记录仪(把分出的不同成分的光强记录下来). 图 1-10 所示为棱镜光谱仪的原理图.

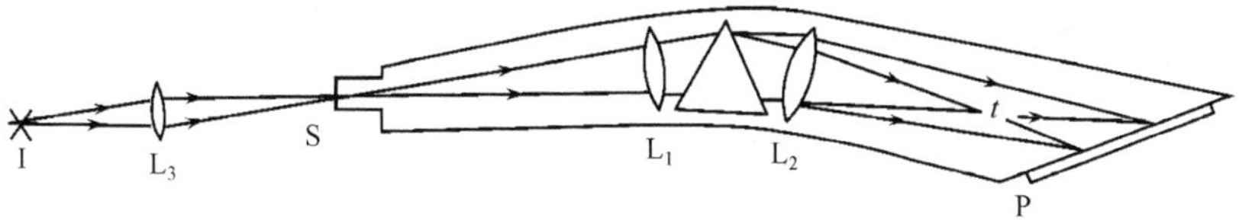

图 1-10　棱镜光谱仪原理图

不同的光源具有不同的光谱. 如果用氢灯作为光源，那么发出的光就是氢光，在光谱仪中测到的便是氢的光谱，如图 1-11 所示.

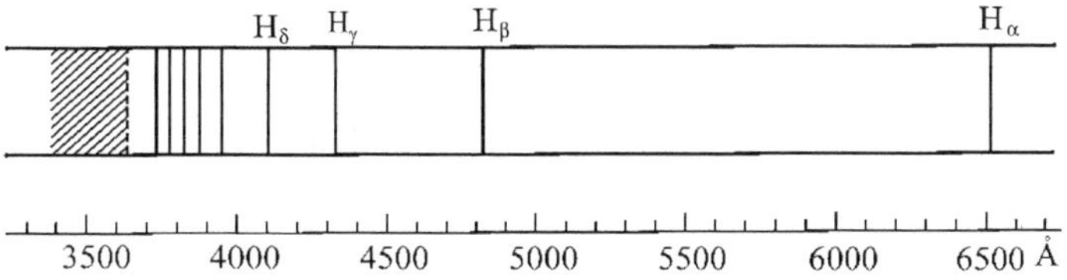

图 1-11　氢原子光谱的巴耳末系和系限外边的连续谱

光谱的类别　从形状来区别，光谱可分为三类：①线状光谱，观察光谱都用狭窄的光缝，那么摄谱仪上获得的相片必定出现细线，每条线代表一个波长，所谓线状光谱是指在这些光谱上的谱线是一条条清晰明亮的线，这表示波长的数值有一定的间隔，这类光谱一般是原子所发出的；②带状光谱，有些光源的光谱中谱线是分段密集的，这表示每段中不同的波长数值很多，相近的差别很小，如果用分辨率不高的摄谱仪摄取这类光谱，密集的谱线看起来并在一起，整个光谱好像是许多片连续的带组成，所以称为带状光谱，这类光谱一般由分子发出；③连续光谱，有些光源所发出的光具有各种波长，而且相近的波长差别极微，或者可以说是连续变化的，那么光谱相片上的谱线就密接起来形成连续光谱. 图 1-12 是这三类光谱的例子.

图 1-12　光谱照片

(a) 线状光谱；(b) 带状光谱；(c) 连续光谱

发射谱和吸收谱　光源所发出的光谱称为发射谱. 还有一种观察光谱的办法就是吸收. 把要观察和研究的样品放在发射连续光谱的光源与光谱仪之间，使来自光源的光先通过样品后，再进入光谱仪. 这样，一部分光就被样品所吸收，在所得的光谱上会看到连续的背景上有被吸收的情况，相片的底片上受光处变成黑的，吸收光谱呈现出连续的黑背景上有亮的线，这些线就是吸收物的吸收光谱. 图 1-13 是这类光谱的例子.

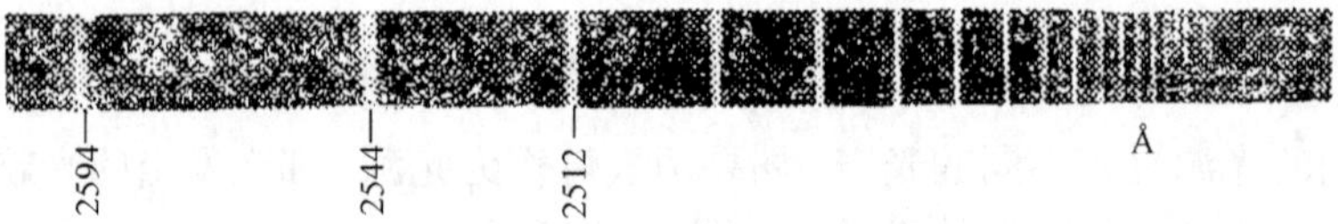

图 1-13　钠主线系的吸收谱，从第五条谱线起

2. 氢原子光谱的实验结果

1885 年，人们从光谱仪中观察到的氢原子的光谱线已有 14 条. 这年，巴耳末(J.J.Balmer)在对这些谱线进行分析研究后，提出了一个经验公式，此公式可以计算氢原子在可见光区域的光谱线的波数(即波长的倒数)

$$\tilde{\nu}=\frac{1}{\lambda}=\frac{4}{B}\left(\frac{1}{2^2}-\frac{1}{n^2}\right),\qquad n=3,4,5,\cdots \tag{1-20}$$

式中，$B = 3645.6\text{Å}$，是一个经验常数. 根据这个公式计算得出的氢原子光谱线的波数数值在实验误差范围内与测量到的数值完全一致. 后人称此公式为巴耳末公式，且将它所表达的一组谱线称为巴耳末线系.

1889 年，里德伯(J.R . Rydberg)提出了一个更普遍的方程

$$\tilde{\nu}=\frac{1}{\lambda}=R_{\mathrm{H}}\left(\frac{1}{m^2}-\frac{1}{n^2}\right) \tag{1-21}$$

称为里德伯方程. 氢原子所发射的所有光谱线都可用这个方程表示，其中 $R_{\mathrm{H}} = 109677.58\mathrm{cm}^{-1}$，称为里德伯常量，也是一个经验参数. 式(1-21)中 $m = 1,2,3,\cdots$；$n = m+1,m+2,m+3,\cdots$，对于每一个 m，构成氢原子光谱的一个谱线系，例如：

$m = 1$，$n = 2,3,4,\cdots$的谱线构成一个线系，此谱线系处于紫外区域，在 1914 年由莱曼(T.Lyman)发现，称为莱曼系.

$m = 2$，$n = 3,4,5,\cdots$的谱线在可见光区，称为巴耳末系.

$m = 3$，$n = 4,5,6,\cdots$的谱线在红外区，1908 年由帕邢(F.Paschen)发现，称为帕邢系.

$m = 4$，$n = 5,6,7,\cdots$的谱线在红外区，1922 年由布拉开(F.S.Brackett)发现，称为布拉开系；

$m = 5$，$n = 6,7,8,\cdots$的谱线在红外区，1924 年由普丰德(H.A.Pfund)发现，称为普丰德系.

……

由此我们看到，表面上如此繁复的光谱线竟然能由一个简单的公式(1-21)表示，

这不能不说是一项出色的成果. 但是里德伯公式(1-21)完全是凭经验凑出来的，它为什么能与实验事实符合得如此之好，这在公式问世近 30 年内，一直是一个谜.

这个谜，直到玻尔(N.Bohr)把量子说引入卢瑟福模型才得以揭晓. 原子物理也从此展开了新的篇章.

1.5　氢原子的玻尔理论

1.5.1　玻尔理论的提出

爱因斯坦 1905 年提出光量子的概念后，一直不受名人的重视，甚至到 1913 年德国最著名的物理学家(包括普朗克)还把爱因斯坦的光量子概念说成是"迷失了方向". 可是，当时年仅 28 岁的玻尔，却创造性地把量子的概念用到了当时人们持怀疑的卢瑟福原子结构模型，解释了近 30 年的氢光谱之谜. 玻尔在 1913 年 2 月之前，还一直不知道有里德伯方程. 2 月份，当他从他的学生那儿得知这个关于氢原子光谱的经验公式时，他立即获得了他理论"七巧板中的最后一块板". 同年 3 月，玻尔就提出了关于氢原子的理论.

玻尔的氢原子理论包含以下三条基本假设.

1. 经典轨道加定态假设

玻尔认为，氢原子中的一个电子绕原子核做圆周运动(经典轨道)，并假设：电子只能处于一些特殊的分立的轨道上(量子化)，它只有在这些轨道上绕核转动时才不产生电磁辐射. 其所对应的原子状态具有一定的能量(简称定态)，这就是玻尔的定态假设. 应当指出一个假设常常是建立一个新理论开始时所必要的，爱因斯坦在建立相对论时是这样做的，玻尔在这里也是这样做的. 至于这个假设是否能够成立，首先要看由此得出的结论与实验事实符合得如何.

2. 角动量量子化假设

玻尔认为，只有当电子的轨道角动量等于 $\hbar$ 的整数倍的那些轨道才是稳定的可能轨道，即电子轨道角动量必须满足

$$L = m_e v_n r_n = n\hbar \tag{1-22}$$

式中，n=1,2,3,⋯，是主量子数；h 是普朗克常量，$\hbar=h/(2\pi)$. 这就是玻尔角动量量子化假设.

3. 频率条件

按玻尔的观点，电子在定态轨道上运动，不会发生电磁辐射，因此就不会损

耗能量而落入核内. 那么，在什么情况下产生辐射呢？玻尔假设：当电子从一个定态轨道跃迁到另一个定态轨道时，会以电磁波的形式放出(或吸收)能量为 $h\nu$ 的光子，其值由下式决定：

$$h\nu=E_n-E_m \tag{1-23}$$

此即玻尔提出的频率条件，又称辐射条件. 玻尔在此把普朗克常量引入了原子领域. 注意，定态，无实质性运动；实质性运动只发生在定态之间.

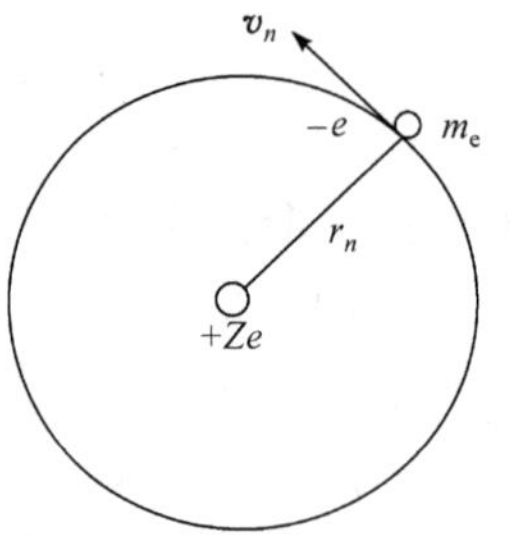

图 1-14　玻尔的电子轨道

以下我们将依据玻尔的假设，导出原子的定态能量、原子中电子运动的可能轨道半径及里德伯方程.

如图 1-14 所示，由定态假设，质量为 m_e 的电子绕原子核(对氢为质子)做半径为 r_n 的圆周运动，速度大小为 v_n，按经典力学理论，电子受到的向心力为

$$F=m_e\frac{v_n^2}{r_n} \tag{1-24}$$

这个力只能由质子和电子之间的库仑引力提供，即

$$\frac{1}{4\pi\varepsilon_0}\frac{e^2}{r_n^2}=\frac{m_e v_n^2}{r_n} \tag{1-25}$$

由此得到电子在圆周运动中的能量表达式

$$E=T+V=\frac{1}{2}m_e v_n^2-\frac{e^2}{4\pi\varepsilon_0 r_n}=\frac{1}{2}\frac{e^2}{4\pi\varepsilon_0 r_n}-\frac{e^2}{4\pi\varepsilon_0 r_n}$$

即

$$E=-\frac{1}{2}\frac{e^2}{4\pi\varepsilon_0 r_n} \tag{1-26}$$

由玻尔角动量量子化假设式(1-22)得

$$v_n=\frac{n\hbar}{m_e r_n} \tag{1-27}$$

由式(1-25)、式(1-27)可得电子的可能轨道半径为

$$r_n=a_1 n^2 \tag{1-28}$$

式中，$a_1=4\pi\varepsilon_0 h^2/(4\pi^2 m_e e^2)=0.0529\text{nm}$，习惯上称为第一玻尔轨道半径. 将式(1-28)代入式(1-26)可得原子可能的能量为

$$E_n=-Rhc/n^2=E_1/n^2 \tag{1-29}$$

其中

$$R=2\pi^2 m_e e^4/[(4\pi\varepsilon_0)^2 h^3 c]=109737.315\text{cm}^{-1} \tag{1-30}$$

为里德伯常量.

$$E_1 = -Rhc = -13.6\text{eV} \tag{1-31}$$

若把式(1-28)表示的氢原子中电子可能的轨道半径 r_n 和式(1-29)表示的可能的能量 E_n 用图解表示出来，即图 1-15 和图 1-16，图 1-16 称为原子的能级图，图中每一条横线代表一个能级，横线之间的距离表示能级的间隔，即能量差.

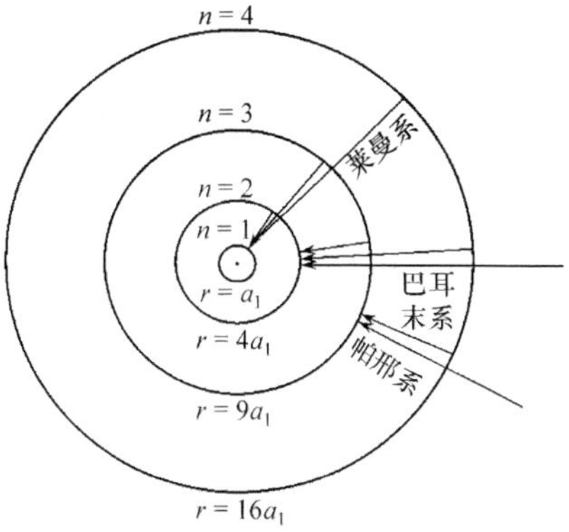

图 1-15　氢原子电子轨道

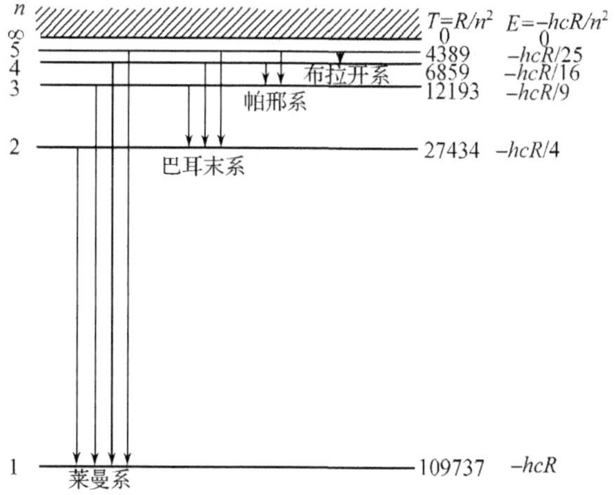

图 1-16　氢原子能级图

原子的最低能量状态称为**基态**($E_1 = -Rhc = -13.6$eV)，其他能量状态称为**激发态**. 注意：电子轨道间距随 n 增大而增大，能量间隔随 n 增大而减小，见图 1-15 和图 1-16.

再由玻尔假设中的频率条件，当氢原子从能量为 E_n 的状态跃迁到能量为 E_m 的状态时所发射的光谱可表为

$$\tilde{\nu} = \frac{1}{\lambda} = \frac{\nu}{c} = \frac{E_n - E_m}{hc} = R\left(\frac{1}{m^2} - \frac{1}{n^2}\right) \tag{1-32}$$

式中，$m = 1, 2, 3, \cdots$；$n = m+1, m+2, \cdots$. 每一个 m，构成一个线系，如图 1-16 所示. 且 $R \approx R_H$，因而里德伯常量首次得到了理论的解释. 这样，玻尔理论使里德伯经验公式有了清晰的物理图像，成功地解释了氢光谱，解开了已 30 年之久的“巴耳末公式之谜”，这是玻尔理论的一大成功.

在原子物理的计算中，一些常用的简便计算方法可参见本章附录.

然而，仍有点小问题：理论计算的 R = 109737.315cm^{-1}，而实验值 R_H = 109677.58cm^{-1}，差值超过万分之五，而当时光谱学的实验精度已达万分之一. 著名的英国光谱学家福勒(A.Fowler)对此提出了质疑. 1914 年玻尔对此做了回答：在原来的理论中假设氢核是静止的，但由于氢核(质子)的质量不是无穷大，当电子绕核运动时，核不能固定不动，若考虑到原子核的运动，就不是电子绕原子核做

圆周运动，而是电子和原子核绕着二者的质心运动. 力学已证明，质量为 m_1 和 m_2、相距为 r 的两质点绕共同的引力中心运动，若中心静止，则两质点的总能量是一假想质点在离中心 r 的轨道上运行的能量. 该假想质点的质量为

$$\mu = \frac{m_1 m_2}{m_1 + m_2}$$

称为折合质量，所以，当考虑原子核的运动时，应该用原子核和电子的折合质量代替不计原子核运动时电子的质量. 因此，只需将前面理论公式中的 $m_e \to \mu$ 即可，则

$$R = \frac{2\pi^2 m_e e^4}{(4\pi\varepsilon_0)^2 h^3 c} \to R_A = \frac{2\pi^2 e^4}{(4\pi\varepsilon_0)^2 h^3 c} \frac{m_A m_e}{m_A + m_e} = \frac{2\pi^2 m_e e^4}{(4\pi\varepsilon_0)^2 h^3 c} \frac{1}{1 + m_e / m_A} \tag{1-33}$$

m_A 为原子核的质量，当 $m_A \to \infty$时(相当于核静止)，由式(1-33)可得

$$R_\infty = R = \frac{2\pi^2 m_e e^4}{(4\pi\varepsilon_0)^2 h^3 c} \tag{1-34}$$

此即前面推导出的 R 的理论表达式(1-30)，故前面的理论值 R 相当于 m_A 无限大时的 R_A 值. 所以前面的理论 R 值和实验值略有差异. 近似计算时可用 R_∞代替 R_A.

由于对不同的原子，原子核的质量 m_A 不同，所以不同原子的里德伯常量略有差异，一般统一表示为

$$R_A = R_\infty \frac{1}{1 + m_e / m_A} \tag{1-35}$$

注意：在里德伯公式(1-32)中，n 和 m 分别表示电子在跃迁前后所处状态的量子数；在使用能级图时必须注意能量差越大，所发射光谱的波长越短；能量可以直接相加或相减，但波长却不能直接加减，例如，当电子从 n=2 跃迁到 n=1 的能级时，原子辐射的能量为

$$h\nu = E_2 - E_1 = \left(-\frac{hcR}{4}\right) - (-hcR) = \frac{3}{4} hcR$$

但此时电磁波的波长并不等于 E_1 和 E_2 相应的波长之差. 又如，n=3 与 n=2 之间的能量差等于 n=3→n=1 之间的间距与 n=2→n=1 之间的间距之差；但是 n=3 与 n=2 之间跃迁的波长(巴耳末的 H_α 线)并不等于 n=3→n=1 之间跃迁波长(莱曼系中第二条谱线)与 n=2→n=1 之间跃迁波长(莱曼系中第一条谱线)之差.

1.5.2　光谱项

为简化波数的表达式，令 $T(m)=R/m^2$、$T(n)=R/n^2$(或 T_n)称为光谱项，氢原子的光谱项普遍等于 R/n^2. 从而氢光谱可以表示为[参见式(1-32)]

$$\tilde{\nu}=T(m)-T(n) \tag{1-36}$$

式中，$m=1,2,3,\cdots$；$n=m+1,m+2,\cdots$，即每条谱线的波数可以表达为两光谱项之差. 对每一个 m 值是一个线系，对每一个线系 $T(m)$是固定项(其值不变)，决定电子跃迁的终态；$T(n)$是动项，决定电子跃迁的初态. 当 $n\to\infty$时，有 $\tilde{\nu}_\infty=R/m^2=T(m)$，为所对应的谱线系的最大波数，这称为该谱线系的线系限. 此时谱线的波长在谱线系中最短，或频率最大。对某一个线系来说线系限为一个定值.

例如，对氢原子 $m=2$ 的巴耳末线系，线系限 $T(2)=R/4$；对 $m=3$ 的帕邢线系，线系限 $T(3)=R/9$；对 $m=1$ 的莱曼线系，线系限 $T(1)=R$.

引入光谱项之后氢原子的能量可表示为

$$E_n=-Rhc/n^2=-hcT(n) \quad 或 \quad T_n=-E_n/(hc) \tag{1-37}$$

即原子有一个能量状态，就有一个光谱项与之相对应，以后常将光谱项与能量等同看待.

从能级图中可见，在同一谱线系中，跃迁的能级间隔越大，谱线的波长越短，但随着跃迁间隔的增加，每次增加的能量逐渐减少，直至趋于零. 所以每一谱线系中谱线间的间隔向着短波方向递减，到达线系限处趋于零(即能量间隔趋于零).

*1.5.3　原子能级的实验验证——弗兰克–赫兹实验

在玻尔提出氢原子理论的第二年，即 1914 年，弗兰克和赫兹从实验中证实了原子中存在分立的能级，对玻尔理论是很大的支持，他们也因此获得 1925 年诺贝尔物理学奖. 弗兰克–赫兹实验装置如图 1-17 所示. 在玻璃管 B 中充以待测气体(当时使用的是低压水银蒸气)，电子从加热的灯丝 F 发射出来，在加速电压 U_0 的作用下被加速，并向栅极运动，在栅极 G 和板极 P 之间有一很小的反向电压 U_r(约为 0.5V). 电子穿过 G 进入 GP 空间时，若有较大能量，就可以克服反向电场而到达板极 P，成为通过电流计的电流，若电子在 FG 区域与汞原子相碰，把自己的能量给了汞原子，那么，电子剩下的能量就可能很小，以致过栅极 G 后已不足以克服反向电场而抵达 P. 若这类电子数目很多，那么电流计的读数将明显减小. 图 1-18 是板极电流随加速电压变化的实验结果. 当 FG 之间的电压逐渐由零增加时，板极电流不断地上升、下降，出现一系列的峰和谷；峰(或谷)间距离大致相等，均为 4.9V，即 FG 间的电压为 4.9V 的整数倍时，电流突然下降. 这种实验现象表明：汞原子对外来的能量不是“来者皆收”，而是当外来能量达到 4.9eV 时，它才吸收，这表明汞原子存在能量差为 4.9eV 的量子状态. 当 FG 间的电压低于 4.9V 时，电子在 FG 间加速获得的能量低于 4.9eV，此时若电子与原子碰撞，汞原子不接收低于 4.9eV 的能量，于是电子有足够的能量通过栅极，并克服反向电场到达板极 P，对电流做出贡献，在这种情况下板极电流随加速电压而增加.

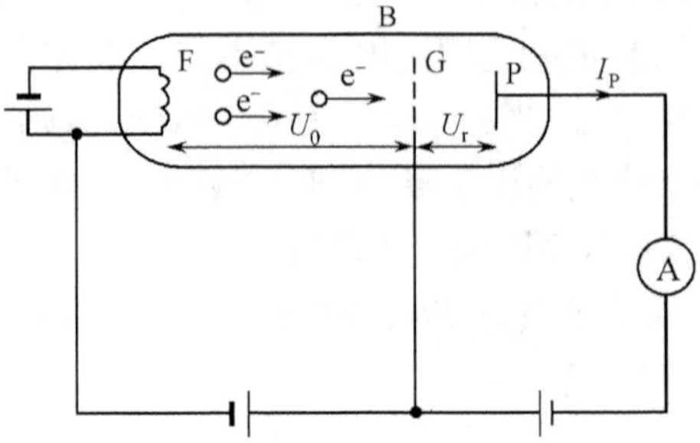

图 1-17　弗兰克-赫兹实验装置示意图

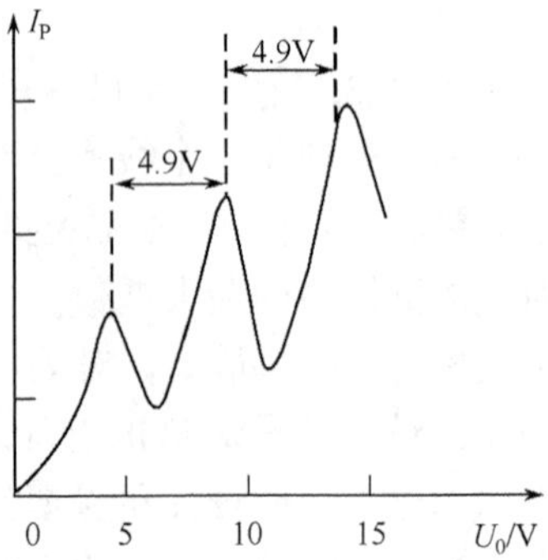

图 1-18　板极电流与加速电压之间的关系

当 FG 间的加速电压达到 4.9V 时，电子若在栅极 G 附近与汞原子相碰，就有可能把所获得的全部能量传递给汞原子，使汞原子处于 4.9eV 的激发态，此时电子便无力到达板极 P，因此板极电流就急剧下降. 待 FG 间的电压略超过 4.9V 时，电子与汞原子碰撞只能转移掉 4.9eV 能量，因此，电子便留下了一部分能量，足以克服反向电场而到达板极 P，那时电流又开始上升.

当 FG 间的电压 2 倍于 4.9V 时，电子在 FG 区域内一次碰撞损失能量 4.9eV 后，有可能再次获得 4.9eV 的能量与另一个原子发生碰撞，依次耗尽能量，从而又造成电流的下降；同理当 FG 间的电压 3 倍于 4.9V 时，电子在 FG 区域有可能经 3 次碰撞而失去能量. 这充分证明了原子中存在量子化的能级.

值得注意的是，尽管玻尔理论取得了极大的成功，但玻尔理论也存在困难，它仍是半经典的量子理论，本身存在逻辑上的缺陷，它既赋予微观粒子量子化的特征，又认为微观粒子遵循经典力学的规律. 例如对电子绕核的运动，用经典理论处理；而对电子轨道半径、角动量则用量子条件处理. 正是这些困难和缺陷，迎来了物理学的更大革命，后来在微观粒子波粒二象性基础上建立起来的量子力学，圆满地解决了玻尔理论所遇到的问题. 关于量子力学对氢原子问题的处理详见第 2 章.

1.6　类氢系统的光谱

类氢离子　类氢离子是原子核外只有一个电子的原子体系(但原子核带电量>一个单位正电荷的离子)，例如 He^+、Li^{2+}、Be^{3+}.

玻尔理论可以很好地解释类氢离子的光谱，根据玻尔的假设，所有单电子系统(单电子原子或离子)的光谱除了因子 Z^2 和里德伯常量之外都相同，这可用实验的方法鉴定.

按此假设和氢原子的波数公式

$$\tilde{\nu} = Z^2 R_{\mathrm{H}} \left(\frac{1}{m^2} - \frac{1}{n^2} \right)$$

对氦离子 He^+，$Z=2$，则有

$$\tilde{\nu} = 4 R_{\mathrm{He}} \left(\frac{1}{m^2} - \frac{1}{n^2} \right) \tag{1-38}$$

当 $m=4$ 时，有

$$\tilde{\nu} = R_{\mathrm{He}} \left(\frac{1}{2^2} - \frac{1}{k^2} \right) \tag{1-39}$$

式中，$k=n/2=5/2, 6/2,\cdots$，称为氦离子的毕克林系，1897 年由天文学家毕克林发现.

其谱线和氢原子谱线除 k 可取半整数外还有微小的差别，这种差别源于 R_A，如图 1-19 所示.

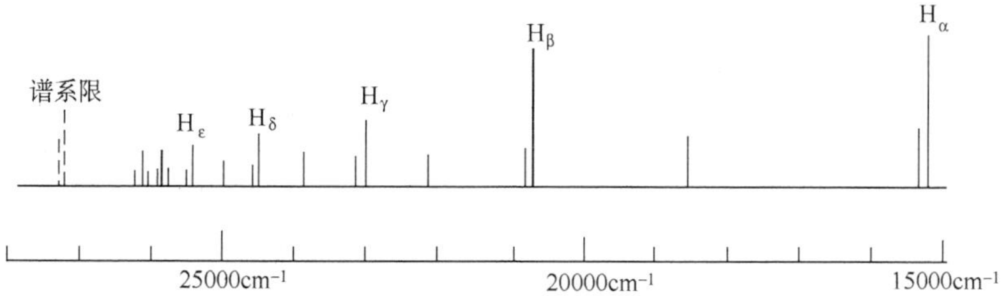

图 1-19　毕克林系与巴耳末系的比较

后来，$m=3$ 的线系被福勒于 1914 年发现；$m=1,2$ 的两个线系于 1916 年被莱曼发现.

对 Li^{2+}，$Z=3$，则有

$$\tilde{\nu} = 9 R_{\mathrm{Li}} \left(\frac{1}{m^2} - \frac{1}{n^2} \right) \tag{1-40}$$

对铍 Be^{3+}，$Z=4$，则有

$$\tilde{\nu} = 16 R_{\mathrm{Be}} \left(\frac{1}{m^2} - \frac{1}{n^2} \right) \tag{1-41}$$

所以一般类氢离子光谱可表达为

$$\tilde{\nu} = R_{\mathrm{A}} Z^2 \left(\frac{1}{m^2} - \frac{1}{n^2} \right) = R_{\mathrm{A}} \left(\frac{Z^2}{m^2} - \frac{Z^2}{n^2} \right) = T(m) - T(n) \tag{1-42}$$

其光谱项可一般表达为

$$T(n) = \frac{R_{\mathrm{A}} Z^2}{n^2} \tag{1-43}$$

例 1-2　运动质子与一个处于静止的基态的氢原子做非弹性对心碰撞，欲使氢原子发射出光子，质子至少应以多大的速度运动(不考虑相对论效应)?

解　设质子至少应以 v_0 的速度运动. 欲使基态氢原子发射出光子，至少应使氢原子从基态被激发到第一激发态. 设氢原子需吸收能量ΔE_{12}，根据玻尔理论和氢原子能量公式(1-29)，得

$$\Delta E_{12}=E_2-E_1=E_1/4-E_1=10.2\text{eV}=1.634258\times10^{-18}\text{J}$$

设质子和氢原子质量分别为 m_p 和 M_H，据能量守恒有

$$m_\text{p}{v_0}^2/2=\left(m_\text{p}+M_\text{H}\right)v^2/2+\Delta E_{12}$$

据动量守恒有

$$m_\text{p}v_0=\left(m_\text{p}+M_\text{H}\right)v$$

所以

$$v_0=2\sqrt{\frac{\Delta E_{12}}{m_\text{p}}}=6.25\times10^4\,\text{m/s}\quad(\text{注意：}m_\text{p}c^2=938\text{MeV})$$

里德伯原子　原子中一个外层电子被激发到主量子数 $n\gg1$ 的高激发态的原子称为里德伯原子，这种高激发态称为里德伯态. 处于里德伯态的电子，远离原子核和其他电子组成的原子实，原子实带$+e$ 电荷，所以由一个外层电子与一个原子实构成的里德伯原子，可视为类氢原子.

例 1-3　已知类氢离子 Na^{10+}有一条谱线对应于 n=200 到 m =100 的跃迁，Na 的里德伯原子也有一条 n=200 跃迁到 m=100 的谱线，问两者的频率之比是多少?

解　求解时设 $R_\text{Na}=R_\infty=R$，对 Na^{10+}，Z=11，由式(1-42)有

$$\nu_1=c\tilde{\nu}_1=RcZ^2\left(\frac{1}{m^2}-\frac{1}{n^2}\right)$$

对 Na 的里德伯原子

$$\nu_2=c\tilde{\nu}_2=Rc\left(\frac{1}{m^2}-\frac{1}{n^2}\right)$$

所以

$$\frac{\nu_1}{\nu_2}=\frac{Z^2}{1}=121$$

奇特原子　由任何一个带正电荷的粒子和一个带负电荷的粒子组成的系统，称为奇特原子，奇特原子具有类氢原子的特征，由一个正电子和电子构成的电偶素是最简单的奇特原子，也是最简单的类氢原子系统.

例 1-4　μ^-子的静止质量 $m=207m_\text{e}$，带一个单位负电荷$-e$，它被质子俘获形

成 μ 子原子，试计算：(1)第一玻尔半径；(2)基态能量.

解　μ 子原子系统的约化质量为

$$\mu=\frac{M_{\mathrm{p}}m_{\mu}}{M_{\mathrm{p}}+m_{\mu}}=\frac{1836\times 207}{1836+207}m_{\mathrm{e}}\approx 186m_{\mathrm{e}}$$

由式(1-28)，得

$$r_1'=\frac{4\pi\varepsilon_0\hbar^2}{\mu e^2}=\frac{a_1}{186}\approx 2.84\times 10^{-13}\,\mathrm{m}$$

由式(1-29)，得

$$E_1'=\frac{-\mu e^2}{2(4\pi\varepsilon_0)^2\hbar^2}=186E_1=-2.53\mathrm{keV}$$

*附录：数值计算法

我们已经有了电子的轨道半径、氢原子的能量和里德伯常量等的表达式，见式(1-28)、式(1-29)、式(1-30)，为了进行数值计算，显然，只要把一些基本常数(如 m_{e}、e、$\hbar$ 等)代入即可，但是，这样做既麻烦又缺乏物理意义. 现在我们介绍简便的数值计算法.

引入组合常数(其物理意义将逐步清楚)

$$\left.\begin{aligned}&\hbar c=197\,\mathrm{fm\cdot MeV}=197\,\mathrm{nm\cdot eV}\\&hc=1240\mathrm{eV\cdot nm}\\&e^2/4\pi\varepsilon_0=1.44\,\mathrm{fm\cdot MeV}=1.44\,\mathrm{nm\cdot eV}\\&m_{\mathrm{e}}c^2=0.511\mathrm{MeV}=511\mathrm{keV}\\&\frac{e}{4\pi m_{\mathrm{e}}c}=46.7\mathrm{m^{-1}\cdot T^{-1}}\end{aligned}\right\}\tag{1-44}$$

我们就可以方便地计算氢原子的第一玻尔半径($n=1$ 时的 r_n 值)，由式(1-28)得

$$\begin{aligned}r_1\equiv a_1&=\frac{4\pi\varepsilon_0\hbar^2}{m_{\mathrm{e}}e^2}=\frac{(\hbar c)^2}{m_{\mathrm{e}}c^2e^2/(4\pi\varepsilon_0)}\\&=\frac{(197)^2}{0.511\times 10^6\times 1.44}\mathrm{nm}\approx\frac{0.039\times 10^6}{0.73\times 10^6}\mathrm{nm}\approx 0.053\,\mathrm{nm}\end{aligned}\tag{1-45}$$

第一玻尔半径通常又以 a_0 表示，习惯上就称为玻尔半径，它也是原子物理中常用的长度单位.

在计算氢原子的能量时，先把式(1-29)改写成

$$E_n = -\frac{m_e e^4}{(4\pi\varepsilon_0)^2 \cdot 2\hbar^2 n^2} = -\frac{m_e c^2}{2}\left(\frac{e^2}{4\pi\varepsilon_0 \hbar c}\right)^2 \frac{1}{n^2} \tag{1-46}$$

$$\frac{e^2}{4\pi\varepsilon_0 \hbar c} \equiv \alpha \approx \frac{1}{137} \tag{1-47}$$

式中，α 称为精细结构常数. 从式(1-47)可知，α 是量纲为一常数，其值为 1/137；它联系着三个重要常量：一个涉及电动力学(e)，一个涉及量子力学($\hbar$)，一个涉及相对论(c). 是什么样的物理因素把三者结合起来形成一个量纲为一常数？它的数值又为什么是 1/137？至今无法回答. α 与 m_e/m_p 是原子物理中最重要的两个常数，都是至今没有办法从第一性原理导出的量纲为一常数. 引入α后，式(1-46)变为

$$E_n = -\frac{1}{2} m_e (\alpha c)^2 \frac{1}{n^2} = -\frac{Rhc}{n^2} \tag{1-48}$$

当 n=1 时

$$\begin{aligned} E_1 &= -\frac{1}{2} m_e (\alpha c)^2 = -\frac{1}{2} m_e c^2 \alpha^2 \\ &= -\frac{1}{2}(0.511\times 10^6)\times\left(\frac{1}{137}\right)^2 \text{eV} \approx -13.6\text{eV} \end{aligned} \tag{1-49}$$

这就是氢原子基态能量；若定义氢原子基态能量为 0，那么

$$E_\infty = \frac{1}{2} m_e (\alpha c)^2 = Rhc = 13.6\text{eV} \tag{1-50}$$

就是把氢原子基态的电子移到无限远时所需要的能量，即是氢原子的电离能.

于是，我们有了表征原子的两个重要的物理量：一个是线度，玻尔第一半径；另一个是能量，氢原子基态能量或电离能.

从式(1-49)还可以看出

$$\alpha c = v_1 \tag{1-51}$$

它被定义为玻尔第一速度. 其实，我们从圆轨道运动特点可知

$$\frac{m_e v_1^2}{r_1} = \frac{e^2}{4\pi\varepsilon_0 r_1^2} \quad (n=1)$$

即可得到

$$\begin{aligned} v_1 &= \sqrt{\frac{e^2}{4\pi\varepsilon_0 m_e r_1}} = \frac{e^2}{4\pi\varepsilon_0 \hbar} = \frac{e^2 c}{4\pi\varepsilon_0 \hbar c} = \alpha c \\ v_n &= \frac{\alpha c}{n} \end{aligned} \tag{1-52}$$

它与式(1-51)相一致. v_n 为电子在第 n 个可能轨道运动的速度. 由此可知，电子在

原子中运动的速度是光速的 1/137，速度不大，一般不必考虑相对论修正.

另外，我们可以把里德伯常量式(1-30)改写为

$$R=\frac{1}{2}m_{\mathrm{e}}(\alpha c)^2\frac{1}{hc}=\frac{E_\infty}{hc} \tag{1-53}$$

由此可见，里德伯常量正比于氢原子的电离能；E_∞ 是能量，R 是波数，两者通过 hc 联系起来，都是能量的表述方式. 波数就是波长的倒数

$$\tilde{\nu}\equiv\frac{1}{\lambda}=\frac{E}{hc} \tag{1-54}$$

式中，$E=h\nu$ 是光子能量. 因此，光子能量与波长的关系为

$$\lambda=\frac{hc}{E}=\frac{1.24}{E}\mathrm{nm\cdot keV} \tag{1-55}$$

式中，能量 E 必须用 keV 为单位，这里我们已利用了组合常数

$$hc=1.24\,\mathrm{nm\cdot keV} \tag{1-56}$$

它只不过是式(1-44)中 $\hbar c$ 的另一种表示形式. 从式(1-53)或式(1-54)我们看到了组合常数 hc(或 $\hbar c$)的物理意义：它是联系两种能量表达形式的桥梁. hc(或 $\hbar c$)的量纲是线度与能量的乘积，这两个量正是任何一个体系的最重要的两个物理量；它们的乘积为常数，就意味着小的线度必然与高的能量相联系. e^2 起着同样的作用，它与 hc 是由精细结构常数联系起来的.

习题与思考题

1. 若卢瑟福散射的 α 粒子是放射性物质镭放射的，其动能为 7.68×10^6eV，散射物质是原子序数 Z=79 的金箔，试问散射角 θ=150°所对应的瞄准距离 b 多大?
2. 已知散射角为 θ 的 α 粒子与散射核的最短距离为
$$r_{\mathrm{m}}=\left(\frac{1}{4\pi\varepsilon_0}\right)\frac{2Ze^2}{Mv^2}\left(1+\frac{1}{\sin\theta/2}\right)$$
试问上题粒子与散射的金原子核之间的最短距离 r_{m} 多大?
3. 钋放射的一种 α 粒子的速度为 1.597×10^7m/s，正面垂直入射于厚度为 10^{-7}m、密度为 1.932×10^4kg/m^3 的金箔. 试求所有散射在 $\theta>90°$的 α 粒子占全部入射粒子的百分比(已知金的原子量为 197).
4. 太阳可看作是半径为 7.0×10^8m 的球形黑体，试计算太阳的温度. 设太阳射到地球表面上的辐射能量为 1.4×10^3W/m^2，地球与太阳间的距离为 1.5×10^{11}m.
5. 钨的逸出功是 4.52eV，钡的逸出功是 2.5eV，分别计算钨和钡的截止频率，哪种金属可以用作可见光范围的光电阴极材料?
6. 钾的截止频率为 4.62×10^{14}Hz，今以波长为 435.8nm 的光照射，求钾放出的光电子的初速度.
7. 试计算氢原子的第一玻尔轨道上电子绕核转动的频率、线速度.

8. 试由氢原子的里德伯常量计算基态氢原子的电离电势和第一激发电势.
9. 用能量为 12.5eV 的电子去激发基态氢原子. 问受激发的氢原子向低能级跃迁时，会出现哪些波长的光谱线?
10. 试估算一次电离的氦离子 He^+、二次电离的锂离子 Li^{2+}的第一玻尔轨道半径、电离能、第一激发能和莱曼系第一条谱线波长分别与氢原子的上述物理量的比值.
11. 试问二次电离的锂离子 Li^{2+}从其第一激发态向基态跃迁时发出的光子，是否有可能使处于基态的一次电离的氦离子 He^+的电子电离掉?
12. 氢与其同位素氘(质量数为 2)混在同一放电管中，摄下两种原子的光谱线. 试问其巴耳末系的第一条(H_α)光谱线之间的波长差$\Delta\lambda$有多大? 已知氢的里德伯常量 $R_H = 1.0967758 \times 10^7 m^{-1}$，氘的里德伯常量 $R_D=1.0970742\times10^7 m^{-1}$.
13. 试证明氢原子中的电子从 n+1 轨道跃迁到 n 轨道，发射光子的频率ν_n，当 $n\gg1$ 时即为电子绕第 n 玻尔轨道转动的频率.
14. 为什么电子的发现预示着原子有内部结构?
15. 卢瑟福散射公式在哪些情况下适用? 在散射物质比较厚时，能否应用卢瑟福公式? 为什么?
16. 用较重的带负电的粒子代替 α 粒子做散射实验会产生什么结果? 用中性粒子代替 α 粒子做同样的实验是否可行? 为什么?

第 2 章

量子力学初步

*2.1　波粒二象性　德布罗意物质波

2.1.1　德布罗意假设

光电效应告诉人们光具有波粒二象性，而自然界在许多方面都具有明显的对称性，既然光具有波粒二象性，那么实物粒子(如电子)是否也具有波粒二象性呢?光的波粒二象性是否具有更深刻的普遍意义呢? 年轻的法国科学家德布罗意反向思考了这一问题. 他大胆地将光的波粒二象性赋予了电子这样的实物粒子，即承认实物粒子也具有波粒二象性，把波粒二象性推广到所有的物质粒子. 1924 年 11 月，他向巴黎大学理学院提交了博士论文《量子理论的研究》，指出任何物体都伴随以波，不可能将物体的运动和波的传播拆分开来，这种波称为德布罗意波(或物质波). 德布罗意还给出了与动量为 p、能量为 E 的粒子相伴随的物质波的波长(λ)、频率(ν)与 p、E 的关系式

$$\lambda=\frac{h}{p},\quad E=h\nu \tag{2-1}$$

这便是著名的德布罗意关系式. 德布罗意因此于 1929 年获得诺贝尔物理学奖.

例 2-1　在一束电子中，电子的动能为 200eV，求此电子的德布罗意波长 λ.

解　$v\ll c$，$E_k=\frac{1}{2}m_e v^2$，$v=\sqrt{\frac{2E_k}{m_e}}$，得

$$v=\sqrt{\frac{2\times200\times1.6\times10^{-19}}{9.1\times10^{-31}}}\,\text{m}\cdot\text{s}^{-1}\approx8.4\times10^{6}\,\text{m}\cdot\text{s}^{-1}$$

因为 $v\ll c$，所以，

$$\lambda=\frac{h}{m_e v}=\frac{6.63\times10^{-34}}{9.1\times10^{-31}\times8.4\times10^{6}}\,\text{m}\approx8.67\times10^{-2}\,\text{nm}$$

此波长的数量级与 X 射线波长的数量级相当.

注意，波粒二象性是普遍的结论，宏观粒子也具有波动性，只是由于宏观粒

子质量相比普朗克常量 h 来说很大，所以与其相联系的德布罗意波波长很短，短到实验难以测量的程度. 因此宏观粒子往往只表现出粒子性.

例 2-2　一颗质量为 0.01kg、速度为 300m/s 的子弹，计算其德布罗意波的波长.

解　由德布罗意关系得

$$\lambda=\frac{h}{p}=\frac{h}{mv}=\frac{6.63\times10^{-34}}{0.01\times300}=2.21\times10^{-34}\,(\mathrm{m})$$

此波在现有的实验条件下，是不可能被观测到的.

2.1.2　德布罗意波的实验验证

从本节例 2-1 可见，当电子的速率为 10^6m/s 的数量级时，其德布罗意波长与 X 射线的波长相当. 1927 年戴维孙(C.J.Davisson)和革末(L.H.Germer)率先采用了类似布拉格父子解释 X 射线衍射现象的实验方法，认为晶体对电子物质波的衍射，理应与对 X 射线的衍射满足同样的规律，从而证实了电子的波动性.

1. 戴维孙-革末电子衍射实验

实验装置如图 2-1 所示. 电子从灯丝 K 射出，经电势差为 U 的加速电场，通过狭缝 D 后成为很细的电子束，投射到镍晶体 M 上，被晶体散射后进入电子探测器，其电流由电流计 G 测出. 实验中散射角 θ 保持不变，测量出在不同加速电压 U 下散射电子束的强度. 实验表明，电子探测器中的电流呈现明显的选择性，当 θ=50°时，只有当加速电压 U=45V 时，探测器中的电流才有极大值.

此实验结果证明了电子的波动性. 根据德布罗意的假设，电子物质波的波长与加速电压 U 之间的关系为

$$\lambda=\frac{h}{m_{\mathrm{e}}v}=\frac{h}{\sqrt{2m_{\mathrm{e}}E_{\mathrm{k}}}}=\frac{h}{\sqrt{2m_{\mathrm{e}}eU}} \tag{2-2}$$

设晶体是间隔均匀的原子规则排列而成的，两相邻晶面间的距离为 d，如图 2-2 所示.

两相邻晶面电子束反射射线干涉加强的条件为

$$2d\sin\frac{\theta}{2}\cos\frac{\theta}{2}=k\lambda$$

即

$$d\sin\theta=k\lambda$$

代入式(2-2)可得

$$\sin\theta=\frac{kh}{d}\sqrt{\frac{1}{2em_{\mathrm{e}}U}} \tag{2-3}$$

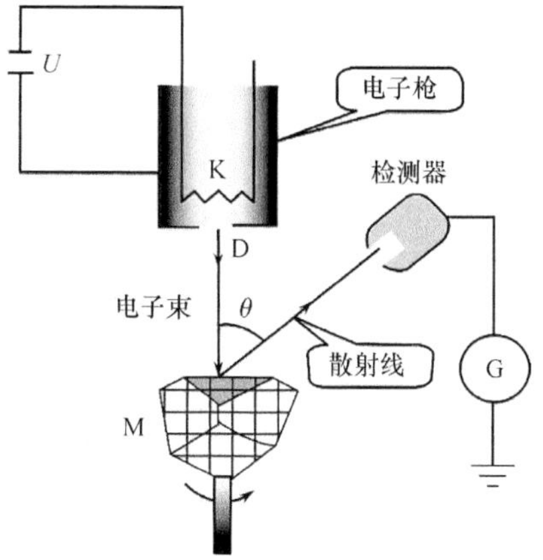

图 2-1　戴维孙–革末实验示意图

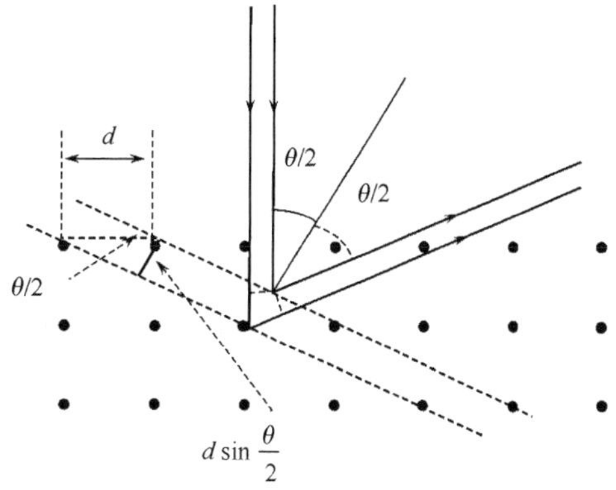

图 2-2　两相邻晶面电子束反射射线的干涉

对镍晶体 $d = 2.15\times10^{-10}$m，当 k =1 时，可算得 $\theta=\arcsin 0.777=51°$，与实验结果相近. 这表明电子确实具有波动性，德布罗意关于实物粒子波动性的假设首次得到实验验证.

2. G. P.汤姆孙电子衍射实验

与戴维孙和革末利用电子在晶面上的散射，证实了电子的波动性的同一年，英国物理学家 G. P. 汤姆孙独立地从实验中观测到了电子透过多晶铝箔时的衍射现象，实验装置如图 2-3(a)所示，电子从灯丝 K 逸出后，经过加速电压 U 的加速电场，再通过小孔 D，成为一束很细的平行电子束，当电子束穿过一多晶铝箔 M 后，再射到底片 P 上，就获得了如图 2-3(b)所示的衍射图样.

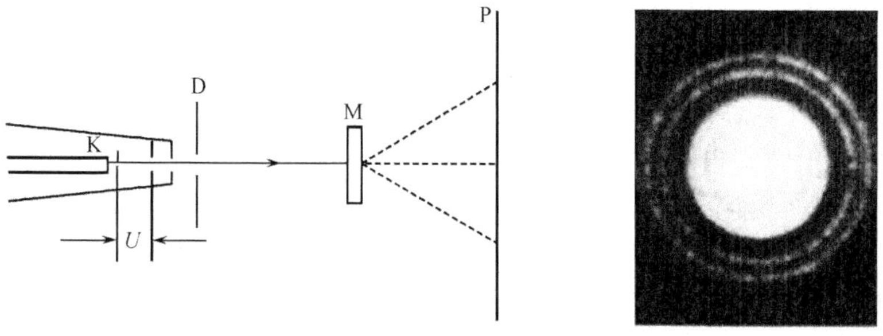

(a) 实验装置　(b) 衍射图样

图 2-3　电子束透过多晶铝箔的衍射

20 世纪 30 年代以后，实验进一步发现，不但电子，而且一切实物粒子，如质子、中子、氦原子等都具有衍射现象，即都具有波动性，它们的波长也都由式(2-1)决定. 所以, 波动性是粒子自身的固有属性, 德布罗意公式正是反映实物粒子波粒二象性的基本公式.

2.1.3　德布罗意波的统计解释

怎样理解微观粒子既是粒子又是波呢? 物质波的本质是什么呢?

经典的粒子是不被分割的整体, 有确定的位置和运动轨道; 经典的波是某种实际的物理量的空间分布做周期性的变化, 波具有相干叠加性. 微观粒子同时具有波粒二象性, 要求将波和粒子两种对立的属性统一到同一个物体上. 为了做到这种统一, 1926 年玻恩提出了德布罗意波的统计解释. 他认为物质波不代表实在物理量的波动, 而是刻画粒子在空间各处出现的概率分布的概率波. 普遍地说, 在某处粒子的德布罗意波的强度是与粒子在该处邻近出现的概率成正比的, 这就是德布罗意波的统计解释. 例如对电子的衍射图样, 从粒子的观点来看, 衍射图样的出现, 是由于电子射到各处的概率不同而引起的, 电子密集的地方电子出现的概率很大, 电子稀疏的地方电子出现的概率则很小; 而从波动的观点来看, 电子密集的地方其德布罗意波的强度大, 电子稀疏的地方其德布罗意波的强度小. 所以, 某处附近电子出现的概率就反映了该处德布罗意波的强度. 注意, 概率的意义在于, 在已知给定的条件下, 不可能精确地预知结果, 只能预言某些可能结果的可能性大小.

*2.2　不确定关系

众所周知, 在经典力学中, 我们有了一个受到已知力作用的系统的运动方程之后, 只要知道初始条件, 即知道粒子在某一时刻($t = 0$ 时)的确切位置与动量, 我们就可以求解方程, 给出粒子在任何时刻的位置与动量, 这就是经典物理中的“决定性观念”或“严格的因果律”. 它在宏观世界, 例如对天体物理及对人造卫星的运动规律的描述, 都取得了巨大的成功.

当研究由宏观世界转向微观世界时, 经典物理学家很自然地把所熟悉的一套成功方法搬过来, 希望经过观察能够精密地确定某一微观粒子, 例如电子的位置与动量. 但是, 海森伯与玻尔的观点与此截然不同: 他们认为对微观粒子, 由于其具有波粒二象性, 其行为不再是决定性的, 而是概率性的. 我们只能预言这些粒子的可能行为, 即在已知给定的条件下, 不可能精确地预知结果, 只能预言某些可能的结果的概率. 海森伯与玻尔认为, 概率性的观点在量子物理学中是基本的观点, 决定论必须放弃. 这就是量子力学的哥本哈根解释的核心内容, 也是微观粒子具有波粒二象性的必然结果. 这一特质被海森伯用不确定关系所描述.

海森伯于 1927 年首先提出不确定关系(也称为不确定原理)，它反映了微观粒子运动的基本规律，是物理学中一个极为重要的关系式. 它包括多种表述形式，其中一个是

$$\Delta x \Delta p_x \geqslant h \tag{2-4}$$

其物理意义是，微观粒子同一方向上的坐标与动量不可能同时具有确定的值，即对于微观粒子不能同时用确定的位置和确定的动量来描述，企图同时确定粒子的位置和动量是办不到的，也是没有意义的. 换言之，若粒子的位置 x 完全确定($\Delta x \to 0$)，那么粒子可以具有的动量 p_x 的数值就完全不确定($\Delta p_x \to \infty$)；若粒子处于一个动量数值 p_x 完全确定的状态($\Delta p_x \to 0$)，则粒子在 x 方向的位置是完全不确定的($\Delta x \to \infty$).

注意，在不确定关系中，联系着一个关键的物理量是普朗克常量 h. 在宏观世界它是一个很小的量，因而 $\Delta x \Delta p_x \to 0$，不确定关系在宏观世界并不能得到直接的体现；但在微观世界不确定关系却是一个重要的规律. 从以下的例子我们可以清楚地看到这一点.

例 2-3　一颗质量为 10g 的子弹，具有 200m/s 的速率. 若其动量的不确定范围为动量的 0.01%(这在宏观范围是十分精确的)，则该子弹位置的不确定量范围为多大？

解　子弹的动量

$$p = mv = 2\text{kg} \cdot \text{m} \cdot \text{s}^{-1}$$

动量的不确定范围

$$\Delta p = 0.01\% \times p = 2 \times 10^{-4} \text{kg} \cdot \text{m} \cdot \text{s}^{-1}$$

位置的不确定量范围

$$\Delta x \geqslant \frac{h}{\Delta p} = \frac{6.63 \times 10^{-34}}{2 \times 10^{-4}} \text{m} = 3.315 \times 10^{-30} \text{m}$$

这几乎是完全确定的. 可见在宏观世界，可以认为子弹的动量和位置可同时确定.

例 2-4　一个电子具有 200m/s 的速率，动量的不确范围为动量的 0.01%(这也是足够精确的了)，则该电子的位置不确定范围有多大？

解　电子的动量大小为

$$p = mv = 9.1 \times 10^{-31} \times 200 = 1.82 \times 10^{-28} (\text{kg} \cdot \text{m} \cdot \text{s}^{-1})$$

动量的不确定范围

$$\Delta p = 0.01\% \times p = 1.82 \times 10^{-32} \text{kg} \cdot \text{m} \cdot \text{s}^{-1}$$

位置的不确定量范围

$$\Delta x \geqslant \frac{h}{\Delta p} = \frac{6.63\times10^{-34}}{1.82\times10^{-32}} \approx 3.64\times10^{-2}(\mathrm{m})$$

这很不确定. 可见在微观世界，电子的动量和位置不能同时确定.

严格的理论给出不确定性关系为

$$\Delta x \cdot \Delta p_x \geqslant \hbar/2 \tag{2-5}$$

在量子物理中，凡是存在不确定关系的物理量称为共轭物理量，一般可表示为

$$\Delta q \cdot \Delta p \geqslant \hbar/2 \tag{2-6}$$

能量和时间也是一对共轭物理量

$$\Delta E \cdot \Delta t \geqslant \hbar/2 \tag{2-7}$$

*2.3 波函数与薛定谔方程

2.3.1 波函数 概率密度

1. 波函数

由于微观粒子的波粒二象性导致微观粒子的行为遵循不确定关系，所以微观粒子的运动状态不能用经典的坐标、动量、轨道等概念来精确地描述，为此必须寻找能反映微观粒子波粒二象性的描述方法.

在微观领域中我们引入波函数$\Psi(\boldsymbol{r},t)$描述粒子的状态，可以认为波函数是对与粒子相联系的德布罗意物质波的描述. 波函数的基本特点：①是复函数；②本身没有直接的物理意义. 既然微观粒子的运动状态用波函数描述，那么，波函数与粒子行为之间是如何相关联的呢?

2. 波函数的统计意义(玻恩的假设)

类比电磁波和光的波粒二象性，玻恩把描述微观粒子状态的波函数$\Psi(\boldsymbol{r},t)$模的平方$\left|\Psi(\boldsymbol{r},t)\right|^2 = \Psi(\boldsymbol{r},t)^*\Psi(\boldsymbol{r},t)$解释为，在给定的时间$t$、空间$\boldsymbol{r}$处的单位体积中发现该粒子的概率，又称为概率密度. 玻恩指出："若与电子对应的波函数在空间某点为零，这就意味着在这点发现电子的概率小到零①". 注意，玻恩提出的波函数的概率解释，并不是也不可能从什么地方推导出来，它是量子力学的基本原理之一，也可以说是一个基本假设. 为此玻恩与博特(W.W.G. Bothe)共同获得了 1954 年诺贝尔物理学奖.

① Max Born. Atomic Physics[M]. 8th ed. New York: Dover Publication, 1989.

既然$\left|\Psi(\boldsymbol{r},t)\Psi^{*}(\boldsymbol{r},t)\right|$描述粒子在空间出现的概率密度，那么物理上要求波函数满足单值、连续、有限的条件；此外，$\Psi(\boldsymbol{r},t)$还需满足归一化条件

$$\int \Psi\Psi^{*}\mathrm{d}V=1 \tag{2-8}$$

以上条件统称波函数的标准条件.

虽然在名称上波函数与经典的波有类同之处，但它们的意义是完全不同的. 经典的波，振幅是可以被测量的，而$\Psi(\boldsymbol{r},t)$在一般情况下是不可被测量的. 可以测量的一般是$\left|\Psi(\boldsymbol{r},t)\Psi^{*}(\boldsymbol{r},t)\right|$，它的含义是概率密度. 对于概率分布来说，重要的是相对概率分布，显而易见，$\Psi(\boldsymbol{r},t)$与$C\Psi(\boldsymbol{r},t)$ (C为常数)所描述的相对概率分布是完全相同的；而经典波的波幅若增加 1 倍，则相应的波动能量将为原来的 4 倍，代表了完全不同的波动状态.

2.3.2　薛定谔方程

薛定谔在德布罗意假设的基础之上，建立了在势场中运动的粒子所遵循的方程，即波函数随时间、空间演化所满足的波动方程. 当时谁也没想到这个方程会变得如此重要，以致后来成了著名的薛定谔方程. 这个方程同牛顿运动方程一样，不能从更基本的假设中推导出来；它是非相对论量子力学的基本方程，它的正确与否只能靠它的计算结果与实验的符合来验证. 薛定谔方程的一般形式为

$$\left[-\frac{\hbar^{2}}{2m}\nabla^{2}+V(\boldsymbol{r},t)\right]\Psi(\boldsymbol{r},t)=\mathrm{i}\hbar\frac{\partial}{\partial t}\Psi(\boldsymbol{r},t)$$

或

$$\mathrm{i}\hbar\frac{\partial}{\partial t}\Psi(\boldsymbol{r},t)=\hat{H}\Psi(\boldsymbol{r},t) \tag{2-9}$$

其中

$$\hat{H}=-\frac{\hbar^{2}}{2m}\nabla^{2}+V(\boldsymbol{r},t)$$

称为哈密顿算符；∇^{2}是拉普拉斯算符，在直角坐标系中的定义为

$$\nabla^{2}\equiv\frac{\partial^{2}}{\partial x^{2}}+\frac{\partial^{2}}{\partial y^{2}}+\frac{\partial^{2}}{\partial z^{2}}$$

$V(\boldsymbol{r},t)$为粒子的势能函数，物理上通过求解方程可得到描述粒子在势场中运动状态的波函数，从而可确定粒子在空间各处出现的概率. 注意，薛定谔方程是波函数$\Psi(\boldsymbol{r},t)$的线性微分方程，若$\Psi_{1}(\boldsymbol{r},t)$、$\Psi_{2}(\boldsymbol{r},t)$是方程的解，则$C_{1}\Psi_{1}(\boldsymbol{r},t)+C_{2}\Psi_{2}(\boldsymbol{r},t)$也是方程的解. C_{1}、C_{2}是常数，即波函数满足叠加原理. 那么，如何求解薛定谔方

程呢?

我们发现，当微观粒子的势能 $V(\boldsymbol{r})$ 不显含时间 t 时，式(2-9)的解可以表达为坐标的函数和时间的函数的乘积，即可以把波函数写成

$$\Psi(\boldsymbol{r},t)=u(\boldsymbol{r})f(t) \tag{2-10}$$

把式(2-10)代入式(2-9)，两边同除 $u(\boldsymbol{r})f(t)$，并把坐标函数和时间函数分离在等式的两侧，就有

$$\frac{1}{u}\left(-\frac{\hbar^2}{2m}\nabla^2 u+Vu\right)=\frac{\mathrm{i}\hbar}{f}\cdot\frac{\partial f}{\partial t} \tag{2-11}$$

此式等号左边是坐标的函数，等号右边是时间的函数，两边变量相互独立. 现在要求它们相等，那就必须等于同一个与坐标和时间都无关的常数. 把这个常数称为 E，那么式(2-11)右边是

$$\mathrm{i}\hbar\cdot\frac{\partial f(t)}{\partial t}=Ef(t) \tag{2-12}$$

式(2-11)左边是

$$\hat{H}u(\boldsymbol{r})=Eu(\boldsymbol{r}) \tag{2-13}$$

式(2-12)的解是

$$f(t)=k\mathrm{e}^{-\frac{\mathrm{i}E}{\hbar}t} \tag{2-14}$$

式中，k 为积分常数，若把 k 归并到 u 所含常数中，则式(2-10)成为

$$\Psi(\boldsymbol{r},t)=u(\boldsymbol{r})\mathrm{e}^{-\frac{\mathrm{i}E}{\hbar}t} \tag{2-15}$$

研究表明 E 就是粒子的能量. 这种能量为常数不随时间变化的状态称为**定态**. 形如式(2-15)的波函数称为**定态波函数**，从式(2-15)可知，定态的 $\Psi\Psi^*$ 等于 uu^*，即在空间某处发现粒子的概率密度与时间无关，所以对定态问题只需求出波函数的空间部分 $u(\boldsymbol{r})$即可. 下面讨论方程(2-13)的求解.

由于方程(2-13)不含时间，$u(\boldsymbol{r})$只是坐标的函数，所以将方程(2-13)称为**定态的薛定谔方程**. 在处理具体的定态问题时，首先给出问题中作为坐标函数的粒子的势能 $V(\boldsymbol{r})$，然后将其代入方程(2-13)，通过求方程的解，即可获得描述粒子运动状态的定态波函数. 但需要注意，一般说来该方程(2-13)不是对任意的 E(能量)值都有解，它只对一系列特定、分立值才有解，这些特定的 E_n 值称为能量本征值，是粒子在各定态时所能具有的能量，它也表明能量是量子化的. 可见能量量子化自然蕴含在薛定谔方程中. 定态薛定谔方程，又称能量本征方程，而 uu^* 或 u^2 表达在定态时粒子的坐标分布概率，也就是在不同位置上单位体积中粒子出

现的概率.

2.3.3　力学量的算符和平均值

由方程(2-12)和(2-13)可见，$\mathrm{i}\hbar\dfrac{\partial}{\partial t}$或$\hat{H}$作用于函数$f(t)$或$u(\boldsymbol{r})$后，等于粒子的能量$E$乘以相应的波函数，即其运算效果与粒子能量等效，所以将它们称为能量算符，表示为

$$\hat{E}=\mathrm{i}\hbar\cdot\frac{\partial}{\partial t}\quad 或\quad \hat{E}=\hat{H}=-\frac{\hbar^2}{2m}\nabla^2+V(\boldsymbol{r},t)$$

同理，$-\dfrac{\hbar^2}{2m}\nabla^2$运算效果与粒子动能等效，所以称为动能算符；$-\mathrm{i}\hbar\nabla$运算效果与粒子动量等效，称为动量算符，$\hat{p}=-\mathrm{i}\hbar\nabla$；量子力学中出现的力学量都有与该力学量在运算效果上等效的算符. 如角动量算符$\hat{L}=\hat{r}\times\hat{p}$，三个分量是$\hat{L}_x=y\hat{p}_z-z\hat{p}_y=-\mathrm{i}\hbar\left(y\dfrac{\partial}{\partial z}-z\dfrac{\partial}{\partial y}\right)$，$\hat{L}_y=z\hat{p}_x-x\hat{p}_z=-\mathrm{i}\hbar\left(z\dfrac{\partial}{\partial x}-x\dfrac{\partial}{\partial z}\right)$，$\hat{L}_z=x\hat{p}_y-y\hat{p}_x=-\mathrm{i}\hbar\left(x\dfrac{\partial}{\partial y}-y\dfrac{\partial}{\partial x}\right)$；角动量平方算符$\hat{L}^2=\hat{L}_x^2+\hat{L}_y^2+\hat{L}_z^2=-\hbar^2\left[\dfrac{1}{\sin\theta}\dfrac{\partial}{\partial\theta}\left(\sin\theta\dfrac{\partial}{\partial\theta}\right)+\dfrac{1}{\sin^2\theta}\dfrac{\partial^2}{\partial^2\varphi}\right]$等.

我们知道量子力学的基本规律是统计规律，波函数具有统计含义. 若我们根据粒子系统的定态薛定谔方程求出描述该系统定态的波函数如$u(x)$，便可求出该状态在空间发现粒子的概率密度为$|u(x)|^2$，当测量粒子的位置x坐标时，每次所得的结果可能是不同的，但其概率密度的分布是确定的，也就是说位置x的平均值是确定的，所以量子力学中可测量的是物理量的平均值. 根据平均值的定义，力学量A的平均值等于A可能的取值乘以它出现的概率再求和,这里由于$|u(x)|^2$表示粒子的空间概率分布，显然粒子的位置坐标x的平均值为

$$\overline{x}=\int_{-\infty}^{+\infty}x|u(x)|^2\,\mathrm{d}x=\int_{-\infty}^{+\infty}u^*(x)xu(x)\mathrm{d}x$$

式中，x应取为坐标算符，但我们现在是在空间坐标表象中讨论，因此坐标x的算符也就是x. 可以证明，在量子力学中任何一个力学量A的平均值的计算公式为

$$\overline{A}=\int u^*(\boldsymbol{r})\hat{A}u(\boldsymbol{r})\mathrm{d}\tau$$

其中，$\hat{A}$为力学量A的算符，$\mathrm{d}\tau$为体积元，积分遍及整个空间.

2.3.4 薛定谔方程应用举例

1. 一维无限深势阱问题

在一维势阱中粒子的运动问题，是应用定态薛定谔方程的一个简明例子，有助于加深对能量量子化和薛定谔方程意义的理解. 设想在一维空间中运动的粒子，它的势能如图 2-4 所示，即满足如下的边界条件：

$$V(x)=\begin{cases}0, & 0<x<a \\ V_0\to\infty, & x\leqslant 0, x\geqslant a\end{cases} \tag{2-16}$$

这就是说，粒子只能在宽度为 a 的两个无限高势壁之间自由运动，就像小球被限制在无限深的平底深谷中运动，所以这种势阱称为一维无限深势阱.

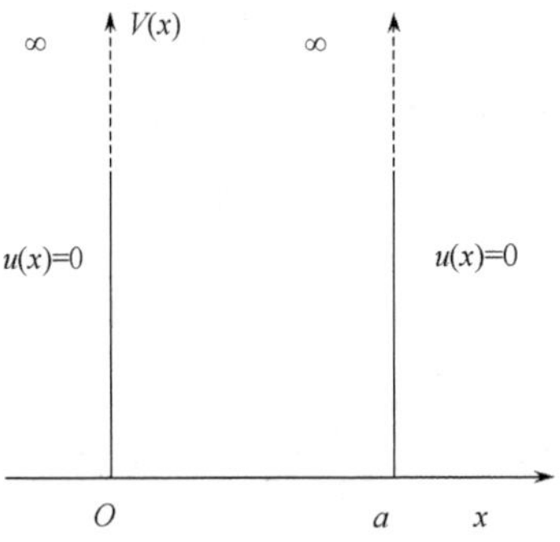

图 2-4 一维无限深势阱示意

由定态薛定谔方程(2-13)，粒子在势阱内的方程为

$$\frac{\mathrm{d}^2u(x)}{\mathrm{d}x^2}+\frac{8\pi^2 mE}{h^2}u(x)=0$$

式中，m 为粒子的质量，E 为粒子的总能量. 若令

$$k=\sqrt{\frac{8\pi^2 mE}{h^2}} \tag{2-17}$$

则粒子在势阱内的方程可改写为

$$\frac{\mathrm{d}^2u(x)}{\mathrm{d}x^2}+k^2u(x)=0 \tag{2-18}$$

方程(2-18)的通解为

$$u(x)=A\sin kx+B\cos kx$$

式中，A、B 为两个积分常数，可根据波函数的边界条件求出. 据边界条件 $x=0$ 时，$u(0)=0$，由上式可知 $B=0$，于是

$$u(x)=A\sin kx \tag{2-19}$$

又根据边界条件 $x=a$ 时，$u(a)=0$，式(2-19)可写为

$$u(a)=A\sin ka=0$$

一般来说，A 不能为零(否则 $u(x)$为零解，无意义)，故必有 $\sin ka=0$，即

$$ka=n\pi \quad 或 \quad k=n\pi/a$$

$n=1,2,3,\cdots$；将上式与式(2-17)比较，可得在一维势阱中运动的粒子的能量值为

$$E=n^2\frac{h^2}{8ma^2} \tag{2-20}$$

式中，n 是量子数，表明粒子的能量只能取不连续的离散的值. 这就是说，一维无限深势阱中粒子的能量是量子化的，这是物质的波粒二象性的自然结果，无须人为假定. 定态薛定谔方程的解(2-19)中的积分常数 A 可用波函数满足的归一化条件求得.

$$\int_{-\infty}^{\infty}|u|^2\,\mathrm{d}x=\int_0^a uu^*\mathrm{d}x=1$$

即

$$A^2\int_0^a \sin^2\frac{n\pi}{a}x\mathrm{d}x=1$$

所以

$$A=\sqrt{\frac{2}{a}}$$

这样，一维无限深势阱中运动粒子的能量本征波函数为

$$u_n(x)=\begin{cases}0, & x\leqslant 0,\ x\geqslant a\\ \sqrt{\dfrac{2}{a}}\sin\dfrac{n\pi}{a}x, & 0<x<a\end{cases} \tag{2-21}$$

由此可得，能量为 E_n 的粒子在势阱中各处出现的概率密度为

$$|u_n(x)|^2=\frac{2}{a}\sin^2\frac{n\pi}{a}x \tag{2-22}$$

可见，粒子在势阱中各处出现的概率密度不是均匀分布的. 例如，当量子数 n=1 时，即能量为 $E_1=h^2/(8ma^2)$的粒子，在势阱中部($x=a/2$)出现的概率最大，而在两端出现的概率为零.

2. 一维势垒贯穿

假设粒子的势能如图 2-5 所示，即满足如下条件：

$$V(x)=\begin{cases}0, & x<0\\ V_0, & x>0\end{cases} \tag{2-23}$$

现在讨论从 $x=-\infty$处以总能量 $E<V_0$ 入射的粒子在空间的运动情况，粒子可否进入 $x>0$ 的区域.

由定态薛定谔方程(2-13)，可得在 I 区粒子的定态薛定谔方程为

$$\frac{\mathrm{d}^2u_1(x)}{\mathrm{d}x^2}+k^2u_1{}^2(x)=0,\quad x\leqslant 0 \tag{2-24}$$

式中，$k^2=\dfrac{2mE}{\hbar^2}$.

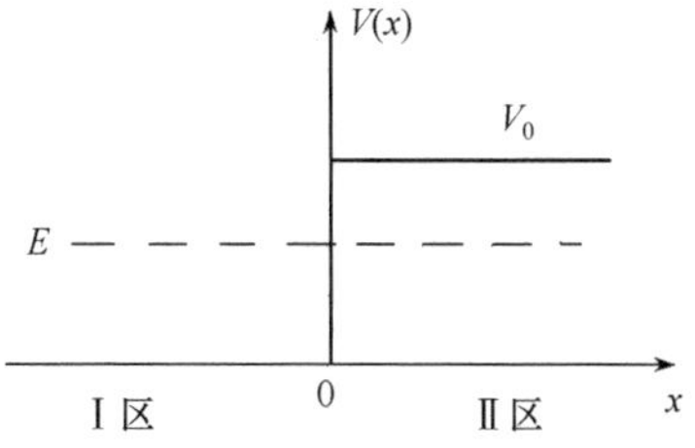

图 2-5　一维势垒示意

在Ⅱ区粒子的定态薛定谔方程为

$$\frac{\mathrm{d}^2u_2(x)}{\mathrm{d}x^2}-\beta^2u_2(x)=0,\quad x>0 \tag{2-25}$$

式中，$\beta^2=\frac{2m}{\hbar^2}(E-V_0)$，$\beta>0$.

方程(2-24)和方程(2-25)的通解分别为

$$u_1(x)=A\mathrm{e}^{\mathrm{i}kx}+B\mathrm{e}^{-\mathrm{i}kx}\qquad(\text{Ⅰ区为波动形式的解})$$

$$u_2(x)=C\mathrm{e}^{-\beta x}+D\mathrm{e}^{\beta x}\qquad(\text{Ⅱ区为指数增加和衰减形式的解})$$

考虑到物理上的要求，当$x\to\infty$时，$u_2(x)$应有限，所以D=0. 于是有

$$u_2(x)=C\mathrm{e}^{-\beta x}=C\mathrm{e}^{-\frac{1}{\hbar}\sqrt{2m(V_0-E)}\,x}$$

显然粒子在Ⅱ区的概率密度为

$$|u_2(x)|^2\propto\mathrm{e}^{-\frac{2}{\hbar}\sqrt{2m(V_0-E)}\,x}$$

即粒子($E<V_0$)在$x>0$区出现的概率不等于0，这表明总能量E小于势垒V_0的粒子可以进入势垒区，但进入的概率随势垒高度V_0的增加以及进入Ⅱ区距离x的增加而减小，如图2-6所示. 对经典的粒子这是不可能的，粒子是不能进入$E<V_0$的区域的(因为动能<0).

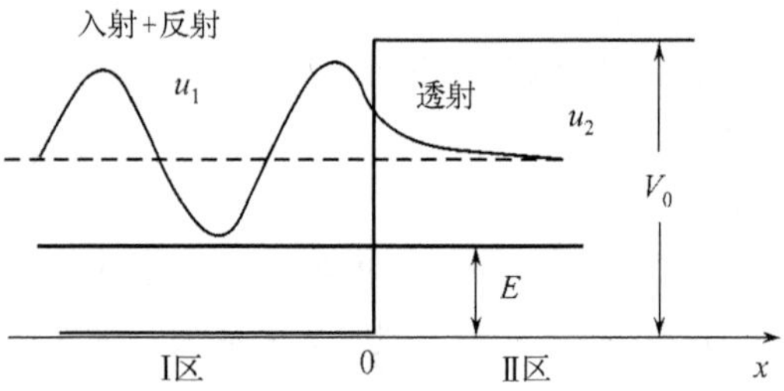

图2-6 能量$E<V_0$的粒子进入势垒示意

若设想势垒为有限宽度a，且较小，如图2-7所示，则能量$E<V_0$的粒子有可能穿出势垒，在Ⅲ区出现，这种现象称为**势垒贯穿**或隧道效应. 这在经典物理中是不可想象的.

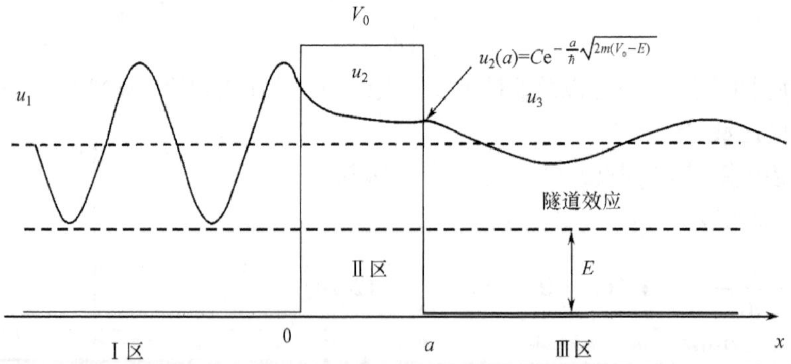

图2-7 从左方射入的粒子在各区域内的波函数示意

2.4　量子力学对氢原子的处理

*2.4.1　氢原子的薛定谔方程

在氢原子中，电子在原子核的库仑场中运动，体系的势能是$V=-\dfrac{1}{4\pi\varepsilon_0}\dfrac{Ze^2}{r}$，与时间无关，可以由定态薛定谔方程求出氢原子的定态波函数Ψ，它将取式(2-15)的形式．这里我们仍简单地假设原子核不动，位于坐标的原点上，电子对它做相对运动．这样，式(2-13)就可以用来求出波函数的 u 部分．把 V 的具体形式代入式(2-13)，就得到

$$\nabla^2 u+\frac{2m}{\hbar^2}\left(E+\frac{Ze^2}{4\pi\varepsilon_0 r}\right)u=0 \tag{2-26}$$

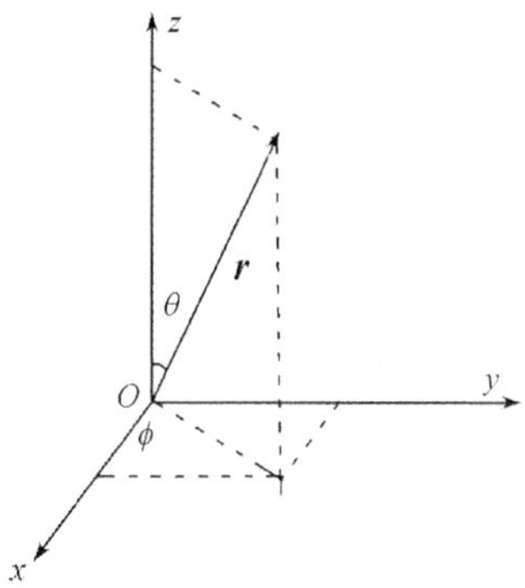

图 2-8　电子的球极坐标

对有心力场中的运动，采用球极坐标比较方便．电子的坐标 r、θ 、ϕ 如图 2-8 所示．

式(2-26)按球极坐标列出，就成为

$$\frac{1}{r^2}\cdot\frac{\partial}{\partial r}\left(r^2\frac{\partial u}{\partial r}\right)+\frac{1}{r^2\sin\theta}\cdot\frac{\partial}{\partial\theta}\left(\sin\theta\frac{\partial u}{\partial\theta}\right)+\frac{1}{r^2\sin^2\theta}\cdot\frac{\partial^2 u}{\partial\phi^2}+\frac{2m}{\hbar^2}\left(E+\frac{Ze^2}{4\pi\varepsilon_0 r}\right)u=0 \tag{2-27}$$

这个微分方程的解，可以表达为 3 个函数的乘积：r 的函数 $R(r)$、θ 的函数 $\Theta(\theta)$ 和 ϕ 的函数 $\Phi(\phi)$ ，即

$$u=R(r)\Theta(\theta)\Phi(\phi) \tag{2-28}$$

这样可以把微分方程(2-27)分成 3 个方程而分别求解．具体步骤如下，把式(2-28)代入式(2-27)，并除以 u ，可得

$$\frac{1}{R}\cdot\frac{\mathrm{d}}{\mathrm{d}r}\left(r^2\frac{\mathrm{d}R}{\mathrm{d}r}\right)+\frac{2mr^2}{\hbar^2}\left(E+\frac{Ze^2}{4\pi\varepsilon_0 r}\right)$$
$$=-\frac{1}{\Theta\sin\theta}\frac{\mathrm{d}}{\mathrm{d}\theta}\left(\sin\theta\frac{\mathrm{d}\Theta}{\mathrm{d}\theta}\right)-\frac{1}{\Phi\sin^2\theta}\frac{\mathrm{d}^2\Phi}{\mathrm{d}\phi^2} \tag{2-29}$$

式(2-29)左侧只与变量 r 有关，右侧只与 θ 和 ϕ 有关，与 r 无关，要两侧相等，只能都等于一个常数，我们暂称它为 λ．这样，式(2-29)就分为两式，由左侧可得

$$\frac{1}{r^2}\cdot\frac{\mathrm{d}}{\mathrm{d}r}\left(r^2\frac{\mathrm{d}R}{\mathrm{d}r}\right)+\left[\frac{2m}{\hbar^2}\left(E+\frac{Ze^2}{4\pi\varepsilon_0 r}\right)-\frac{\lambda}{r^2}\right]R=0 \tag{2-30}$$

由右侧可得

$$\frac{\sin\theta}{\Theta}\cdot\frac{\mathrm{d}}{\mathrm{d}\theta}\left(\sin\theta\frac{\mathrm{d}\Theta}{\mathrm{d}\theta}\right)+\lambda\sin^2\theta=-\frac{1}{\Phi}\frac{\mathrm{d}^2\Phi}{\mathrm{d}\phi^2} \tag{2-31}$$

同上述理由，式(2-31)两侧也应等于同一个常数，我们暂称它为ν. 把左右两侧分别整理出来，有

$$\frac{1}{\sin\theta}\cdot\frac{\mathrm{d}}{\mathrm{d}\theta}\left(\sin\theta\frac{\mathrm{d}\Theta}{\mathrm{d}\theta}\right)+\left(\lambda-\frac{\nu}{\sin^2\theta}\right)\Theta=0 \tag{2-32}$$

$$\frac{\mathrm{d}^2\Phi}{\mathrm{d}\phi^2}+\nu\Phi=0 \tag{2-33}$$

式(2-30)、式(2-32)、式(2-33)分别是R、Θ、Φ的微分方程，可以分别解出.

式(2-33)的解是

$$\Phi=A\mathrm{e}^{\pm\mathrm{i}\sqrt{\nu}\phi}$$

要求Φ是单值的，也就是$\Phi(\phi)=\Phi(\phi+2\pi N)$，$N$等于整数. 这就要求式中的$\sqrt{\nu}$等于整数，我们改用$m$表示，有

$$\Phi=A\mathrm{e}^{\pm\mathrm{i}m\phi} \tag{2-34}$$

这样，式(2-32)就需要改写为

$$\frac{1}{\sin\theta}\cdot\frac{\mathrm{d}}{\mathrm{d}\theta}\left(\sin\theta\frac{\mathrm{d}\Theta}{\mathrm{d}\theta}\right)+\left(\lambda-\frac{m^2}{\sin^2\theta}\right)\Theta=0 \tag{2-35}$$

这是二阶微分方程，有两个线性无关的解. 在推算中可以知道，除非常数λ取特殊数值，否则这两个解在$\theta=n\pi$时要等于无限大，这不符合要求. 但当$\lambda=l(l+1)$，l为正整数或为零，而且$l\geqslant m$时，其中一个解就是有限的了. 这样解得合乎要求的Θ是

$$\Theta=B\mathrm{P}_l^m(\cos\theta),\quad l=0,1,2,\cdots;\quad m=l,l-1,\cdots,-l \tag{2-36}$$

这里，$\mathrm{P}_l^m(\cos\theta)$是连带勒让德(Legendre)函数，可以按下式算得：

$$\mathrm{P}_l^m(\omega)=\frac{1}{2^l l!}(1-\omega^2)^{\frac{|m|}{2}}\frac{\mathrm{d}^{l+|m|}}{\mathrm{d}\omega^{l+|m|}}(\omega^2-1)^l \tag{2-37}$$

式中，$\omega=\cos\theta$，现在讨论式(2-30)的解. 解式(2-32)时要求λ取特殊值$l(l+1)$，l=0, 1, 2,…，那么式(2-30)必须改为

$$\frac{1}{r^2}\cdot\frac{\mathrm{d}}{\mathrm{d}r}\left(r^2\frac{\mathrm{d}R}{\mathrm{d}r}\right)+\left[\frac{2m}{\hbar^2}\left(E+\frac{Ze^2}{4\pi\varepsilon_0 r}\right)-\frac{l(l+1)}{r^2}\right]R=0 \tag{2-38}$$

此式合乎波函数标准条件的解是

$$R=C\rho^l \mathrm{e}^{-\frac{\rho}{2}}\mathrm{L}_{n+l}^{2l+1}(\rho)$$
$$\rho=\frac{2Zr}{na_1} \tag{2-39}$$

式中，a_1 是第一玻尔轨道半径，$\mathrm{L}_{n+l}^{2l+1}(\rho)$ 是连带的拉盖尔(Laguerre)多项式，它的具体形式取决于参数 n 和 l，可以按照下式算出：

$$\mathrm{L}_{n+l}^{2l+1}(\rho)=\sum_{k=0}^{n-l-1}(-1)^{k+1}\frac{[(n+l)!]^2\rho^k}{(n-l-1-k)!(2l+1+k)!k!} \tag{2-40}$$

在推算过程中，可以知道式(2-39)和式(2-40)中的 n 必须为 1,2,3,⋯(正整数)；且对每一个 n，可以有 n 个 l，即

$$l=0,1,2,\cdots,n-1 \tag{2-41}$$

式(2-34)、式(2-36)、式(2-39)给出了 Φ、Θ 和 R 3 个符合波函数标准条件要求的函数. 通过归一化步骤分别把 A、B、C 这 3 个常数算出后，$u=R(r)\Theta(\theta)\Phi(\phi)$ 就可以全部算出，这就是氢原子各定态的本征波函数. n、l、m 3 个量子数是原子态的标志. 下面还要讨论它们的物理意义.

*2.4.2　能量和角动量

1. 能量

在推算函数 $R(r)$的过程中，可以知道微分方程中的能量 E 必须等于某些值，R 才会有限，也就是说，只有这些状态才能在物理上实现. 这样算得，在 $E<0$ 的范围，E 只能等于下式的数值：

$$E=-\frac{2\pi^2 me^4Z^2}{(4\pi\varepsilon_0)^2n^2h^2},\quad n=1,\ 2,\ 3,\ \cdots \tag{2-42}$$

式中，n 称为主量子数. 这与玻尔理论的结论完全一致，但这里得出能量的量子化比较自然.

在 $E>0$ 范围，E 取任何值都能使 R 有限，所以正值的能量是连续分布的.

2. 角动量

按照经典力学，电子做轨道运动的角动量为 $\boldsymbol{L}=\boldsymbol{r}\times\boldsymbol{p}$，这里 $\boldsymbol{p}$ 是电子的线动量. 把角动量 $\boldsymbol{L}$ 的 3 个正交分量写为量子力学中的算符形式，有

$$\left.\begin{aligned}\hat{L}_x &= yp_z - zp_y = -\mathrm{i}\hbar\left(y\frac{\partial}{\partial z} - z\frac{\partial}{\partial y}\right)\\ \hat{L}_y &= zp_x - xp_z = -\mathrm{i}\hbar\left(z\frac{\partial}{\partial x} - x\frac{\partial}{\partial z}\right)\\ \hat{L}_z &= xp_y - yp_x = -\mathrm{i}\hbar\left(x\frac{\partial}{\partial y} - y\frac{\partial}{\partial x}\right)\end{aligned}\right\} \tag{2-43}$$

把这三式换成球极坐标，得到

$$\left.\begin{aligned}\hat{L}_x &= \mathrm{i}\hbar\left(\sin\phi\frac{\partial}{\partial\theta} + \cot\theta\cos\phi\frac{\partial}{\partial\phi}\right)\\ \hat{L}_y &= \mathrm{i}\hbar\left(-\cos\phi\frac{\partial}{\partial\theta} + \cot\theta\sin\phi\frac{\partial}{\partial\phi}\right)\\ \hat{L}_z &= -\mathrm{i}\hbar\frac{\partial}{\partial\phi}\end{aligned}\right\} \tag{2-44}$$

把这三式归并为总角动量的平方

$$\begin{aligned}\hat{L}^2 &= \hat{L}_x^2 + \hat{L}_y^2 + \hat{L}_z^2\\ &= -\hbar^2\left[\frac{1}{\sin\theta}\cdot\frac{\partial}{\partial\theta}\left(\sin\theta\frac{\partial}{\partial\theta}\right) + \frac{1}{\sin^2\theta}\cdot\frac{\partial^2}{\partial\phi^2}\right]\end{aligned} \tag{2-45}$$

把式(2-31)除以$\sin^2\theta$，并移项，即得

$$-\frac{1}{\Theta\sin\theta}\cdot\frac{\mathrm{d}}{\mathrm{d}\theta}\left(\sin\theta\frac{\mathrm{d}\Theta}{\mathrm{d}\theta}\right) - \frac{1}{\Phi\sin^2\theta}\frac{\mathrm{d}^2\Phi}{\mathrm{d}\phi^2} = \lambda$$

再乘以$\hbar^2 Y = \hbar^2\Theta\Phi$，得

$$-\hbar^2\left[\frac{\Phi}{\sin\theta}\cdot\frac{\mathrm{d}}{\mathrm{d}\theta}\left(\sin\theta\frac{\mathrm{d}\Theta}{\mathrm{d}\theta}\right) + \frac{\Theta}{\sin^2\theta}\frac{\mathrm{d}^2\Phi}{\mathrm{d}\phi^2}\right] = \lambda\hbar^2 Y$$

$$-\hbar^2\left[\frac{1}{\sin\theta}\cdot\frac{\partial}{\partial\theta}\left(\sin\theta\frac{\partial Y}{\partial\theta}\right) + \frac{1}{\sin^2\theta}\frac{\partial^2 Y}{\partial\phi^2}\right] = \lambda\hbar^2 Y$$

此式同式(2-45)比较，可以写成

$$\hat{L}^2 Y = \lambda\hbar^2 Y$$

所以总角动量的本征值为

$$|\boldsymbol{L}|^2 = \lambda\hbar^2$$

但前面说到，求本征函数Θ时，可知λ必须等于$l(l+1)$，所以

$$L^2 = l(l+1)\hbar^2$$
$$L = \sqrt{l(l+1)}\hbar \tag{2-46}$$

$l = 0,1,2,\cdots,(n-1)$. 式(2-46)是总角动量的本征值. $Y(\theta,\phi) = \Theta(\theta)\Phi(\phi)$ 是 L^2 的本征函数.

用式(2-44)的$\hat{L}_z$算符对式(2-34)的函数进行运算，有

$$\hat{L}_z\Phi = -\mathrm{i}\hbar\frac{\partial}{\partial\phi}A\mathrm{e}^{\pm \mathrm{i}m\phi} = \pm m\hbar A\mathrm{e}^{\pm \mathrm{i}m\phi} = \pm m\hbar\Phi$$
$$L_z = \pm m\hbar \tag{2-47}$$

式中，L_z是总角动量L在z轴方向的分量. 前文说到$m = l, l-1, \cdots, -l$，可知L和L_z都是量子化的. l和m是联系着总角动量及其在z轴上的分量的两个量子数. l称为角量子数，m称为磁量子数.

对每一个l值，有$2l+1$个m值. 这就是说角动量p_l(即前述L，原子物理中常用p_l表示)可以有$2l+1$个取向，因而在z轴上有$2l+1$个分量. 但需要注意p_l的数值是$\sqrt{l(l+1)}\hbar$，而z轴上最大分量是最大的m乘$\hbar$，即$l\hbar$.

例如 l=1，$p_l = \sqrt{1(1+1)}\hbar = \sqrt{2}\hbar = 1.4\hbar$，而$p_z = +\hbar,\ 0,\ -\hbar$(即前述$L_z$，原子物理中常用$p_z$表示)，最大分量不等于$p_l$，图 2-9 表示$l=1$和$l=2$两种情况的$p_l$取向和$p_l$在$z$轴的分量. 关于对一个$l$值，$p_l$有$2l+1$个取向以及$z$轴上的最大分量$p_z = l\hbar$，这些事实都是经实验证明的.

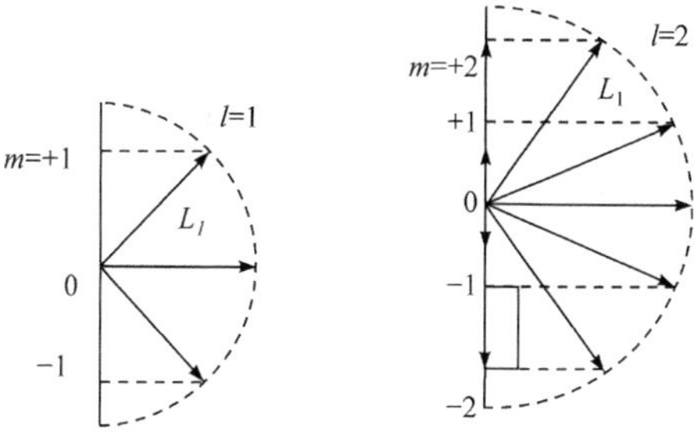

图 2-9　L_l或p_l的空间取向

*2.4.3　电子被发现的概率的分布

单位体积中发现电子的概率为

$$\psi\psi^* = u\mathrm{e}^{-\frac{\mathrm{i}E}{\hbar}t}\cdot u^*\mathrm{e}^{+\frac{\mathrm{i}E}{\hbar}t} = uu^* = R^2\cdot\Theta^2\cdot\Phi\Phi^* \tag{2-48}$$

式中，Φ为复数，所以乘以共轭复数；R和Θ都是实数，所以列出它们的平方；$\Phi\Phi^*$代表概率密度随ϕ的分布；Θ^2代表概率密度随θ的分布；R^2代表概率密度随r的分布.

在全部空间中发现电子是必然的，这可以表达为

$$\int \psi\psi^* \mathrm{d}\tau = \int uu^* \mathrm{d}\tau = 1 \tag{2-49}$$

在球极坐标中$\mathrm{d}\tau = \mathrm{d}r \cdot r\mathrm{d}\theta \cdot r\sin\theta\mathrm{d}\phi = r^2\mathrm{d}r \cdot \sin\theta\mathrm{d}\theta \cdot \mathrm{d}\phi$. 代入式(2-49),并把$u$写成$R\Theta\Phi$，得到

$$\int uu^* \mathrm{d}\tau = \int_0^\infty R^2 r^2 \mathrm{d}r \int_0^\pi \Theta^2 \sin\theta\mathrm{d}\theta \int_0^{2\pi} \Phi\Phi^* \mathrm{d}\phi = 1 \tag{2-50}$$

式中，3 个积分应分别等于 1，因在全部r范围，或全部θ范围，或全部ϕ范围发现电子是必然的，当把式(2-34)、式(2-36)、式(2-39)的函数分别代入 3 个积分，分别进行积分并令其等于 1，就可以求出函数中的常数A、B和C. 例如从对ϕ的积分，很容易看出常数$A=1/\sqrt{2\pi}$. 这样，函数就归一化了.

式(2-50)中的$\Phi\Phi^*\mathrm{d}\phi$表示在ϕ和$\phi+\mathrm{d}\phi$之间发现电子的概率(这样考虑时，r 和θ包括全部范围)，$\Theta^2\sin\theta\mathrm{d}\theta$代表在$\theta$和$\theta+\mathrm{d}\theta$之间发现电子的概率($r$和$\phi$取全部范围)，$R^2r^2\mathrm{d}r$代表在$r$和$r+\mathrm{d}r$之间发现电子的概率($\theta$和$\phi$取全部范围).

从式(2-34)，$\Phi\Phi^* = A^2 = 1/2\pi$，实际与$\phi$无关，这就是说在不同的$\phi$角，在单位体积中发现电子的概率是相同的(如果在同一个r和θ上).

现在再考虑在单位体积中发现电子的概率随θ的分布，这由Θ^2代表. 现在把$\Theta^2=[BP_l^m(\cos\theta)^2]$按不同的$l$和$m$值举例,并列在表 2-1 中. 不同的$l$和$m$值表示不同状态，各状态的$\Theta^2$所代表的概率分布也不同. 图 2-10 表示这些$\Theta^2$随$\theta$的分布，从原点到曲线的距离代表$\Theta^2$的大小.

表 2-1　几种Θ^2

l	m	Θ^2	$\sum_{m=-l}^{+l}\Theta^2$
0	0	1/2	1/2
1	0	$\frac{3}{2}\cos^2\theta$	$\frac{3}{2}$
1	±1	$\frac{3}{4}\sin^2\theta$	
2	0	$\frac{5}{8}(3\cos^2\theta-1)^2$	$\frac{5}{2}$
2	±1	$\frac{15}{4}\sin^2\theta\cos^2\theta$	
2	±2	$\frac{15}{16}\sin^4\theta$	

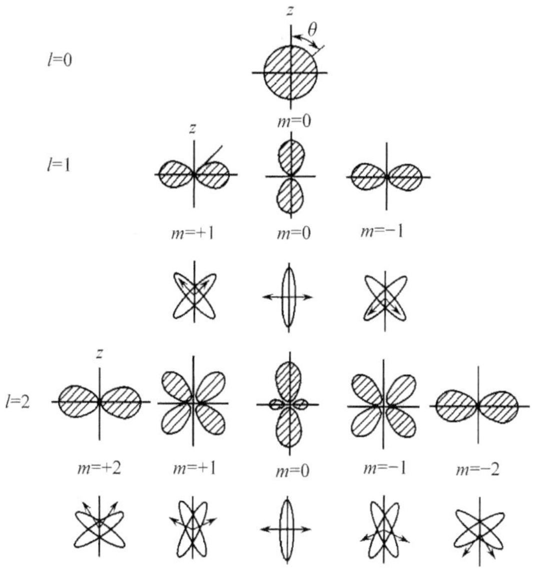

图 2-10　Θ^2 作为 θ 的函数和对应的轨道

由于 $\boldsymbol{\Phi\Phi^*}$ 对 ϕ 是常数，概率的角分布对 z 轴是对称的. 由此可知 $l=0$ 的概率分布是球形对称的. 对其他状态，可以把图 2-10 的分布图以 z 轴为轴旋转，构成立体的概率角分布. 从 Θ^2 函数表中可以看到，同一 l 的那些 Θ^2 相加都等于一个与 θ 无关的常数，可见对一个 l，发现电子的总概率密度是球形对称的.

在图 2-10 中，把不同 m 值的电子轨道图，按照 m 值所代表的轨道角动量的取向，画在概率分布图的下面作为比较，可以看到它们之间很有相仿之处.

现在再考虑发现电子的概率随 r 变化的情况，R^2 代表单位体积中发现电子的概率随 r 的分布. 这从式(2-39)可以具体列出. 把这函数乘以离原点距离为 r 的一个球面面积，就等于 $4\pi r^2R^2$，这代表半径为 r 的一个单位厚度球壳层内发现电子的相对概率. 表 2-2 中列出的是对几个 n 和 l 值的拉盖尔多项式 $\mathrm{L}_{n+l}^{2l+1}(\rho)$. 知道这个函数后，就可以按照式(2-39)算出 R，因而也可以算出 $4\pi r^2R^2$.

表 2-2　几种 $\mathrm{L}_{n+l}^{2l+1}(\rho)$

n	l	$\mathrm{L}_{n+l}^{2l+1}(\rho)$
1	0	$-1!$
2	0	$2\rho-4$
2	1	$-3!$
3	0	$-3\rho^2+18\rho-18$
3	1	$24\rho-96$
3	2	$-5!$

在图 2-11 中描绘了 $r^2|R_{nl}|^2$ 随 $\dfrac{Zr}{a_1}$ 变化的情况，这代表不同 r 处发现电子的相对概率. 当 $n=1$ 时，只有一个 l 值，$l=0$. 此时有

$$\omega_{10}(r)=R_{10}^2(r)r^2=\frac{4}{a_1^3}r^2\mathrm{e}^{-2r/a_1}$$

由

$$\frac{\mathrm{d}\omega_{10}(r)}{\mathrm{d}r}=\frac{4}{a_1^3}\left(2r-\frac{2r^2}{a_1}\right)\mathrm{e}^{-2r/a_1}=0$$

可求得在 $r=a_1$ 处 $\omega_{10}(r)$ 有极大值，即电子出现在 $r=a_1$ 的单位厚度球壳层内的概率最大，这相当于玻尔理论中最小圆形轨道. 当 $n=2$ 时，有两种状态，相当于轨道理论中两种形状的轨道，可求得，对其中 $l=1$ 的状态，$\omega_{21}(r)$ 在 $r=4a_1$ 处有极大值，即电子出现在 $r=4a_1$ 的单位厚度球壳层内的概率最大，相当于玻尔第二圆形轨道. 当 $n=3$ 时，有三种状态，相当于轨道理论中三种形状的轨道，对其中 $l=2$

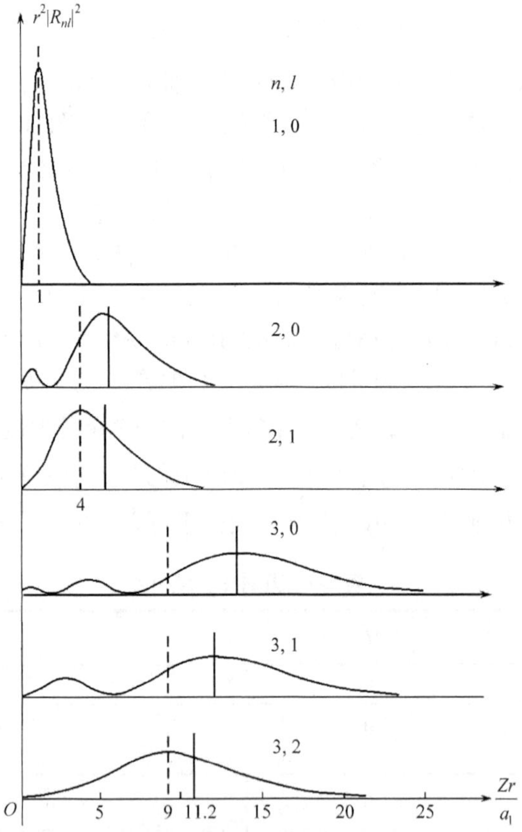

图 2-11　$r^2|R_{nl}|^2$ 作为 $\dfrac{Zr}{a_1}$ 的函数

的状态，可求得 $\omega_{32}(r)$ 在 $r=9a_1$ 处有极大值，即电子出现在 $r=9a_1$ 的单位厚度球壳层内的概率最大，相当于玻尔第三圆形轨道. 其实，我们注意到在上述那些状态中，相当于圆形轨道那三种状态的概率变化比较简单，都只有一个最大值，分别落在 $r=a_1, 4a_1, 9a_1$. 这同玻尔理论中轨道半径的数值符合. 但这里还是有差别的，按圆形轨道的描述，电子只出现在那个圆上，在其他地点不会出现. 而量子力学的结论是，在相当于圆形轨道的那些地点发现电子的概率只是最大，在其他地点也有发现电子的概率.

从以上的讨论可以看到量子力学的结论和轨道理论有相仿之处，但又不完全相同. 从量子力学的结论同实验比较符合来判断，我们认为这种理论反映原子的情况更接近事实. 轨道理论经实验考验有其成功之处，同量子力学也有对应关系，可见在一定程度上也反映了客观事实，但比较简单化. 从轨道理论到量子力学是一个认识发展的过程. 现在对原子物理的问题，较准确的处理需要量子力学的方法，如果只需要定性的或近似的描述有时仍可用轨道的概念.

2.4.4　三个量子数的物理意义

综上所述，在求解方程(2-26)的过程中可得：

(1) 氢原子的能量只能等于下式的数值

$$E_n=-\frac{me^4}{8\varepsilon_0 h^2 n^2}=-\frac{Rhc}{n^2},\quad n=1,2,3,\cdots \tag{2-51}$$

式中，n 为主量子数.

(2) 电子绕核旋转的角动量只能等于

$$p_l=\sqrt{l(l+1)}\hbar,\quad l=0,1,2,\cdots,n-1 \tag{2-52}$$

式中，l 是角量子数.

(3) 总角动量 p_l 在某特定方向 z 的分量 p_z 只能为

$$p_z=m_l\hbar,\quad m_l=0,\pm1,\pm2,\cdots,\pm l \tag{2-53}$$

式中，m_l 是磁量子数(前述的 m 原子物理中常用 m_l 表示).

式(2-51)表明氢原子总能量 E_n 是量子化的. 主量子数 n 决定氢原子的能量，n 越大能级越高. n 也决定电子运动区域的大小，n 越大电子径向概率分布曲线有最大值的位置，离原子核越远. 式(2-52)表明电子绕核旋转的角动量也是量子化的，角量子数 l 决定轨道角动量的大小，也决定电子云可能的形状. l 值不同，电子绕核旋转的状态不同，由式(2-52)可知对每一个 n 可以有 n 个 l 值，这就是说，电子可以有 n 个绕核旋转的模式，类比玻尔理论可形象地理解为有 n 个不同形状的旋转轨道，如图 2-12 所示，l 越小的轨道偏心率越大，$l=n-1$ 的轨道为圆形轨道.

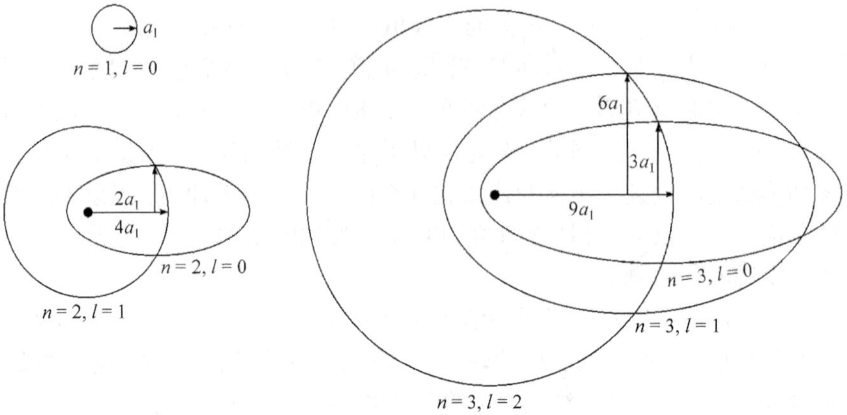

图 2-12　能量相同的不同形状的玻尔轨道

注意，这里关于轨道的概念并不确切，只是一种形象的类比. 式(2-53)表明原子的角动量在空间的取向也是量子化的，磁量子数 m_l 决定角动量 z 分量的大小，也决定电子云在空间的伸展方向，不同 m_l 值，表明原子的角动量在空间有不同的取向，对每一个 l 可以有 $2l+1$ 个 m_l 值，这就是说，角动量 p_l 在空间可以有 $2l+1$ 个取向，因而在 z 轴上有 $2l+1$ 个分量(类比玻尔理论可形象地理解为同一个形状的轨道平面在空间可以有 $2l+1$ 个不同的取向)，见图 2-9.

所以氢原子所处的状态由 n、l、m_l 3 个量子数确定，但式(2-51)表明原子总能量 E_n 与 l 、m_l 无关，说明当 n 相同时，处于不同 l (不同轨道形状)和不同 m_l(不同轨道取向)的不同状态的原子具有相同的能量，我们将这种许多不同的状态对应于相同的能量值的情况称为**简并**. 对氢原子简并度(具有相同能量的不同状态数目)为

$$\sum_{l=0}^{n-1}(2l+1)=n^2$$

注意，p_l 的数值是 $\sqrt{l(l+1)}\hbar$ ，而在 z 轴上的最大分量是 $l\hbar$，即 $p_z<p_l$，所以 $\boldsymbol{p}_l$ 不能与 z 平行或反平行，而是绕 z 轴旋进. 若在外磁场中，$\boldsymbol{p}_l$ 不能与外磁场 $\boldsymbol{B}$ 同向，只能绕 $\boldsymbol{B}$ 方向旋进，见图 2-9.

习题与思考题

1. 波长为 0.1nm 的 X 射线光子的动量和能量各为多少？
2. 经过 10000V 电势差加速的电子束的德布罗意波波长为多少？用上述电压加速的质子束的德布罗意波波长又是多少？
3. 电子被加速后如果速度很大，则必须考虑相对论修正，因而电子德布罗意波长与加速电压的关系式为 $\lambda=\dfrac{1.225}{\sqrt{V}}(1-0.489\times10^{-6}V)\text{nm}$ ，其中 V 为以伏特为单位的电子加速电压，试证明之.

4. 已知 α 粒子的静质量为 6.68×10^{-27}kg，求速率为 5000m/s 的 α 粒子的德布罗意波的波长.
5. 若电子和光子的波长均为 0.20nm，则它们的动量和动能各为多少？
6. 带电粒子在威耳逊云室(一种径迹探测器)中的轨迹是一串小雾滴，雾滴的线度为 1μm，当观测能量为 1000eV 的电子径迹时，其动量与经典力学动量的相对偏差不小于多少？
7. 电子位置的不确定量为 5.0×10^{-2}nm 时，其速率的不确定量为多少？
8. 一电子被限制在宽度为 1.0×10^{-10}m 的一维无限深势阱中运动.
   (1) 欲使电子从基态跃迁到第一激发态需给它多少能量？
   (2) 在基态时，电子处于 $x_1 = 0.090\times10^{-10}$ m 与 $x_2 = 0.110\times10^{-10}$ m 之间的概率为多少？
   (3) 在第一激发态时，电子处于 $x_1 = 0$m 与 $x_2 = 0.25\times10^{-10}$ m 之间的概率为多少？
9. 在描述氢原子电子状态的量子数 n、l、m_l 中，
   (1) 当 $n = 5$ 时，l 的可能值是多少？
   (2) 当 $l = 5$ 时，m_l 的可能值为多少？
   (3) 当 $l = 4$ 时，n 的最小可能值是多少？
   (4) 当 $n = 3$ 时，电子可能状态数为多少(不考虑电子自旋)？
10. 试证明自由运动的粒子(势能恒等于零)的能量可以有连续的值.
11. 有一粒子，其质量为 m，在一个三维势箱中运动，势箱长、宽、高分别为 a、b、c，在势箱外，势能为 $V=\infty$，在势箱内 $V=0$，试算出粒子可能具有的能量.
12. 何谓定态？解定态问题的方法和步骤是什么？
13. 用量子力学解氢原子问题得出哪些主要结果？这些结果与旧量子论有何区别与联系？
14. 怎样理解测不准关系(或不确定原理)？

第 3 章

碱金属原子和电子自旋

3.1 碱金属原子的光谱和能级

在讨论了只有一个电子的原子或离子的光谱后，下一个简单的原子的光谱是碱金属原子的光谱.

3.1.1 碱金属

锂(Li)、钠(Na)、钾(K)、铷(Rb)、铯(Cs)、钫(Fr)等只有一个价电子的元素叫碱金属. 它们具有金属的一般性质，容易电离，具有相似的化学性质等.

3.1.2 碱金属原子的光谱和能级

实验表明，各种碱金属的原子光谱和能级都具有相似的结构，明显地构成几个线系. 一般可观察到的有 4 个线系：主线系、第一辅线系(漫线系)、第二辅线系(锐线系)、伯格曼线系(基线系). 锂原子能级图如图 3-1 所示.

实验表明碱金属原子的谱线系与氢原子的谱线系相似，每一线系随波长由长到短，光强由强到弱，谱线间隔则由疏到密，如图 3-2 所示.

里德伯经过分析归纳，总结得出碱金属原子光谱的波数可统一表示为

$$\tilde{\nu}_n = \tilde{\nu}_\infty - \frac{R_A}{n^{*2}} \tag{3-1}$$

式中，$\frac{R_A}{n^{*2}} = T_{nl}$，是碱金属原子的光谱项；$\tilde{\nu}_\infty$ 是线系限的波数，对不同的线系有不同的值；n^*不是整数略小于整数 n，称为有效量子数，可表示为 $n^*=n-\Delta_l$. Δ_l 是量子数修正值，与轨道量子数 l 有关，与 n 几乎无关，可由实验测定.

根据实验测得的谱线，可得出 $\tilde{\nu}_n$ 及 $\tilde{\nu}_\infty$，因此可根据式(3-1)求出相应的光谱项 T_n 的值(或确定有效量子数 n^*)，从而画出原子的能级图，对锂原子即图 3-1. 由图可见，在锂原子中，n 相同而 l 不同的那些能级差别很明显；而对氢原子，n 相同 l 不同的能级差别微小(是简并的)，在能级图中表现不出来，图 3-1 中最后一列

是氢的能级.

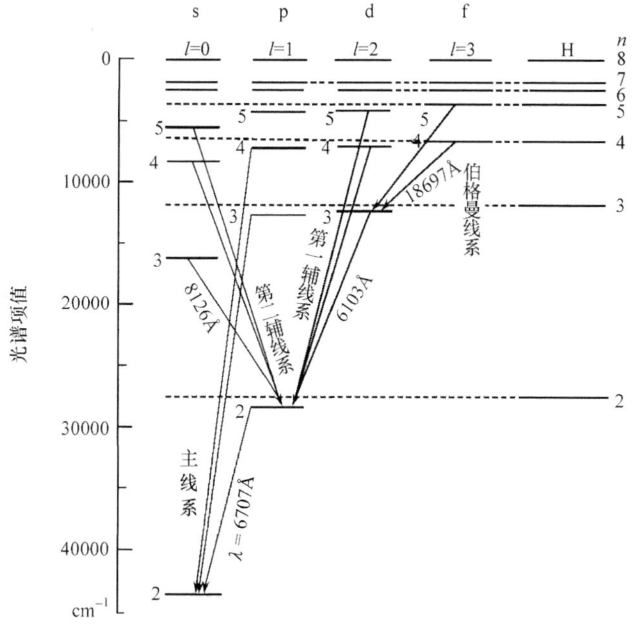

图 3-1　锂原子能级图

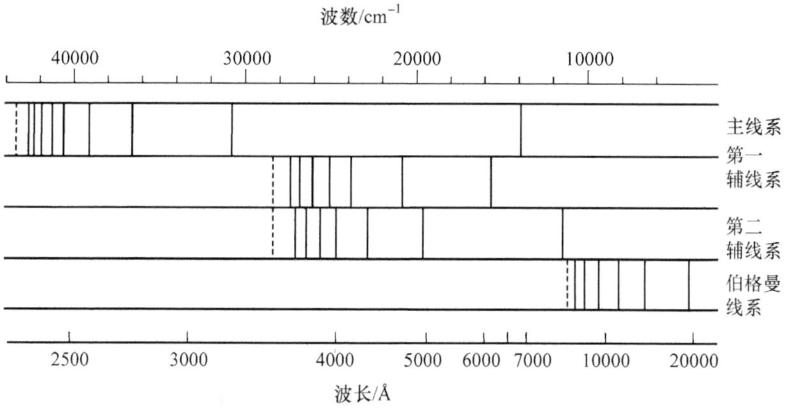

图 3-2　锂原子的光谱线系

由于碱金属的 4 个线系分别是从 $l = 0,1,2,\cdots$ 各列发出，而各线系的英文名称的第一个字母分别为 S、P、D、F，故习惯上用 S、P、D、F 表示 l=0,1,2,3 时的原子态. $l>3$ 时按字母 G、H、I、J……排列，相应的原子中电子所处的状态用 s、p、d、f……表示，所以原子的状态根据 l 的不同可表示为 nP、nD 等. 从而锂原子的上述 4 个光谱线系可表达如下.

主线系(nP→2S)

$$\tilde{\nu}_n = \frac{R_{\mathrm{Li}}}{(2-\Delta_{\mathrm{s}})^2} - \frac{R_{\mathrm{Li}}}{(n-\Delta_{\mathrm{p}})^2}, \qquad n=2, 3,\cdots$$

第二辅线系(nS→2P)

$$\tilde{\nu}_n = \frac{R_{\mathrm{Li}}}{(2-\Delta_{\mathrm{p}})^2} - \frac{R_{\mathrm{Li}}}{(n-\Delta_{\mathrm{s}})^2}, \qquad n=3, 4,\cdots$$

第一辅线系(nD→2P)

$$\tilde{\nu}_n = \frac{R_{\mathrm{Li}}}{(2-\Delta_{\mathrm{p}})^2} - \frac{R_{\mathrm{Li}}}{(n-\Delta_{\mathrm{d}})^2}, \qquad n=3, 4,\cdots$$

伯格曼线系(nF→3D)

$$\tilde{\nu}_n = \frac{R_{\mathrm{Li}}}{(3-\Delta_{\mathrm{d}})^2} - \frac{R_{\mathrm{Li}}}{(n-\Delta_{\mathrm{f}})^2}, \qquad n=4, 5,\cdots$$

其他碱金属原子的光谱和能级结构与锂相似，所以碱金属原子的光谱项可一般表示为

$$T_{nl} = \frac{R_{\mathrm{A}}}{n^{*2}} = \frac{R_{\mathrm{A}}}{(n-\Delta_l)^2} \tag{3-2}$$

3.2　原子实的极化和轨道贯穿

由碱金属的能级图可见，n 相同时 l 不同的能级产生了分裂，且能量相差很大，完全没有前面氢和类氢离子中 l 的简并现象，如何对碱金属原子出现的这种能级分裂给出正确的解释呢？

3.2.1　原子实

碱金属原子有一个共同的特点，即都只有一个价电子，而其余的电子和原子核构成一个完整而稳定的内部集团——原子实.

原子实：除价电子以外的一个由电子和原子核构成的完整而稳定的结构叫原子实. 如下面几种碱金属核外电子排布可以表示为

Li：$3=2\times 1^2+1$.

Na：$11=2\times(1^2+2^2)+1$.

K：$19=2\times(1^2+2^2+2^2)+1$.

Rb：$37=2\times(1^2+2^2+3^2+2^2)+1$.

Cs：$55=2\times(1^2+2^2+3^2+3^2+2^2)+1$.

Fr：$87=2\times(1^2+2^2+3^2+4^2+3^2+2^2)+1$.

锂的原子实由原子核和两个电子组成，钠的原子实由原子核加 10 个电子组成……原子的核外电子可排列成这样整齐的形式，不是偶然的，它代表原子中电子有规律的组合，以后会对此进行详细讨论. 既然碱金属中有原子实存在，有些半径较小的电子轨道已被原子实的电子占据，所以价电子的最小轨道不能是原子中最小的电子轨道.

例如，锂原子实的两个电子占据了 n=1 的轨道，所以价电子只能处于 $n\geqslant2$ 的轨道上，钠的价电子只能处于 $n\geqslant3$ 的轨道，等等.

3.2.2　原子实的极化

与类氢离子和氢的原子核相比，碱金属的原子实并不严实，原本是一个球形对称结构，里边的原子核带有 Ze 个正电荷，$Z-1$ 个电子带有$(Z-1)e$ 个负电荷，当价电子绕着该原子实运动时，好像是处于一个单位正电荷的库仑场中. 但由于价电子的电场的作用，原子实中带正电的原子核和带负电的电子的中心会发生微小的相对位移，如图 3-3 所示，其正、负电荷中心将不再在原子核上，形成一个电偶极子，称为原子实的极化.

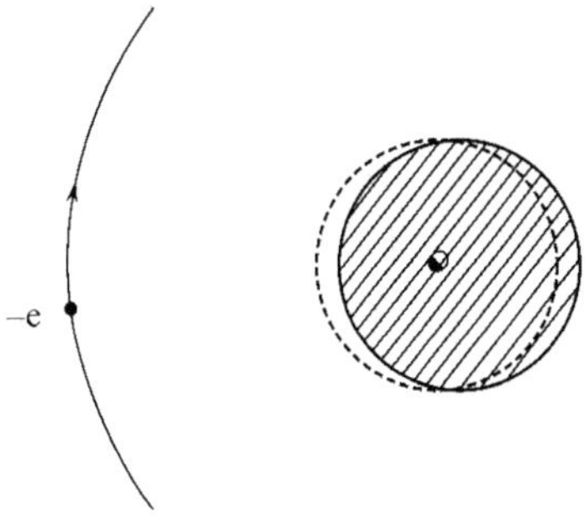

图 3-3　原子实极化示意图

反过来因极化而形成的电偶极子的电场又作用于价电子，使它感受到除库仑场以外的附加的吸引力，从而引起能量下降，且同一 n 值中，l 越小的轨道越扁，在一部分轨道上，电子离原子实很近，所以极化强烈，原子能量下降越厉害，所以能级较低；相反，l 越大的轨道越近圆形，电子离原子实较远，所以极化较弱，引起能量下降较小，能级相对较高.

3.2.3　轨道的贯穿

从能级图可见锂的 S 能级和 P 能级都比氢的能级要低很多，这说明除了原子实的极化影响外，一定还有其他影响. 因为 S、P 能级($l=0$、1)都是偏心率大的轨道(当 $n\geqslant2$ 时)，所以可能接近原子实的那些轨道会穿过原子实，从而影响了能量. 价电子的轨道运动示意图如图 3-4 所示.

当电子处于不穿过原子实的轨道时，它基本上是在原子实的库仑场中运动. 原子实对外的作用好像是带单位正电荷的球体，对它外边的电子，有效电荷数 Z^*=1，所以能级很接近氢能级，原子实的极化使能级下移，但不很多.

当电子处于穿过原子实的轨道时情形就不同了. 当电子处于原子实外边那部分轨道时，原子实对它的有效电荷 $Z^*=1$；当电子处于穿过原子实那部分轨道时，原子实对它起作用的有效电荷 $Z^*>1$. 例如，锂原子核的电荷数是 $Z=3$，原子实

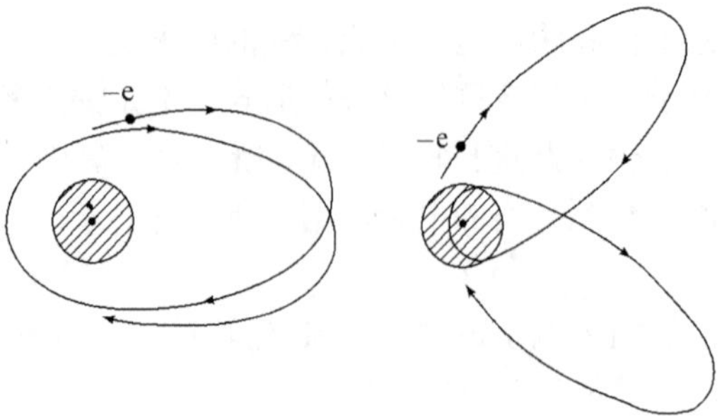

(a)非贯穿轨道　　(b)贯穿轨道

图 3-4　价电子的轨道运动

有 2 个电子，对外起作用时，原子实的有效电荷数 Z^* 是 3 – 2 = 1. 当价电子进入原子实时，如果在一部分轨道上离原子核比原子实中的两个价电子还要接近，则对它起作用的有效电荷数可能就是原子核的电荷数，即 $Z^* = 3$. 在贯穿轨道上运动的电子有一部分时间处在 $Z^* = 1$ 的电场中，另一部分时间处在 $Z^* > 1$ 的电场中，所以平均的有效电荷数 $Z^* > 1$(有效电荷数也常表示为 $Z-\sigma$).

按玻尔理论的光谱项公式(只需用 Z^* 代替 Z)，则碱金属的光谱项为

$$T_{n'} = \frac{Z^{*2} R_{\rm A}}{n^2} \quad (\text{只是用 } Z^* \text{代替了 } Z) \tag{3-3a}$$

或

$$T^* = \frac{R_{\rm A}}{\left(\dfrac{n}{Z^*}\right)^2} = \frac{R_{\rm A}}{n^{*2}} = \frac{R_{\rm A}}{(n-\Delta_l)^2} = T_{nl} \tag{3-3b}$$

既然 $Z^* > 1$，则 $n^* = n/Z^* < n$，说明了为什么有效量子数比主量子数小，与实验一致，从而也说明了量子数修正 Δ_l 是由于轨道极化贯穿而引起的修正. 因为碱金属的谱项 T_{nl} 比氢的谱项 R/n^2 大，所以由 $E_n = -hcT_{nl}$ 可知，其能级比氢的能级低. 原子实极化和轨道贯穿的理论，对碱金属原子能级与氢原子能级的差别做了很好的说明.

3.3　原子的精细结构

3.3.1　碱金属原子光谱的精细结构

对碱金属原子的光谱，若用高分辨率光谱仪仔细观察，则会发现每条谱线不是单一的一条线，而是由 2 条或 3 条线组成的，这称为光谱线的精细结构. 并且所有碱金属的光谱具有相似的精细结构. 主线系和第二辅线系的每一条光谱线是由两

条线构成的，第一辅线系及伯格曼线系是由 3 条线构成的. 大家熟知的钠的黄色光就是它的主线系第一条线，是由波长为 589nm 和 589.6nm 的两条线组成的.

图 3-5 所示为碱金属原子的 3 个光谱线系、前四条线的精细结构和线系限的示意图. 竖直线代表光谱线的精细成分，竖直线的高低代表谱线的强度，它们的间隔代表谱线成分的波数差. 从图 3-5 可见，主线系每条谱线中的两个成分的间隔随着波数的增加而逐渐缩小，最后两成分并入一个线系限. 第二辅线系的各谱线的成分具有相同的间隔，直到线系限也是这样. 第一辅线系的每一条谱线由 3 条线构成，最外面两条的间隔同第二辅线系各条谱线两成分的共同间隔以及主线系第一条谱线两成分的间隔相等. 另外，第一辅线系的每一条线中波数较小的(图中靠右的)两个成分间的距离随着波数的增加而缩小，最后这两成分并入一个线系限. 所以第一辅线系每条谱线虽有 3 个成分，而线系限却只有两个.

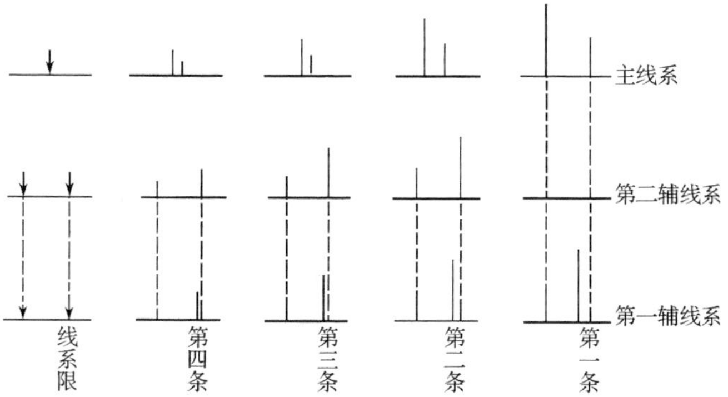

图 3-5　碱金属原子 3 个光谱线系、前四条线的精细结构和线系限的示意图

由上述碱金属光谱的精细结构我们可反过来推知能级的情况，做出相应的能级图. 第二辅线系中谱线分裂成的两成分的间隔相同，必由同一原因引起. 我们知道此线系是由 nS→最低的 P 能级的跃迁，共同有关的能级为最低的 P 能级. 所以可设想这个 P 能级是双层的，而 S 能级是单层的，就会得到双线(等间隔). 主线系两分裂成分间距随波数的增加而逐渐减少，所以不是同一个来源. 主线系是 nP→最低的 S 能级的跃迁，由前可知 S 能级是单层的，P 能级是双层的，所以可设想所有 P 能级都是双层的，且这双层的间隔随 n 增加而减少，这样便可符合主线系的情况. 再设想 D、F 能级都是双层的，且间隔随 n 增加而减少. 这样对第一辅线系 nD→最低 P 能级跃迁，形成三线结构也可得到说明，如图 3-6 所示.

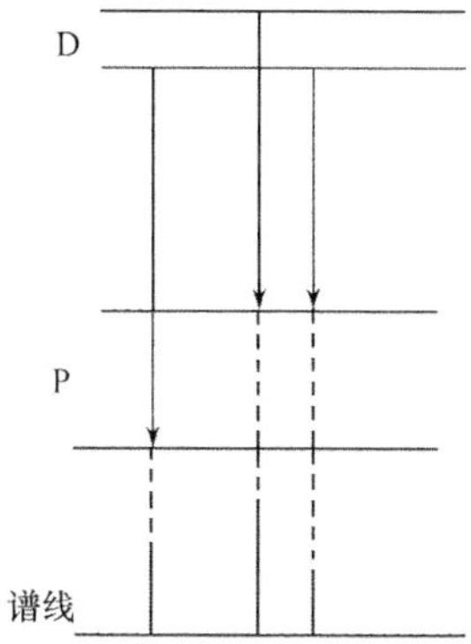

图 3-6　D→P 的跃迁和相应的谱线

如果 D 能级是双层的，而最低 P 能级也是双层的，好像每条谱线应有 4 个成分，现在只有 3 个成分(这一问题后面将说明)，从这三成分的间隔情况可推得是图 3-6 所示的跃迁结果. 从图 3-6 可以看出，第一辅线系左右两成分的分裂是由于最低 P 能级的双层间隔所导致，这是为第一辅线系诸线所共有的，而且也是为第二辅线系所共有的，因而是相同的. 至于图 3-5 中第一辅线系中间与右边谱线的分裂是由于 D 能级的双层引起，双层间隔随 n 增加而减少. 由此我们得到如下结论：碱金属原子的 S 能级是单层的，其余所有 P、D、F 等能级是双层的. 对同一 l 值，双层能级的间隔随 n 增加而减少. 例如，2P 双层的间隔大于 3P 双层的间隔. 对同一 n 值，双层的间隔随 l 增加而减少. 例如，4P 双层的间隔大于 4D 双层的间隔.

3.3.2 原子中电子轨道运动的磁矩

那么碱金属原子能级的分裂究竟是什么原因引起的呢?

前面我们介绍的玻尔理论考虑了原子中最主要的相互作用，即原子核与电子的静电相互作用，与此相互作用对应的能量计算值与实验值符合得很好，但对谱线中的精细结构还不能很好地给出解释，这清楚地表明我们还需要考虑其他相互作用引起的能量变化. 仅从经典的角度看，这也是非常显著的，即使像氢原子那样的最简单的体系，除了电子与核的静电相互作用外，由于电子绕核运动，所以还必定存在磁相互作用.

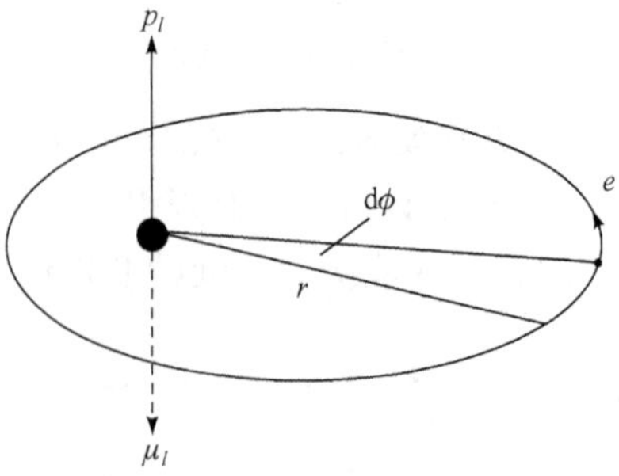

图 3-7 电子的轨道运动

下面我们将讨论由于电子的轨道运动引起的磁矩、电子自旋引起的磁矩和原子体系内部磁场引起的相互作用.

1. 轨道磁矩的经典表示式

电子的轨道运动相当于一个闭合电路. 其等效电流 i 和等效轨道磁矩 μ_l 为：$\mu_l=iA$，$i=e/\tau$，τ 为周期，A 为电路包围的面积，如图 3-7 所示.

$$A=\int_0^{2\pi}\frac{1}{2}r^2\mathrm{d}\phi=\int_0^{\tau}\frac{1}{2}r^2\frac{\mathrm{d}\phi}{\mathrm{d}t}\mathrm{d}t=\frac{1}{2m_{\mathrm{e}}}\int_0^{\tau}m_{\mathrm{e}}r^2\omega\mathrm{d}t=p_l\frac{\tau}{2m_{\mathrm{e}}}$$

式中应用了有心力场中运动的质点角动量守恒的结论. 所以

$$\mu_l=\frac{e}{\tau}\cdot\frac{p_l}{2m_{\mathrm{e}}}\cdot\tau=\frac{e}{2m_{\mathrm{e}}}\cdot p_l \tag{3-4}$$

即轨道运动产生的磁矩与轨道角动量有关. 因为电子带负电荷，所以磁矩与轨道

角动量方向相反，如图 3-7 所示. 从而原子磁矩又可表示为

$$\boldsymbol{\mu}_l = -\frac{e}{2m_e}\boldsymbol{p}_l \tag{3-5}$$

而 $p_l = \sqrt{l(l+1)}\dfrac{h}{2\pi}$，所以

$$\mu_l = \frac{he}{4\pi m_e}\sqrt{l(l+1)} = \sqrt{l(l+1)}\mu_B \tag{3-6}$$

其中，$\mu_B = \dfrac{he}{4\pi m_e} = 0.92732\times10^{-23}\,\mathrm{J/T}$，称为玻尔磁子.

我们知道 $\boldsymbol{p}_l$ 在空间的取向是量子化的，即 $p_{lz} = m_l\hbar$，所以 $\boldsymbol{\mu}_l$ 在空间的取向也是量子化的. $\boldsymbol{\mu}_l$ 在 z 方向的投影为

$$\mu_{lz} = -\frac{e}{2m_e}p_{lz} = -m_l\frac{he}{4\pi m_e} = -m_l\mu_B \tag{3-7}$$

2. 电子角动量在外磁场中取向量子化的实验证实(施特恩–格拉赫实验)

由前面的讨论可见，不仅原子的能量、原子中电子轨道的大小、形状和电子运动的角动量都是量子化的，而且电子的角动量在外场中的取向(即原子轨道磁矩的取向)也是量子化的. 1921 年，施特恩(O.Stern)、格拉赫(W.Gerlach)首次从实验上直接观察到外磁场中角动量取向的量子化，所以是原子物理学中最重要的实验之一，实验装置如图 3-8 所示. 在电炉 O 内使银蒸发(当时实验中被测的是银原子)，

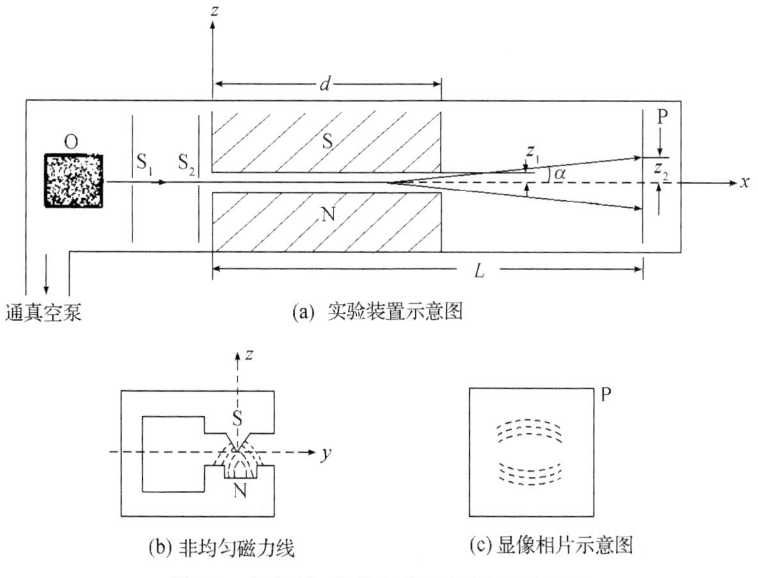

图 3-8　施特恩–格拉赫实验的装置示意图

银原子通过狭缝 S_1 和 S_2后，形成细束，经过一个 z 方向不均匀的磁场区域，在磁场的垂直方向行进，最后撞在相片 P 上，银原子经过的区域是抽成真空的. 当时在显像后的相片上看见两条黑斑，如图 3-8(c)所示，表示银原子经过不均匀磁场区域时已分成两束. z 方向不均匀的磁场是由不对称的磁极产生的. 图 3-8(b)表示图 3-8(a)中磁极的截面和分布不均匀的磁力线.

下面对实验进行分析. 设磁场沿 z 方向不均匀. 一个具有磁矩μ_l 的磁体在上述不均匀的磁场中会感受到一个力，其数值如下式所示：

$$f_z = \mu_{lz}\frac{\mathrm{d}B}{\mathrm{d}z} = \mu_l\frac{\mathrm{d}B}{\mathrm{d}z}\cos\beta \tag{3-8}$$

式中，μ_{lz} 是磁矩在磁场方向的分量；$\frac{\mathrm{d}B}{\mathrm{d}z}$ 是沿磁场方向的磁感应强度变化的梯度；β 是磁矩 μ_l 与磁场方向之间的夹角. 如果 $\frac{\mathrm{d}B}{\mathrm{d}z}$ 为正，亦即磁感应强度沿 z 方向增加，当 β 小于 90°时，力是向着 B 方向的；当 β 大于 90°时，力是反 B 方向的，磁场作用于磁矩上的力的大小和方向与 β 有关.

本实验的主要目的是观察 μ_l 在磁场中取向的情况，用不均匀的磁场是要把不同 μ_{lz} 值的原子分出来. 磁场对原子的力是垂直于它的前进方向的，这样，原子的路径就要有偏转，如图 3-8(a)所示. 现在计算原子束在相片上撞击的地点离开原子束如果直进应该到达之处的距离. 原子既然受力 f_z，就在 z 方向有一个加速度 $a = f_z / m$. 原子经过不均匀磁场的一段时间是 $t = L / v$；v 是原子纵向速度；L 是原子通过不均匀磁场时的纵向距离. 由于实验中狭缝 S_2 与相片 P 分别很靠近不均匀磁场的前后边界，所以 L 近似等于从狭缝 S_2 到相片 P 的距离，近似等于不均匀磁场的宽度 d (注意：图 3-8(a)中，P 实际很靠近不均匀磁场的后边界，为了示意原子束的分裂，图中将 P 画得离不均匀磁场后边界很远). 那么所要计算的距离是

$$\begin{aligned} Z &= \frac{1}{2}at^2 = \frac{1}{2}\cdot\frac{f_z}{m_{\mathrm{e}}}\left(\frac{L}{v}\right)^2 = \frac{1}{2m_{\mathrm{e}}}\cdot\frac{\mathrm{d}B}{\mathrm{d}z}\left(\frac{L}{v}\right)^2\mu_{lz} \\ &= \frac{1}{2m_{\mathrm{e}}}\cdot\frac{\mathrm{d}B}{\mathrm{d}z}\left(\frac{L}{v}\right)^2\mu_l\cos\beta \end{aligned} \tag{3-9}$$

在相片上显出两条黑斑，表示有两个 Z 值，也就是原子束分裂为两束. 在式(3-9)中除 μ_{lz} 外，其他都是常数，这就说明有两个 μ_{lz} 值，也就是说有两个 β 值，表明银原子的磁矩在外磁场中只有两个取向，有力地证明了原子的磁矩在磁场中的取向是量子化的. 因为，假设原子磁矩的取向是任意的话，就应该有连续变化的 β，

由式(3-9)就应该有连续变化的 Z，那么相片就要出现连续的一片黑斑，而事实不是这样.

如果测得相片上两黑斑的距离(这就是式(3-9)中 Z 值的 2 倍)，再把式中其他数值分别测得或推得，就可以计算 μ_{lz}；对应于实验中两黑斑的 β 值可以合理地设想为 0°和 180°，便可得到 μ_l. 这样求得的 μ_l 值，正是一个玻尔磁子的理论值. 这个结论虽然以后还要进一步说明，但目前至少已表明原子的磁矩确实具有一个玻尔磁子理论值那样的数量级. 这是该实验的另一个收获.

顺便说明一下，相片的两条黑斑是略有宽度的，不是很细的线条. 这是由于银原子从炉子中发出，具有一定的速度分布，式(3-9)中的 v 不是单值，所以 Z 有小范围的连续变化. 后人对其他多种原子先后重复了施特恩–格拉赫实验，都清楚地显示原子磁矩在磁场中取向的量子化.

3.4　电 子 自 旋

尽管施特恩–格拉赫实验证实了原子在外磁场中磁矩的空间取向量子化，但由该实验给出的银原子在外磁场中只有两个取向的实验事实却是当时空间量子化理论所不能解释的. 按量子力学的结论，当 l 一定时，m_l 有 $2l+1$ 个取值，即电子角动量在空间有 $2l+1$ 个取向，也即原子的磁矩有 $2l+1$ 个取向，因为 l 是整数，所以 $2l+1$ 一定为奇数，在实验中有些原子确实观察到奇数个取向，但对氢、钾、钠、铜、银等都观察到偶数个取向，所以只能说到目前为止我们对原子的描述仍然是不完全的.

3.4.1　电子自旋的假设

从施特恩–格拉赫实验中原子束在外磁场中出现偶数分裂的实验事实，给人启示，要原子轨道角动量在空间的取向 $2l+1$ 等于偶数，只有角动量量子数 l 为半整数时才有可能，而轨道角动量量子数是不可能给出半整数的.

面对这种情况，1925 年，两位不到 25 岁的荷兰学生乌伦贝克、古兹密特大胆假设电子不是点电荷，它除了轨道运动还有自旋运动. 它具有固有的自旋角动量 $p_s=\sqrt{s(s+1)}\hbar$，其中 $s=1/2$，称为自旋量子数. p_s 在外磁场中的分量只有两个取向，即 $p_{sz}=\pm\hbar/2=m_s\hbar$，$m_s=\pm1/2$.

注意：电子的自旋不能理解为像陀螺一样绕自身的轴旋转，它完全是电子内部的属性，与其他运动状态毫无关系，在经典物理中找不到对应物，是一个崭新的概念.

3.4.2 电子自旋磁矩

类比前面轨道磁矩与轨道角动量的关系

$$\boldsymbol{\mu}_l=-\frac{e}{2m_e}\boldsymbol{p}_l$$

似乎电子自旋磁矩与自旋角动量的关系应该为

$$\boldsymbol{\mu}_s=-\frac{e}{2m_e}\boldsymbol{p}_s$$

但有关的实验却表明自旋磁矩与自旋角动量的关系应该为

$$\boldsymbol{\mu}_s=-\frac{e}{m_e}\boldsymbol{p}_s$$

$$\mu_s=\frac{e}{m_e}\sqrt{s(s+1)}\hbar=\sqrt{3}\frac{he}{4\pi m_e}=\sqrt{3}\mu_B \tag{3-10}$$

同理，μ_s 在外磁场中的分量为

$$\mu_{sz}=-\frac{e}{m_e}p_{sz}=\pm\frac{e}{m_e}m_s\hbar=\pm\mu_B$$

3.4.3 原子的自旋——轨道相互作用，原子精细结构的定量考虑

原子中价电子与原子核(或原子实)之间的静电相互作用决定了光谱线的主要特征，是主要的相互作用. 现在我们又知道电子有自旋磁矩，而做周期运动的电子会产生磁场，所以可以推测是电子的轨道自旋之间的磁相互作用导致了谱线的精细结构. 下面我们分析这样的相互作用.

1. 原子的总角动量 p_j

设原子实的总角动量为零(这在以后会证明)，所以价电子的角动量就是原子的总角动量. 首先，电子有自旋角动量 $\boldsymbol{p}_s$ 与轨道角动量 $\boldsymbol{p}_l$，其总角动量 $\boldsymbol{p}_j$ 是两者的矢量和，即

$$\boldsymbol{p}_j=\boldsymbol{p}_l+\boldsymbol{p}_s \tag{3-11}$$

据量子力学的规律，p_j 必须满足

$$p_j=\sqrt{j(j+1)}\hbar \tag{3-12}$$

式中，$j=l+s$ 或 $l-s$，称为总角动量量子数. 可见 $\boldsymbol{p}_l$ 与 $\boldsymbol{p}_s$ 不能平行或反平行(因为 $p_j\neq p_s\pm p_l$). 例如，$l=1$，则 $j=3/2$ 或 $1/2$，如图 3-9 所示，此处 $\boldsymbol{\mu}_s$ 也仍有两个取向.

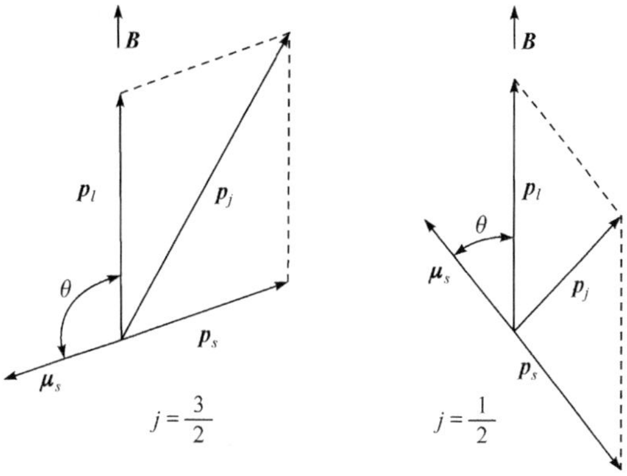

图 3-9　电子角动量的矢量图

2. 自旋——轨道相互作用

由于电子的轨道运动，电子感受到一个磁场(认为电子不动而原子实运动，构成一个等效电流)，设原子实的有效电荷数为 Z^*，相对电子的速度为 v，如图 3-10 所示，磁场的大小为

$$B=\frac{\mu_0}{4\pi}\cdot\frac{Z^* e v}{r^2}\sin\alpha \tag{3-13}$$

方向与 $\boldsymbol{p}_l$ 相同. 又因为 $m_e v r\sin\alpha=p_l$，$\boldsymbol{p}_l=\boldsymbol{r}\times(m_e\boldsymbol{v})$，所以

$$B=\frac{\mu_0}{4\pi}\cdot\frac{Z^* e}{r^3 m_e}p_l$$

因为 $c^2=1/\varepsilon_0\mu_0$，所以

$$B=\frac{Z^* e}{4\pi\varepsilon_0 m_e c^2}\cdot\frac{1}{r^3}p_l \tag{3-14}$$

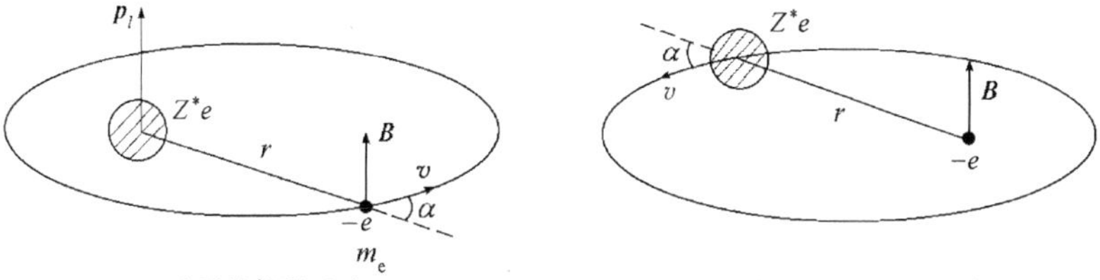

(a) 电子的轨道运动　(b) 认为电子不动而原子实运动

图 3-10　电子在轨道运动中如何感受到磁场的示意图

按照电磁学的理论，一个磁性物体(磁矩为 $\boldsymbol{\mu}$)在外磁场中的能量为 $E=-\mu B\cos\theta$，θ 为 $\boldsymbol{\mu}$ 与 $\boldsymbol{B}$ 的夹角. 现在我们所考虑的是具有自旋磁矩 $\boldsymbol{\mu}_s$ 的电子处于由于轨道运动而感受到的磁场中,所以由于电子轨道——自旋磁相互作用而附加的能量为

$$\Delta E_{ls}=-\mu_s B\cos\theta \tag{3-15}$$

式中，θ 为 $\boldsymbol{\mu}_s$ 与 $\boldsymbol{B}$ 的夹角. 此处 $\boldsymbol{B}$ 的方向就是原子实绕着电子运动的轨道角动量 $\boldsymbol{p}_l$ 的方向，即电子轨道角动量的方向. $\boldsymbol{\mu}_s$ 的方向为 $\boldsymbol{p}_s$ 的反方向，所以 $\boldsymbol{\mu}_s$ 与 $\boldsymbol{B}$ 不同向，按照力学规律，$\boldsymbol{\mu}_s$ 应绕 $\boldsymbol{B}$(即绕 $\boldsymbol{p}_l$)方向旋进. 反过来轨道运动也可说受到电子自旋磁场的作用，即轨道磁矩 $\boldsymbol{\mu}_l$ 处于自旋磁场中，应绕着自旋角动量 $\boldsymbol{p}_s$ 旋进. 实际情况是：自旋与轨道运动相互起作用，但在某一状态中，按角动量守恒原理，总角动量 $\boldsymbol{p}_j$ 是守恒的，即 $\boldsymbol{p}_l$ 和 $\boldsymbol{p}_s$ 的夹角是不变量，所以 $\boldsymbol{p}_l$ 和 $\boldsymbol{p}_s$ 都绕着 $\boldsymbol{p}_j$ 旋进，如图 3-11 所示，由图有

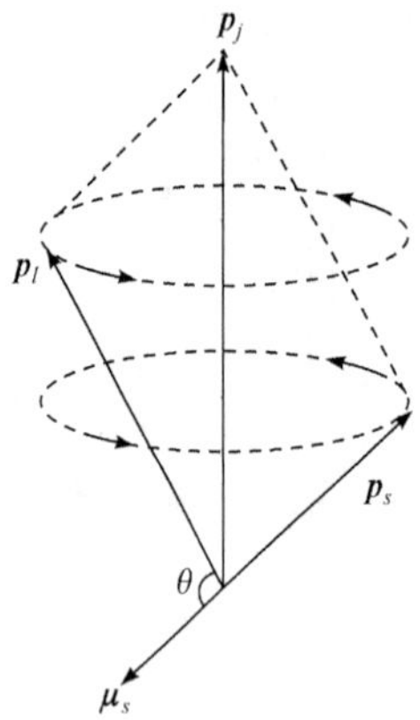

图 3-11 电子自旋角动量和轨道角动量绕总角动量的旋进

$$\cos\theta=-\frac{p_j^2-p_l^2-p_s^2}{2p_lp_s} \tag{3-16}$$

将式(3-10)、式(3-14)、式(3-16)代入式(3-15)，可得电子自旋与轨道相互作用的附加能量为(附加于原能级上的能量)

$$\Delta E_{ls}=-\frac{Z^*e}{4\pi\varepsilon_0 m_e c^2}\cdot\frac{p_l}{r^3}\left(\frac{e}{m_e}p_s\right)\left(-\frac{p_j^2-p_l^2-p_s^2}{2p_lp_s}\right)$$

$$=\frac{Z^*e}{4\pi\varepsilon_0 m_e c^2}\cdot\frac{1}{r^3}\cdot\frac{e}{m_e}\cdot\frac{p_j^2-p_l^2-p_s^2}{2}=\frac{Z^*e^2}{4\pi\varepsilon_0 m_e^2c^2}\cdot\frac{h^2}{4\pi^2}\cdot\frac{1}{r^3}\cdot\frac{j^{*2}-l^{*2}-s^{*2}}{2}$$

式中，$j^*=\sqrt{j(j+1)}$，$l^*=\sqrt{l(l+1)}$，$s^*=\sqrt{s(s+1)}$.

考虑到相对论效应，1926 年托马斯引入了修正因子 1/2，有

$$\Delta E_{ls}=\frac{Z^*e^2}{4\pi\varepsilon_0 m_e^2c^2}\cdot\frac{h^2}{4\pi^2}\cdot\frac{1}{r^3}\cdot\frac{j^{*2}-l^{*2}-s^{*2}}{4} \tag{3-17}$$

由此可见，ΔE_{ls} 是 r 的函数，而同一轨道上，即 Z^*、n、l 一定，r 是连续变化的，求出 $1/r^3$ 的平均值便可得附加能量的平均值 $\Delta\bar{E}_{ls}$

$$\Delta\bar{E}_{ls}=\frac{Rhc\alpha^2Z^{*4}}{n^3l\left(l+\frac{1}{2}\right)(l+1)}\cdot\frac{j^{*2}-l^{*2}-s^{*2}}{2} \tag{3-18}$$

式中，$\alpha=\dfrac{2\pi e^2}{4\pi\varepsilon_0 hc}$，是精细结构常数. 相应的光谱项的改变量是

$$\Delta\bar{T}_{ls}=-\frac{\Delta\bar{E}_{ls}}{hc}=-\frac{R\alpha^2Z^{*4}}{n^3l\left(l+\frac{1}{2}\right)(l+1)}\cdot\frac{j^{*2}-l^{*2}-s^{*2}}{2} \tag{3-19}$$

由此可见，$\Delta\bar{E}_{ls}$ 或 $\Delta\bar{T}_{ls}$ 与 n、l 及 s、j 有关，而对碱金属 s=1/2 不变. 所以当 n、l

一定时(原来的一个能级)，j 可有不同值($j=l+1/2$ 和 $j=l-1/2$)，即对同一 n 和 l、j 可以取 $l+1/2$ 和 $l-1/2$ 两个值，从而使附加于原能级上的能量 $\Delta\bar{E}_{ls}$ 也有两个值，使原能级分裂为两层. 图 3-12 显示了 l 等于 1、2、3 三种情况的双层能级的相对间隔.

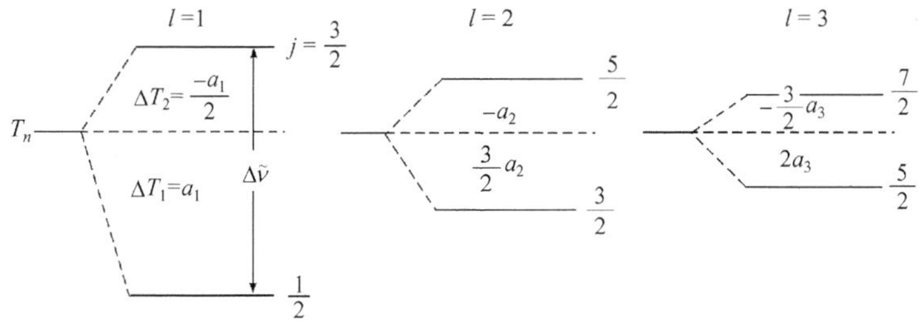

图 3-12　双层能级的相对间隔(n 相同)，其中 $a_l=\dfrac{R\alpha^2Z^{*4}}{n^3l(l+1/2)(l+1)}$

但为何碱金属原子的所有 S 能级都是单层结构？这是因为 $l=0$ 时，$j=l+1/2=1/2$，至于 $j=l-1/2=-1/2$，按照式(3-12)会导致一个虚数的 p_j，这是不存在的. 所以只有一个 j 值，即 s 能级只有一个附加能量，因而能级是单层的.

由式(3-18)可得分裂后双层能级的间隔为

$$\Delta E=\Delta\bar{E}_{ls}(l+1/2)-\Delta\bar{E}_{ls}(l-1/2)=\frac{Rhc\alpha^2Z^{*4}}{n^3l(l+1)} \tag{3-20}$$

用波数可表示为

$$\Delta\tilde{\nu}=\left|\Delta T_1-\Delta T_2\right|=\frac{R\alpha^2Z^{*4}}{n^3l(l+1)} \tag{3-21}$$

由式(3-20)可见 n 相同时 ΔE 随 l 增加而减少，l 相同时 ΔE 随 n 增加而减少，与实验事实相符合.

由此我们解释了能级分裂的原因，对碱金属原子的能级结构给出了解释，从而解释了碱金属原子光谱的精细结构.

3. *碱金属原子态符号*

由前可知，原子态符号可表示为 nL(其中对应于 $l=0,1,2,3,\cdots$，L 分别取 S、P、D、F 等)，但从上面的讨论可见，j 不同时原子能级将分裂，从而应属于不同的原子态. 所以现将 j 的不同示于右下角，左上角表示能级的多重结构的重数(一般当 L 一定时，j 有几个值，原子便有几层能级，就称为几重态，对碱金属，能级是 2 重态)，即 $n^{2s+1}L_j$ 对碱金属 $2s+1=2$，所以原子态为 n^2L_j. 对碱金属 S 能级尽管是单层的，我们仍表示为 ^{2}S，因为它仍属于双重结构体系. 实际上一般原子态的多重数为 $2s+1$(因为碱金属只有一个价电子，所以 $s=1/2$，多重数为 2).

3.5　单电子辐射跃迁的选择定则

从观察到的碱金属原子的光谱，可以得出这样一个结论，发出辐射或吸收辐射的跃迁只能在下列条件下发生：

$$\Delta l=\pm 1;\qquad \Delta j=0,\ \pm 1$$

主量子数 n 的变化不受限制，可见发生辐射跃迁是有选择性的. 以上由经验总结的规律称为选择定则，在量子力学理论中也可以推导出来. 对碱金属光谱的实验观测也与选择定则相符.

主线系	$^2P_{1/2}\to{}^2S_{1/2}$；$^2P_{3/2}\to{}^2S_{1/2}$	$\Delta l=-1$	$\Delta j=0,-1$
第二辅线系	$^2S_{1/2}\to{}^2P_{1/2}$；$^2S_{1/2}\to{}^2P_{3/2}$	$\Delta l=+1$	$\Delta j=0,+1$
第一辅线系	$^2D_{3/2}\to{}^2P_{1/2}$；$^2D_{3/2}\to{}^2P_{3/2}$；$^2D_{5/2}\to{}^2P_{3/2}$	$\Delta l=-1$	$\Delta j=0,-1$
伯格曼线系	$^2F_{5/2}\to{}^2D_{3/2}$；$^2F_{5/2}\to{}^2D_{5/2}$；$^2F_{7/2}\to{}^2D_{5/2}$	$\Delta l=-1$	$\Delta j=0,-1$

这里我们看到为什么第一辅线系和伯格曼线系诸谱线都是三线结构，因为 $^2D_{5/2}$ 到 $^2P_{1/2}$ 和 $^2F_{7/2}$ 到 $^2D_{3/2}$ 的跃迁是不会出现的，因为这样的跃迁 j 的改变为 2，不符合选择定则. 图 3-13 表示了上列 4 组跃迁.

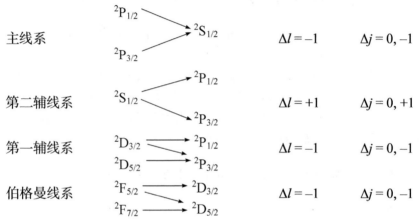

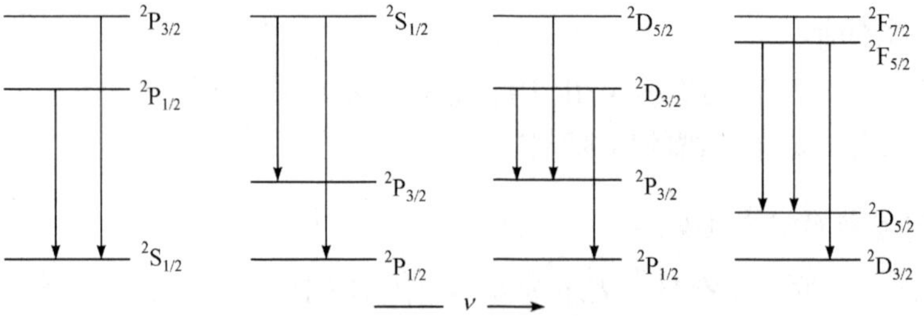

图 3-13　几种双层能级间的跃迁

3.6　氢原子光谱的精细结构

讨论了碱金属原子光谱的精细结构以后，就容易理解氢原子光谱的精细结构了. 由于氢原子能级有简并的情况，所以推迟到碱金属之后讨论才能清楚地加以说明.

3.6.1　氢原子能级的精细结构

由前面讨论可知，在只考虑电子与原子核的静电相互作用的情况下，氢原子的能量为

$$E_{n0} = -\frac{R(Z-\sigma)^2 hc}{n^2} \tag{3-22}$$

这里 $Z-\sigma$ 就是以前用 Z^* 表示的有效电荷数. 对氢原子因为没有电子轨道的极化贯穿，所以 $Z-\sigma=1$，式中仍保留有效电荷数 $Z-\sigma$，作为一般的表达式.

现在我们知道电子有自旋，计入电子自旋与轨道运动的磁相互作用时，应有附加能量

$$\Delta\overline{E}_{ls} = \frac{Rhc\alpha^2(Z-s)^4}{n^3 l(l+1)(l+1/2)} \frac{j^{*2}-l^{*2}-s^{*2}}{2} \tag{3-23}$$

这里 $Z-s$ 也是有效电荷数，但从实验测定的数值与式(3-22)的 $Z-\sigma$ 不完全相同，所以用不同符号表示. 对氢，也等于 1.

1926 年，海森伯(W.K.Heisenberg)用量子力学导出了考虑电子运动的相对论效应引起的能量修正

$$\Delta E_r = -\frac{Rhc\alpha^2(Z-s)^4}{n^3}\left(\frac{1}{l+1/2}-\frac{3}{4n}\right) \tag{3-24}$$

所以氢原子的总能量为(考虑相对论修正和轨道自旋相互作用后，与 n、l、j 有关)

$$E_{n,l,j} = E_{n0} + \Delta\overline{E}_{ls} + \Delta E_r$$

当 $j=l+1/2$ 时

$$E_{n,l,j} = -\frac{Rhc(Z-\sigma)^2}{n^2} - \frac{Rhc\alpha^2(Z-s)^4}{n^3}\left(\frac{1}{l+1}-\frac{3}{4n}\right) \tag{3-25}$$

当 $j=l-1/2$ 时

$$E'_{n,l,j} = -\frac{Rhc(Z-\sigma)^2}{n^2} - \frac{Rhc\alpha^2(Z-s)^4}{n^3}\left(\frac{1}{l}-\frac{3}{4n}\right) \tag{3-26}$$

式(3-25)和式(3-26)表示对同一个 l 值有两个 j 值，两式给出不同的能量. 所以氢原子能级也是双层结构，与碱金属类似.

若代入上两式各自的 l 表达式($l=j\pm 1/2$)，则有

$$E_{n,l,j} = E'_{n,l,j} = -\frac{Rhc(Z-\sigma)^2}{n^2} - \frac{Rhc\alpha^2(Z-s)^4}{n^3}\left(\frac{1}{j+1/2}-\frac{3}{4n}\right) \tag{3-27}$$

式中，第一项是玻尔理论中得到的能量的主要部分，第二项给出精细结构. 对氢原子 $Z-\sigma$ 和 $Z-s$ 都等于 1，所以式(3-27)与 l 无关，可见对氢原子，当 n 相同时，

不同 l 值而 j 相同的能级具有相同的能量，能级是简并的. 例如，$2S_{1/2}$ 和 $2P_{1/2}$ 或 $3P_{3/2}$ 和 $3D_{3/2}$ 具有相同能量. 另外，氢原子精细结构的能量值也与 $1/n^3$ 成正比，且随 j 增加而减少(即随 l 增加而减少)，从而可做出氢原子能级的精细结构，示意图如图 3-14 所示.

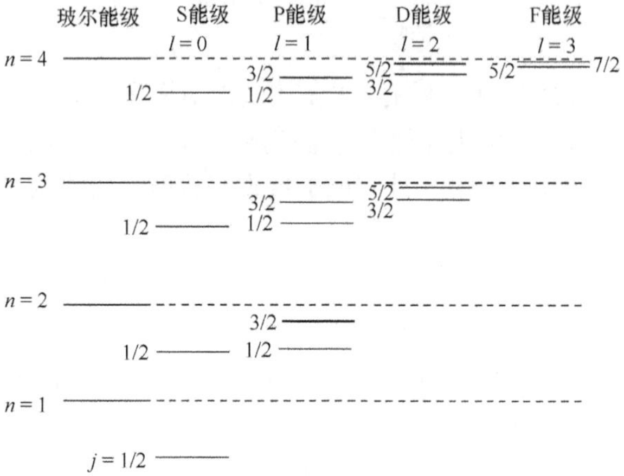

图 3-14　氢原子能级的精细结构(未按准确比例画)

注意：碱金属中无能级简并的情况，因为对碱金属，$Z-\sigma$ 和 $Z-s$ 随 l 而变化，所以 l 不同 j 相同的能级能量不同.

另外，由式(3-27)可见，原子的精细结构能量与$(Z-s)^4$成正比，所以碱金属($Z-s>1$)的精细结构容易观测，即双层能级分得较开；而对氢，因为 $Z-s=1$，所以精细结构不容易观察，即分裂出的双层能级间隔很小. 例如，钠原子主线系第一条谱线分裂成的双线差 6Å，而氢原子巴耳末系第一条谱线分裂成的双线差 0.14Å.

3.6.2　氢光谱精细结构的观测

有了能级，根据选择定则，可决定氢原子谱线的精细结构.

例如，莱曼系：是 $n\geqslant2$ 能级→n=1 能级跃迁，即 $n^2P_{1/2,3/2}\rightarrow1^2S_{1/2}$($n$=1 只有单层 S 能级)，所以每条谱线都是双线结构，且双线的间隔对应 P 能级双层的间隔.

巴耳末系：是 $n\geqslant3$ 能级→n=2 能级跃迁. n=2 有一个 S 和一个双层的 P 能级. 由于简并只显现出两层. 由选择定则知$\Delta l=\pm1$，可能的跃迁只能从较高能级的 S、P、D 三种能级发出. 对每一 n 这三种能级有 5 个，由于简并显出 3 层，参考图 3-15. 至于跃迁产生的谱线情况，由于较复杂，下面以第一条谱线讨论之，其余各条应有同样的结构.

图 3-15 是巴耳末系第一谱线的能级跃迁图. 图 3-16 表示这些跃迁产生的谱线精细结构，图 3-16 中谱线的标记同图 3-15 中的标记是对应的. 曲线是实验结果.

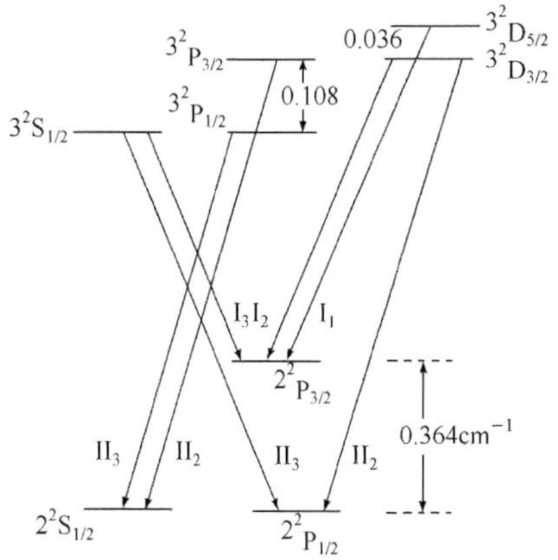

图 3-15　巴耳末系第一谱线的能级跃迁图

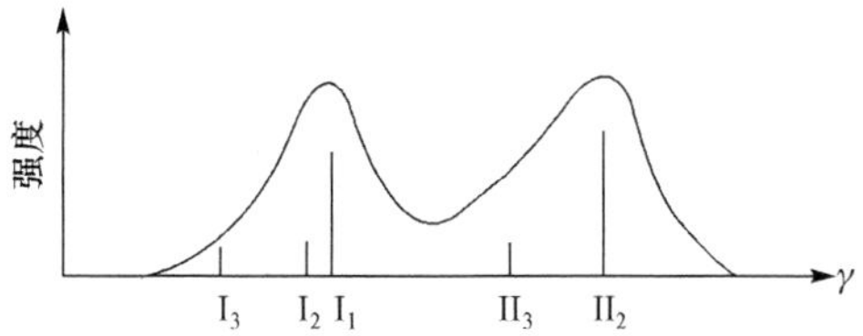

图 3-16　巴耳末系第一谱线的精细结构

实际上由于跃迁产生的 5 个谱线成分间隔很小，实验上测量只能分出两条谱线.

注意：精确的测量表明 $2^2S_{1/2}$ 比 $2^2P_{1/2}$ 高 $\Delta\tilde{\nu}=0.33cm^{-1}$.

例 3-1　Mg^+、Al^{2+}这些离子和 Na 原子都是等电子序列. 单电离离子 Mg^+的光谱项可用形如 $4R/(n-\Delta_l)^2$ 的里德伯公式表示，Al^{2+}的光谱项可用 $9R/(n-\Delta_l)^2$ 表示，为什么？请加以解释.

解　由玻尔理论可得氢原子的光谱项为 $T_n=R/n^2$，类氢离子的光谱项为 $T_n=Z^2R/n^2$，而碱金属的光谱项为 $T_n=R/(n-\Delta_l)^2$，类比类氢离子光谱项和氢原子光谱项的关系，由碱金属的光谱项可得类碱离子的光谱项应为 $T_n=Z'^2R/(n-\Delta_l)^2$，Z' 表示原子实的有效电荷. 对中性原子(如 Na)$Z'=1$，所以其光谱项为 $T_n=R/(n-\Delta_l)^2$；对一价的类碱离子(如 Mg^+)$Z'=2$，所以光谱项为 $T_n=4R/(n-\Delta_l)^2$；对二价的类碱离子(如 Al^{2+})$Z'=3$，所以光谱项为 $T_n=9R/(n-\Delta_l)^2$. 实际上，具有原子序数 Z 的中性原子的光谱和能级，同具有原子序数 $Z+1$ 的原子一次电离后的光谱和能级很相似，如 H 同 He^+，Na 同 Mg^+.

习题与思考题

1. 已知锂原子的光谱主线系最长波长 λ=670.7nm，辅线系系限波长 λ_∞=351.9nm. 求锂原子第一激发电势和电离电势.
2. 钠原子的基态为 3S. 已知其共振线波长为 589.3nm，漫线系第一条的波长为 819.3nm，基线系第一条的波长为 1845.9nm，主线系的系限波长为 241.3nm. 试求 3S、3P、3D、4F 各谱项的项值(注：共振线为原子第一激发态向基态跃迁所产生的谱线).
3. 钾原子共振线波长为 7665Å，主线系系限波长为 2858Å，已知钾原子基态为 4S. 问 4S、4P 谱项的量子数修正项 Δs、Δp 值各为多少？

4. 锂原子的基态项为 2S. 当把锂原子激发到 3P 态后，问当锂从 3P 激发态向低能级跃迁时可能产生哪些谱线(不考虑精细结构)?

5. 为什么谱项 S 项的精细结构总是单层结构? 试直接从碱金属光谱双线的规律性和从电子自旋与轨道相互作用的物理概念两方面分别说明之.

6. 试计算氢原子莱曼线系第一条的精细结构分裂的波长差.

7. 钠原子光谱中得知其 3D 项的项值 $T_{3D} = 1.2274\times10^{6}\text{m}^{-1}$，试计算该谱项之精细结构裂距.

8. 锂原子序数 Z=3，其光谱的主线系可用下式表示：

$$\tilde{\nu}=\frac{R}{(1+0.5951)^2}-\frac{R}{(n-0.0401)^2}$$

已知锂原子电离成 Li^{3+}需要 203.44eV 的功，问要把 Li^{+}电离为 Li^{2+}，需要多少电子伏特的功?

9. 对碱金属原子，原子态和电子组态有何联系? 表示符号上有何区别?

10. 什么叫原子实? 碱金属原子价电子的运动有何特点? 它给原子的能级带来了什么影响?

11. 如何理解电子的自旋?

第4章

多电子原子

前面我们讨论了氢原子、类氢离子及碱金属原子的光谱和能级，它们均由一个价电子绕原子核(或原子实)旋转而构成，我们称它们为单电子体系. 本章着重讨论双电子体系(即两个价电子绕原子核或原子实运动的原子体系)，并对 3 个及 3 个以上价电子的原子做概括性的论述.

4.1　氦及周期表第二主族元素的光谱和能级

4.1.1　氦的光谱和能级

实验观察发现氦及周期表中的第二主族元素，即铍、镁、钙、锶、钡、镭、锌、镉、汞的光谱有相仿的结构. 其光谱有如下特征：以氦为例，氦的光谱如同碱金属的光谱，形成谱线系. 但氦有两套谱线系，即有两个主线系，两个第一辅线系，两个第二辅线系……这两套谱线的结构有显著的差别，其中一套是单线，另一套有复杂的结构. 从光谱分析可知，氦的能级也有两套：一套是单层的；另一套是 3 层的(且具有相同的 n、l 的 3 层能级比单层低). 两套能级间无跃迁，只有各自内部的跃迁，从而产生了两套光谱线系. 单层能级间的跃迁——产生单线系的光谱；三层能级间的跃迁——产生有复杂结构的光谱.

氦的能级及跃迁如图 4-1 所示.

由图 4-1 可见，氦的基态和第一激发态之间的能量相差很大，有 19.77eV，电离能也是所有元素中最大的，有 24.58eV. 氦的主线系：单线光谱，是由 $n^1\mathrm{P}\rightarrow 1^1\mathrm{S}_0$ 跃迁产生的；复杂光谱是三重的 $n^3\mathrm{P}\rightarrow 2^3\mathrm{S}_0$ 跃迁产生的，且三重态谱线较复杂. 下面我们讨论第一辅线系第一条线，著名的黄色 D_3 线. 1868 年 8 月 18 日在太阳日珥的光谱中观察到这条线，从而发现了氦. 用高分辨率本领的仪器，可以分辨出这条 $3^3\mathrm{D}_{1,2,3}\rightarrow 2^3\mathrm{P}_j$ 线的 3 个成分

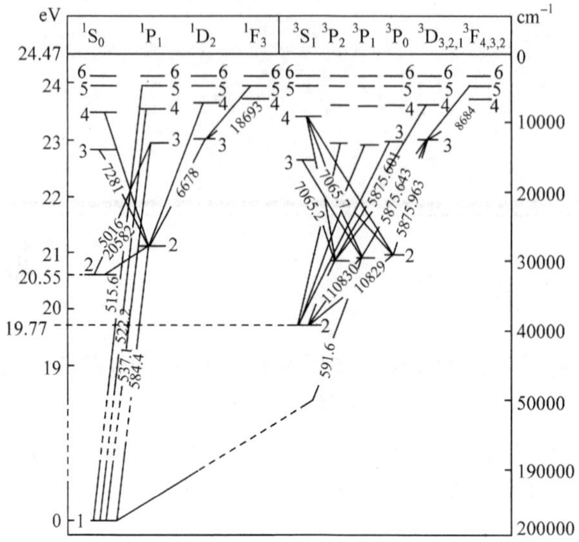

图 4-1　氦原子能级图

	强度	波长/Å
$3^3D_1 \to 2^3P_0$	1	5875.963
$3^3D_{1,2} \to 2^3P_1$	3	5875.643
$3^3D_{1,2,3} \to 2^3P_2$	5	5875.601

因 $^3D_{1,2,3}$ 间隔很小，所以此谱线的精细结构只反应 2^3P_j 的能级间隔，且由波长值可知 $^3P_0$ 高于 $^3P_1$ 和 $^3P_2$.

氦的第一激发态 1s2s 有两个态 2^3S_1 和 2^1S_0 不可能自发跃迁到基态 1^1S_0，因为选择定则限制这些能态以自发辐射的形式衰变(因为不满足选择定则，即$\Delta l \neq \pm 1$). 所以，若氦原子被激发到第一激发态 2^3S_1 或 2^1S_0，它会留在那个状态较长一段时间，这样的状态称为**亚稳态**. 凡是能使原子留住较长时间的激发态叫亚稳态(或不能独自自发过渡到任何一个更低能级的状态).

4.1.2　镁的光谱和能级

实际上，第二主族元素的光谱和能级与氦的光谱和能级有相似结构. 例如镁原子也有两套光谱，两套能级，与氦是同一类的，如图 4-2 所示.

氦原子有 2 个电子，镁原子有 12 个电子，但其光谱却相仿，可见产生光谱主要是价电子的作用(因为氦和镁的价电子均为 2). 因为所有第二主族元素都有两个价电子，所以它们将有相似的光谱和能级，但也有不同之处. 例如镁原子的 $n^3P_{2,1,0}$ 3 个能级中，$^3P_0$ 最低且与氦原子相反. 电离能，镁为 7.62eV < 24.47eV(氦)，第一激发电势，镁为 2.7eV < 19.77eV(氦)，所以氦原子的基态是很稳固的结构.

总之，第二主族元素的光谱都是由两个价电子所产生的. 下面研究产生此类光谱和能级的原因.

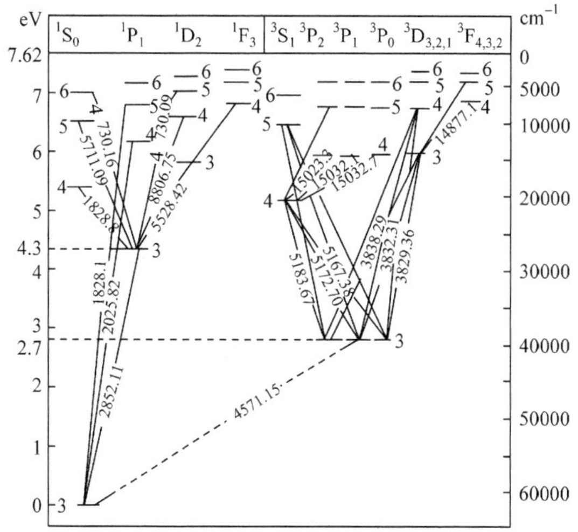

图 4-2　镁原子能级图

4.2　具有两个价电子的原子的原子态

4.2.1　电子组态

什么叫电子组态？这里我们以氢原子为例来说明这个问题. 氢原子中有一个电子，当氢原子处于基态时，这个电子在 n=1、l=0 的状态，可用 1s 来描写电子的这个状态. 我们称 1s 是氢原子中电子的组态，它导致氢原子的基态是 $^2S_{1/2}$.

再看氦原子，它有两个电子. 当氦原子处于基态时，两个电子处于 $n_1=n_2=1$，$l_1=l_2=0$，即两个电子都在 1s 状态，这时的电子组态就记为 1s1s 或 $1s^2$. 当氦原子处于第一激发态时，一个电子处于 1s 态，另一个电子激发到 2s，则其电子组态为 1s2s. 所以电子组态就是原子中处于一定状态的若干个电子的组合.

注意：在前面讨论的氦原子能谱中的能级，除基态中两个电子都处于最低的 1s 态外，所有能级都是由一个电子处于 1s 态、另一个电子分别被激发到 2s、2p、3s、3p、3d 等状态形成的. 例 2^3S_1 是一个电子在 1s、另一个电子被激发到 2s 形成的. 图 4-3 中的主量子数是第二个电子的主量子数，最高能级代表第二个电子被电离而第一个电子留在基态的能量. 当然这并不意味着两个电子都处于激发态是不可能的，但这里没有，因为它需要更大的能量，观察亦较难，如图 4-3 所示.

4.2.2　一种电子组态构成不同的原子态

原子的一种电子组态能构成怎样的原子态呢？下面我们将讨论这一问题.

对双电子原子体系，两个电子各有其轨道运动(p_{l_1}, p_{l_2})和自旋运动(p_{s_1}, p_{s_2})，

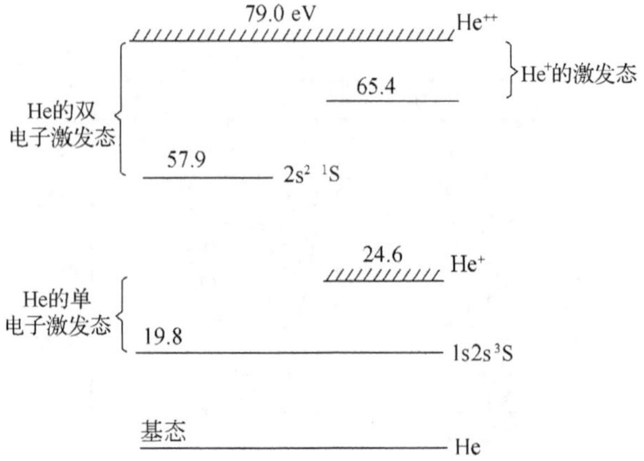

图 4-3 氦原子的单、双电子激发态(未按比例)

这 4 种运动可以相互作用(例如每种运动都产生磁场，对其他运动都有影响)形成不同的原子态，这 4 种运动之间可有 6 种相互作用，分别是 $G_1(s_1, s_2)$、$G_2(l_1, l_2)$、$G_3(l_1, s_1)$、$G_4(l_2, s_2)$、$G_5(l_1, s_2)$、$G_6(l_2, s_1)$，s_1、s_2、l_1、l_2 分别代表 4 种运动的量子数. 这些相互作用强弱各不相同，在各种原子中情况也不一样. 一般 G_5、G_6 较弱，大多数情况下可忽略，其余 4 种相互作用强弱各不相同. 下面讨论两种极端情况.

1. *LS* 耦合

若 G_1、G_2 比 G_3、G_4 强，即两电子自旋之间相互作用和两电子轨道运动之间相互作用很强，那么两电子的自旋运动就要合成一个总的自旋运动 $\boldsymbol{P}_S$，即 $\boldsymbol{P}_S=\boldsymbol{p}_{s_1}+\boldsymbol{p}_{s_2}$，$\boldsymbol{p}_{s_1}$、$\boldsymbol{p}_{s_2}$ 分别绕 $\boldsymbol{P}_S$ 旋进. 同样两个电子的轨道运动也要合成一个总的轨道运动 $\boldsymbol{P}_L$，即 $\boldsymbol{P}_L=\boldsymbol{p}_{l_1}+\boldsymbol{p}_{l_2}$，$\boldsymbol{p}_{l_1}$、$\boldsymbol{p}_{l_2}$ 分别绕 $\boldsymbol{P}_L$ 旋进. 然后轨道总角动量 $\boldsymbol{P}_L$ 再和总自旋角动量 $\boldsymbol{P}_S$ 相互作用合成原子的总角动量 $\boldsymbol{P}_J$，即 $\boldsymbol{P}_J=\boldsymbol{P}_L+\boldsymbol{P}_S$，$\boldsymbol{P}_L$、$\boldsymbol{P}_S$ 分别绕 $\boldsymbol{P}_J$ 旋进. 用矢量图表示这个关系，如图 4-4 所示. 由于最后是 L 和 S 合成 J，故我们称此合成过程叫 *LS* 耦合(最后是 $\boldsymbol{P}_L$ 和 $\boldsymbol{P}_J$ 的合成).

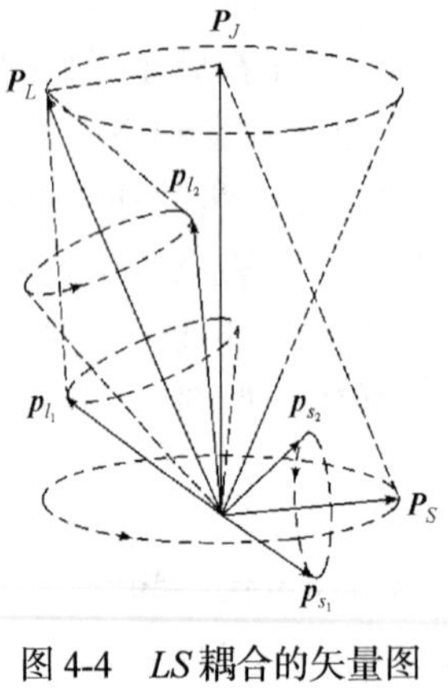

图 4-4 *LS* 耦合的矢量图

2. 角动量耦合规则

先说明总自旋角动量 $\boldsymbol{P}_S$ 的合成情况. 两个电子中每个电子的自旋角动量大小分别为

$$p_{s_1}=\sqrt{s_1(s_1+1)}\hbar$$

$$p_{s_2}=\sqrt{s_2(s_2+1)}\hbar$$

$\boldsymbol{P}_S$ 是 $\boldsymbol{p}_{s_1}$ 与 $\boldsymbol{p}_{s_2}$ 的矢量和，因为 $\boldsymbol{p}_{s_1}$、$\boldsymbol{p}_{s_2}$ 的取向量子化，所以合成的 $\boldsymbol{P}_S$ 也是量子化的，且 $\boldsymbol{P}_S$ 也是角动量，所以

其大小也应满足(由量子力学可证)

$$P_S = \sqrt{S(S+1)}\hbar \tag{4-1}$$

式中，$S = s_1 + s_2$，$s_1 - s_2$，即 $S = 0$ 或 1，即两个电子的自旋角动量合成的总自旋角动量只有两个可能值 0 和 $\sqrt{2}\hbar$.

同理，设两个电子的轨道角动量的数值分别是

$$p_{l_1} = \sqrt{l_1(l_1+1)}\hbar$$

$$p_{l_2} = \sqrt{l_2(l_2+1)}\hbar$$

合成原子的总轨道角动量大小为

$$P_L = \sqrt{L(L+1)}\hbar \tag{4-2}$$

$$L = l_1 + l_2, l_1 + l_2 - 1, \cdots, |l_1 - l_2|$$

l 是从 l_1+l_2 到 $|l_1-l_2|$ 邻近值相差 1 的一些数值. 如果 $l_1 > l_2$，共有 $2l_2+1$ 个数值，如果 $l_1 < l_2$，共有 $2l_1+1$ 个数值. 这样，对两个价电子的原子，就有好几个可能的总轨道角动量.

最后，$\boldsymbol{P}_L$、$\boldsymbol{P}_S$ 合成原子的总角动量大小为

$$P_J = \sqrt{J(J+1)}\hbar \tag{4-3}$$

$$J = L+S, L+S-1, \cdots, |L-S|$$

如果 $L > S$，对每一 L、S 组合，共有 $2S+1$ 个 J 值. 因为对两电子体系的原子 $S=0$ 或 1，所以对应于每一个不为零的 L 值，J 值有两组. 一组是对应 $S = 0$，$J = L$，即对每一个 L 只有一个 J，那就只有一层能级，形成原子的单态；另一组是对应 $S = 1$，$J = L+1, L, L-1$，即每一个 L 有 3 个 J 值，相当于三层能级，形成原子的三重态. 一般当 L 一定时，J 有几个值原子便有几层能级，就称为几重态. 此时，原子态用 $n^{2S+1}L_J$ 表示. 这样就说明了为什么具有双价电子的原子态都有单一和三重能级结构.

例 4-1　设原子中有两个价电子，当它们处于 3p4d 态时，问可构成几个可能的原子态(在 LS 耦合下)？

解　$l_1=1$，$l_2=2$，$s_1=s_2=1/2$，所以 $S=1$ 或 0，而 $L=3,2,1$. 这 3 个 L 值对应的原子态，分别是 P、D、F 态. 然后每一个 L 和 S 合成 J，例如 $L=1$，是 P 态，当 $S = 0$ 时，$J = L = 1$，是单态 $^1P_1$；当 $S = 1$ 时，$J = 2,1,0$，是三重态 $^3P_{0,1,2}$. 对 D、F 也同样形成单态和三重态. 可见求原子态时不需要具体计算角动量的数值. 这样共有 12 个原子态，如下所示：

	$S = 0$	1
$L=1$	$^1P_1$	$^3P_{0,1,2}$
2	$^1D_2$	$^3D_{1,2,3}$
3	$^1F_3$	$^3F_{2,3,4}$

这 12 个原子态的能级的彼此关系如图 4-5 所示. 图中表示两个电子的自旋和自旋的相互作用 G_1 很强，所以相当于 S=0 和 1 的单一能级和三重能级从未考虑轨道自旋的磁相互作用时的能级上下分开很远. 轨道运动的相互作用 G_2 又使不同 L 值的能级，即 P、D、F 能级再分开(在某些具体情况中，G_1 比 G_2 强，也有一些情况 G_2 比 G_1 强. 对于后一种情况，单一能级和三重能级交错在一起，P 和 D 的间隔大于 ^{1}P 和 ^{3}P 的间隔)；而较弱的作用 G_3 和 G_4 又使不同 J 值的能级稍分开一些.

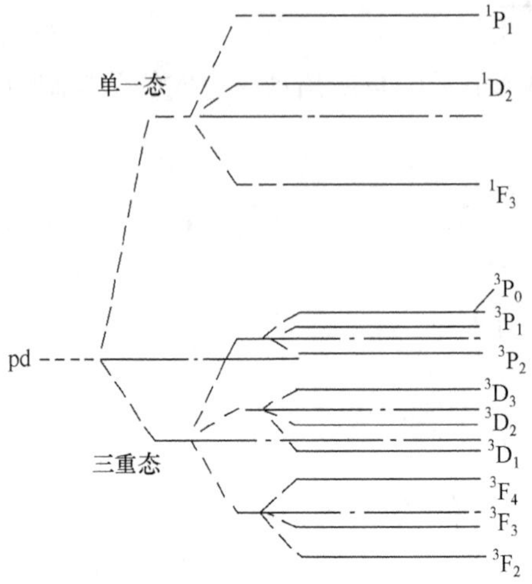

图 4-5　p 电子和 d 电子在 LS 耦合中形成的能级

3. LS 耦合下能级高低和间隔的规律

一个电子组态形成的殊原子态以及殊能级的上下次序问题(或能级高低问题)，由洪德(F.Hund)定则确定，该定则只适用于 LS 耦合.

洪德定则：1925 年洪德提出了一个关于原子能量次序的经验规则，由同一电子组态形成的原子能级中

(1) 多重数最高的，即 S 值最大的能级位置最低.

(2) 重数相同即具有相同 S 值的能级中，L 值最大的位置最低.

1927 年，洪德又提出附加规则，只对**同科电子**(所谓同科电子是指，一个原子中具有相同 n 和 l 值的电子)成立，我们将其表示为洪德定则的第三条.

(3) 不同 J 值的诸能级的顺序有两种，它们是当同科电子数超过完全闭合壳层电子数(关于壳层电子数问题将在第 5 章介绍)的一半时，J 值越大能级位置越低，多重态是倒的(反常的). 当同科子数小于或等于闭合壳层电子数的一半时，J 值越小能级位置越低. 多重态是正常的. 满壳层一般为正常态.

朗德(Landé)间隔定则：在一个多重能级的结构中，能级的两相邻间隔同有关的两 J 值中较大的那一值成正比. 例如，$^3P_{0,1,2}$ 三能级的两个间隔之比 ΔE_1 ∶ ΔE_2=1∶2，$^3D_{1,2,3}$ 三能级的两个间隔之比 ΔE_1 ∶ ΔE_2=2∶3.

知道了关于 LS 耦合的法则，我们就很容易理解图 4-1 和图 4-2 所示的氦原子和镁原子的能级结构. 这些原子态都是 LS 耦合的. 我们现在可以了解 1s2s 形成 $^1S_0$ 和 $^3S_1$ 原子态，1s2p 形成 $^1P_1$ 和 $^3P_{0,1,2}$，等等. 图 4-1 和图 4-2 中可以看到同一组态的 ^{3}S 低于 ^{1}S，^{3}P 低于 ^{1}P. 同样从图 4-2 中还可以看到镁原子的第一激发态 3s3p 形

成 $^3P_{0,1,2}$、$^1P_1$ 能级，前者低于后者.

$^3S_1$ 实际是单层的，这是由于 $J = L + S,\cdots,|L - S|$，而 $L = 0$，J 又必须是正值，所以 $J = S$，即 J 只有一个值，所以 $^3S_1$ 实际是单层的.

注意：镁的 ^3P 三能级的次序是正常的，间隔也符合朗德间隔定则，而氦的 ^3P 三能级的次序是倒的，而且间隔也同朗德间隔定则不相符. 海森伯曾研究过这个问题，指出氦的这个情况是由于 s 电子的自旋同 p 电子的轨道运动的相互作用的强度同 p 电子本身的自旋–轨道作用强度有相仿的数量级的缘故，这里不像一般的情况，G_5 不能忽略.

4. jj 耦合

若 G_3、G_4 比 G_1、G_2 强，即电子的自旋同自己的轨道相互作用比两电子间的自旋或轨道作用强，则首先是每个电子的自旋和轨道角动量合成各自的总角动量，即

$$\boldsymbol{p}_{j_1} = \boldsymbol{p}_{l_1} + \boldsymbol{p}_{s_1}\,,\quad p_{j_1} = \sqrt{j_1(j_1+1)}\hbar\,,\quad j_1 = l_1 + s_1,\, l_1 - s_1$$

$$\boldsymbol{p}_{j_2} = \boldsymbol{p}_{l_2} + \boldsymbol{p}_{s_2}\,,\quad p_{j_2} = \sqrt{j_2(j_2+1)}\hbar\,,\quad j_2 = l_2 + s_2,\, l_2 - s_2$$

各 $\boldsymbol{p}_l$、$\boldsymbol{p}_s$ 绕各自的 $\boldsymbol{p}_j$ 旋进. 然后每个电子的 $\boldsymbol{p}_j$ 再和另一个电子的 $\boldsymbol{p}_j$ 合成原子的总角动量 $\boldsymbol{P}_J$，$\boldsymbol{P}_J = \boldsymbol{p}_{j_1} + \boldsymbol{p}_{j_2}$，此过程叫 jj 耦合，如图 4-6 所示，且

$$P_J = \sqrt{J(J+1)}\hbar\,,\quad J = j_1 + j_2, j_1 + j_2 - 1, \cdots, |j_1 - j_2| \qquad (4\text{-}4)$$

jj 耦合中用符号 $(j_1, j_2)_J$ 表示原子态. 图 4-6 所示为 jj 耦合的矢量图.

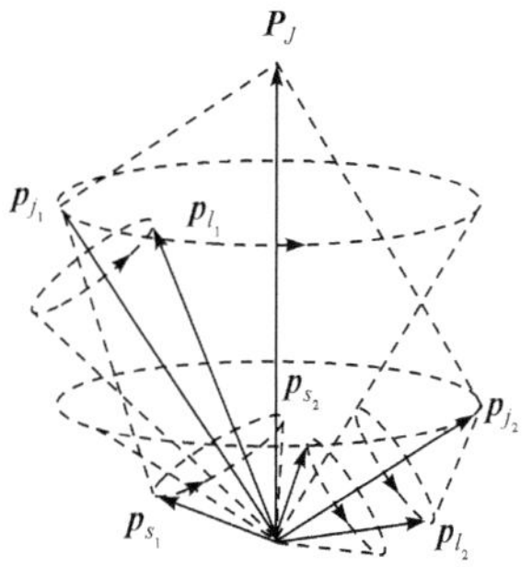

图 4-6　jj 耦合的矢量图

例 4-2　试讨论 ps 电子组态在 jj 耦合下形成的可能的原子态.

解　此处 $l_1=1$, $l_2=0$，所以 $j_1=3/2, 1/2$，$j_2=1/2$.

当 $j_1=3/2$，$j_2=1/2$ 时，$J=2,1$，形成 $(3/2, 1/2)_1, (3/2, 1/2)_2$.

当 $j_1=1/2$，$j_2=1/2$ 时，$J=1,0$，形成 $(1/2, 1/2)_1, (1/2, 1/2)_0$.

注意：同一电子组态在 jj 耦合和 LS 耦合中形成的原子态数目是相同的，且代表原子态的 J 值也相同，例如 ps 电子组态在 LS 耦合下可形成 $^1P_1$、$^3P_{2,1,0}$. 所不同的是能级的间隔，它反映了几种相互作用的强弱对比不同.

原子能级的类型实质上是价电子间几种相互作用强弱不同的表现，LS 耦合和 jj 耦合是两个极端的情况，从能级间隔可以辨别原子态属于哪种耦合. 如图 4-7 所示，图中碳的 4 个能级分为一个单能级一组三重能级，而三重能级的间隔又符合朗德间隔定则，这些是 LS 耦合的特征. 铅的 4 个能级却分为两组，每组包含 2 个

能级，这些能级的间隔同 LS 耦合的间隔规律不符合，却可以很好地解释为 jj 耦合的结果. 图中硅的能级显然是接近 LS 耦合型的. 锡的能级是接近 jj 耦合型的. 锗的能级是介于两种类型之间的. 所以 LS 耦合和 jj 耦合是两个极端的情况，有些能级类型是介于二者之间的，只有程度的差别，很难截然划分. jj 耦合一般出现在某些高激发态和较重的原子中.

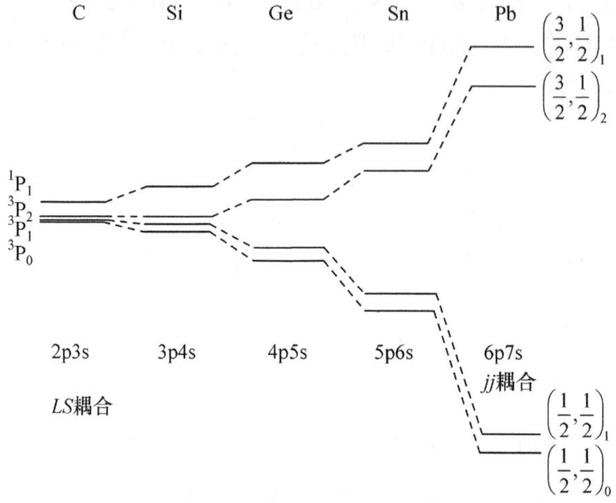

图 4-7　碳族元素在激发态 ps 的能级比较

4.3　泡利不相容原理

4.3.1　泡利不相容原理

在两个价电子的原子中，有一种情况反映了一个普遍原则. 如氦原子在基态时的电子组态是 1s1s. 按照 LS 耦合法则，好像可以构成 $^1S_0$ 和 $^3S_1$ 两个原子态. 但实验从来没有观察到其中的 $^3S_1$ 原子态. 同样，镁原子在基态时的电子组态是 3s3s，也没有 $^3S_1$ 原子态出现. 这是什么原因呢？泡利(W.Pauli)在 1925 年总结出一个原理，按照这个普遍原理，就很容易理解上述情况了. 以下我们介绍泡利不相容原理.

引入电子自旋后，确定原子中一个电子的状态需要 4 个量子数(n, l, m_l, m_s). 主量子数 n 代表电子运动区域的大小和原子的总能量的高低，按玻尔轨道的描述可形象化地理解为轨道的大小，一般说来，n 越大，能量越高，轨道半径越大；轨道角动量量子数 l 按玻尔轨道的描述可形象化地理解为代表电子运动轨道的形状，也同原子的能量有关，n 相同时，l 越大，能量越高；轨道方向磁量子数 m_l 代表电子运动轨道在空间的可能取向，这也代表轨道角动量在某一特殊方向(例如外磁场方向)的分量；自旋方向磁量子数 m_s 代表电子自旋的取向，也代表电子自旋角动量在某特殊方向(例如外磁场方向)的分量(注意：电子自旋量子数 s=1/2 代表电子自旋角动量，对所有电子是相同的，它就不成为区别电子状态的一个参数). 泡利告诉我们，这 4 个量子数的取值会彼此制约，具体表述如下.

泡利不相容原理：在同一个原子中，每一个确定的电子能态上，最多只能容纳一个电子，或在一个原子中不可能有两个或两个以上的电子具有完全相同的状态(即完全相同的 4 个量子数). 这是微观粒子运动遵守的基本规律之一. 这一原理可在经典物理中找到某种相似的比喻，如：两个小球不能同时占据同一个空间，此即牛顿的“物质的不可穿透性”.

后来人们发现，泡利不相容原理可以更普遍地表述为：在费米子(凡自旋量子数为半整数的微观粒子，如电子、质子、中子等统称费米子)组成的系统中，不能有两个或更多的粒子处于完全相同的状态. 对于泡利不相容原理所反映的这种严格的排斥性的物理本质是什么？至今还是物理学界未完全揭开的一个谜.

例如，电子组态 1s1s 不能形成 $^3S_1$；因为对于两个 1s 电子，$n = 1, l = 0$ 都相同，而 $m_l = 0$ 也相同，所以两个电子的 m_s 必须不同，即两电子自旋必须反平行. 其相应的量子数为(1，0，0，1/2)、(1，0，0，–1/2)，所以只有 $S = 0$，不能有 $S = 1$. 从而只能形成单态 $^1S_0$，无三重态 $^3S_1$.

4.3.2　同科电子形成的原子态

同科电子：n、l 两个量子数相同的电子称为同科电子. 如 np^2 电子组态中的两个 p 电子即为同科电子. 由于泡利不相容原理的限制，同科电子形成的原子态数目比非同科电子形成的原子态数目要少得多. 这是因为对于同科电子，许多本来可能有的角动量状态由于泡利不相容原理的限制而被除去了，从而使同科电子形成的原子状态数目大大减少. 例如，两个 p 电子，如果 n 不相同，按照 LS 耦合法则，会形成 $^1S_0$、$^1P_1$、$^1D_2$、$^3S_1$、$^3P_{2,1,0}$、$^3D_{3,2,1}$ 这 10 种可能的原子态；而如果是同科的电子，则形成的可能的原子态是 $^1S_0$、$^1D_2$ 和 $^3P_{2,1,0}$，比两个非同科的 p 电子形成的原子态数目少得多. 为什么这样说？我们来分析一下.

两个 p 电子，又有相同的 n，则电子的组态为 np^2. 依照泡利不相容原理，两个电子的量子数(n, l, m_l, m_s)与(n, l, m_l', m_s')不能全同，必须 m_l 与 m_l' 不同，或 m_s 与 m_s' 不同，或两者都不同. m_l 和 m_l' 分别可取+1、0、–1， m_s 和 m_s' 分别可取+1/2(简记为+)、–1/2(简记为–). 当 m_l 与 m_l' 都为+1 时，合成的 M_L 为+2，此时 m_s 与 m_s' 不能相同，因此只能有一种情况：(1，+)(1，–)；这就是表 4-1 第一行给出的. 请注意，两个电子中，“甲电子 $m_l=1$ ，$m_s=+1/2$ ；乙电子 $m_l=1$ ，$m_s=-1/2$ ”与“甲电子 $m_l=1$ ，$m_s=-1/2$ ；乙电子 $m_l=1$ ，$m_s=+1/2$ ”是完全等同的. 在经典物理中，两个粒子总可以区分为甲、乙；在量子物理中，是办不到的，电子是全同的，不能加以“标记”. 这是经典物理与量子物理的原则区别之一. 类似地，我们可以得到表 4-1 的两电子的可能状态的其他各项.

表 4-1　对 np^2 组态，可能的 m_l 和 m_s 数值

M_L \ M_S	−1	0	+1
+2		(1，+)(1，−)	
+1	(1，−)(0，−)	(1，+)(0，−) (1，−)(0，+)	(1，+)(0，+)
0	(1，−)(−1，−)	(1，+)(−1，−) (0，+)(0，−) (1，−)(−1，+)	(1，+)(−1，+)
−1	(0，−)(−1，−)	(0，+)(−1，−) (0，−)(−1，+)	(0，+)(−1，+)
−2		(−1，+)(−1，−)	

假如把表 4-1 中电子的状态图画在 M_S - M_L 平面上，即得到图 4-8(a). 图中每一方块相应于不同的 M_S 和 M_L 数值，例如中心处的那个方块即代表 $M_L=M_S=0$. 方块中的数字代表状态数，我们可以把图 4-8(a)拆成 3 张图(即图 4-8(b)、(c)、(d))，使每个方块只对应一个状态，而总的状态数不变(仍为 15，是表 4-1 中的状态总数). 这样，显而易见，图 4-8(b)、(c)、(d)分别代表原子状态：L=2，S=0，^{1}D；L=1，S=1，^{3}P；L=0，S=0，^{1}S. 这就是 np^2 电子组态能够组成的、服从泡利不相容原理的 3 个可能的原子状态项，这样的分析方法，称为**斯莱特方法**(J. C. Slater 首先提出)①. 图 4-9 则对应于 np^3 电子组态，由图可得到该电子组态可形成 ^{4}S、^{2}P、^{2}D 3 种可能的原子状态项(请读者自己练习得到图 4-9). 类似地，可给出其他同科电子合成的可能的原子状态，如表 4-2 所示. 表内 p 与 p^5 电子组态给出相同的原子状态，d^2 与 d^8 电子组态也给出相同的原子状态……为了使用方便，我们在表 4-3 中列出部分非同科电子给出的可能的原子状态.

量子力学可以证明，对两电子的体系有如下简单方法推断同科电子的原子态，

① Alonso M, Finn E J. Fundamental University Physics[J]. Addison-Wesley Pub.Co.,1978, 3: 170.

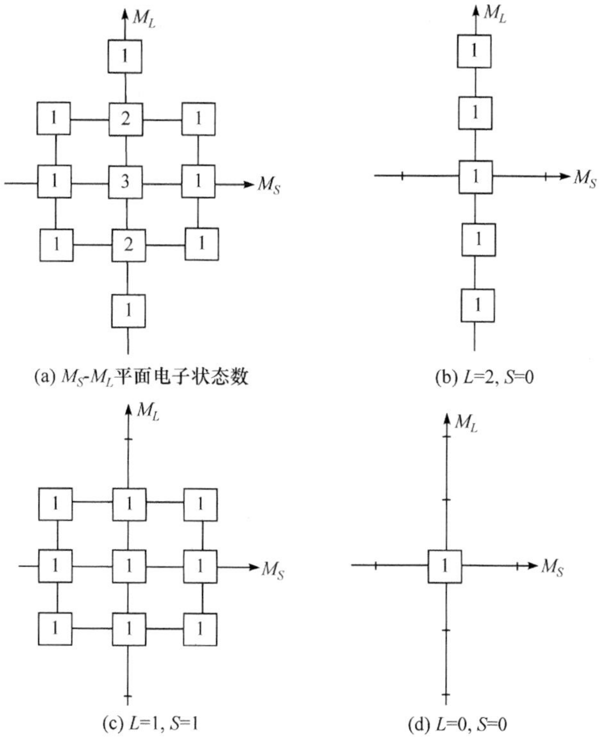

图 4-8　确定同科电子(np^2 组态)的态项的图解法

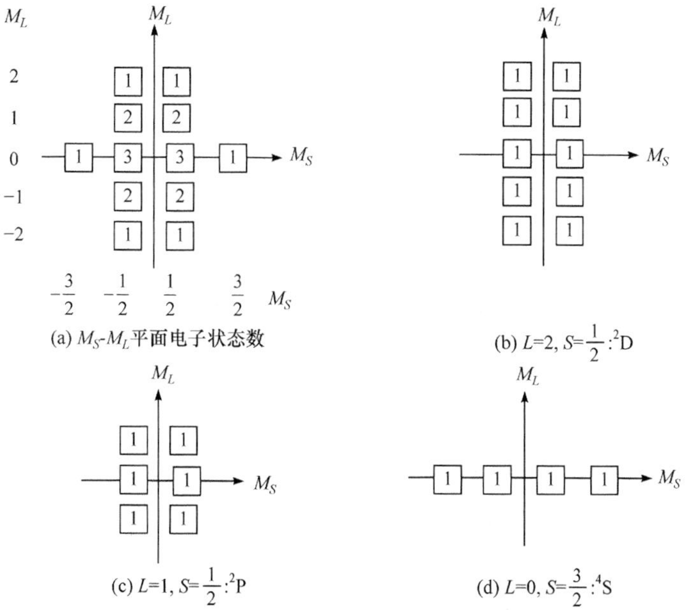

图 4-9　同图 4-8 但对应 np^3

当两个同科电子耦合的 L=偶数时(包括 0)，其电子自旋必反对称，即 S=0(不能取 1)；当 L=奇数时，其电子自旋必对称，即 S=1(不能取 0).

例如，对同科电子 $npnp$，L=2,1,0，相应于 L=2,0 时电子必自旋反对称，即 S = 0，所以形成 $^1D_2$、$^1S_0$ 态；L = 1 时电子自旋必对称，即 S = 1，所以形成 $^3P_{2,1,0}$ 态，与前面结果相同. 不能形成 $^1P_1$、$^3S_1$、$^3D_{3,2,1}$ 态.

表 4-2　同科电子的态项

电子组态	态项	电子组态	态项
s	^2S	d, d^9	^2D
s^2	^1S	d^2, d^8	$^1S,^1D,^1G,^3P,^3F$
p, p^5	^2P	d^3, d^7	$^2P,^2D,^2F,^2G,^2H,^4P,^4F$
p^2, p^4	$^1S,^1D,^3P$	d^4, d^6	$^1S,^1D,^1F,^1G,^1I,^3P,^3D,^3F,^3G,^3H,^5D$
p^3	$^4S,^2P,^2D$	d^5	$^2S,^2P,^2D,^2F,^2G,^2H,^2I,^4P,^4F,^4D,^4G,^6S$

表 4-3　非同科电子的态项

电子组态	态项	电子组态	态项
ss	$^1S,^3S$	pp	$^1S,^1P,^1D,^3S,^3P,^3D$
sp	$^1P,^3P$	pd	$^1P,^1D,^1F,^3P,^3D,^3F$
sd	$^1D,^3D$	dd	$^1S,^1P,^1D,^1F,^1G,^3S,^3P,^3D,^3F,^3G$

4.4　复杂原子光谱的一般规律

3 个或 3 个以上价电子的原子的光谱和能级比以前讨论过的情况要复杂. 本节将介绍一些一般规律，不再对各类原子作详细的讨论. 多电子原子光谱满足的一般规律如下介绍.

4.4.1　光谱和能级的位移律

具有原子序数 Z 的中性原子的光谱和能级同具有原子序数 Z+1 的原子一次电离后的光谱和能级很相似. 例如，H 与 He^+、He 与 Li^+等.

4.4.2　多重性的交换律

实验发现，按周期表顺序，元素的能级交替地具有偶数或奇数多重性，如

表 4-4 所示，表中除加括号的还没有观察到之外，其余都已证实.

表 4-4 交替的多重态

19K	20Ca	21Sc	22Ti	23V	24Cr	25Mn	26Fe	27Co	28Ni	29Cu
	单一		单一		(单一)		(单一)		单一	
双重		双重		双重		(双重)		双重		双重
	三重		三重		三重		三重		三重	
		四重		四重		四重		四重		四重
			五重		五重		五重		五重	
				六重		六重		六重		
					七重		七重			
						八重				

由前可知能级的多重数决定于 S 值，为 $2S+1$ 重(当 $S>L$ 时，能级实际只有 $2L+1$ 重). 若只有一个价电子，则 $S=1/2$，所以为双重能级，是双重态；如果有两个价电子，在原有 1/2 上再加或减一个 1/2，成为 1 或 0，形成三重和单一态. 当有 3 个价电子时，可以考虑这是在两电子的结构之上，再加上一个电子. 所以在两电子的 $S=1$ 上再加或减 1/2，成为 3/2 或 1/2；又在 $S=0$ 上再加上 1/2 成为 1/2；所以三电子体系具有四重态和双重态. 每增加一个电子，由于 S 值加或减 1/2，原有每一类能级的多重结构就转变为两类，一类的重数比原有的增 1，另一类减 1，能级的最高重数等于价电子数加 1.

由上述规律可知，元素的原子态可由周期表中前一个元素的原子态，按某种耦合原则，加上一个相应的电子，组成依次的那个元素的原子态. 例如由两电子体系的原子态可构成三电子以上元素的原子态.

例 4-3 两电子体系中有原子态 $^3P_{0,1,2}$ 再加上一个 d 电子可组成哪些可能的原子态.

解 此处 $L_p=1$，$S_p=1$，为原两电子体系所处原子态的量子数. $l_3=2$, $s_3=1/2$ 为第三个 d 电子的量子数. 所以 $L = L_p+l_3,\cdots,|L_p-l_3| = 3,2,1$，$S = 3/2,1/2$，$J = L+S,\cdots,|L-S|$. 当 $S=1/2$ 时，对应 $L=3,2,1$ 可形成 $^2P_{1/2,3/2}$、$^2D_{5/2,3/2}$、$^2F_{7/2,5/2}$ 等原子态；当 $S=3/2$ 时，对应 $L=3,2,1$ 可形成 $^4P_{5/2,3/2,1/2}$、$^4D_{7/2,5/2,3/2,1/2}$、$^4F_{9/2,7/2,5/2,3/2}$ 等原子态.

4.5　辐射跃迁的普用选择定则

前面我们曾讨论了单电子原子在发射或吸收辐射时的辐射跃迁的选择定则：$\Delta l=\pm 1$，$\Delta j=0,\pm 1$.

对多电子体系(两个以上电子)，状态的辐射跃迁也具有选择性. 本节讨论辐射跃迁的普用选择定则.

4.5.1　电子组态变化的规则

宇称(宇宙的对称性)：粗略地说就是“空间反演”或“镜像变换”的一种对称性质，即空间对称性，也可以说是波函数的一种性质，是微观体系所处状态性质的一种描述.

在量子力学中微观粒子的状态用波函数$\psi(\boldsymbol{r},t)$描述. $|\psi(\boldsymbol{r},t)|^2$表示粒子在空间某点出现的概率密度. 按空间反演不变性，粒子在$(-x,-y,-z)$处出现的概率应和(x, y, z)处相同，即

$$|\psi(\boldsymbol{r},t)|^2=|\psi(-\boldsymbol{r},t)|^2$$

所以在空间反演下，必有

$$\psi(\boldsymbol{r},t)=\pm\psi(-\boldsymbol{r},t)$$

即波函数本身具有两种不同的性质，若体系的波函数$\psi(-\boldsymbol{r},t)=-\psi(\boldsymbol{r},t)$，我们称体系具有奇性宇称；若$\psi(-\boldsymbol{r},t)=+\psi(\boldsymbol{r},t)$，则我们称体系具有偶性宇称.

对原子状态其宇称的奇偶性，可用一种简单的方法判定. 当把原子中的各电子的 l 量子数相加$\sum\limits_i l_i$，如果得到偶数，则原子具有偶宇称；如果得到奇数，则原子具有奇宇称. 原子状态之间的跃迁只能发生在不同宇称的状态之间，即偶($\sum\limits_i l_i$=偶数)$\Leftrightarrow$奇($\sum\limits_i l_i$=奇数)，因为光子具有奇性宇称.

4.5.2　原子辐射跃迁的普用选择定则

原子辐射跃迁的普用选择定则按耦合方式分为以下两种：

LS 耦合

$\Delta S=0$

$\Delta L=\pm 1,0$(0 仅适用双电子同时激发的情况)

$\Delta J=0,\pm 1$($0\leftarrow\!\!\!\!\rightarrow 0$ 除外)

jj 耦合

$$\Delta j = 0,\ \pm 1$$

$$\Delta J = 0,\ \pm 1 (0 \to 0\ \text{除外})$$

从发射或吸收光谱中观察到的谱线一般都是上述选择定则范围内的跃迁产生的. 但在适当条件下,有时不符合上述选择定则的很弱的谱线也会出现. 从理论的推究，知道上述选择定则是电偶极辐射的规律，可以观察到的一般光谱线是属于电偶极型的辐射，那些在适当条件下才出现的较弱的谱线是电四极、磁偶极等其他类型的辐射. 这些跃迁的概率很小，也有不同的规律，这里不再讨论. 所谓电偶极、电四极、磁偶极等可以理解为对原子中电子的不同分布及运动的描述.

习题与思考题

1. 氦原子的两个电子处在 2p3d 电子组态,问可能组成哪几种原子态？用原子态的符号表示. 已知电子间是 *LS* 耦合.
2. 已知氦原子的两个电子被分别激发到 2p 和 3d 轨道，其所构成的原子态为 ^{3}D，问这两电子的轨道角动量 p_{l1} 与 p_{l2} 之间的夹角、自旋角动量 p_{s1} 与 p_{s2} 之间的夹角分别是多少？
3. 锌原子($Z = 30$)的最外层电子有两个，基态时的组态是 4s4s. 当其中有一个被激发，考虑两种情况：
   (1) 电子被激发到 5s 态；
   (2) 它被激发到 4p 态.
   试求出在 *LS* 耦合情况下这两种电子组态分别组成的原子状态. 画出相应的能级图. 从(1)和(2)情况形成的激发态向低能级跃迁分别各有几种光谱跃迁？
4. 试以两个价电子 l_1=2 和 l_2=3 为例证明,不论是 *LS* 耦合还是 *jj* 耦合都给出同样数目的可能原子状态.
5. 已知氦原子的一个电子被激发到 2p 轨道，而另一个电子还在 1s 轨道. 试作出能级跃迁图来说明可能出现哪些光谱线的跃迁.
6. 钙原子的能级是单层和三重结构，三重结构中 J 大的能级高，其锐线系的三重线的频率 $\nu_2 > \nu_1 > \nu_0$，其频率间隔为 $\Delta\nu_1 = \nu_1 - \nu_0$，$\Delta\nu_2 = \nu_2 - \nu_1$，试求其频率间隔比值 $\dfrac{\Delta\nu_2}{\Delta\nu_1}$.
7. 铅原子基态的两个价电子都在 6p 轨道. 若其中一个价电子被激发到 7s 轨道，而其价电子间相互作用属于 *jj* 耦合，问此时铅原子可能有哪些状态？
8. 什么叫电子组态？为什么电子组态确定后，原子的状态还会有若干个？
9. 原子的总磁矩与总角动量之间有何关系？这个关系是否受耦合方式的影响？

第 5 章

原子的壳层结构

5.1 元素性质的周期性

元素性质随着原子核的电荷数 Z 的增加而呈现周期性的变化. 1869 年，门捷列夫把元素按原子量的次序排列起来，虽然比较粗糙，但仍能反映元素的周期性变化特性. 那时共有 62 个元素，将其按性质的周期性排列时，并不连续，而是出现了一些空位. 后来不断完善，得到现在的按元素的化学、物理性质排定的元素周期表. 现在的元素周期表共有 7 个周期，每个周期依次有 2、8、8、18、18、32、25 种元素，其中有过渡元素和稀土元素存在，如表 5-1 所示，元素的光谱性质也显现出周期性的变化，即周

表 5-1 元素周期表

第一周期	1 H																	2 He
第二周期	3 Li	4 Be											5 B	6 C	7 N	8 O	9 F	10 Ne
第三周期	11 Na	12 Mg											13 Al	14 Si	15 P	16 S	17 Cl	18 Ar
第四周期	19 K	20 Ca	21 Sc	22 Ti	23 V	24 Cr	25 Mn	26 Fe	27 Co	28 Ni	29 Cu	30 Zn	31 Ga	32 Ge	33 As	34 Se	35 Br	36 Kr
第五周期	37 Rb	38 Sr	39 Y	40 Zr	41 Nb	42 Mo	43 Tc	44 Ru	45 Rh	46 Pd	47 Ag	48 Cd	49 In	50 Sn	51 Sb	52 Te	53 I	54 Xe
第六周期	55 Cs	56 Ba	57~71 *	72 Hf	73 Ta	74 W	75 Re	76 Os	77 Ir	78 Pt	79 Au	80 Hg	81 Tl	82 Pb	83 Bi	84 Po	85 At	86 Rn
第七周期	87 Fr	88 Ra	89~103 **	104 Rf	105 Db	106 Sg	107 Bh	108 Hs	109 Mt	110 Ds	111 Rg	112 Cn	113 Uut	114 Fl	115 Uup	116 Lv	117 Uus	118 Uuo

* 稀土元素	57 La	58 Ce	59 Pr	60 Nd	61 Pm	62 Sm	63 Eu	64 Gd	65 Tb	66 Dy	67 Ho	68 Er	69 Tm	70 Yb	71 Lu
** 锕系元素	89 Ac	90 Th	91 Pa	92 U	93 Np	94 Pu	95 Am	96 Cm	97 Bk	98 Cf	99 Es	100 Fm	101 Md	102 No	103 Lr

期表中同一列的元素都有相仿的光谱结构. 另外元素的电离能也显著地呈现周期性的变化. 图 5-1 中给出电离能随原子序数 Z 的变化关系，图中那些峰值对应的 Z 的数值称为幻数. 之所以叫幻数，是由于早期人们不理解这种现象的缘故.

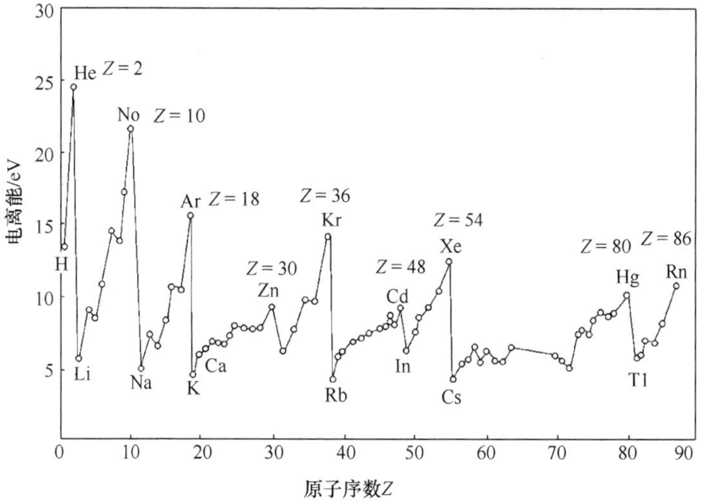

图 5-1　元素的电离能

5.2　原子的电子壳层结构

虽然元素周期表不断完善，并取得了不少成果，但人们当时不能对元素性质的周期性做出一个满意的解释. 为什么元素性质按周期表顺序会出现周期性的变化？为什么每个周期的元素为 2、8、8、18、18……？为什么有过渡元素和稀土元素？这些问题都必须从原子结构去了解. 只有对原子结构有了彻底的认识，才能从本质上认识元素周期表. 历史上第一个对周期表给予物理解释的是玻尔(在 1916～1918 年间)，他把元素按电子组态的周期性排列成表(靠直觉). 与周期表类似，直到 1925 年泡利提出不相容原理之后才比较深刻地认识到，元素的周期性是原子核外电子组态周期性的反映，而原子核外电子组态的周期性联系于特定轨道的可容性. 这样元素化学性质的周期性从原子结构的物理图像得到了说明. 从而使化学概念“物理化”，化学不再是一门和物理学互不相通的学科了.

5.2.1　决定原子壳层结构的两条准则

1. 泡利不相容原理

在一个原子中每一个确定的电子能态上，最多只能容纳一个电子，即一个原子中不能有两个电子处于同一状态. 可见每个原子中的电子是分布在不同状态的.

2. 能量最小原理

自然界中的任何体系能量最低时最稳定.

所以原子中电子的分布在不违背泡利不相容原理的前提下，将尽可能使体系的能量最低，即先占据能量最低的能态，逐渐转向高能态.

5.2.2 原子中电子的壳层结构

我们已经知道原子中一个电子的状态，是由 n、l、m_l、m_s 4 个量子数确定的，这 4 个量子数确定了，这个电子的状态也就确定了. 为了便于研究电子在原子中的结构，通常我们按主量子数 n 和角量子数 l，把电子的可能状态分成壳层. 因为电子的能量(或能级)主要决定于主量子数 n，故对于 n 相同的电子视为分布于同一壳层上. 所以随 n 不同，我们可以把电子分为许多壳层. 将 n=1, 2, 3…的壳层分别称为 K, L, M, N…壳层. 而同一壳层中可以有 0, 1, 2, 3, …, n–1, n 个角量子数 l，于是每一壳层又分为若干次壳层，分别用 s, p, d, f…表示.

现据泡利不相容原理来推算每一壳层和次壳层中可容纳的最多电子数目. 先看 n、l 相同的每一个次壳层，对一个 l 可以有 $2l+1$ 个 m_l 值，每一个 m_l 又可以有两个 m_s 值，所以对每一个 l 可以有 $2(2l+1)$个不同的状态. 所以每一个次壳层中可以容纳的最多电子数是

$$N_l = 2(2l+1) \tag{5-1}$$

再看每一个壳层可以容纳的最多电子数目. 因为 n 一定时，l 可以有 n 个值，即 l = 0, 1, 2, …, n–1，所以对每一个壳层可以容纳的最多电子数目是

$$N_n = \sum_{l=0}^{n-1} 2(2l+1) = 2n^2 \tag{5-2}$$

考虑到 LS 耦合或 jj 耦合上述结论仍成立. 由式(5-1)和(5-2)计算出的结果如表 5-2 所示.

表 5-2 各壳层可以容纳的最多电子数

壳层，n	1	2		3			4				5					6					
最多电子数 $2n^2$	2	8		18			32				50					72					
次壳层，l	0	0	1	0	1	2	0	1	2	3	0	1	2	3	4	0	1	2	3	4	5
最多电子数 $2(2l+1)$	2	2	6	2	6	10	2	6	10	14	2	6	10	14	18	2	6	10	14	18	32

到此我们已经对原子内部结构有了一个大概的轮廓. 有了电子壳层的划分及各壳层中可能容纳的电子数，但电子是按怎样的次序填入壳层的呢？

5.2.3　电子组态的能量——壳层的次序

决定壳层次序的是能量最小原理，按玻尔理论，能量随着量子数 n 的增大而增大，则电子应按 n 由小到大的次序填入. 确实当粗略地考虑问题时可以这么讲，但细致追究的话则未必如此. 实际情况简明示于图 5-2 中(电子外壳层的能级次序).

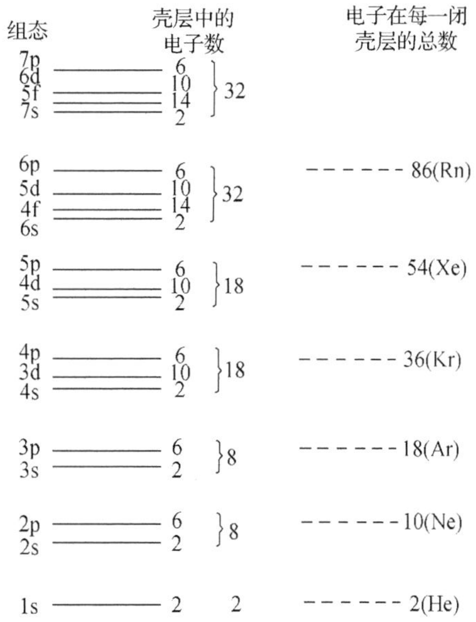

图 5-2　原子能级的电子填充顺序

图 5-2 中为什么 3d 比 4s 能级高了，以致使电子先填充 4s 能级了呢？下面我们作定性的讨论. 首先，4s 的电子轨道是一个偏心率很高的椭圆轨道，它在原子实中的轨道贯穿和引起的极化都会使它的能量下降，而 3d 是圆形轨道，不会有轨道贯穿，极化作用也很小，所以 4s 低于 3d 是完全可以理解的. 另外，也可从实验数据得到证实，例如，从等电子体系光谱的比较便可看出. 我们来考察图 5-3，图中是钾原子和与钾原子有相等电子数的离子的光谱的实验情况，这些离子是 Ca^{+}、Sc^{2+}、Ti^{3+}、V^{4+}、Cr^{5+}、Mn^{6+}，都是具有 19 个电子的体系，结构相似，都有一个由原子核和 18 个电子构成的原子实. 并有一个单电子在原子实的场中运动，不同的只是体系的核电荷数 Z. 由前 4 章的知识可知，单电子体系的光谱项值可表达为

$$T_{nl} = RZ^{*2}/n^2 \tag{5-3}$$

Z^*是有效电荷数，数值对中性原子为 1～Z，对一次电离的离子为 2～Z；对二次电离的离子为 3～Z……Z^*常表示为 $Z^* = Z - \sigma$，σ 为轨道的贯穿和原子实的极化等效应对价电子的影响，归结为对价电子的屏蔽作用. 由式(5-3)可得

$$\sqrt{\frac{T_{nl}}{R}} = \frac{1}{n}(Z - \sigma) \tag{5-4}$$

由实验数据，将钾原子和同它电子数相等的离子的数据作图，可作出 $\sqrt{\frac{T_{nl}}{R}}$ - Z 关

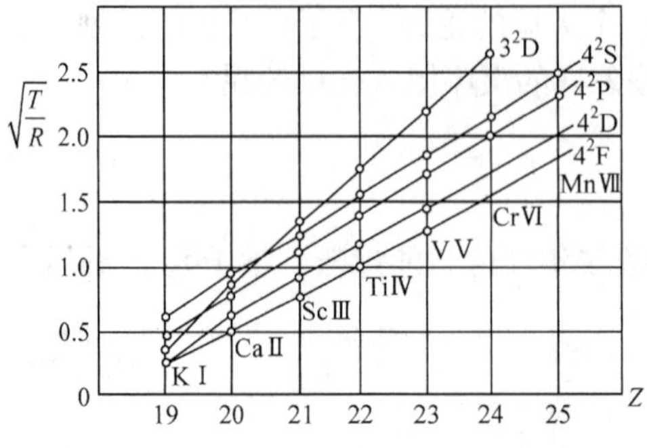

图 5-3　等电子体系 KⅠ、CaⅡ等的莫塞莱图

系曲线图，称为莫塞莱图，即图 5-3. 按式(5-4)，所有 n、l 相同的诸点将落在同一斜率为 $1/n$ 的直线上. 在图中可以看到，差不多平行的 4 条直线是属于 n=4 的，n=3 的 3^2D 线的斜度同这些线明显不同，这都符合式(5-4)的要求. 3^2D 和 4^2S 线相交于 $Z = 20$ 和 21 之间. 当在 $Z = 19$ 和 $Z = 20$ 之间时，4^2S 的谱项值大于 3^2D 的值. 因为 $E_n = -hcT_{nl}$，所以 KⅠ、CaⅡ的 4^2S 的能级低于 3^2D 的能级，这就是为什么在这两个体系中的第 19 个电子先填补在 4s 态上. 但当 $Z \geqslant 21$ 时，即到了 ScⅢ以及其余等电子离子，4^2S 能级高于 3^2D 能级，这就说明了为什么周期表中从 Sc 原子起，电子开始填补 3d 态.

5.2.4　原子基态的电子组态及元素周期表

现在对原子基态的电子结构按元素的周期表加以说明.

第一周期　有 2 种元素，氢原子有一个电子，基态的电子组态为 1s，形成原子态 $^2S_{1/2}$；氦处于基态时的电子组态 1s1s，形成原子态 $^1S_0$. 到这里一壳层填满. 第一周期结束.

第二周期　有 8 种元素. 锂有 3 个电子，基态时两个填满第一壳层，第三个填入第二壳层，并尽可能在低的能级. 所以是 2s 电子. 电子组态是 $1s^22s$，原子基态为 $^2S_{1/2}$，光谱的观察证实了这样的情况. 为一完满壳层之外加一个电子，容易电离成一价离子. 第二种元素铍，基态电子组态 $1s^22s^2$，原子基态 $^1S_0$(二壳层第一次壳层填满). 从硼→氖，电子逐一填补 2p，氖的基态电子组态是 $1s^22s^22p^6$，原子基态 $^1S_0$，第二壳层填满. 第二周期结束. 对氟第二壳层差一个电子就填满，容易俘获一个电子成为满壳层的体系.

第三周期　有 8 种元素，从钠→氩，钠有 11 个电子，其中前 10 个填入第一、第二壳层，构成如氖原子一样的完整结构，所以第 11 个电子只能填入第三壳层，基态电子组态是 $1s^22s^22p^63s$，原子基态是 $^2S_{1/2}$. 以后的元素电子逐一填补 3s、3p 到氩第三壳层的一、二次壳层填满，电子组态 $1s^22s^22p^63s^23p^6$，原子基态是 $^1S_0$，但第三次壳层空着. 氩的下一位元素钾，有 19 个电子，前 18 个电子已构成一个完整的体系，第 19 个电子要决定原子的性质，实验表明它的第 19 个电子不是填在 3d 上而是填在 4s 上，即进入第四壳层，所以第三周期结束，第四周期开始. 因为 3d 空着，所以第三周期只有 8 种元素，而不是 18 个.

第四周期　从钾→氪共 18 种元素. 钾的基态电子组态是 $1s^22s^22p^63s^23p^64s$，

原子基态是 $^2S_{1/2}$；钙的基态电子组态是 $1s^22s^22p^63s^23p^64s^2$，原子基态是 $^1S_0$；从第 21 号元素 Sc(钪)→镍($Z = 28$)是电子陆续填补 3d 的过程，它们大多数有两个没有填满的壳层，是该周期的过渡元素有 10 个；到铜($Z = 29$)3d 电子填满，留下一个 4s 电子，基态电子组态成为 $1s^22s^22p^63s^23p^63d^{10}4s$，是 1 价元素，原子基态是 $^2S_{1/2}$；锌 $Z = 30$，填满 4s 壳层，原子基态是 $^1S_0$；从镓→氪六种元素陆续填补 4p，到氪 4p 填满，原子基态是 $^1S_0$，第四周期结束.

第五周期　第四周期结束后 4d、4f 壳层完全空着，铷 Z=37 先填 5s，所以第五周期开始. 锶填补满 5s. 从钇($Z = 39$)→钯(Z=46)填补 4d，是该周期的过渡元素. 到银($Z = 47$)4d 填满剩下一个 5s 电子；镉补满 5s；从 $Z = 49$～54 填补 5p.

第六周期　第五周期结束后 4f、5d、5f、5g 次壳层完全空着，从铯 $Z = 55$，填 6s，第六周期开始；从 $Z = 57$～71 逐一填补 4f，是该周期的稀土元素；从 $Z = 72$～78 逐一填补 5d，是该周期的过渡元素；到金 $Z = 79$，4f、5d 填满留下一个 6s 电子，以后 $Z = 80$～86 逐一填补 6s 和 6p.

第七周期　尽管第五和第六壳层中还有很多空位，钫 $Z = 87$ 的最外层的一个电子却尽可能地填最低能量的 7s，第七周期开始；在镭原子中 7s 补齐；从 $Z = 89$～103 主要是填补 6d 和 5f，是该周期的锕系元素；第七周期目前有 25 种元素，其中只有 5 种，镭($Z = 88$)到铀($Z = 92$)，是自然界中存在的，其余是人工制造的.

由以上的讨论可见元素性质的周期性的实质在于：随着原子序数的递增，原子核外的电子在原子的各个能级上周期性有规律地排列，便造成了元素的性质周期性的变化. 表 5-3 列出了各种原子的电子壳层结构和原子的基态.

表 5-3　原子的基态电子组态、原子基态及电离能

Z	符号	名称	基态电子组态	原子基态	电离能/eV
1	H	氢	1s	$^2S_{1/2}$	13.599
2	He	氦	$1s^2$	$^1S_0$	24.581
3	Li	锂	[He]2s	$^2S_{1/2}$	5.390
4	Be	铍	$2s^2$	$^1S_0$	9.320
5	B	硼	$2s^22p$	$^2P_{1/2}$	8.296
6	C	碳	$2s^22p^2$	$^3P_0$	11.256
7	N	氮	$2s^22p^3$	$^4S_{3/2}$	14.545
8	O	氧	$2s^22p^4$	$^3P_2$	13.614
9	F	氟	$2s^22p^5$	$^2P_{3/2}$	17.418
10	Ne	氖	$2s^22p^6$	$^1S_0$	21.559
11	Na	钠	[Ne]3s	^2S	5.138

续表

Z	符号	名称	基态电子组态	原子基态	电离能/eV
12	Mg	镁	$3s^2$	^1S	7.644
13	Al	铝	$3s^23p$	$^2P_{1/2}$	5.984
14	Si	硅	$3s^23p^2$	$^3P_0$	8.149
15	P	磷	$3s^23p^3$	^4S	10.484
16	S	硫	$3s^23p^4$	$^3P_2$	10.357
17	Cl	氯	$3s^23p^5$	$^2P_{3/2}$	13.01
18	Ar	氩	$3s^23p^6$	^1S	15.755
19	K	钾	[Ar]4s	^2S	4.339
20	Ca	钙	$4s^2$	^1S	6.111
21	Sc	钪	$3d4s^2$	$^2D_{3/2}$	6.538
22	Ti	钛	$3d^24s^2$	$^3F_2$	6.818
23	V	钒	$3d^34s^2$	$^4F_{3/2}$	6.743
24	Cr	铬	$3d^54s$	^7S	6.764
25	Mn	锰	$3d^54s^2$	^6S	7.432
26	Fe	铁	$3d^64s^2$	$^5D_4$	7.868
27	Co	钴	$3d^74s^2$	$^4F_{9/2}$	7.862
28	Ni	镍	$3d^84s^2$	$^3F_4$	7.633
29	Cu	铜	$3d^{10}4s$	^2S	7.724
30	Zn	锌	$3d^{10}4s^2$	^1S	9.391
31	Ga	镓	$3d^{10}4s^24p$	$^2P_{1/2}$	6.00
32	Ge	锗	$3d^{10}4s^24p^2$	$^3P_0$	7.88
33	As	砷	$3d^{10}4s^24p^3$	^4S	9.81
34	Se	硒	$3d^{10}4s^24p^4$	$^3P_2$	9.75
35	Br	溴	$3d^{10}4s^24p^5$	$^2P_{3/2}$	11.84
36	Kr	氪	$3d^{10}4s^24p^6$	^1S	13.996
37	Rb	铷	[Kr]5s	^2S	4.176
38	Sr	锶	$5s^2$	^1S	5.692
39	Y	钇	$4d5s^2$	$^2D_{3/2}$	6.377
40	Zr	锆	$4d^25s^2$	$^3F_2$	6.835

续表

Z	符号	名称	基态电子组态	原子基态	电离能/eV
41	Nb	铌	$4d^45s$	$^6D_{1/2}$	6.881
42	Mo	钼	$4d^55s$	^7S	7.10
43	Tc	锝	$4d^55s^2$	^6S	7.228
44	Ru	钌	$4d^75s$	$^5F_5$	7.365
45	Rh	铑	$4d^85s$	$^4F_{9/2}$	7.461
46	Pd	钯	$4d^{10}$	^1S	8.334
47	Ag	银	$4d^{10}5s$	^2S	7.574
48	Cd	镉	$4d^{10}5s^2$	^1S	8.991
49	In	铟	$4d^{10}5s^25p$	$^2P_{1/2}$	5.785
50	Sn	锡	$4d^{10}5s^25p^2$	$^3P_0$	7.342
51	Sb	锑	$4d^{10}5s^25p^3$	^4S	8.639
52	Te	碲	$4d^{10}5s^25p^4$	$^3P_2$	9.01
53	I	碘	$4d^{10}5s^25p^5$	$^2P_{3/2}$	10.454
54	Xe	氙	$4d^{10}5s^25p^6$	^1S	12.127
55	Cs	铯	[Xe]6s	^2S	3.893
56	Ba	钡	$6s^2$	^1S	5.210
57	La	镧	$5d6s^2$	$^2D_{3/2}$	5.61
58	Ce	铈	$4f5d6s^2$	$^3H_4$	6.54
59	Pr	镨	$4f^36s^2$	$^4I_{9/2}$	5.48
60	Nd	钕	$4f^46s^2$	$^5I_4$	5.51
61	Pm	钷	$4f^56s^2$	$^6H_{5/2}$	5.55
62	Sm	钐	$4f^66s^2$	$^7F_0$	5.63
63	Eu	铕	$4f^76s^2$	^8S	5.67
64	Gd	钆	$4f^75d6s^2$	$^9D_2$	6.16
65	Tb	铽	$4f^96s^2$	$^6H_{15/2}$	6.74
66	Dy	镝	$4f^{10}6s^2$	$^5I_3$	6.82
67	Ho	钬	$4f^{11}6s^2$	$^4I_{15/2}$	6.02
68	Er	铒	$4f^{12}6s^2$	$^3H_6$	6.10
69	Tm	铥	$4f^{13}6s^2$	$^2F_{7/2}$	6.18

续表

Z	符号	名称	基态电子组态	原子基态	电离能/eV
70	Yb	镱	$4f^{14}6s^2$	^1S	6.22
71	Lu	镥	$4f^{14}5d6s^2$	$^2D_{3/2}$	6.15
72	Hf	铪	$4f^{14}5d^26s^2$	$^3F_2$	7.0
73	Ta	钽	$4f^{14}5d^36s^2$	$^4F_{3/2}$	7.88
74	W	钨	$4f^{14}5d^46s^2$	$^5D_0$	7.98
75	Re	铼	$4f^{14}5d^56s^2$	^6S	7.87
76	Os	锇	$4f^{14}5d^66s^2$	$^5D_4$	8.7
77	Ir	铱	$4f^{14}5d^76s^2$	$^4F_{9/2}$	9.2
78	Pt	铂	$4f^{14}5d^96s^1$	$^3D_3$	8.88
79	Au	金	$[Xe,4f^{14}5d^{10}]6s$	^2S	9.223
80	Hg	汞	$6s^2$	^1S	10.434
81	T1	铊	$6s^26p$	$^2P_{1/2}$	6.106
82	Pb	铅	$6s^26p^2$	$^3P_0$	7.415
83	Bi	铋	$6s^26p^3$	^4S	7.287
84	Po	钋	$6s^26p^4$	$^3P_2$	8.43
85	At	砹	$6s^26p^5$	$^2P_{3/2}$	9.5
86	Rn	氡	$6s^26p^6$	^1S	10.745
87	Fr	钫	$[Rn]7s$	^2S	4.0
88	Ra	镭	$7s^2$	^1S	5.277
89	Ac	锕	$6d7s^2$	$^2D_{3/2}$	6.9
90	Th	钍	$6d^27s^2$	$^3F_2$	6.1
91	Pa	镤	$5f^26d7s^2$	$^4K_{11/2}$	5.7
92	U	铀	$5f^36d7s^2$	$^5L_6$	6.08
93	Np	镎	$5f^46d7s^2$	$^6L_{11/2}$	5.8
94	Pu	钚	$5f^67s^2$	$^7F_0$	5.8
95	Am	镅	$5f^77s^2$	^8S	6.05
96	Cm	锔	$5f^76d7s^2$	$^9D_2$	
97	Bk	锫	$5f^97s^2$	$^6H_{15/2}$	
98	Cf	锎	$5f^{10}7s^2$	$^5I_8$	

续表

Z	符号	名称	基态电子组态	原子基态	电离能/eV
99	Es	锿	$5f^{11}7s^2$	$^4I_{15/2}$	
100	Fm	镄	$5f^{12}7s^2$	$^3H_6$	
101	Md	钔	$5f^{13}7s^2$	$^2F_{7/2}$	
102	No	锘	$5f^{14}7s^2$	$^1S_0$	
103	Lr	铹	$6d5f^{14}7s^2$	$^2D_{5/2}$	

注意：各种原子在基态时的电子组态是根据有关资料和以上讨论的原则推断出来的.

例 5-1　若已知原子 Ne、Mg、P、Ar 的电子壳层结构与理想的周期表相符，试写出这些原子电子组态的符号.

解　Ne：$Z=10$，有 10 个电子其电子组态为 $1s^22s^22p^6$.

Mg：$Z=12$，电子组态为 $1s^22s^22p^63s^2$.

P：　$Z=15$，电子组态为 $1s^22s^22p^63s^23p^3$.

Ar：$Z=18$，电子组态为 $1s^22s^22p^63s^23p^6$.

5.2.5　原子基态光谱项的确定

在前面的周期表中可见，每一个次壳层填满而无多余的电子时，原子基态必定是 $^1S_0$，即这些原子态的总轨道角动量 L、总自旋角动量 S、耦合后原子的总角动量 J 都为零(原子实正是这样). 所以在推断任何原子的状态时，完满壳层和完满次壳层的角动量不需考虑. 正因为如此，我们前面讨论原子的角动量时只计及了价电子的贡献，而没有考虑原子实的贡献，并且由第 4 章知识可知，l=1 的 p 次壳层中的 np^1 和 np^5、np^2 和 np^4 电子组态形成相同的原子态，即某次壳层中只有一个电子(如 np^1)和完满次壳层缺一个电子(如 np^5)的电子组态形成相同的原子态. 那么究竟怎样确定原子的基态呢?

1. 确定原子基态的基本原则

(1) 满壳层的电子不考虑.

(2) 考虑泡利不相容原理.

(3) 考虑能量最低原理.

(4) 考虑洪德定则.

2. 确定原子基态光谱项的简易方法

(1) 由泡利原理和能量最低原理求出原子电子组态的最大 S(最大的多重数).

(2) 求出上述情况下的最大 L(即最大多重数下的最大 L).

(3) 由半数法则(洪德定则第 3 条)确定基态的 J.

(4) 按 $^{2S+1}L_J$ 确定基态原子态(光谱项).

例如，Si(硅)基态电子组态是 $3p^2$，是两个同科 p 电子，最大 S(因为按洪德定则多重数 $2S+1$ 最高的能级最低)的填充方式为

m_l	+1	0	−1
	↑	↑	

↑代表电子自旋投影为+1/2，↓代表−1/2. 由此可知，其最大 S 和最大 L 分别为

$$S_{\max} = M_S = \sum_1^N m_{si} = 1$$

$$L_{\max} = M_L = \sum_1^N m_{li} = +1+0=1$$

再由半数法则确定最低能级的 J 值,此处同科电子数少于半满数,所以 J 小的能级低,所以基态 $J=L-S=0$，即硅原子的基态量子数为 $L=1, S=1, J=0$，基态光谱项为 $^3P_0$.

其他元素的原子基态也可按上述方法求得. 下面给出了由氢到氖原子的原子基态：

		m_l: +1	0	−1	S	L	J	
H	1s	↑ (0)			$S=\frac{1}{2}$	$L=0$	$J=\frac{1}{2}$	$^2S_{1/2}$
He	$1s^2$	↑↓			$S=0$	$L=0$	$J=0$	$^1S_0$
Li	2s	↑			$S=\frac{1}{2}$	$L=0$	$J=\frac{1}{2}$	$^2S_{1/2}$
Be	$2s^2$	同 He						$^1S_0$
B	$2p^1$	↑			$S=\frac{1}{2}$	$L=1$	$J=\frac{1}{2}$	$^2P_{1/2}$
C	$2p^2$	↑	↑		$S=1$	$L=1$	$J=0$	$^3P_0$
N	$2p^3$	↑	↑	↑	$S=\frac{3}{2}$	$L=0$	$J=\frac{3}{2}$	$^4S_{3/2}$
O	$2p^4$	↑↓	↑	↑	$S=1$	$L=1$	$J=2$	$^3P_2$
F	$2p^5$	↑↓	↑↓	↑	$S=\frac{1}{2}$	$L=1$	$J=\frac{3}{2}$	$^2P_{3/2}$
Ne	$2p^6$	↑↓	↑↓	↑↓	$S=0$	$L=0$	$J=0$	$^1S_0$

外层电子为 nd^x 型的，如下所示：

	2	1	0	−1	−2				
nd^1	↑					$S=\frac{1}{2}$	$L=2$	$J=\frac{3}{2}$	$^2D_{3/2}$
nd^2	↑	↑				$S=1$	$L=3$	$J=2$	$^3F_2$

外层电子为 sd 型的，如下所示：

	0			
s^1d^5	↑	$S=3$	$L=0$	$J=3$	$^7S_3$

2	1	0	−1	−2
↑	↑	↑	↑	↑

习题与思考题

1. 有两种原子，在基态时其电子壳层是这样填充的：(1)$n=1$ 壳层、$n=2$ 壳层和 3s 次壳层都填满，3p 次壳层填了一半；(2)$n=1$ 壳层、$n=2$ 壳层、$n=3$ 壳层及 4s、4p、4d 次壳层都填满. 试问这是哪两种原子？
2. 原子的 3d 次壳层按泡利原理一共可以填多少电子？为什么？
3. 钠原子的 S、P、D 项的量子数修正值 $\Delta_s=1.35$、$\Delta_p=0.86$、$\Delta_d=0.01$. 把谱项表达成 $\frac{R(Z-\sigma)^2}{n^2}$ 形式，其中 Z 是核电荷数. 试计算 3S、3P、3D 项的 σ 分别为何值？并说明 σ 的物理意义.
4. 原子中能够有下列量子数相同的最大电子数是多少？

   (1) n、l、m_l；　(2) n、l；　(3) n.
5. 利用 LS 耦合、泡利原理和洪德定则来确定碳 $Z=6$、氮 $Z=7$ 原子的基态.
6. 电子在原子内填充时，所遵循的基本原理是什么？
7. 在推求原子基态光谱项时，满主壳层和满支壳层的角动量可以不考虑，为什么？

第 6 章

外场中的原子

1896 年塞曼(Zeeman)把光源放在磁场内时，发现光源发出的谱线变宽了，再仔细观察后才发现，每条光谱线都分裂成几条，而不是任何谱线变宽，而且发现分裂后的谱线都是偏振的，这种现象我们称为塞曼效应. 谱线的分裂表明有能量差的变化，即原子能级的变化，为考察原子能级变化的原因，下面我们讨论原子与外磁场等外场的相互作用.

6.1 原子的磁矩

6.1.1 单电子原子的总磁矩

我们已经知道原子有轨道磁矩和自旋磁矩

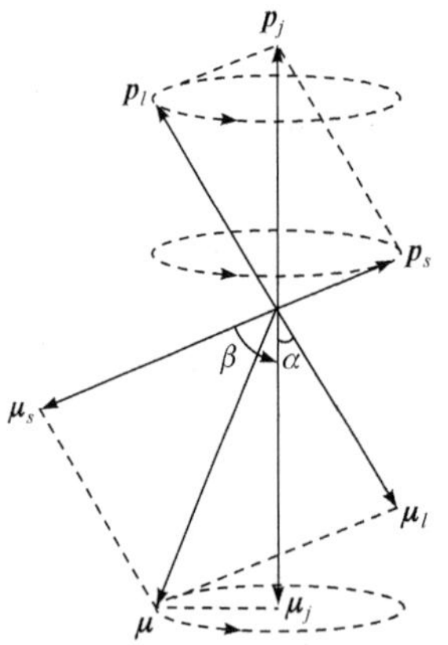

图 6-1 电子磁矩同角动量的关系

$$\boldsymbol{\mu}_l = -\frac{e}{2m_e}\boldsymbol{p}_l$$

$$\mu_l = \sqrt{l(l+1)}\mu_B$$

$$\boldsymbol{\mu}_s = -\frac{e}{m_e}\boldsymbol{p}_s$$

$$\mu_s = \sqrt{3}\mu_B$$

在忽略原子核的磁矩和原子实的磁矩时(原子核磁矩$\propto he/4\pi m_p$，比电子磁矩小 3 个数量级，m_p为质子质量，见后面第 9 章)，原子的总磁矩为电子轨道磁矩和自旋磁矩的合成

$$\boldsymbol{\mu} = \boldsymbol{\mu}_l + \boldsymbol{\mu}_s$$

如图 6-1 所示，因为 μ_s 和 p_s 的比值与 μ_l 和 p_l 的比值不同. 所以总磁矩 $\boldsymbol{\mu}$ 不在总角动量 $\boldsymbol{p}_j$ 的延长线上. 因为 $\boldsymbol{p}_l$、$\boldsymbol{p}_s$ 是绕 $\boldsymbol{p}_j$ 旋进的，所以 $\boldsymbol{\mu}$、$\boldsymbol{\mu}_s$、$\boldsymbol{\mu}_l$ 都绕 $\boldsymbol{p}_j$ 的延长线旋进.

由于 $\boldsymbol{\mu}$ 不是一个定向的矢量，我们将 $\boldsymbol{\mu}$ 分解成两个分量，一个沿 $\boldsymbol{p}_j$ 的延长线

称为 μ_j，这是定向的恒量；另一个是垂直于 $\boldsymbol{p}_j$ 的，它绕着 $\boldsymbol{p}_j$ 转动，称为 μ'，其中 μ' 分量对时间的平均效果为 0，所以其对外发生效果的磁矩只有 μ_j. 所以我们称 μ_j 为原子的总磁矩(或有效磁矩). 参考图 6-1. 要计算 μ_j 只需把 $\boldsymbol{\mu}_l$ 和 $\boldsymbol{\mu}_s$ 在延长线上的分量相加就可以了. 所以

$$\mu_j = \mu_l \cos\alpha + \mu_s \cos\beta = \frac{e}{2m_e}[p_l \cos\alpha + 2p_s \cos\beta] \tag{6-1}$$

式中，α、β 分别是 p_l 和 p_j 及 p_s 和 p_j 的夹角，分别等于

$$\cos\alpha = \frac{p_j^2 + p_l^2 - p_s^2}{2p_j p_l}, \quad \cos\beta = \frac{p_j^2 + p_s^2 - p_l^2}{2p_j p_s} \tag{6-2}$$

$$\mu_j = \frac{e}{2m_e}\left[\frac{p_j^2 + p_l^2 - p_s^2}{2p_j^2} + \frac{p_j^2 + p_s^2 - p_l^2}{p_j^2}\right] p_j$$

$$= \frac{e}{2m_e} p_j \left[1 + \frac{p_j^2 + p_s^2 - p_l^2}{2p_j^2}\right] = g\frac{e}{2m_e} p_j$$

式中

$$g = 1 + \frac{p_j^2 + p_s^2 - p_l^2}{2p_j^2} = 1 + \frac{j(j+1) + s(s+1) - l(l+1)}{2j(j+1)} \tag{6-3}$$

g 称为朗德因子，决定于原子所处状态的量子数.

例 6-1　求下列原子态的朗德因子 g：${}^1\mathrm{P}_1$、${}^2\mathrm{P}_{3/2}$、${}^4\mathrm{D}_{1/2}$.

解　因为　$g = 1 + \dfrac{j(j+1) - l(l+1) + s(s+1)}{2j(j+1)}$

对原子态 ${}^1\mathrm{P}_1$，l=1, s=0, j=1，所以 g=1；

对原子态 ${}^2\mathrm{P}_{3/2}$，l=1, s=1/2, j=3/2，所以 g=4/3；

对原子态 ${}^4\mathrm{D}_{1/2}$，l=2, s=3/2, j=1/2，所以 g=0.

6.1.2　两个或两个以上电子的原子磁矩

与前类似，对两个或两个以上电子的原子，可以证明其原子磁矩的表达式为

$$\boldsymbol{\mu}_J = -g\frac{e}{2m_e}\boldsymbol{P}_J \tag{6-4}$$

式中，$\boldsymbol{P}_J$ 是原子的总角动量；朗德因子 g 随耦合类型的不同而不同，具体计算方法如下.

LS 耦合：

$$g = 1 + \frac{J(J+1) + S(S+1) - L(L+1)}{2J(J+1)} \tag{6-5}$$

式中，L、S 和 J 是各电子耦合后的数值.

jj 耦合：

$$g = g_i \frac{J(J+1)+j_i(j_i+1)-J_P(J_P+1)}{2J(J+1)} + g_P \frac{J(J+1)+J_P(J_P+1)-j_i(j_i+1)}{2J(J+1)} \tag{6-6}$$

对两电子体系，J_P、j_i 分别是每个电子的量子数，g_P 和 g_i 分别是每个电子的 g 因子.

对 n 电子体系，我们已经知道，原子态的形成可看作在两个电子基础上，按一定的次序逐个增加的结果. 最后如果$(n-1)$个电子的集体同单个电子成为 jj 耦合时，J_P、g_P 属于$(n-1)$电子集团的数值，j_i、g_i 为最后一个电子的数值；而 g_P 又按$(n-1)$个电子集体形成的方式而分别用式(6-5)和式(6-6)确定.

6.2　磁场对原子的作用

6.2.1　拉莫尔进动(旋进)

原子有总磁矩 μ_J，在外磁场中要受到力矩 $\boldsymbol{L}=\boldsymbol{\mu}_J\times\boldsymbol{B}$ 的作用，据动力学知识，物体受到的合外力矩等于物体角动量的变化率，即

$$\boldsymbol{L}=\frac{\mathrm{d}\boldsymbol{P}_J}{\mathrm{d}t} \tag{6-7}$$

因为 $\boldsymbol{L}\perp\boldsymbol{\mu}_J$，即是 $\boldsymbol{L}\perp\boldsymbol{P}_J$，所以 $\boldsymbol{P}_J$ 将只改变方向而不改变大小，其效果是使 $\boldsymbol{P}_J$ 绕 $\boldsymbol{B}$ 方向旋进，即 $\boldsymbol{\mu}_J$ 绕 $\boldsymbol{B}$ 旋进，如图 6-2 所示.

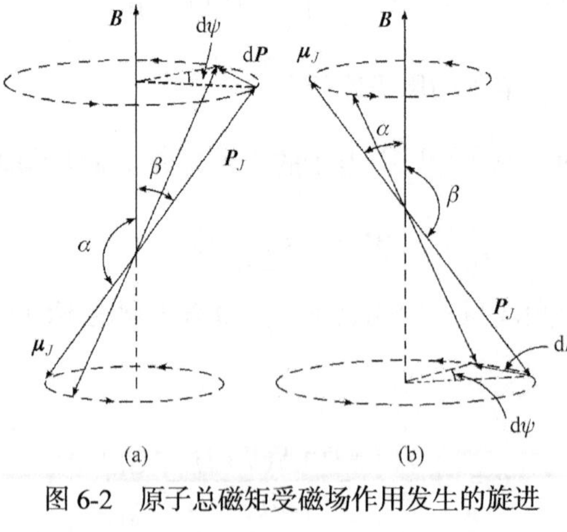

图 6-2　原子总磁矩受磁场作用发生的旋进

6.2.2　原子受磁场作用附加的能量

原子受磁场作用而旋进所引起的附加能量，可证明是(这与我们前面提到的相同)

$$\Delta E = -\mu_J B\cos\alpha = \mu_J B\cos\beta = g\frac{e}{2m_e}P_J B\cos\beta \tag{6-8}$$

因为 $\boldsymbol{P}_J$ 在 $\boldsymbol{B}$ 方向的取向是量子化的，即原子总角动量 $\boldsymbol{P}_J$ 在 $\boldsymbol{B}$ 方向只能取如下数值：

$$P_{JZ} = P_J\cos\beta = M\hbar \tag{6-9}$$

$M = J, J\text{–}1, \cdots, -J$，共有 $2J$+1 个 M 值，每一个相当于 $\boldsymbol{P}_J$ 的一个可能取向，M 称为磁量子数. 将式(6-9)代入式(6-8)，有

$$\Delta E = Mg\frac{he}{4\pi m_e}B = Mg\mu_B B \tag{6-10}$$

或用光谱项差表示为

$$\Delta T = -\frac{\Delta E}{hc} = -M_J g\frac{eB}{4\pi m_e c} = -MgL \tag{6-11}$$

式中，$L = \dfrac{eB}{4\pi m_e c}$，称为洛伦兹单位.

因为 M 有 $2J+1$ 个数值，所以在稳定的磁场下，ΔE 有 $2J+1$ 个可能的值. 这表明，有外磁场时一个原子的能级因磁场的作用要附加能量ΔE，因为ΔE 有 $2J+1$ 个不同的可能值，所以这能级分裂为 $2J+1$ 层，这些分裂出的能级我们称为磁能级. 因为 M 只能取从 J 到$-J$ 逐数差一的数值，所以同一能级分裂的相邻磁能级的间隔是相等的，都等于 $g\mu_B B$.

例 6-2　讨论 $^2P_{3/2}$ 在磁场中的能级分裂情况.

解　对此能级 L=1，J=3/2，S=1/2，所以 M = 3/2,1/2,–1/2,–3/2. 从而

$$g = 1 + \frac{J(J+1)+S(S+1)-L(L+1)}{2J(J+1)} = \frac{4}{3}$$

因为 $2J$+1=4，所以能级分裂为 4 层(磁能级)，相邻磁能级间隔为 $g\mu_B B$=$4\mu_B B/3$，如图 6-3 所示.

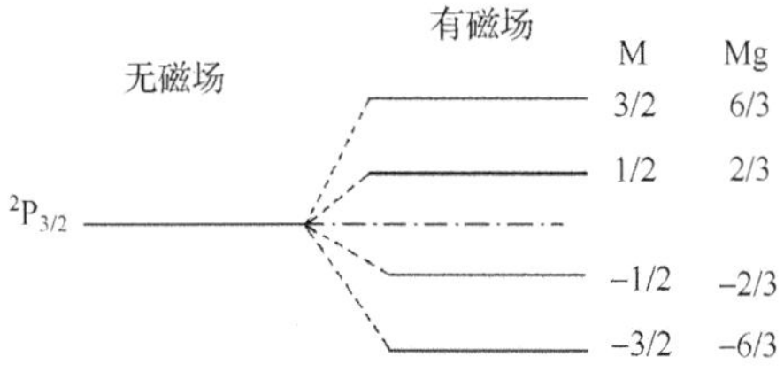

图 6-3　$2^2P_{3/2}$ 能级在磁场中的分裂

注意：

(1) 只有外加磁场 $\boldsymbol{B}$ 较弱时上述讨论才正确. 因为只有在此条件下，原子内的自旋轨道相互作用才不至于被磁场所破坏，$\boldsymbol{\mu}_S$ 和 $\boldsymbol{\mu}_L$ 才能合成总磁矩 $\boldsymbol{\mu}$，且 $\boldsymbol{\mu}$ 绕 $\boldsymbol{P}_J$ 旋转很快，以至于对外加磁场而

言，有效磁矩仅为 $\boldsymbol{\mu}$ 在 $\boldsymbol{P}_J$ 方向的投影 $\boldsymbol{\mu}_J$. 在弱磁场 $\boldsymbol{B}$ 中原子所获得的附加能量才为 $\Delta E = Mg\mu_B B$.

(2) 如果磁场 $\boldsymbol{B}$ 加强到一定程度，超过原子内部自旋轨道的相互作用，使 $\boldsymbol{P}_J$ 在磁场中旋转的频率远小于 $\boldsymbol{P}_L$ 和 $\boldsymbol{P}_S$ 分别绕磁场旋转的频率，以至于在磁场中可以认为 $\boldsymbol{P}_L$ 和 $\boldsymbol{P}_S$ 的耦合被破坏，磁场的作用就是使得 $\boldsymbol{P}_L$ 和 $\boldsymbol{P}_S$ 分别在磁场中很快旋转. 这时原子在磁场中的附加能量主要由 $\boldsymbol{\mu}_S$ 和 $\boldsymbol{\mu}_L$ 在磁场中的能量来决定，即附加能量由 $-\boldsymbol{\mu}_L \cdot \boldsymbol{B}$ 和 $-\boldsymbol{\mu}_S \cdot \boldsymbol{B}$ 之和确定，即

$$\Delta E_M = E_{m_l m_s} = -\boldsymbol{\mu}_L \cdot \boldsymbol{B} - \boldsymbol{\mu}_S \cdot \boldsymbol{B}$$

6.3 几个证明磁场中能级分裂的典型实验

以上结论，即原子磁矩及量子化的取向、原子在外场中的附加能量、能级分裂等都有实验验证.

6.3.1 施特恩-格拉赫实验的再分析

施特恩-格拉赫实验的方法在第3章中已经做了叙述. 它通过银原子的实验证实了原子角动量空间取向量子化的存在，但当时我们只说到原子中电子轨道运动的磁矩和轨道角动量，对原子的了解还不全面. 现在我们知道原子的总磁矩是价电子的轨道磁矩和自旋磁矩的合成(原子核的磁矩由于很小，暂不考虑). 这时再把施特恩-格拉赫实验的结果同理论比较一下，就很有意义了.

第 3 章给出原子受不均匀磁场作用到达胶片时的横向移动为

$$Z = \frac{1}{2m_e}\frac{\partial B}{\partial Z}\left(\frac{L}{v}\right)^2 \mu\cos\beta \tag{6-12}$$

现在我们知道 $\mu\cos\beta$ 应是 μ_J 在磁场方向的分量，可表示为

$$\mu_Z = \mu_J\cos\alpha = -g\frac{e}{2m_e}P_J\cos\beta = -g\frac{e}{2m_e}M\frac{h}{2\pi} \tag{6-13}$$

即

$$\mu_Z = -Mg\mu_B \tag{6-14}$$

负号表示当 $M > 0$ 时 μ_Z 与 B 反向；当 $M < 0$ 时 μ_Z 与 B 同向，即 μ_Z 与 P_J 投影反向. 将式(6-14)代入式(6-12)有

$$Z = -\frac{1}{2m_e}\frac{\partial B}{\partial Z}\left(\frac{L}{v}\right)^2 Mg\mu_B \tag{6-15}$$

可见有几个 M 值就有几个 Z 值，相片上就有几束黑条，也表示 μ_J 有几个取

向. 我们知道 M 有 $2J+1$ 个值，所以从实验中所得到的黑条数目可以知道 J 值，也就知道了 M 值. 从式(6-15)还可见 $Z \propto gM$，所以如果从实验测出 Z 值便可计算出朗德因子 g. 所以施特恩–格拉赫实验除可以验证空间量子化的理论外，还可以测定一个不了解的原子态的 J 和 g 值，从而可以推断这原子所处状态的性质.

另外，在第 2 章我们说到对银原子的实验，相片上出现了两条黑线. 当时我们不能解释原子束偶数分裂的结果，现在我们就容易理解了，原来银原子的基态是 $^2S_{1/2}$，即 $J=1/2$，$M=1/2, -1/2$ 所以出现两黑条. 这里的半整数 1/2 的数值来源于自旋量子数 1/2 和 S 态的 l 等于 0. 因此，这个实验的结果也是这些量子数数值正确性的有力证明.

6.3.2　顺磁共振

当磁矩为 μ_J 的原子处于外磁场中时，能级将分裂为 $2J+1$ 层，它分裂成的能级同原能级的差 $\Delta E = Mg\mu_B B$，分裂成的两相邻能级的间隔为 $g\mu_B B$. 若在垂直于 B 的方向加另一交变磁场，将其频率调整到刚好使

$$h\nu = g\mu_B B \tag{6-16}$$

原子就会从电磁波吸收能量，在两邻近能级间跃迁. 这可以用适当的仪器探测. 实验装置如图 6-4 所示.

实验中交变磁场是一超高频的电磁波，λ 在厘米的数量级，且频率 ν 是固定的，可调的是磁场强度 B. 当 B 刚好达到 $h\nu = g\mu_B B$ 时，探测器显示电磁波透射强度骤减，它表明此时原子从电磁波吸收了能量. 这种现象叫顺磁共振.

吸收曲线如图 6-5 所示. 峰值对应的 B 就是满足 $h\nu = g\mu_B B$ 的 B，此时 $h\nu$ 等于在磁场强度 B 下两邻近能级间的能量差. 此时只要测出 B，因为 ν 是固定的，由式(6-15)可算出原子态的 g 值. 所以用这个方法可测定原子态的 g 值.

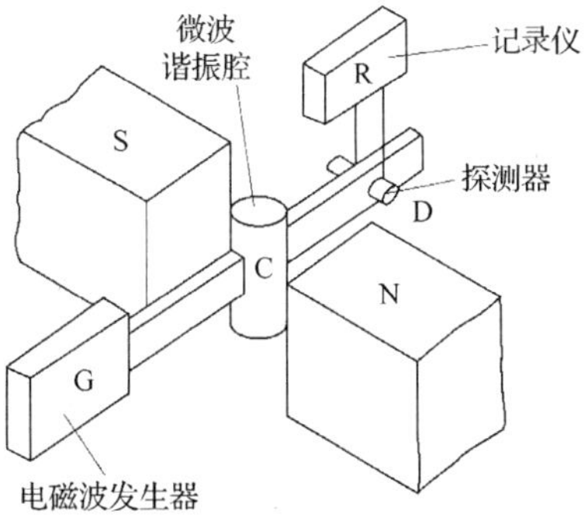

图 6-4　顺磁共振装置示意图

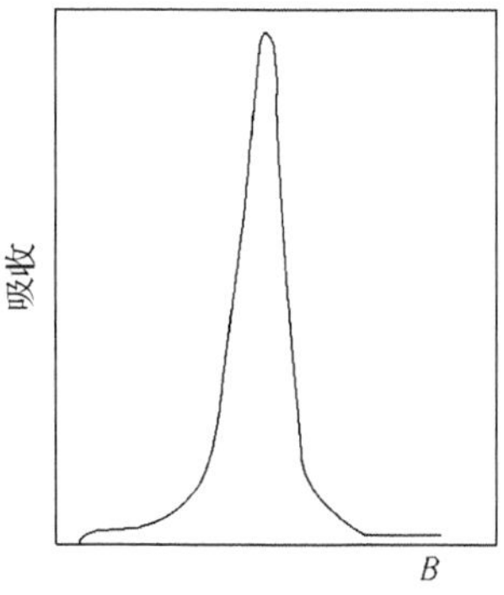

图 6-5　顺磁共振的吸收曲线

原子处在外磁场中时，若无其他影响，裂开的能级是等间隔的，而顺磁共振

就代表能级的间隔，此情况下将只出现一个共振峰，但在固体中，由于原子受周围各种因素的影响，在同一磁场下裂开的能级可以是不等间隔的，每一间隔相当于一个共振峰，所以将出现几个共振峰，如图 6-6(a)所示，这称为波谱的精细结构. 顺磁共振的波谱精细结构反映了原子受邻近原子作用的情况，是研究分子结构，固体、液体结构的好方法.

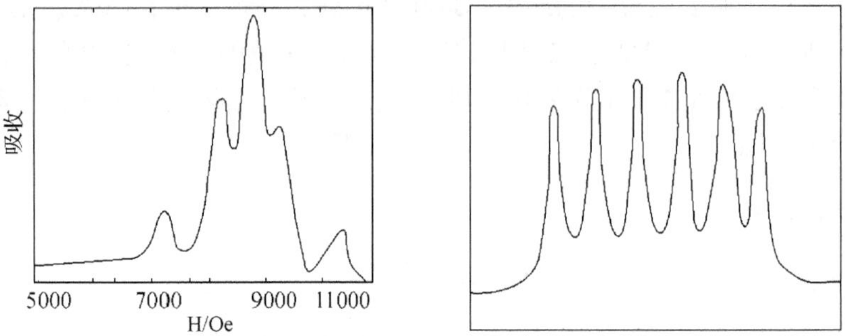

(a) $NH_4Cr(SO_4)_2\cdot 12H_2O$晶体的顺磁共振吸收，H⊥(111)面，$\nu$=24446MHz

(b) 水中Mn^{2+}顺磁共振的超精细结构

图 6-6 吸收曲线的精细结构和超精细结构

波谱的超精细结构：在有些情况下，一个共振峰，又分裂成几个很接近的峰的现象叫波谱的超精细结构. 图 6-6(b)显示了 Mn^{2+}的顺磁共振峰. 这里出现了 6 个很靠近的吸收峰. 这现象经研究知道是由于原子核的核磁矩的影响而产生的，核磁矩μ_I在外磁场中有 $2I+1$ 个取向. I是原子核角动量量子数. 由于有核磁矩 μ_I，就会有 $2I+1$ 不同的能量再附加在原来原子的磁能级上，从而产生不同的能级间隔，但μ_I很小，为原子磁矩的千分之一，所以附加能量不大，图中每一共振峰代表一个能级差，图 6-6(b)中有 6 个峰的超精细结构，可推知这状态的原子核的 I 量子数是 5/2，所以顺磁共振可用于测量原子核角动量量子数 I.

6.3.3 塞曼效应

1. 塞曼效应的实验观测

当光源放在足够强的磁场中时，所发光谱的谱线会分裂成几条，且每条谱线都是偏振的，这种现象叫塞曼效应. 图 6-7 和图 6-8 显示了一些光谱线的塞曼效应.

钠的 589.593nm 和 588.996nm 的黄色谱线在足够强的磁场中，从垂直于磁场方向观察，会看到谱线分裂成图 6-7 中相片所示的情况. 图 6-8 中用字母 π 和 σ 分别标明各谱线的性质(π 描述谱线的电矢量 $\boldsymbol{E}$ 平行于磁场；σ 描述谱线的电矢量垂直于磁场). 当在平行于磁场方向观察时，π 部分不出现.

相片下面附加的线表示左右各一个洛伦兹单位的间距.

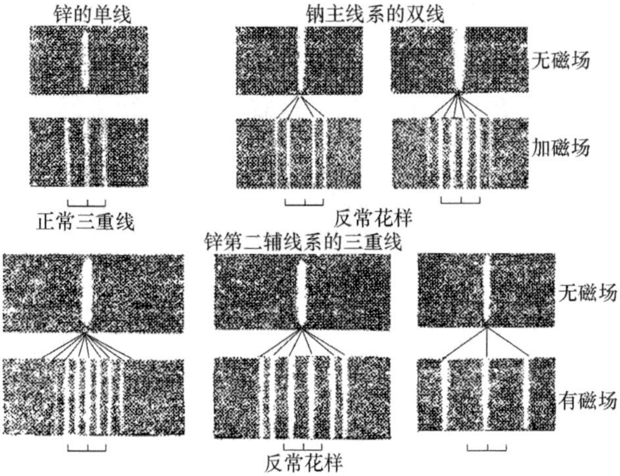

图 6-7　钠的双线和锌的单线及三重线的塞曼效应，在垂直于磁场方向观察到的现象

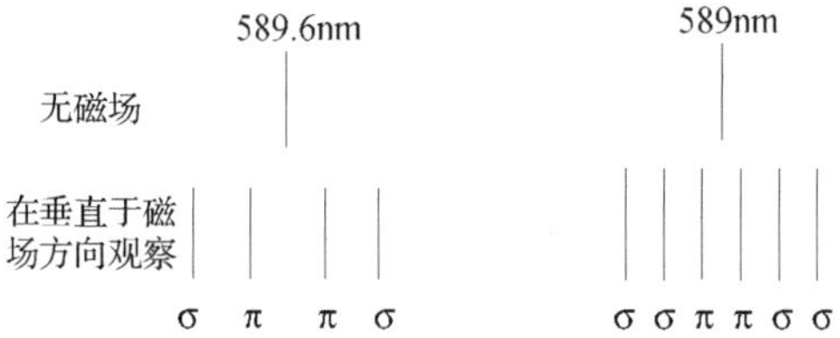

图 6-8　Na 589.6nm 和 589nm 谱线的塞曼效应

2. 塞曼效应的理论解释

由前可知，原子能级在磁场中分裂为 $2J+1$ 层，每层从原能级移动 $\Delta E = Mg\mu_B B$. 现在考察一光谱线(设由能级 E_2 和 E_1 间的跃迁产生). 无外场时谱线频率为 $h\nu = E_2 - E_1$. 当有外场时，在外磁场中两能级均产生分裂，所以新的谱线频率为

$$h\nu' = (E_2 + \Delta E_2) - (E_1 + \Delta E_1) = (E_2 - E_1) + (\Delta E_2 - \Delta E_1) = h\nu + (M_2 g_2 - M_1 g_1)\mu_B B$$

$$\nu' - \nu = (M_2 g_2 - M_1 g_1)\frac{\mu_B B}{h} \tag{6-17}$$

或用波数表示为

$$\tilde{\nu}' - \tilde{\nu} = (M_2 g_2 - M_1 g_1)\frac{\mu_B B}{hc} \tag{6-18}$$

令 $L = \dfrac{Be}{4\pi m_e c}$，称为洛伦兹单位. 则有

$$\tilde{\nu}' - \tilde{\nu} = (M_2 g_2 - M_1 g_1)L \tag{6-19}$$

注意：

(1) $\Delta\tilde{\nu} = \tilde{\nu}' - \tilde{\nu} = -\Delta\lambda / \lambda^2$ ($\Delta\lambda$ 为偏离原谱线的波长差).

(2) 不是所有分裂出的上下能级之间均可产生跃迁，塞曼效应中的跃迁也有选择定则，只有满足下列条件的跃迁才能发生：

$\Delta M=0$，产生 π 线($\boldsymbol{E}$ 振动平行 $\boldsymbol{B}$)，当$\Delta J=0$ 时，0→0 除外；

$\Delta M=\pm1$，产生 σ 线($\boldsymbol{E}$ 振动垂直 $\boldsymbol{B}$).

现在我们可以用这些结论来说明前面所举的例子.

例 6-3　镉原子的 6438.47Å 谱线经研究是 $^1D_2\to{}^1P_1$ 的跃迁结果，试讨论其在外磁场中分裂为几条谱线.

解　对能级 $^1D_2$，$L_2=2$，$J_2=2$，$S_2=0$；所以 $M_2=0,\pm1,\pm2$，能级分裂为 5 层，可算得

$$g_2=1+\frac{J_2(J_2+1)+S_2(S_2+1)-L_2(L_2+1)}{2J_2(J_2+1)}=1$$

对能级 $^1P_1$，$L_1=1$，$J_1=1$，$S_1=0$；所以 $M_1=0,\pm1$，能级分裂为 3 层，可算得 $g_1=1$.

下面计算光谱线在磁场中频率的改变，即求式(6-18)满足选择定则的所有可能的值. 这里介绍一个简便的计算方法(格罗春图). 把有关的数值由大到小排列如下：

M	2	1	0	-1	-2
M_2g_2	2	1	0	-1	-2
M_1g_1		1	0	-1	

$(M_2g_2-M_1g_1)$　-1　-1　-1　0　0　0　1　1　1

所以 $\Delta\tilde{\nu}=\Delta\left(\dfrac{1}{\lambda}\right)=(M_2g_2-M_1g_1)L=(-1,0,1)L$.

上下相对的 Mg 值相减，即为满足$\Delta M=0$ 的跃迁；斜角位置的 Mg 值相减，如斜线所示，即为满足$\Delta M=\pm1$ 的跃迁；把算得的数值列在下一行，这些数值乘以洛伦兹单位，就是裂开后每一谱线与原谱线的波数差.

这里共有 9 种跃迁，但只有 3 种能量差，所以出现 3 条分支谱线. 每条包含 3 种跃迁. 谱项与原谱项差为一个洛伦兹单位 L. 能级跃迁示意如图 6-9 所示，与实验结果相符合. 这种谱线分裂为 3 条，一条位于原谱线处，另两条分别位于原谱线两侧，且波数与原谱线相距一个洛伦兹单位的塞曼分裂，称为正常塞曼效应；否则称反常塞曼效应. 可以证明，只有单线(由单态产生)，即 $S=0$ 的原子态之间的跃迁产生的谱线才能产生正常塞曼效应. 此时 $g_1=g_2=1$，故只有电子数为偶数并形成单态的原子才有可能产生正常塞曼效应.

钠的 5890Å 和 5896Å 是 $^2P_{1/2,\,3/2}\to{}^2S_{1/2}$ 的跃迁结果. 下面我们以 $^2P_{3/2}\to{}^2S_{1/2}$ 跃迁产生的谱线为例讨论其在外磁场中的分裂情况.

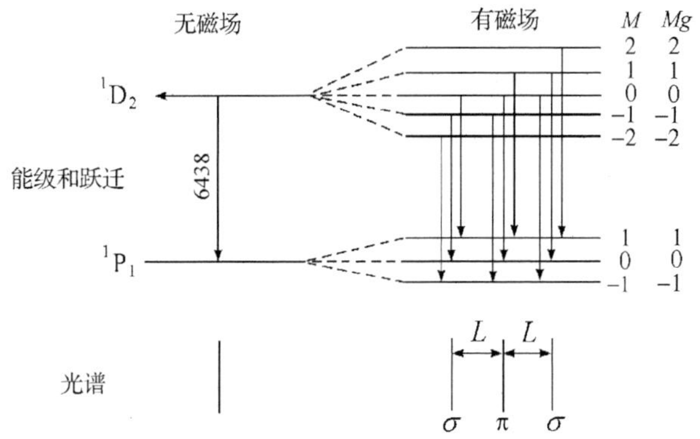

图 6-9　镉的 $^1D_2 \to {}^1P_1$ 谱线的塞曼效应

算出 $^2P_{3/2}$ 和 $^2S_{1/2}$ 原子态的 g 分别为：$g_2=4/3$ 和 $g_1=2$.
M 值分别为：$M_2=3/2, 1/2, -1/2, -3/2$ 和 $M_1=1/2, -1/2$，则

M	$3/2$		$1/2$	$-1/2$		$-3/2$
M_2g_2	$6/3$		$2/3$	$-2/3$		$-6/3$
M_1g_1			1	-1		
$(M_2g_2-M_1g_1)$	$-5/3$	-1	$-1/3$	$1/3$	1	$5/3$

$$(\Delta\tilde{\nu})_{^2P_{3/2}\to{}^2S_{1/2}}=\left(-\frac{5}{3},-1,-\frac{1}{3},\frac{1}{3},1,\frac{5}{3}\right)L$$

所以，原谱线在磁场中分裂为 6 条，能级跃迁示意如图 6-10 所示，与实验结果相符.

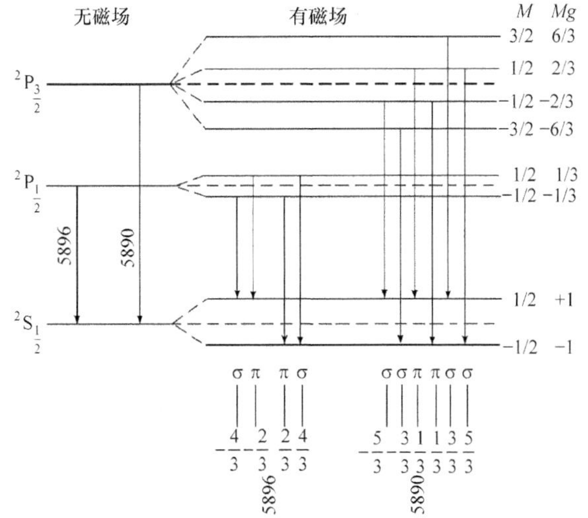

图 6-10　钠 $^2P_{1/2,\,3/2} \to {}^2S_{1/2}$ 谱线的塞曼效应

*3. 塞曼效应中谱线的偏振性

为了解释塞曼效应中谱线的偏振性与$\Delta M=M_2-M_1$的关系，以及不同方向观察

结果的差别，我们先复习一下电磁学中关于电磁波的横波特性. 沿 z 方向传播的电磁波的电矢量必定在 xOy 平面，可分解为 E_x 和 E_y，$E_x=A\cos\omega t$，$E_y=B\cos(\omega t-\alpha)$，当 $\alpha=0$ 时，电矢量在某方向线偏振(相当于两相位差为零，同频率振动方向垂直的谐振动的叠加). 当 $\alpha=\pi/2$ 时，是圆偏振(合成 $\boldsymbol{E}$ 矢量的大小为常数，方向做周期性的变化，矢量箭头绕圆周运动)，或椭圆偏振.

另外，在发出电磁辐射的过程中，原子和所发射出的光子作为整体其总角动量是守恒的. 光子具有固有角动量 $L=\hbar$，并且其角动量和光子的电矢量旋转方向组成右旋系统，如图 6-11 所示，原子的角动量在磁场方向的分量为 $M\hbar$.

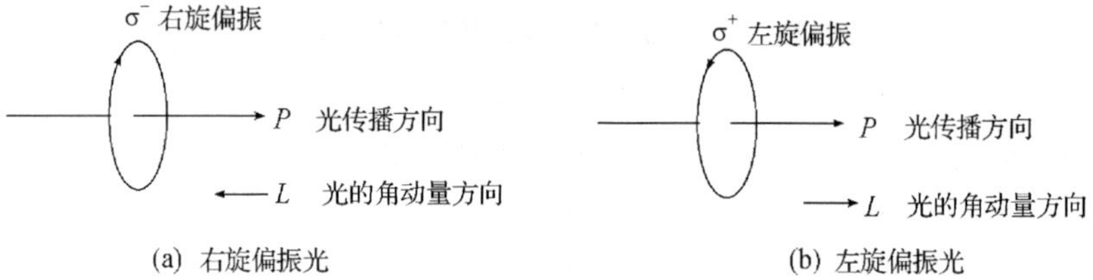

图 6-11　光子电矢量的偏振及角动量方向的定义

再来看塞曼效应，对$\Delta M=1$ 的塞曼跃迁，原子在外磁场方向的角动量减少 $\hbar$，因此所发光子必定在磁场方向具有 $\hbar$ 的角动量. 所以在 $\boldsymbol{B}$ 方向(设为 z 方向)观察将看到左旋偏振光(光矢量做逆时针旋转). 当$\Delta M=-1$ 时，原子在磁场方向的角动量增加 $\hbar$，因此所发光子必定具有与磁场方向相反的角动量 $\hbar$，在磁场指向观察者的方向观察时，将看到右旋偏振光. 对上述两谱线在垂直磁场方向(z 方向)观察，则只能见到 E_y 或 E_x 分量中的一个(若沿 x 只能看到 E_y，因为沿 x 方向传播的光波，电矢量不会在 x 方向)，所以观察到两条光振动与磁场垂直的线偏振光.

对 $M=0$ 的塞曼跃迁，原子在磁场方向的角动量不变，但光子具有固有角动量 $\hbar$，则原子发光时，所发光子的角动量一定垂直于磁场，必定在 xOy 平面内，如图 6-12 所示. 因此平均效果是 E_y、E_x 分量为零，只有 E_z 分量(因为若 $\boldsymbol{L}$ 沿 x，则 $\boldsymbol{E}$ 有 E_y 和 E_z 分量，若 $\boldsymbol{L}$ 沿 y，则 $\boldsymbol{E}$ 有 E_x 和 E_z 分量，若 $\boldsymbol{L}$ 在 xOy 内必定有 E_{xOy} 和 E_z 分量，而 E_{xOy} 分量可在 xOy 平面内取任意方向，所以其平均效果为零)，所以沿 $\boldsymbol{B}$ 方向观测，看不到 E_z，即见不到$\Delta M=0$ 的 π 谱线. 沿垂直 $\boldsymbol{B}$ 的方向观察，只能看到 E_z 分量，所以谱线是光振动平行 $\boldsymbol{B}$ 方向的线偏振光，即 π 谱线，如图 6-13 所示.

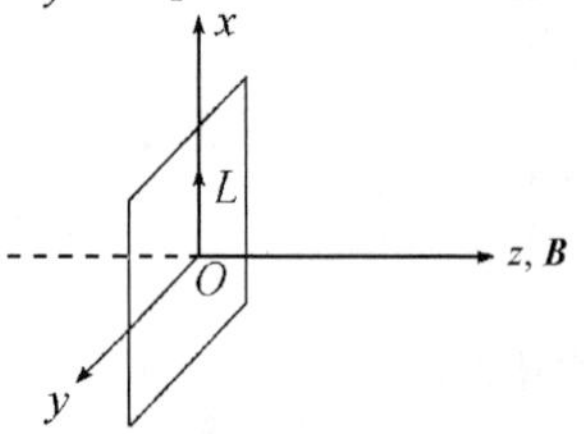

图 6-12　光子角动量垂直 $\boldsymbol{B}$ 的情况示意

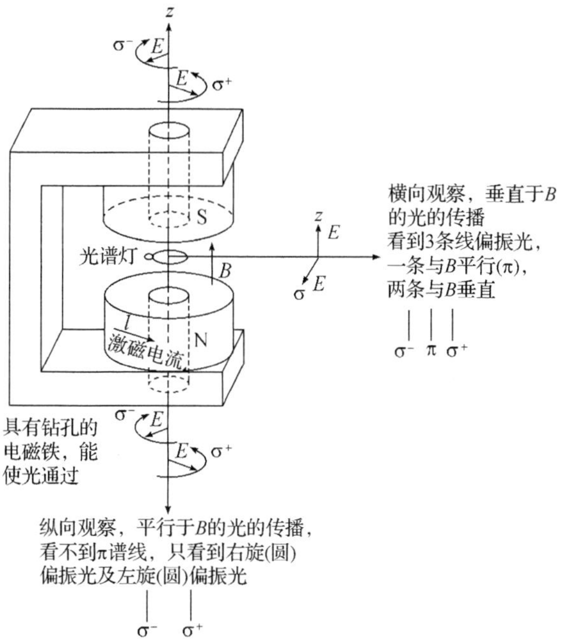

图 6-13　塞曼效应中谱线偏振性的观察

*6.4　斯塔克效应

塞曼效应讨论的是外磁场对原子能级结构的影响，那么除了磁场以外的其他外场对原子能级是否也会造成影响呢？自塞曼效应被发现以后，有人便做了这方面的尝试，但是并没有成功. 直到 1913 年，斯塔克(J. Stark)才在实验中观测到氢原子巴耳末系谱线在静电场中发生的分裂现象，从而充分说明外电场对原子光谱是有影响的. 从此，处于外电场中的原子能级发生变化的现象一般就叫作斯塔克效应.

斯塔克效应产生的根本原因是外电场使得原本球对称的电场被破坏成为轴对称，使得角动量的简并被解除，从而发生能级分裂，谱线分裂的裂距随电场强度的增加而增加，其外部表现是该原子发射的谱线发生分裂、谱线的宽度变宽、谱线位置发生了移动等.

如同塞曼效应一样，谱线发生分裂的根本原因是能级发生了分裂，现就能级分裂现象进行简要分析. 根据电磁理论知道，一个具有电偶极矩 $\boldsymbol{p}$ 的体系在外电场 $\boldsymbol{E}$ 中具有的势能为

$$U=-\boldsymbol{p}\cdot\boldsymbol{E}=-p_zE \tag{6-20}$$

现定义 $\boldsymbol{E}$ 的方向为 z 轴正向，原子的电偶极矩主要表现为电子相对于原子核的平均分布，即

$$\boldsymbol{p} = -e\sum_i \overline{\boldsymbol{r}}_i = -e\overline{\boldsymbol{r}} \tag{6-21}$$

$$p_z = -e\overline{z} \tag{6-22}$$

式中，$\overline{\boldsymbol{r}}_i$ 是第 i 个电子相对于原子核的平均位矢，$\overline{\boldsymbol{r}}$ 为总的合成矢量的平均值，$\overline{z}$ 为总的合成矢量平均值在 z 轴的分量，故有

$$U = -eE\overline{z} \tag{6-23}$$

由上式可知，只要原子中的电子在 z 轴的平均分布 $\overline{z}$ 不为零，那么这样原子的能级在外电场中就会受到影响，即原子能级要在外电场中发生分裂，那么 $\overline{z}$ 必须不为零. 计算静电场中电子的平均分布 $\overline{z}$ 的情况是理解斯塔克效应的关键，但是更详细和精确的计算需要用量子力学的方法，在本节仅做一些定性分析，我们着重以结构比较简单的氢原子或类氢离子作为研究对象，分别分析它们在强外电场和弱外电场中的斯塔克效应.

如果原子处于强外电场中时，只要外电场强度远小于原子内的库仑场，那么由主量子数 n 表征的能量就不会有明显的改变，于是可以认为 n 是有确定意义的. 此外，由于电子的轨道角动量和自旋角动量在 z 轴方向的投影 m_l 和 m_s 与外电场方向一致，所以 m_l 和 m_s 也是有意义的. 所以，电子绕核的轨道运动必然要在不确定的 l 轨道中了，为此需要找到一种新的没有确定 l 值或者说含有几个不同 l 值的状态，在这个状态下电子的平均分布 $\overline{z}$ 就可以不为零了. 薛定谔等人在 1926 年便找到了这样的状态，它用另一套量子数 n_1、n_2、$|m_l|$ 替代原来的 n、l、m_l，它们的关系为

$$n = n_1 + n_2 + |m_l| + 1 \tag{6-24}$$

其中，$|m_l| = 0,1,\cdots,n-1$；在 $|m_l|$ 给定的情况下，n_1 和 n_2 的取值范围为 $0,1,\cdots,n-|m_l|-1$. n_1 和 n_2 的物理意义通过其差值 n_F 来体现

$$n_F = n_1 - n_2 \tag{6-25}$$

即，如果 $n_F \geqslant 0$，则 $\overline{z} \geqslant 0$，表明电子平均分布在 z 的上半平面；而如果 $n_F \leqslant 0$，则 $\overline{z} \leqslant 0$. 明显 n_F 的取值也是量子化的，其可能取值为

$$n_F = 0, \pm 1, \cdots, \pm(n-1) \tag{6-26}$$

如果外电场远远小于原子内部的库仑相互作用，同时又足够大到可以忽略精细结构作用，那么类氢离子在外电场中产生的能量分裂可以精确地表示为

$$\Delta E = 6.402 \times 10^{-5} \frac{Enn_F}{Z} \tag{6-27}$$

其中，Z 为类氢离子的核电荷数；ΔE 的单位为 $\mathrm{cm^{-1}}$；电场 E 的单位为 $\mathrm{V \cdot cm^{-1}}$.

因为新的状态 n_1、n_2、$|m_l|$ 是由 n、l、m_l 关于不同 l 的线性叠加得到的，所

以在新的状态中 l 不是一个定值.

当外电场比较弱的情况下，电场的作用远小于精细结构，那么原子的能级结构大体还是与精细结构近似的. 此时 n、m、j 都是好量子数，只有 l 是不确定的. 在类氢离子的一个确定的 j 值表征的精细结构能级中 l 只能取两个值，即 $l=j\pm\frac{1}{2}$，所以 l 的叠加方式也就只有相加或者相减两种，用量子力学的方法可以得到能量分裂公式为

$$\Delta E=\pm 3.201\times 10^{-5}\frac{Enm}{Zj(j+1)}\sqrt{n^2-(j+\frac{1}{2})^2} \tag{6-28}$$

上式所用单位与式(6-27)中的单位一致. 当式中“±”取“+”且 $m>0$，或者式中“±”取“−”且 $m<0$ 时，$\Delta E>0$，能量上移，可理解为是其中一种叠加方式；反之 $\Delta E<0$，能量下移，可以理解为是另外一种叠加方式.

通过式(6-27)和(6-28)可以发现，类氢离子在较强或较弱两种外电场中的能级分裂 ΔE 都与电场 E 呈线性关系. 从式(6-23)我们还可以看出，只有平均电荷分布 $\bar{z}$ 本身与外电场无关才能得到这个线性关系. 这也说明在这种情况下原子的电偶极矩是其本身所固有的，而不是通过外电场诱发出来的，外电场只是让其表现出来而已，如同于在塞曼效应中角动量在 z 轴方向的分量是通过磁场的作用表现出来的一样. 其根本原因是类氢离子的能量对 l 是简并的，即 l 是与能量无关的，正因如此，类氢离子才表现出线性的斯塔克效应.

那么，如果外电场的强度介于较强和较弱之间时，即外电场的作用与精细结构的作用相当时，能级分裂 ΔE 与电场 E 将体现出非线性关系. 这表明因为外电场的作用在原子内诱发出了另一种平均电荷分布.

经上述分析也可以看出，此处所说的外电场的“强”与“弱”是相较于精细结构作用而言的，而且对于其他原子来讲，由于轨道量子数 l 表征着能量，电子的平均分布 $\bar{z}$ 一定为零，所以在外电场的影响下一定不会呈现出线性斯塔克效应，只能产生非线性的斯塔克效应，也就是说原子中的电子平均分布 $\bar{z}$ 是由外电场直接诱发出来的.

原子的能级结构除了会受到外部电场和磁场的影响以外，原子外部的电磁场或强激光场、原子与其他粒子的碰撞等诸多因素都可能影响原子的能级结构，相关的计算需要用到量子力学，本节不再详述.

习题与思考题

1. 已知钒原子的基态是 $^4F_{3/2}$. (1)钒原子束在不均匀横向磁场中将分裂为几束？(2)求基态钒原子的有效磁矩 μ_J.

2. 已知氦原子 $^1P_1 \to {}^1S_0$ 跃迁的光谱线在磁场中分裂为三条光谱线，其间距 $\Delta\tilde{\nu} = 0.467\ \text{cm}^{-1}$，试计算所用磁场的磁感应强度.
3. 锂的漫线系的第一条($3^2D_{3/2} \to 2^2P_{1/2}$)在磁场中将分裂成多少条光谱线？试做出相应的能级跃迁图.
4. 在平行于磁场方向观察到某光谱线的正常塞曼效应分裂的两谱线间的波长差 $\Delta\lambda = 0.40$ Å. 所用的磁场 B 是 2.5Wb/m^2，试计算该谱线原来的波长.
5. 氦原子光谱中波长为 6678.1Å($1s3d^1D_2 \to 1s2p^1P_1$)及 7065.1Å($1s3s^3S_1 \to 1s2p^3P_0$)的两条谱线，在磁场中发生塞曼效应时各分裂成几条？分别做出能级跃迁图.
6. 钠原子从 $3^2P_{1/2} \to 3^2S_{1/2}$ 跃迁的光谱线波长为 5896Å，在 B=2.5Wb/m^2 的磁场中发生塞曼分裂. 问从垂直于磁场方向观察，其分裂为多少条光谱线？其中波长最长和最短的两条光谱线的波长各多少？
7. 钠原子 3P→3S 跃迁的精细结构为两条，波长分别为 5895.93 Å 和 5889.96 Å. 试求出原能级 $^2P_{3/2}$ 在磁场中分裂后的最低能级与 $^2P_{1/2}$ 分裂后的最高能级相并合时，所需要的磁感应强度 B.
8. 铊原子气体在 $^2P_{1/2}$ 状态. 当磁铁调到 B=0.2Wb/m^2 时，观察到顺磁共振现象. 问微波发生器的频率多大？
9. 钾原子在 B=0.3Wb/m^2 的磁场中，当交变电磁场的频率为 8.4×10^9Hz 时观察到顺磁共振. 试计算朗德因子 g，并指出钾原子处在何种状态.
10. 查阅文献了解哪些外场对原子能级有影响.
11. 在施特恩–格拉赫实验中，接收屏上原子束为 $2J+1$ 条，在塞曼效应中，塞曼磁能级分为 $2J+1$ 层，二者是不同的实验事实，但在本质上又有何相同之处？

第 7 章

X 射 线

X 射线又名伦琴(W.K.Röntgen)射线，1895 年由伦琴发现，当时他把这种未曾被人们了解的射线命名为 X 射线. 后来才证实，这种射线实际上是核外电子产生的短波电磁辐射，它在人们所了解的整个电磁辐射波段中的地位如图 7-1 所示.

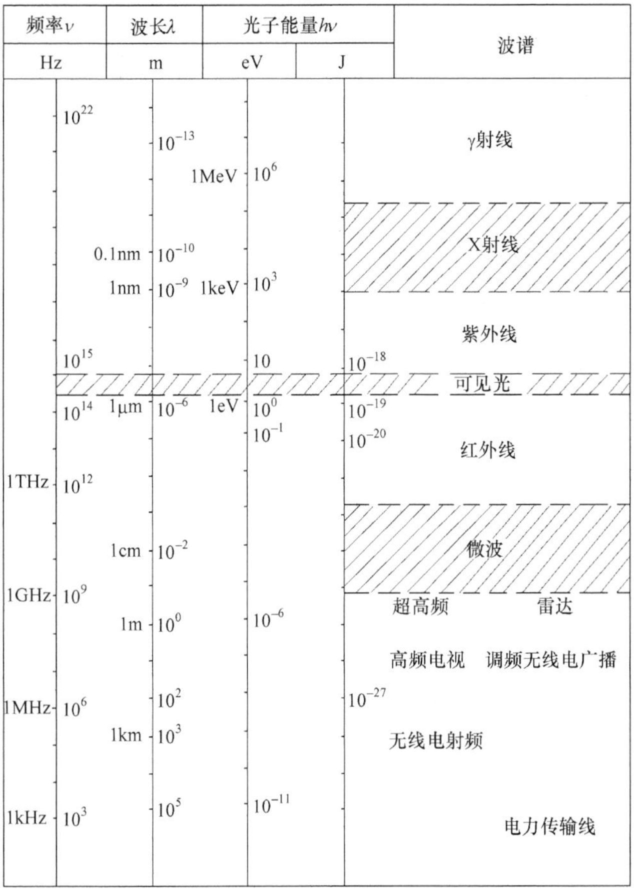

图 7-1　电磁波谱

波长一般在 0.01～10Å 或更长一点的电磁波叫 X 射线. 它能使某些物质发荧光，可使照片感光，气体电离，能透过一般光线不能透过的物体. 一般 $\lambda > 1$Å 的 X 射线，常称为软 X 射线；$\lambda < 1$Å 的 X 射线，常称为硬 X 射线. 以前我们讨论的原子组态通常是最外层电子(价电子)的组态，本章分析的 X 射线将涉及原子内壳层电子的能态.

7.1 X 射线的产生及波长和强度的测量

7.1.1 X 射线的产生

X 射线一般是用快速电子打击在物体上产生的. 产生 X 射线的 X 射线管，结构是多种多样的，一种常见的 X 射线管如图 7-2 所示. 当年伦琴发现 X 射线使用的装置与此类似. 管内有两个电极，电极 K 是阴极，A 是阳极. 管内的压强为 10^{-6}～10^{-8}mmHg(1mmHg =1torr =133.3Pa)，因此，由旁热式加热的阴极 K 发射的电子在电场作用下就几乎无阻挡地飞向阳极 A. 电子打在阳极上就产生 X 射线. 阳极，又称靶子，可用钨、钼、铂等重金属制成，也可用铬、铁、铜等轻金属制成，这完全由 X 射线管的具体用途而定. 在阴极和阳极之间加上高电压，一般是几万伏到几十万伏，甚至更高，它使飞向阳极运动的电子加速. 调节电压，可以改变轰击阳极的电子的能量. 1895 年，伦琴只使用了几千伏的电压，因此电子的能量比较低，由此产生的是软 X 射线.

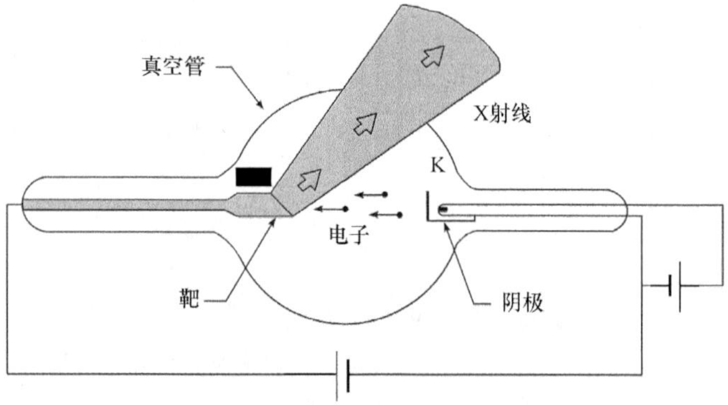

图 7-2 X 射线管示意图

7.1.2 X 射线波长和强度的测量

1. 利用 X 射线在晶体中的衍射测定 X 射线波长

我们知道一束射线射入晶体而发生衍射时，当布拉格公式

$$2d\sin\theta = n\lambda, \quad n = 1,2,3,\cdots \tag{7-1}$$

满足时，出射射线将加强；θ 是入射射线和晶体衍射平面的夹角，即掠射角；d 是晶面间距，如图 7-3 所示. 若已知晶体的 d，并且测得出射加强的角度 θ，即可算出 X 射线的波长 λ. 但注意，晶体中的原子可以构成很多组方向不同的晶面(对这些不同的晶面 d 不同，且在不同晶面上原子数密度也不同)，参见图 7-4. 所以一束入射 X 射线可能从不同方向射出衍射后的射线.

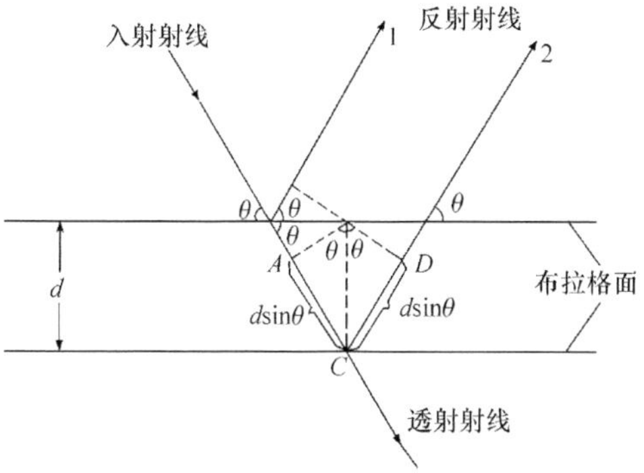

图 7-3 布拉格公式的推导

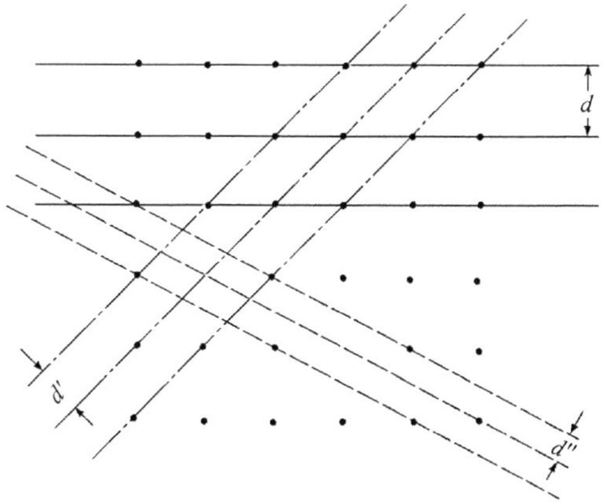

图 7-4 晶体中不同方向的平行晶面

2. 测定 X 射线波长的实验装置

下面说明怎样利用上述原理来测量射线的波长. 图 7-5(a)是 X 射线摄谱仪，晶体 C 采用晶体容易裂开的晶面(此表面一定和晶体内部一组晶面平行)，且只让 C 露出这样一组晶面来接收射来的射线，左右及后面用铅片挡住，以阻挡由于其他晶面上的衍射的射线出射. 晶面间距 d 可从晶体结构算出. P 是照相软片，围成圆弧形，圆心在晶体所在处，半径为 R. 当 X 射线射到晶体 C 上，如果把晶体慢慢旋转，使 θ 角变动，可能转到某一角度时，射线中某一波长 λ 刚好满足式(7-1)的关系，这时就有一道射线从晶体射到相片上，如图 7-5(a)中的 A 处. 入射的射线和反射的射线都同晶体表面成等角. 把晶体来回转动多次，每次都经过合适的 θ，那么射线就会多次射在相片的同一处，显像后这里就有一条谱线. 图中的 O 是射线直接射在相片上的位置，$2\theta = \widehat{AO}/R$，或 $\widehat{A'A}/R = 4\theta$，所以

$$\lambda = \frac{2d\sin\theta}{n} \tag{7-2}$$

式中，n 是整数，对同一 λ 和同一 d，n 和 $\sin\theta$ 成正比. 如果观察到有几个 θ，而其正弦又成整倍数的关系，就可认出对应于各个 θ 的 n 值了. 又如果我们使角度 θ 从零逐渐增加，对某一波长来说，第一次出现谱线的那个 θ 就对应于 n 等于 1. 相片上谱线的深浅在适当曝光的范围内与射线的强度呈线性关系. 所以用相片也可确定 X 射线的相对强度.

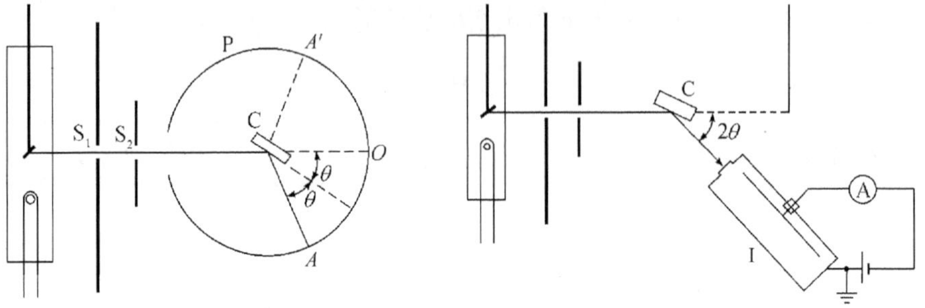

（a）X 射线摄谱仪示意图　（b）X 射线测谱计示意图

图 7-5　X 射线波长测量装置示意图

X 射线测谱计：用电离室 I 代替相片 P 作记录. 仪器装置的示意如图 7-5(b) 所示. 电离室 I 妥善备制可以做到电离电流与射线强度成正比，从而可准确测量射线强度. 晶体 C 和电离室 I 分别装置在有刻度盘的支架上，它们可以各自绕着通过晶体的一个轴转动. 起始时晶体 C 与射线成直线，然后将 C 转过一个小角 $\Delta\theta$，电离室 I 转 $2\Delta\theta$，以保持入射角等于散射角. 记下刻度盘的读数和电离电流，当达到某角度 $\Delta\theta$ 时，电离电流突然增强，即衍射加强公式满足. 将 $\Delta\theta$ 代入式(7-2)可求得波长 λ，而电离电流强度代表此波长射线的强度.

7.1.3　X 射线在晶体中衍射的应用

事实上，晶格中的原子可以构成很多组方向不同的平行面，对这些不同的平行面来说 d 是不同的，且不同平行晶面上，原子数的密度也是不一样的，故测得的反射线强度有差异，反之如果射线经衍射向某方向出射加强，就一定有与此衍射射线相对应的一组晶面，这组晶面与入射射线和出射射线成等角. 在测定 X 射线波长时，我们一般是取一已知 d 的标准晶体来测量 X 射线的波长. 反过来如果我们用已知波长的 X 射线，就可测量衍射晶体的晶格常数 d. 对于 d 和 λ 这两个量，只要知其一，便可知其二. 这正是 X 射线在晶体中衍射应用的理论依据.

1. *劳厄相片法*

1912 年，弗里德里克斯和厄平在劳厄的建议下，利用 X 射线管产生的连续波长的 X 射线对单晶做了衍射实验. 实验的示意图如图 7-6 所示. 对蓝宝石单晶的实验结果，如图 7-7 所示，图中的每一个亮点称为劳厄斑点，对应一组晶面，且斑点的位置反映了晶面的方向. 因此由这样一张相片可推断晶体的结构.

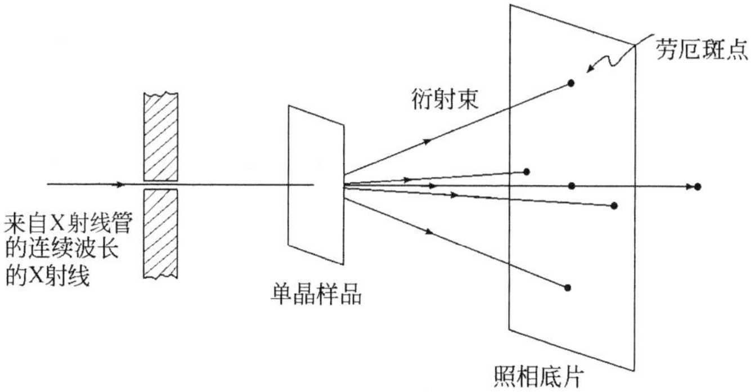

图 7-6　劳厄相片法的实验示意图

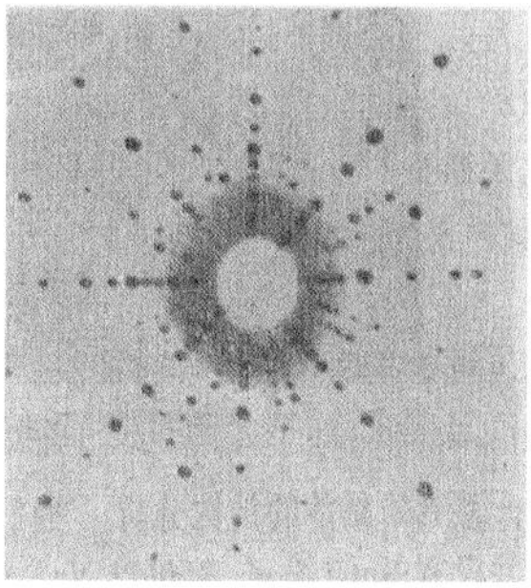

图 7-7　蓝宝石(Al_2O_3)单晶的劳厄照片

布拉格公式对劳厄的结果作了正确的解释. 对单晶，满足布拉格公式并不是很容易的，但是，幸运的是，劳厄等人采用了具有连续波长的 X 射线，因而在 1912 年首次显示了晶体结构的美丽图案.

2. 多晶粉末法

多晶粉末法，比劳厄相片法更常用，是德拜和谢勒首先发明的. 图 7-8 所示为实验装置示意图，图 7-9 所示为利用氧化锆粉末得到的衍射照片. 它的好处是不必用单晶，样品的备制大为简化. 它一般使用单色 X 射线，此时，相片上的每一个同心圆对应一组晶面，不同的环代表不同的晶面阵，环的强弱反映了晶面上原子的密度大小. 只要测定圆环所对应的角度，由布拉格公式可求出 d，从而推断晶体的结构. 由于分析比较方便，这一方法在工业生产上得到了极为广泛的应用.

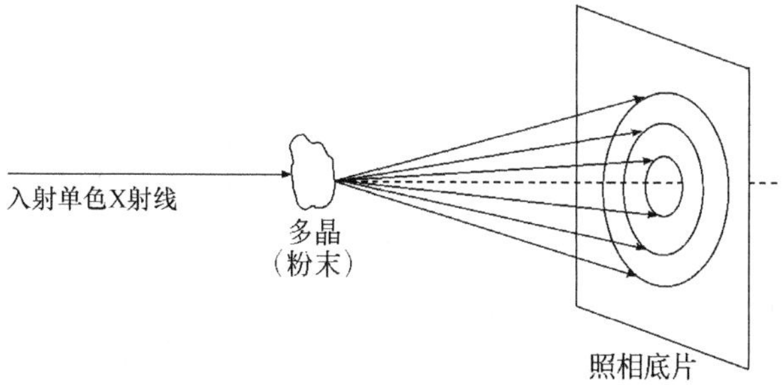

图 7-8　多晶粉末法实验示意图

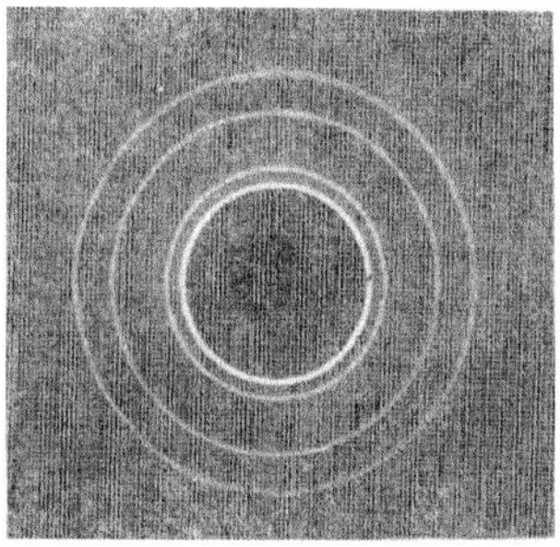

图 7-9　X 射线在多晶上的衍射

7.2　X 射线发射谱及特征

7.2.1　X 射线的发射谱

用 7.1 节讲述的方法可以把产生的 X 射线记录在相片上，或绘出电离电流对 θ 角的变化关系曲线，即 X 射线发射谱，也即 X 射线的波长与强度的关系图，如图 7-10 所示. 由图 7-10 可见 X 射线发射谱是由两部分构成的：一部分是波长连续变化的谱，称为连续谱，它的最小波长只与外加电压有关；另一部分是具有分立波长的谱线，称为标识谱，又叫特征谱. 标识谱重叠于连续谱之上，如同山丘上的宝塔.

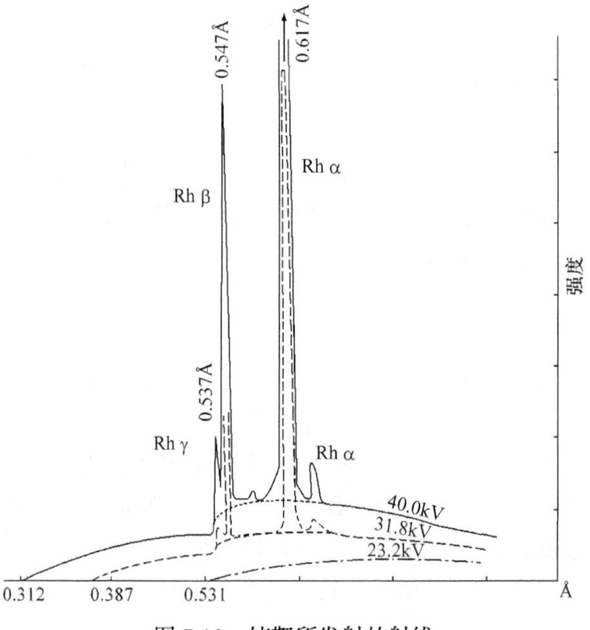

图 7-10　铑靶所发射的射线

图中显示 K 系标识谱和连续谱

7.2.2　连续谱——轫致辐射

对于连续谱的由来我们不难理解，由电动力学可知，带电粒子在加速(或减速)时，必伴随着电磁辐射，而当带电粒子与原子(原子核)相碰，发生骤然减速时，由此伴随产生的辐射叫轫致辐射(此时电子的动能转化为辐射能)，又叫刹车辐射. 对 X 射线，由于带电粒子到达靶子时，在靶核的库仑场的作用下带电粒子的速度连续变化，因此所辐射的 X 射线就具有连续谱的性质(即电子可进入靶内到达不同深度，能量损失连续).

实验表明，连续谱有最小波长 λ_{min}(或最高频率 ν_{max})，它只依赖于外加电压 V，与材料无关(即与 Z 无关). 杜安(W.Duane)和亨特(P.Hunt)从分析大量的实验事实得到其关系为

$$\lambda_{min}=1.24/V\,(\text{nm}) \tag{7-3}$$

式中，V 是外加电压，以 kV 为单位. 这一事实用经典物理不能给出解释.

这可用光量子说给予解释，电子加速获得动能 eV，若被停止，则其动能就转化为辐射能. 所以由此发射的光子可具有的最大能量显然为

$$eV=h\nu_{max}=hc/\lambda_{min}$$

故

$$\lambda_{min}=hc/eV=1.24/V\,(\text{nm}) \tag{7-4}$$

与式(7-3)完全一致. 这样，一个原来是纯经验的关系式，不能为经典理论所说明(经典电磁学认为，任何短的波长均可发射)，却被量子论很好地解释了. λ_{min} 称为量子极限，它的存在是量子理论正确性的又一证明.

因为 V 和 λ_{min} 均可由实验测定，所以式(7-4)可用于准确测量普朗克常量 h. 第一次用这种方法测量的是杜安和亨特(1915 年)，测定的 h 值与光电效应测定的 h 值完全一致，从而进一步说明了普朗克常量的普适性.

7.2.3　标识辐射的特征

X 射线特征谱是巴拉克于 1906 年发现的. 他观察到连续谱上出现一系列分立谱线，并用 K、L、M……字母标识，因为特征谱的发现，使他获 1917 年的诺贝尔物理奖.

标识谱是线状谱，叠加在连续谱之上，如高耸的山丘上的高塔. 各元素的标识谱线有相似的结构，只是波长各不相同. 每一种元素有一套一定波长的标识谱，成为该元素的标识，如同人的指纹作为人的特征一样，所以标识谱被用来作为元素的标识，可看作是元素的“指纹”，可作为分析元素的工具.

任何元素的标识谱，都包含若干多个线系，其位置与外加电压 V 无关. 按波长排列为

$$\text{K, L, M, N}\cdots\cdots\text{系} \xrightarrow{\qquad\qquad} \lambda$$

K 系中

$$\text{K}_\varepsilon,\ \text{K}_\gamma,\ \text{K}_\beta,\ \text{K}_\alpha,\ (\text{K}_{\alpha1},\ \text{K}_{\alpha2}) \xrightarrow{\qquad\qquad} \lambda$$

波长最短的一组称为 K 线系，这个线系一般可以观察到三条谱线，称为 K_α、K_β、K_γ. K_α 最强，它的波长最长，实际由两条线组成，分别称为 $K_{\alpha1}$ 和 $K_{\alpha2}$. K_γ 线最弱，它的波长最短. 比 K 线系的波长更长一些、谱线也较多的一组称为 L 线系. 波长

更长的还有 M 线系和 N 线系等.

经研究从铝→金共 38 种元素的标识谱的 K 线系，莫塞莱发现：

(1) 各元素的 K 线系有相似结构，只是 λ 不同，若把各元素的 X 射线谱的相片按原子序数上下排列，将相同 λ 的位置对齐会看到谱线依次位移，如图 7-11 所示.

(2) 将各元素的 X 射线的波数用里德伯常量除，再取其平方根，即 $\sqrt{\dfrac{\tilde{\nu}}{R}}$，对原子序数 Z 作标绘，得到差不多呈线性关系的曲线，如图 7-12 所示.

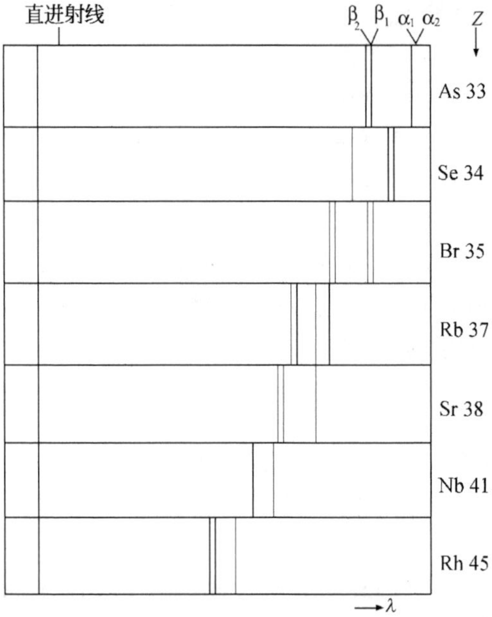

图 7-11　几种元素的 K 线系谱，按原子序数的次序上下排列

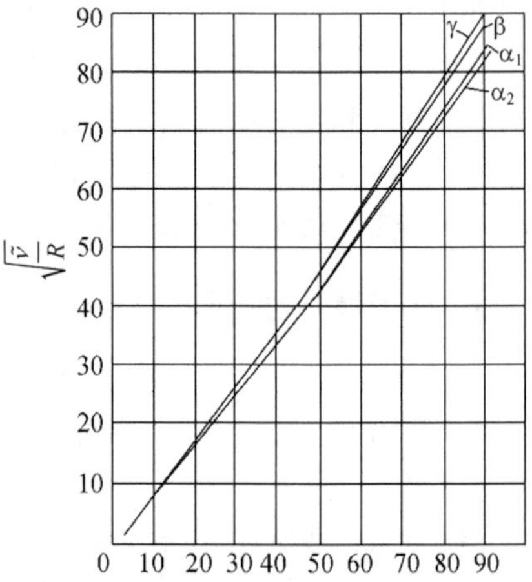

图 7-12　X 射线 K 线系的莫塞莱图

各元素的标识谱波数的平方根与原子序数 Z 呈近似线性关系，这一规律称为莫塞莱定律. 对 K_α 线莫塞莱给出了经验公式

$$\tilde{\nu}_{k\alpha} = R(Z-1)^2\left(\frac{1}{1^2}-\frac{1}{2^2}\right) \tag{7-5}$$

后人对 L 线系研究后发现，莫塞莱定律也成立，对 $L_{\beta 1}$ 有如下关系：

$$\tilde{\nu}_{L\beta 1} = R(Z-7.4)^2\left(\frac{1}{2^2}-\frac{1}{3^2}\right) \tag{7-6a}$$

一般可表示为

$$\tilde{\nu} = R(Z-b)^2\left(\frac{1}{m^2}-\frac{1}{n^2}\right),\quad n>m \tag{7-6b}$$

莫塞莱定律第一次提供了精确测量原子序数 Z 的方法，历史上正是使用它定出了元素的 Z，并纠正了 $_{27}Co$ 与 $_{28}Ni$ 在周期表中的次序，指出了 Z=43,61,75 这 3 个元素在周期表中的位置.

由实验人们已经知道，不同元素的标识谱，不显示周期性的变化，而且与元素的化合状态基本无关.

由此我们得到，X 射线的标识谱是靶子中的原子发出的. 从它不显示周期性的变化、同化学成分无关和光子能量很大来看，可以推知这是原子内层电子跃迁所发出的. 各元素原子的内层电子填满后，壳层的结构是相同的，所不同的只是对应于各壳层能级的数值. 周期性的变化和化学性质是外层电子的问题. X 射线标识谱，不显现出这些情况，足见是内层电子所发出的.

关于各线系的谱线怎样由内层电子发射的问题已经研究清楚. 我们现在知道 K 线系是最内层(n=1)以外的各壳层电子跃迁到最内层而产生，其中 K_α 线是第二层(n=2)的电子跃迁到最内层(n=1)时所发射的，K_β 线是第三层(n=3)的电子跃迁到最内层(n=1)时所发射的，K_γ 线是第四层(n=4)电子跃迁到最内层(n=1)时所发射的；L 线系是 n=2 以外的各壳层电子跃迁到 n=2 壳层而产生；M 线系是 n=3 以外的各壳层电子跃迁到 n=3 壳层而产生. 其余各线在此就不再详细叙述了.

总之，标识谱反映了原子内壳层结构的情况，谱线的波长代表能级的间隔，谱线的精细结构显示了能级的精细结构，是研究原子结构问题的有力武器.

7.3　原子内壳层电子电离的能级——X 射线标识谱产生机制

7.3.1　产生标识辐射的先决条件

X 射线标识谱来源于内层电子的跃迁，但内层电子是填满的，根据泡利不相容原理，不能再加电子，所以要产生标识谱线必须要先产生空穴，这是产生标识辐射的先决条件. 例如，电子要跃迁到 n=1 壳层，则该壳层必须先有一个空穴，即产生 K 线系的条件是最内层有空位. 产生空穴的方法可以有各种各样，高能电子束、质子束、X 射线等均可作为轰击原子内层电子的炮弹，使内层电子电离，也可以由吸收能量足够高的光子来实现.

由此可见，要产生 X 射线的标识谱，就需要把原子内层电子电离出去，使原子处于电离态. 把原子各层电子电离出去所需要的能量是不同的，使最内层的电子电离需要供给原子的能量最大，其次是第二壳层……所以最内层一个电子电离后的电离态的能级最高，其次是第二层一个电子电离的电离态的能级，依此类推. 镉原子各壳层电离一个电子后形成的电离态能级如图 7-13 所示.

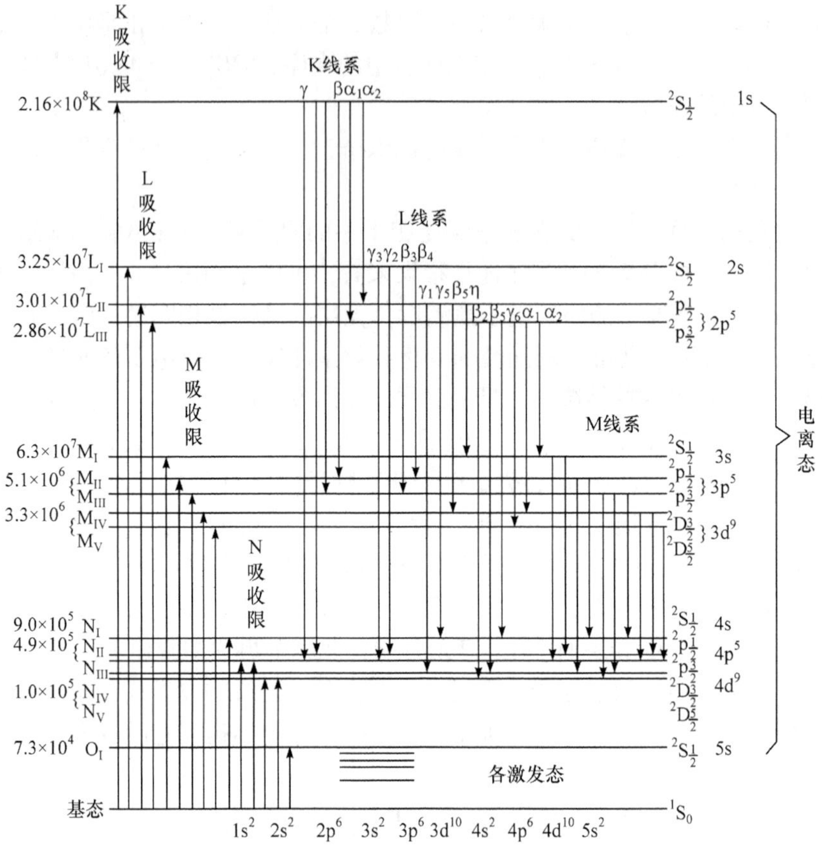

图 7-13 镉原子 X 射线能级图

镉原子在基态时，外层电子组态是 5s5s，原子基态是 $^1S_0$，其他原子外层电子的情况各不相同，但内层电子电离后形成的能级是相似的，只是能级的数值不同. 所以各原子电离能级有共同的情况，而且内层电子电离后形成的原子态是满壳层缺少一个电子所形成的，与该壳层中具有一个电子形成的原子态相同.

X 射线的术语中将 K、L、M、N、O……层的电子分别叫 K 电子、L 电子、M 电子、N 电子、O 电子……，图 7-13 中，左边的数字表示镉的各电离态能级相对于基态的高度，是以 cm^{-1} 为单位的. 注意：L 能级距离基态差不多只有 K 能级距离基态的 1/10，M 能级差不多只有 K 能级的 1/100，N 能级差不多只有 K 能级的 1/1000. 图 7-13 上能级的间隔不是按比例画的.

与 X 射线能级有关的理论公式(即原子各壳层电离一个电子后形成的电离态的能级公式)，先由索末菲按轨道理论推得，后来戈登用量子力学方法也获得了同样的结论. 下面是他们推得的对应各能级的谱项公式：

$$T_n=\frac{R(z-\sigma)^2}{n^2}+\frac{R\alpha^2(z-s)^4}{n^4}\left(\frac{n}{k}-\frac{3}{4}\right)+\frac{R\alpha^4(z-s)^6}{n^6}\left(\frac{n^3}{4k^3}+\frac{3n^2}{4k^2}-\frac{3n}{2k}+\frac{5}{8}\right)+\cdots \tag{7-7}$$

式中，$k=J+1/2$，J是总角动量量子数. 修正值 σ 和 s 可由实验的能级数值推算.

7.3.2　X 射线标识谱产生机制和标识谱的标记方法

产生空穴后，较外层的电子立即自发地来填充这个空穴，同时释放多余的能量——辐射 X 射线(释放能量的方式之一)，且空穴产生后，接下去发生的现象与外界毫无关系，完全决定于元素本身. 当电子跃迁的终态为 K、L、M、N……壳层时所发射的 X 射线，分别称 K 线系、L 线系……

能级间的跃迁遵守的选择定则为

$$\Delta L=\pm 1,\ \Delta J=0, \pm 1 \tag{7-8}$$

所以 X 射线标识谱可表示为

K 线系：　$\tilde{\nu}=1^2\mathrm{S}_{1/2}-n^2\mathrm{P}_{1/2,3/2}$ (n=2, 3, 4,…)双线.

$\mathrm{L_I}$线系：　$\tilde{\nu}=2^2\mathrm{S}_{1/2}-n^2\mathrm{P}_{1/2,3/2}$ (n=3, 4,…)双线.

$\mathrm{L_{II}}$线系：　$\tilde{\nu}=2^2\mathrm{P}_{1/2}-n^2\mathrm{S}_{1/2},n^2\mathrm{D}_{3/2}$ (n=3, 4,…)双线，或 $\tilde{\nu}=2^2\mathrm{P}_{1/2,3/2}-n^2\mathrm{S}_{1/2}$.

$\mathrm{L_{III}}$线系：　$\tilde{\nu}=2^2\mathrm{P}_{3/2}-n^2\mathrm{S}_{1/2},n^2\mathrm{D}_{3/2,5/2}$ (n=3,4,…)三线，或 $\tilde{\nu}=2^2\mathrm{P}_{1/2}-n^2\mathrm{D}_{3/2}$，$\tilde{\nu}=2^2\mathrm{P}_{3/2}-n^2\mathrm{D}_{3/2,5/2}$.

7.3.3　俄歇电子

原子内壳层中产生空穴后，另一种释放能量的途径是释放俄歇电子. 例如，设 K 壳层有一个空穴，当 L 壳层的一个电子跃迁到 K 层时，多余的能量可以释放 X 射线，也可以不释放 X 射线，而是把能量传递给另一壳层(如 M 壳层)中的一个电子，此电子就可以脱离原子核而电离，被称为俄歇电子，如图 7-14 所示. 俄歇电子的动能为 $E_{\mathrm{ke}}=\varepsilon_{\mathrm{K}}-\varepsilon_{\mathrm{L}}-\varepsilon_{\mathrm{M}}$($\varepsilon_{\mathrm{K}}$、$\varepsilon_{\mathrm{L}}$、$\varepsilon_{\mathrm{M}}$ 分别为 K、L、M 层电子的结合能)，完全决定于元素的本性. 所以对俄歇电子的测量也可作为元素分析的手段.

定义：K 壳层的荧光产额 $\omega_{\mathrm{K}}\equiv\dfrac{\text{KX射线数}}{\text{K空穴数}}$，它表明原子中 K 壳层有了空穴后产生 KX 射线的概率. 若 ω_{K}=90%，则表明 100 个具有 K 空穴的原子约有 90 个释放 X 射线，10 个释放俄歇电子. 类似地，可定义 ω_{L}、ω_{M}……这些壳层的荧光产额完全由元素本性决定，一般情况下，轻元素的 ω 小，重元素的 ω 大，ω 大则发射 X 射线的概率大.

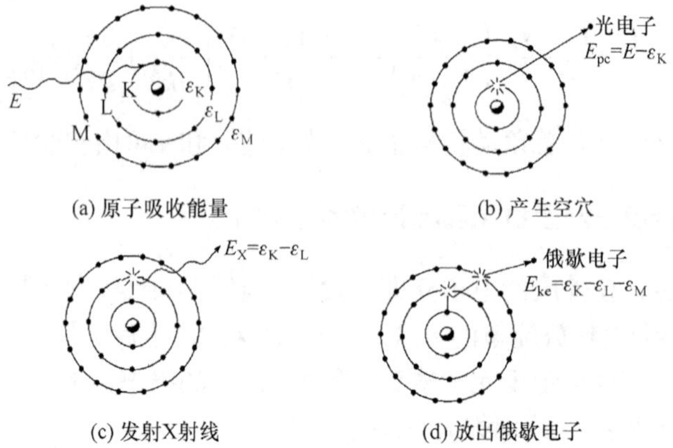

图 7-14 产生空穴(a)、(b)后的两个过程(c)或(d)

7.4 X 射线的吸收

X 射线通过物质时，由于它与物质的相互作用，强度要减弱——这就是 X 射线的吸收.

7.4.1 光子与物质的相互作用

光子与物质相互作用的形式主要有：

(1) 光电效应——光子与束缚电子的相互作用表现为光子被物质吸收，有电子电离或有光电子出射.

(2) 康普顿散射——光子与自由电子的散射(光子改变方向).

(3) 电子对效应——当光子的能量大于电子的静止能量的 2 倍时(1.02MeV)，光子在原子核附近转化为一对正负电子对.

三种效应到底哪一种重要，这是随吸收体的不同而不同，也随入射光子能量的不同而不同，大致情况如图 7-15 所示. 显然对 X 射线能量低于几百 keV，所以它的主要贡献是(1)和(2)两种效应.

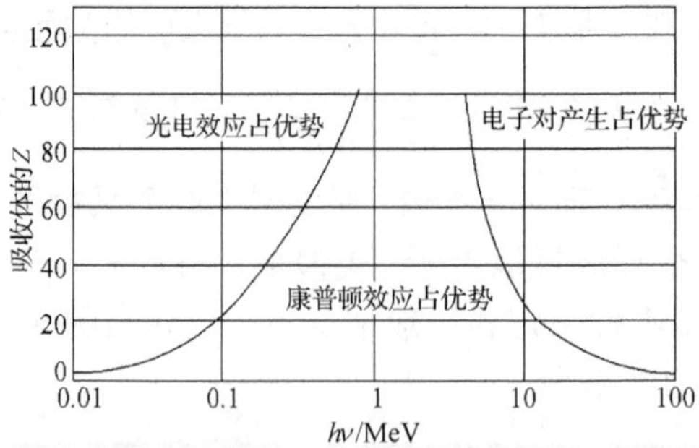

图 7-15 光子与物质间三种主要相互作用的相对重要性

7.4.2　X 射线的吸收

实验表明，X 射线经过吸收体后强度变化服从指数衰减规律

$$I = I_0 e^{-\mu x} \tag{7-9}$$

式中，I_0 为入射 X 射线的强度；x 为吸收体的厚度；μ 为衰减常数，取决于吸收材料，表示该材料吸收本领的大小. 为研究 μ 的物理意义我们改写上式：

$$\mu = -\mathrm{d}I/(I\mathrm{d}x) \tag{7-10}$$

可见 μ 又表示射线经过单位厚度的吸收物质后强度减弱的百分比. 因为 X 射线的减弱作用是吸收和散射两种过程的联合效果，所以

$$\mu = \tau + \sigma \tag{7-11}$$

式中，τ 为吸收系数；σ 为散射系数，单位为 m^{-1}.

实际应用中常使用质量厚度 ρx 表示吸收体的厚度(ρ 是材料密度)，则式(7-9)可改写为

$$I = I_0 e^{-(\mu/\rho)\rho x} \tag{7-12}$$

式中，μ/ρ 称为质量衰减常数，单位是 m^2/kg，表示射线经过单位面积且具有单位质量的一层物质后强度减弱的百分数. 由式(7-11)有

$$\mu/\rho = \tau/\rho + \sigma/\rho$$

式中，τ/ρ 为质量吸收系数；σ/ρ 为质量散射系数.

从某种意义上说 μ/ρ 比 μ 更基本，因为 μ/ρ 的数值不再依赖于吸收体的物理状态(气、液、固)，更能反映吸收体的本质，给测量工作带来方便.

因为吸收是一种原子过程，把吸收过程与原子联系起来会更有理论意义. 所以用单位厚度和单位截面中的原子数去除各系数可分别得到原子衰减常数、原子吸收系数和原子散射系数

$$\mu_a = \mu A/\rho N_0，\ \tau_a = \tau A/\rho N_0，\ \sigma_a = \sigma A/\rho N_0 \tag{7-13}$$

式中，ρ/A 为单位体积中的摩尔数；A 为原子质量数；N_0 为阿伏伽德罗常量. 它们分别表示射线经过单位截面只有一个原子那样一层吸收物后强度被减弱、被吸收或散射的百分比.

7.4.3　吸收限

实验表明，吸收体的吸收系数随 X 光子的能量的增加而减小，且与吸收物的原子序数有关系. 从实验可准确证明如下关系式：

$$\tau_a = CZ^4\lambda^3 \tag{7-14}$$

C 在一定波长范围内是一个常数. 此关系也可从理论上推得. 使用质量吸收系数，上式可表示为

$$\tau / \rho = \tau_a N_0 / A = CZ^4 \lambda^3 N_0 / A = C'Z^4 \lambda^3 / A \tag{7-15}$$

由实验测出某种物体对不同波长的射线的质量吸收系数，并对波长作标绘，可得 τ/ρ-λ 关系曲线，如图 7-16 所示. 在图中我们可以看到：①吸收系数一般随波长的减少而降低，这就是说，波长较短的射线的贯穿本领高；②当光子的波长减到某些数值时，吸收系数突然增加，然后再逐渐降低.

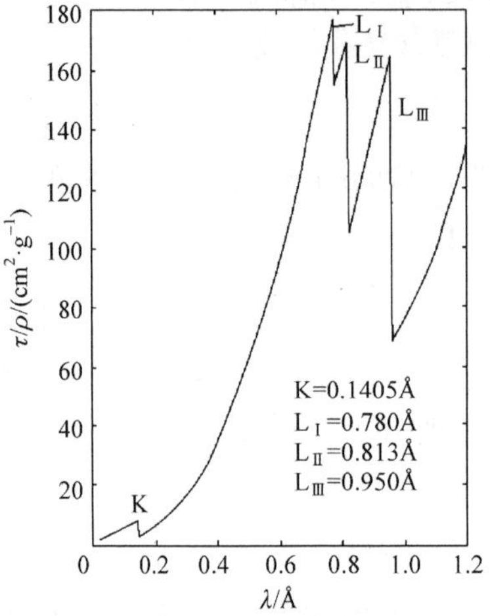

图 7-16　铅的质量吸收系数随波长的变化

吸收限：吸收系数随波长 λ 变化时，吸收系数突然增加处叫吸收限(或称为共振吸收). 实际中常作出

$$(\tau/\rho)^{1/3}=(C'/A)^{1/3}Z^{4/3}\lambda \tag{7-16}$$

关系曲线，是直线，如图 7-17 所示. 对同一种元素在两个吸收限之间曲线斜率等于常数，在一个吸收限的两边斜率各不相同. 因为一般 X 射线的吸收主要是吸收体中原子的电子吸收入射光子能量而发生电离. 所以吸收限的产生表明入射光子的能量已经达到一个数值，刚好能使吸收体的原子吸收它时发生一个电子的电离. K 吸收限表明入射光子的能量足以使一个 1s 电子电离；L_{I} 吸收限表明入射光子的能量足以使一个 2s 电子电离；L_{II}、L_{III} 分别表示入射光子的能量足以使一个 $2P_{1/2}$、$2P_{3/2}$ 电子电离，等等. 所以各吸收限分别代表了吸收体原子各壳层有一个电子电离时需要吸收的能量. 吸收能量后，使原子从基态跃迁到各壳层的电离态. 因此吸收限对应于基态能级与各电离能级之间的跃迁. 另外由吸收限，还可求得吸收物标识谱的波数，例如，$K_{\alpha1}$ 特征线是 K 壳层电离能级和 L_{III} 壳层电离能级之间的跃迁所产生的，所以波数等于 K_α 吸收限和 L_{III} 吸收限对应的能量之差. 这样，这些实验数据可以相互核对. 吸收限的出现也再一次

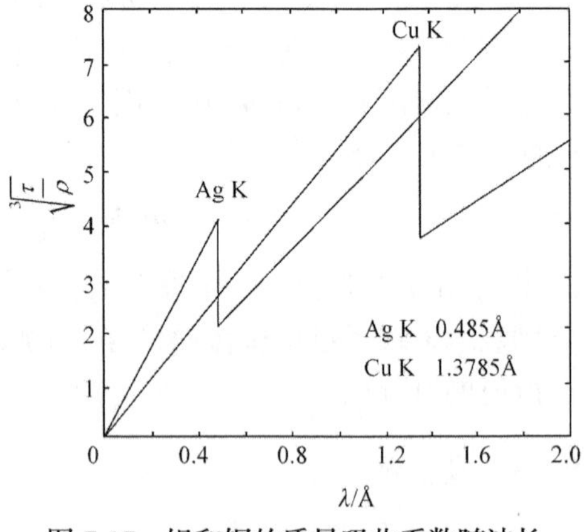

图 7-17　银和铜的质量吸收系数随波长的变化

有力地证实了原子中电子壳层结构的实在性.

7.4.4　X 射线吸收过程的应用

吸收限的存在为实际测量和应用带来了很大的好处. 下面我们举几个应用的例子.

1. 过滤片

对某特定元素，产生 K 系 X 射线的阈能总是大于该元素本身的 K 系 X 射线的能量，产生 K 系 X 射线的阈能就是产生 K 空穴所需的能量，也就是 K 吸收限对应的能量. 也是从 n=1 壳层移去一个电子所需能量. 而 K 系 X 射线的能量是电子从 $n \geqslant 2$ 壳层跃迁到 n=1 壳层的能量差值. 所以在某特定元素的 τ/ρ-λ 关系图中，K 系 X 射线的能量位置总在 K 吸收限的右边，紧靠 K 吸收限，所以相应的吸收系数较小. 根据此原理，对某元素产生的 X 射线，我们可用一块该元素制成的薄片(过滤片)，让 X 射线容易通过，而吸收掉其他杂散的射线，或阻挡掉韧致辐射的本底，从而减少其他元素引起的干扰.

图 7-18 所示为用钼阳极制成的 X 射线管所产生的 X 射线在通过 127μm 厚的钼片后，透射率 I/I_0 对 X 射线能量 E 的曲线图. 透射率由下式决定：

$$I/I_0=\exp[-\mu(E)\rho x] \tag{7-17}$$

式中，$\mu(E)$是过滤片(钼片)的质量吸收系数，它是 X 射线能量的函数；ρ 是钼的密度；x(=127μm)是钼的厚度. 由图 7-18 可见，钼(阳极)产生的 K_α 和 K_β 射线可以顺利通过过滤片，而低能或能量比 K 系 X 射线略高的韧致辐射本底谱，将受到很大

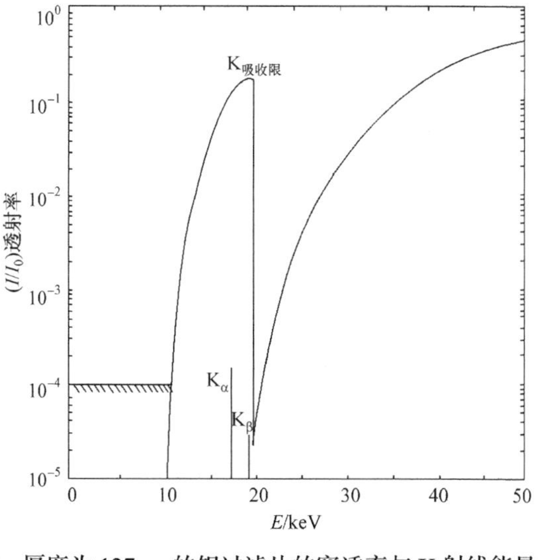

图 7-18　厚度为 127μm 的钼过滤片的穿透率与 X 射线能量的关系

K_α 和 K_β 是钼的标识 K 系 X 射线的能量，水平斜线代表探测器的极限

阻挡. 过滤片的“通带”(又称“窗”)是很窄的. 对于产生 X 射线的阈能在 6～13keV 的一些痕量元素，用经过钼过滤片的钼 X 射线去激发，将是非常有效的，其他元素引起的干扰将非常小.

2. 谱线的分辨率

例如，黄铜是铜和锌的混合物，当射线打在黄铜上时，铜和锌原子都有可能产生特征 X 射线，由于铜和锌的特征 K_α 射线波长相差极微，各为 0.1539nm 和 0.1434nm，所以当要求分析两者的成分时就必须设法选出铜和锌中的一条谱线，用适当的过滤片可达到此目的. 图 7-19 表示镍的 K 吸收限对应的波长为 0.1489nm，正好介于锌与铜两条 K_α 射线之间. 镍对铜的 K_α 的质量吸收系数为 $48cm^2/g$，对锌的为 $325cm^2/g$. 这意味着经过一层镍后，从锌中射出的 K_α X 射线被吸收的可能性大大超过从铜中出射的 K_α X 射线的吸收. 依据此特点，实验中选用镍作为过滤片.

例如，选用一块质量厚度为 $8.33mg/cm^3$ 的镍片(厚 9.4μm，ρ=$8.9g/cm^3$)，放在探测器前面. 这样，若原来黄铜中从铜和锌射出的两种 K_α X 射线的强度比为 1∶1，在放了镍片后，两者出射强度之比就为 10∶1 了. 从而滤掉了大部分来自锌的 K_α X 射线，测到的主要是铜的 K_α X 射线，这巧妙地解决了谱线的分辨问题，给分析工作带来方便.

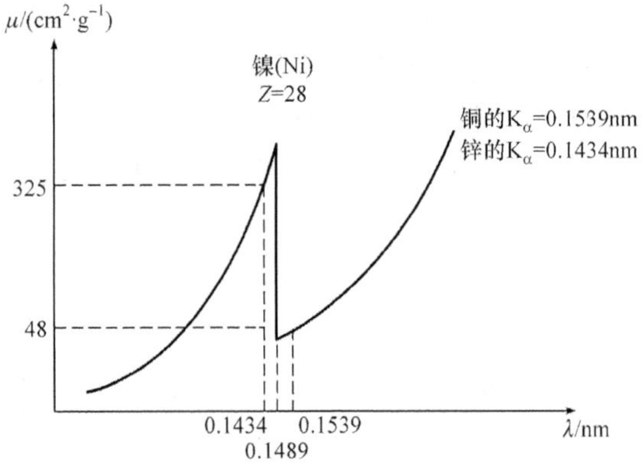

图 7-19　镍片对铜、锌的 K_α X 射线的不同吸收

3. 同步辐射在心血管造影术上的应用

传统的心血管造影是在人的血管中注入造影剂碘(^{131}I)，因它对 X 射线的吸收要比肌肉、骨骼等的吸收强得多(图 7-20)，于是在 X 射线照射下，一旦血管有阻塞，在那里就能被显示出来，但是由于普通 X 射线强度较弱，为了在局部病变处有足够浓度的碘，目前的方法是将一根直径为零点几毫米的导管直接插入人体股动脉；一直推进到病变处，然后注入足够浓度的碘造影剂，在造影剂未散开前立即进行 X 射线造影. 这个过程相当复杂，病人较痛苦，且有一定危险性. 有了同

步辐射光源后，利用它的高功率和光子能量的可调性的特点，以及巧妙利用碘对X射线的K吸收边(33.16keV处)(见图7-20)，科学家发明了新的造影术——双色数值减除造影术，既安全，灵敏度又高.

新造影术的基本原理如下：就是在很短的时间内，利用两种能量(即两种波长)的同步辐射光进行两次造影. 其中一个能量 E_1 略低于 K 吸收边，因此吸收系数小；另一个能量 E_2 略高于 K 吸收边，则吸收系数比前面的要大得多. 然后，将两次测量结果输入计算机进行数值化，并进行相减处理. 显然，通过相减，可将肌肉和骨骼的影响几乎全部消除，剩下的仅是碘对 X 射线吸收的贡献. 可见，这种相减法对碘的吸收特别灵敏，因此，碘只要通过静脉注射入血管，在全身扩散后，尽管浓度大大下降，但利用上述新的心血管造影术完全可以将碘的吸收反映出来，达到造影的目的.

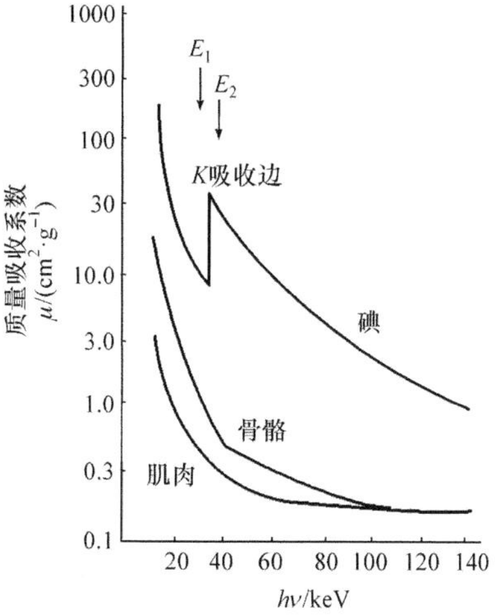

图 7-20 碘、骨骼和肌肉对 X 射线的吸收

习题与思考题

1. 某 X 射线机的高压为 10^5V，问发射光子的最大能量为多大？算出发射 X 射线的最短波长.
2. 利用普通光学反射光栅可以测定 X 射线波长. 当掠射角为 θ 而出现 n 级极大之出射光线偏离入射光线为 $2\theta+\alpha$ 时，α 为偏离 0 级极大出射线的角度. 试证：出现 n 级极大的条件是

$$2d\sin(\alpha/2)\sin(2\theta+\alpha)/2=n\lambda$$

d 为光栅常数(即两刻纹中心之间的距离). 当 θ 和 α 都很小时，公式简化为

$$d\left(\theta\alpha+\alpha^2/2\right)=n\lambda$$

3. 已知铜的 K_α 射线波长是 1.542Å，以此 X 射线与 NaCl 晶体自然面成 15°50′角入射而得第一级极大，试求 NaCl 的晶体常数 d.
4. 铝(Al)被高速电子束轰击而产生的连续 X 射线谱的短波限为 5Å. 问这时是否也能观察到其标识谱 K 系线？

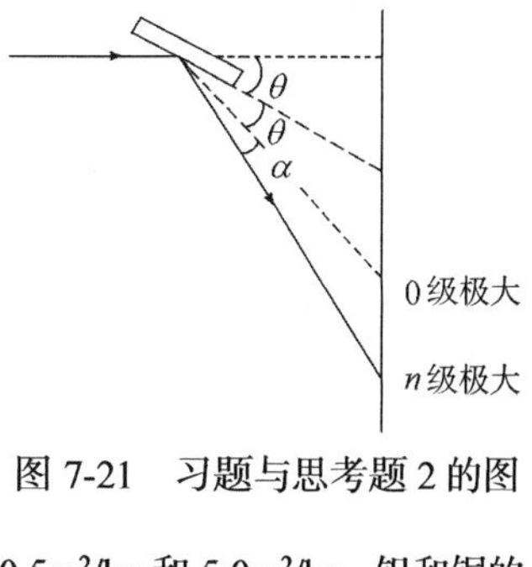

图 7-21 习题与思考题 2 的图

5. 已知铝和铜对于 λ=0.07nm 的 X 射线的质量吸收系数分别是 $0.5m^2/kg$ 和 $5.0m^2/kg$，铝和铜的密度分别是 $2.7\times10^3kg/m^3$ 和 $8.93\times10^3kg/m^3$. 现若分别单独用铝板或铜板作挡板，要使波长为 0.7Å 的 X 射线的强度减至原来强度的 1/100，问要选用的铝板或铜板应多厚？
6. 为什么在 X 射线吸收光谱中 K 系带的边缘是简单的，L 系带是三重的，M 系带是五重的？
7. 试证明 X 射线标识谱和碱金属原子光谱有相仿的结构.
8. X 射线标识谱与原子光谱有什么区别？其原因何在？
9. X 射线有哪些分类？各有什么性质？

*第 8 章

分子结构和光谱

8.1　原子间的键联与分子的形成

分子由一种或多种元素的原子组成，是物质保持其化学性质的最小单元. 含有两种和两种元素原子以上的分子叫化合物. 分子中的原子是通过原子间的静电相互作用结合成分子的. 当两个中性原子足够接近时，每个原子内部价电子的电荷会重新分布使得它们之间的静电吸引作用超过排斥，最终形成稳定的分子. 这种原子间的结合称为化学键，化学键本质上主要是静电相互作用，并且主要是价电子参与成键. 按照原子内部价电子电荷重新分布的不同形式，化学键可分为五种类型：离子键、共价键、氢键、范德瓦耳斯键和金属键. 离子键和共价键对一般简单分子的形成起重要作用，也是本章主要研究的内容. 氢键、范德瓦耳斯键和金属键的内容在固体物理等课程中讨论，此处从略.

8.1.1　离子键

电离能　使原子失去一个电子所需的能量，称为原子的电离能. 一些金属元素电离能较低，因而较容易失去价电子，这些原子是正电性原子.

电子亲和能　原子俘获电子所释放出的能量，称为原子的电子亲和能(一般是指在 0K 条件下的气相中，原子和电子反应生成负离子时所释放的能量). 金属原子的电子亲和能很小，而Ⅵ、Ⅶ族原子的电子亲和能要大得多，因而容易俘获电子，这些原子是负电性原子.

当正电性原子与负电性原子靠得较近时，由于相互作用，正电性原子的价电子就转移到负电性原子上，这时，两个原子都变为离子，离子之间的库仑引力作用将两离子紧密地结合在一起而形成分子，这就是离子键，也称为盐键. 离子键基本上是金属离子与非金属离子间结合的主要方式. 下面我们以 NaCl 分子为例来说明分子中离子键的形成过程. Na 原子的核外电子组态为 $1s^22s^22p^63s^1$，最外层的 3s 价电子容易失去而形成 Na^+，需吸收电离能 5.14eV，即 $Na+5.14eV \to Na^+ + e$；Cl 原子核外电子组态为：$1s^22s^22p^63s^23p^5$，最外层已有 5 个 3p 价电子，容易吸收

一个电子形成 Cl^-，并放出 3.61eV 的电子亲和能，即 $Cl+e\rightarrow Cl^-+3.61eV$. 所以 Na 原子的一个 3s 电子转移到 Cl 原子的 3p 轨道需要外界提供的能量为 $\Delta E=5.14eV-3.61eV=1.53eV$，即 Na 原子和 Cl 原子分别形成自由的 Na^+和 Cl^-后能量增加了 1.53eV. 注意这实际是 Na^+和 Cl^-相距无限远时离子系统的势能(或处于自由状态的离子系统的势能). 为了直观地描述这种能量的变化，我们在图 8-1 中分别给出了离子系统 Na^++Cl^-和原子系统 Na+Cl 的势能 E 随两粒子间距离 R 变化的关系曲线，图中已选取中性 Na 和 Cl 原子系统的势能为零. 由图可见，两中性原子之间的势能 E 与距离 R 无关；而 Na^+和 Cl^-相距无限远时，离子系统的势能比原子系统的势能高 1.53eV，当 Na^+和 Cl^-两个离子逐渐接近时，系统的总能量为

$$E(R)=\Delta E-\frac{e^2}{4\pi\varepsilon_0 R} \tag{8-1}$$

如图 8-1 中的实线所示，$E(R)$随离子间距离 R 的减小而减小，当 $R=R_c$ 时离子系统能量等于中性原子系统能量(R_c 称为临界距离)，当 R 小于临界距离 R_c 时，离子系统的能量将小于中性原子系统的能量.

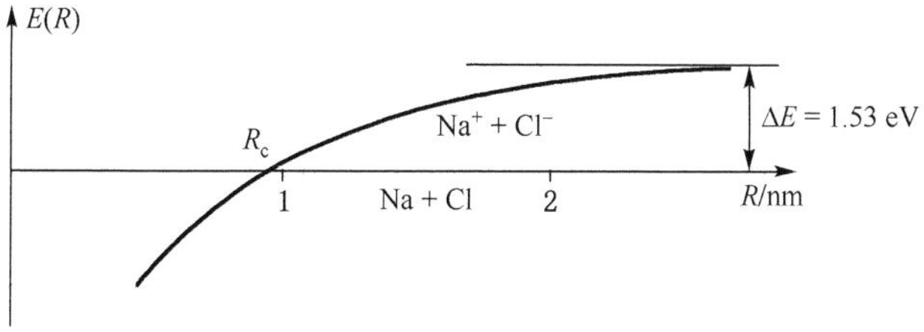

图 8-1　离子系统 Na^++Cl^-和原子系统 Na+Cl 的势能 E 与粒子间距离 R 的关系

由式(8-1)可得临界距离 R_c 为

$$R_c=\frac{e^2}{4\pi\varepsilon_0\Delta E} \tag{8-2}$$

对 NaCl 分子$\Delta E=1.53eV$，临界距离 R_c 等于

$$R_c=\frac{e^2}{4\pi\varepsilon_0\Delta E}=\frac{1.44eV\cdot nm}{1.53eV}\approx 0.94nm$$

因此，从能量的观点看，当 $R<R_c$ 时，有利于从 Na 原子转移一个电子到 Cl 原子，其具体发生转移的概率需要量子力学的计算，不过作为粗略的估计，从离子键型分子的普遍存在可以相信这个概率是相当大的.

当两个离子间的距离继续减小时，离子系统的能量达到一个极小值后，又开始迅速增大，如图 8-2 所示. 离子系统能量极小值对应的距离 R_0 称为平衡距离，

$E(R_0)$是分子的基态能量，分子的结合能 $B = -E(R_0)$，也叫分子的解离能.

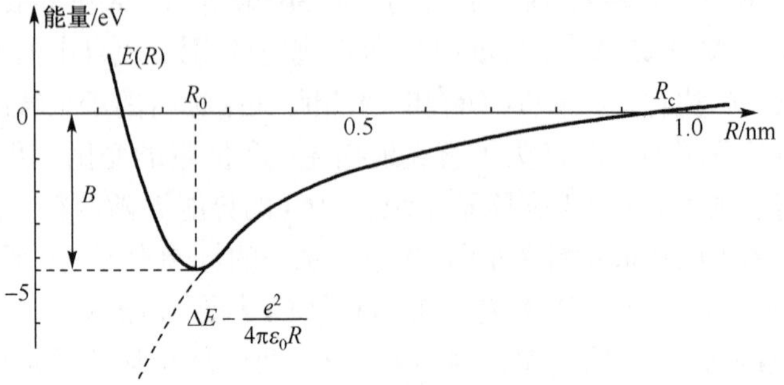

图 8-2　离子系统 $Na^{+}+Cl^{-}$的能量曲线

一般当 $R=R_0$ 时，排斥能的贡献还很小，所以分子的结合能可近似用式(8-1)估算

$$B = E(R_0) \approx \frac{e^2}{4\pi\varepsilon_0 R_0} - \Delta E \tag{8-3}$$

当离子间距离 $R < R_0$ 时，随离子间距离减小离子系统能量迅速增加，这是离子间库仑斥力能和泡利排斥能共同影响的结果. 所谓**泡利排斥能**，主要是由于泡利不相容原理所引起的，当两离子距离较远时，它们的价电子波函数不会重叠，是各自独立的，因而不受泡利原理的限制，各自的电子可以有相同的量子数. 当两离子逐渐靠近时，它们的电子波函数(或电子云)会发生重叠，由于泡利原理的限制，电子不能处于相同的量子态，因此会迫使一些电子进入较高的能量状态，这相当于一种排斥力，产生**泡利排斥能**.

此处讨论的离子键型分子 NaCl，只涉及一个电子的转移，涉及两个或两个以上电子转移的情况也存在. 还有更多的离子分子包含两个以上原子.

8.1.2　共价键

分子中的原子并没有失去价电子而变为离子，而是共有一部分价电子，不同原子的两个价电子结合成一个电子对，形成一个电键，这就是共价键，或称作原子键. 如氢分子 H_2 中，两个 1s 电子被两个氢原子核共有，形成一个单键，如图 8-3 所示. 氮分子 N_2 中，每个氮原子有 3 个 2p 价电子，形成分子时，三对 2p 电子形成三个单键；氯化氢 HCl 分子中，H 的 1s 电子和 Cl 的 3p 电子结合为一个单键. 下面我们从最简单的共价键分子，氢分子离子 H_2^+ 开始讨论.

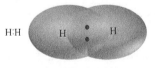

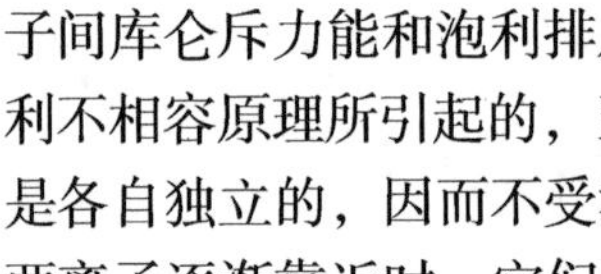

图 8-3　共价键形成分子示意

1. 氢分子离子 H_2^+

氢分子离子是一个电子在两个质子的静电场中运动，由于电子的质量远小于

质子的质量，所以考虑电子的运动时，可近似认为质子是静止的. 通过求解 H_2^+ 的定态薛定谔方程，可得到 H_2^+ 的基态能量. 氢分子离子是两个质子共有一个电子，如图 8-4 所示，其库仑势为

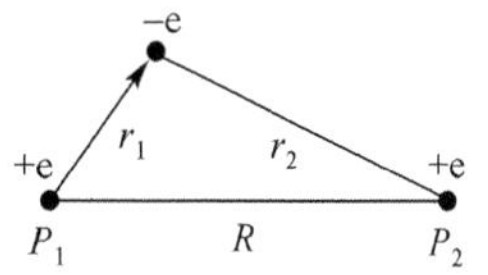

图 8-4　氢分子离子 H_2^+ 示意

$$U=\frac{e^2}{4\pi\varepsilon_0}\left(\frac{1}{R}-\frac{1}{r_1}-\frac{1}{r_2}\right)$$

哈密顿算符为

$$\hat{H}=\frac{\hbar^2}{2m_e}\nabla^2-\frac{e^2}{4\pi\varepsilon_0}\left(\frac{1}{r_1}+\frac{1}{r_2}+\frac{1}{R}\right) \tag{8-4}$$

式中，R 为两个质子间的距离，r_1、r_2 分别为电子到两质子的距离. 定态薛定谔方程为

$$\hat{H}\Psi(\boldsymbol{r})=E\Psi(\boldsymbol{r}) \tag{8-5}$$

上述方程的求解比较复杂，下面我们保留物理思想用近似方法来求解.

在基态氢分子离子中，一个 1s 电子处于两个原子核的库仑场中，其波函数可以由单独的 H 原子的波函数经线性组合得到. 因为当电子靠近质子 1 时，质子 2 对它的作用很小，这时氢分子离子的最低能量状态近似为质子 1 的 H 原子基态，其波函数用 ψ_1 表示；同理，当电子靠近质子 2 时，其能量状态近似为质子 2 的 H 原子基态，其波函数用 ψ_2 表示. 当两质子逐步靠近时，质子之间的势垒不是太高，由于隧道贯穿电子既可能出现在 ψ_1 态也可能出现在 ψ_2 态，由于对称性，电子出现在 ψ_1 和 ψ_2 态的概率相同，所以，电子近似处于下面两个可能态的叠加态：

$$\Psi_+=\frac{1}{\sqrt{2}}(\psi_1+\psi_2) \tag{8-6}$$

$$\Psi_-=\frac{1}{\sqrt{2}}(\psi_1-\psi_2) \tag{8-7}$$

通常化学家把原子中的电子态 ψ_1 和 ψ_2 称为原子轨道，把 ψ_1 和 ψ_2 的线性组合 Ψ_+和 Ψ_-态称为分子轨道. 其中 Ψ_+是偶函数，为对称态；Ψ_-是奇函数，为反对称态. 其对应的概率密度分别为$|\Psi_+|^2$和$|\Psi_-|^2$，如图 8-5 和图 8-6 所示. 图 8-5 是两个质子相距较远时的情况，图 8-6 是两质子相距较近时的情况.

由图 8-6 可知，当两质子相距比较近时，$|\Psi_+|^2$ 在坐标原点处无节点，电子在两个质子之间出现的概率密度比$|\psi_1|^2$或$|\psi_2|^2$都大得多；$|\Psi_-|^2$ 在坐标原点处有节点，电子在两个质子之间出现的概率密度很小. 另外，图 8-7 给出了氢分子离子分别处于 Ψ_+和 Ψ_- 态时的能量 $E(R)$与氢分子离子中两质子之间距离 R 的关系曲线(图中选

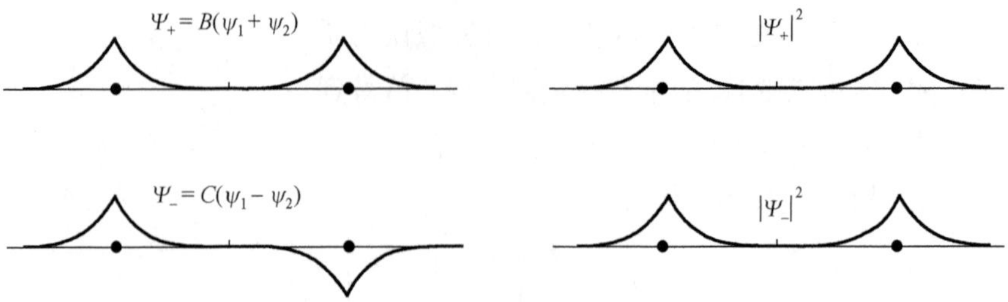

图 8-5　两个质子相距较远时氢分子离子中电子的波函数及相应的概率密度分布

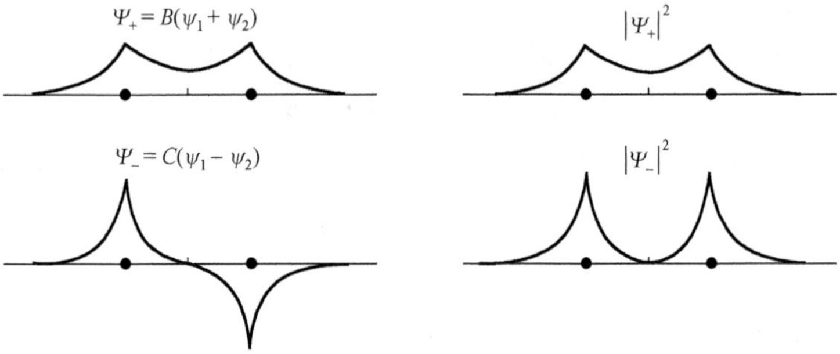

图 8-6　两个质子相距较近时氢分子离子中电子的波函数及相应的概率密度分布

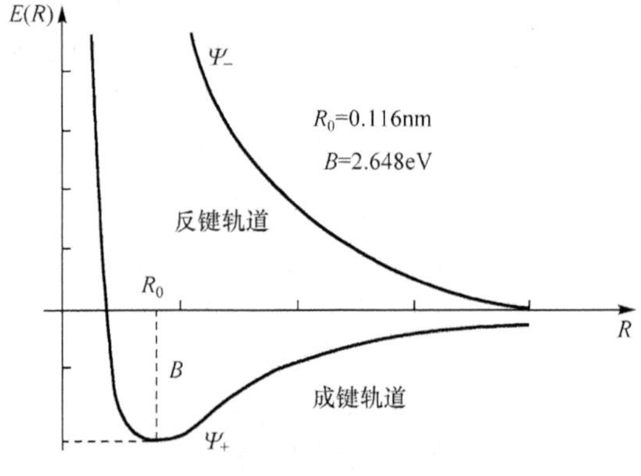

图 8-7　氢分子离子能量与两个质子间距离的关系

取电子束缚在一个质子的基态，而另一个质子在无限远处时的能量为零点).

由图 8-6 和图 8-7 可见，当电子处于 Ψ_+态时，将被氢分子离子中的两个质子强烈地吸引(电子在两质子间出现的概率密度大，见图 8-6)，能量较低(起初能量随 R 的减小而减小，当 $R=R_0$ 时，能量到达极小值，见图 8-7)，有利于形成稳定的束缚态——成键分子轨道；当电子处于 Ψ_-态时，能量随 R 的减小而增大，且电子在两质子间出现的概率密度很小，因此，不可能形成稳定的束缚态——反键分子轨道.

另外，氢分子离子的成键轨道能量比氢原子 1s 轨道能量低，反键轨道能量比氢原子 1s 轨道能量高，示意图如图 8-8. 所以，H_2^+中唯一的一个电子占据能量低

的 Ψ_+成键轨道，形成稳定的氢分子离子，结合能 $B=-E(R_0)=2.648\text{eV}$，$R_0=0.116\text{nm}$. 这里，因为组成分子轨道的原子轨道都是 s 电子态的，称这种共价键叫 ss 共价键，这样的分子轨道每个至多填两个自旋相反的电子.

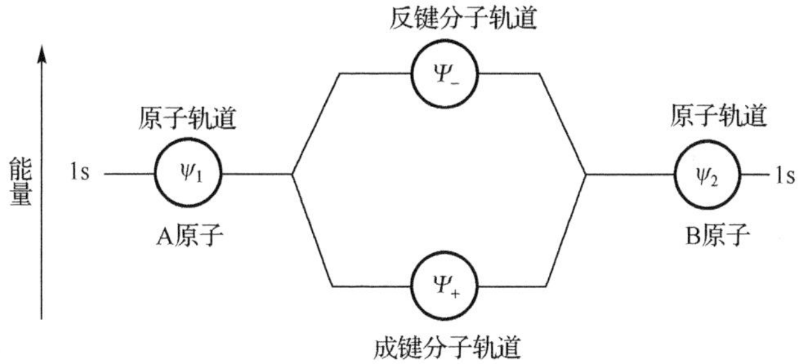

图 8-8　氢分子离子分子轨道能量示意图

2. 氢分子 H_2

前面讨论的图像可以简单地推广到 H_2 分子，H_2 分子中的两个 H 原子的 1s 轨道可以组成与 H_2^+一样的分子轨道，H_2 分子中有两个电子，根据泡利不相容原理，两个电子如果自旋反平行，则可以同时占据成键轨道，分子的能量将比 H_2^+更低，形成稳定的 H_2 分子，其结合能为 4.7eV，核间平衡距离为 0.074nm，比 H_2^+束缚得更紧密，如图 8-9 和图 8-10 所示.

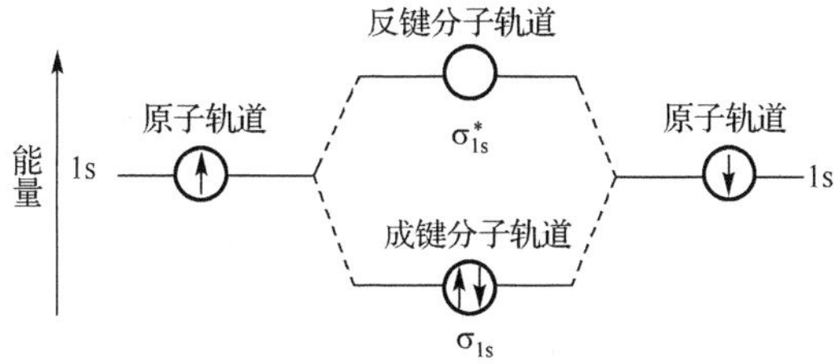

图 8-9　H_2 分子中电子填充分子轨道情况

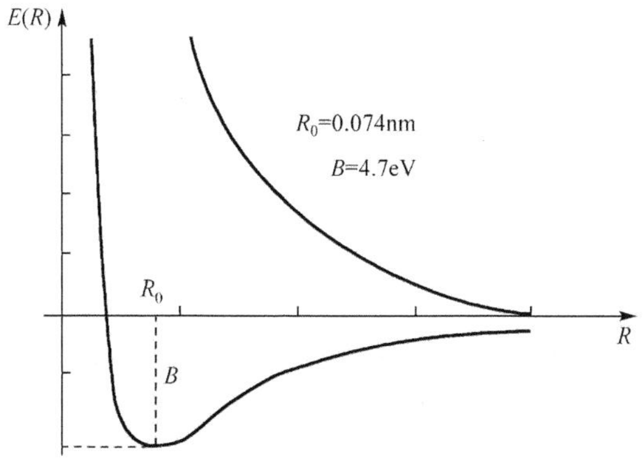

图 8-10　氢分子轨道的势能曲线

3. 共价键的饱和性和方向性

我们现在可以解释为何 He 不能形成稳定的双原子分子，三个 H 原子不可能通过共价键形成稳定的分子等. 因为 He 原子的电子组态是 $1s^2$，当两个 He 原子结合成分子时，如果参与成键的原子轨道仍是 1s，则 He_2 的这四个电子中两个占据成键轨道(自旋相反)，另外两个只能占据反键轨道，结果导致 He_2 的总能量比两个孤立的 He 原子能量还要高，所以，不能形成稳定的分子. 同理三个 H 原子不可能通过共价键形成稳定的分子. 所以，一个原子通过共价键只能和一定数目的其他原子结合形成稳定的分子，这称为共价键的饱和性.

前面讨论的是价电子为 s 轨道的情况，价电子为 p 轨道的原子也可以通过共价键形成分子，但 p 轨道参与的化学键具有很强的方向性，因为 p 原子轨道的电子概率分布具有明显的各向异性，而一个原子是在价电子概率密度分布最大的方向上与其他原子键合的. 当研究原子键合形成分子时，原子不再是孤立的，所以，通常将孤立 H 原子对应于 l=1，m_l=0, ±1 的角向波函数 Y_{11}、Y_{10}、Y_{1-1} 线性组合成 p 电子的等价原子轨道 p_x、p_y、p_z，它们是

$$\begin{cases} p_x = \dfrac{1}{\sqrt{2}}(Y_{1-1}+Y_{11}) = \sqrt{\dfrac{3}{4\pi}}\dfrac{x}{r} \\ p_y = i\dfrac{1}{\sqrt{2}}(Y_{1-1}-Y_{11}) = \sqrt{\dfrac{3}{4\pi}}\dfrac{y}{r} \\ p_z = Y_{10} = \sqrt{\dfrac{3}{4\pi}}\dfrac{z}{r} \end{cases} \tag{8-8}$$

三个原子轨道 p_x、p_y、p_z 分别以 x、y、z 轴为其旋转对称轴，如图 8-11 所示. 当两个原子接近时，它们的价电子轨道发生重叠，即电子云发生重叠，形成共价键，p 电子形成共价键的情况可以有两种基本的成键方式.

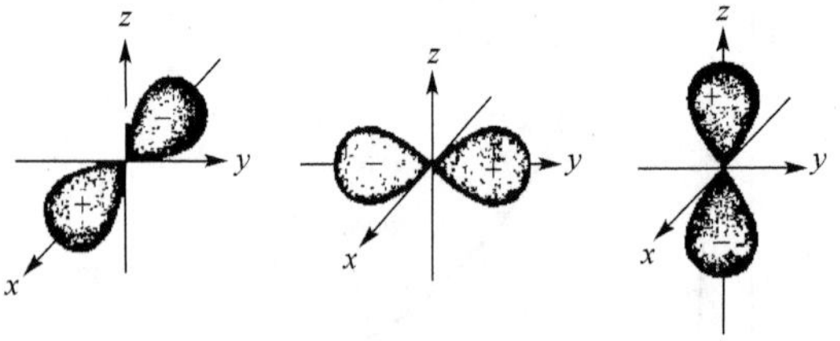

图 8-11　原子 p 轨道的轮廓图

(1) 电子云顺着轴向重叠，得到轴对称的电子云图像，这种共价键叫作 σ 键，常称为头碰头的方式，由于电子云在轴向上能发生最大程度的重叠，故 σ 键稳定性高.

如 HF 分子的形成，H 原子价电子的 1s 原子轨道是球对称的，数值总是正的；F 原子有 5 个价电子，其原子轨道为 $2p_x^2 2p_y^2 2p_z$，其中四个电子已配对，占据 $2p_x$ 和 $2p_y$ 原子轨道，只有一个未配对的电子在原子轨道 $2p_z$，当 H 原子与 F 原子接近时，原子轨道的重叠情况如图 8-12 所示.

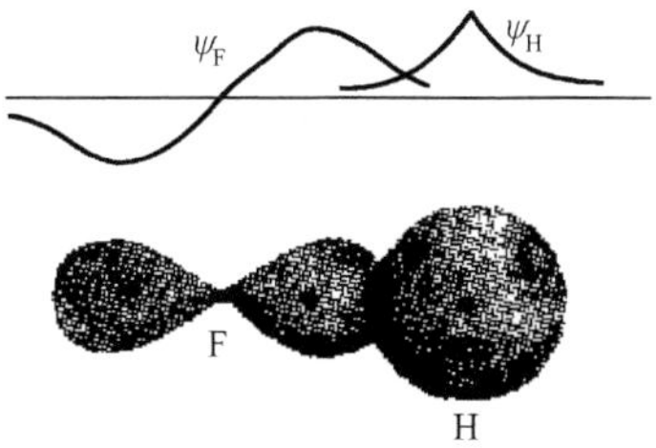

图 8-12　HF 分子波函数的重叠

(2) 电子云顺着原子核的连线重叠，得到的电子云图像呈镜像对称，这种共价键叫作 π 键，常称为肩并肩的成键方式，如图 8-13 所示. 因为 π 键不像 σ 键那样电子云集中在两核的连线上，原子核对 p 电子的束缚力较小，电子的流动性大，因此通常 π 键没有 σ 键牢固，较容易断裂.

p_z-p_z轨道重叠与p_y-p_y轨道重叠互成90°

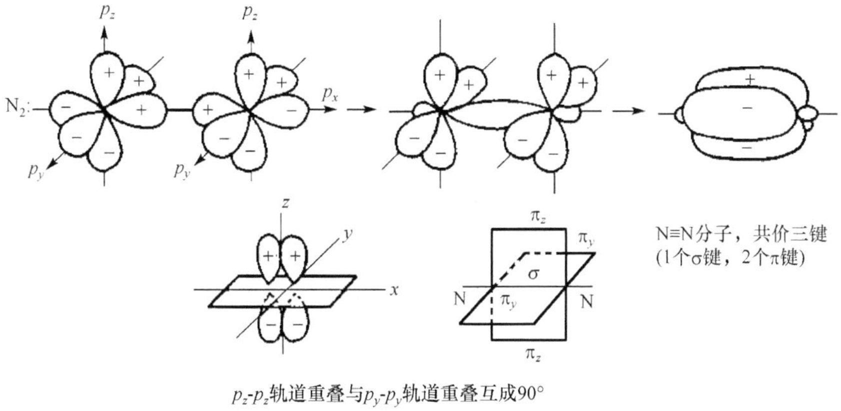

图 8-13　N_2 分子形成及共价键

通常，如果原子之间只有 1 对电子，形成的共价键是单键，通常总是 σ 键，如果原子间的共价键是双键，则由一个 σ 键、一个 π 键组成，如果是三键则由一个 σ 键和两个 π 键组成. 如 N_2 分子形成的共价键，如图 8-13 所示.

N_2 分子中电子填充分子轨道情况，如图 8-14 所示，N 原子价电子组态为 $2p^3$，所以 N_2 分子中 6 个价电子正好填满 3 个 2p 成键分子轨道，成为极稳定的双原子分子.

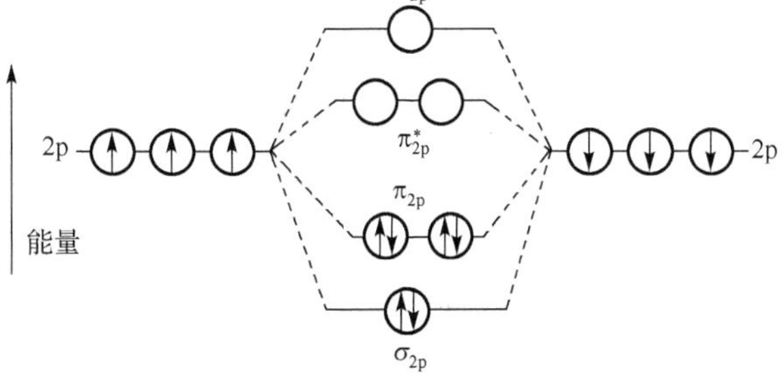

图 8-14　N_2 分子中价电子填充分子轨道情况示意

同理可得 O_2 分子中价电子填充分子轨道情况，如图 8-15 所示. O 原子价电子组态为 $2p^4$，所以 O_2 分子中 8 个 2p 价电子除填满 3 个 2p 成键分子轨道外，还有 2 个填入 2p 反键分子轨道，所以，O_2 分子不如 N_2 分子稳定.

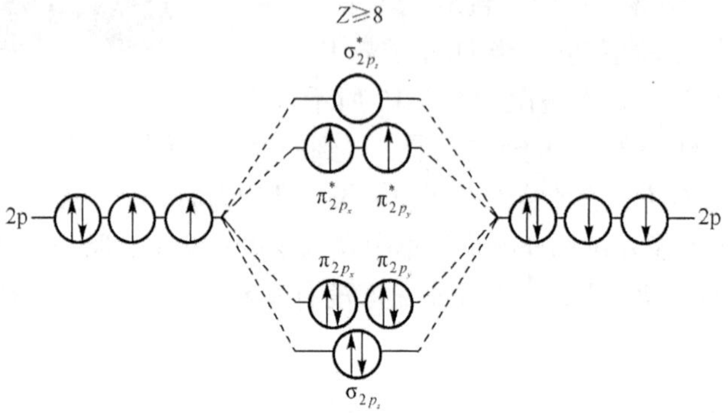

图 8-15　O_2 分子中价电子填充分子轨道情况示意

4. sp 杂化轨道

当一个原子的多个价电子构成多个共价键时，往往发生原子轨道的杂化，如 C 原子的电子组态为 $1s^22s^22p^2$，若价电子为 $2p^2$，则应该可以形成 sp 直接键分子 CH_2，但实际上是形成甲烷 CH_4 分子，有 4 个相等的键. 这是由于在周围氢原子的作用下，C 原子中有 1 个 2s 电子被激发到 2p，形成 $2s^12p^3$ 电子组态，并且由于移近的 H 原子的作用，这时的 2s 轨道与 3 个 2p 轨道 $2p_x$、$2p_y$、$2p_z$ 实际上是简并的，如图 8-16 所示，即这 4 个价电子实际所处的原子轨道已经不是纯粹的 2s 或 2p 轨道了，而是它们适当的叠加态，这种叠加态被称为 sp 杂化轨道，叠加方式不同，杂化后新的原子轨道也不同.

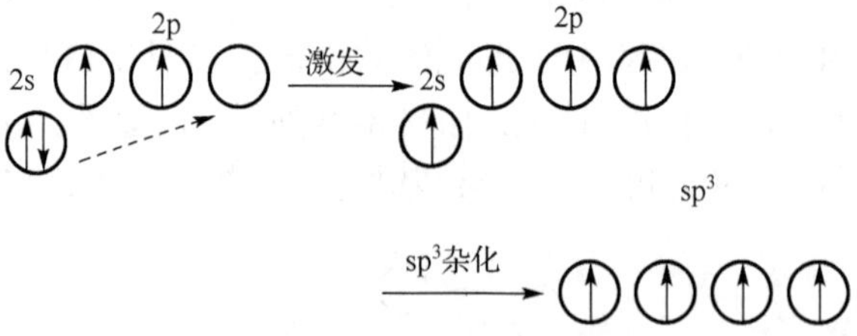

图 8-16　sp 轨道杂化示意

CH_4 的情形是 C 原子的 1 个 2s 电子与 3 个 2p 电子形成四面体杂化，杂化后新的 4 个原子轨道的电子云就像是从正四面体中心伸向四个顶点的四条臂，相邻两臂间的键角为 109.5°，如图 8-17(a)所示，(b)是 CH_4 分子形成示意图.

1 个 2s 电子与 2 个 2p 电子可以形成三角杂化，而第 3 个 2p 电子仍在原来的 2p 态，此时两个 C 原子间的键有两种，一种是 sp^2 三角杂化，杂化后的 3 个原子

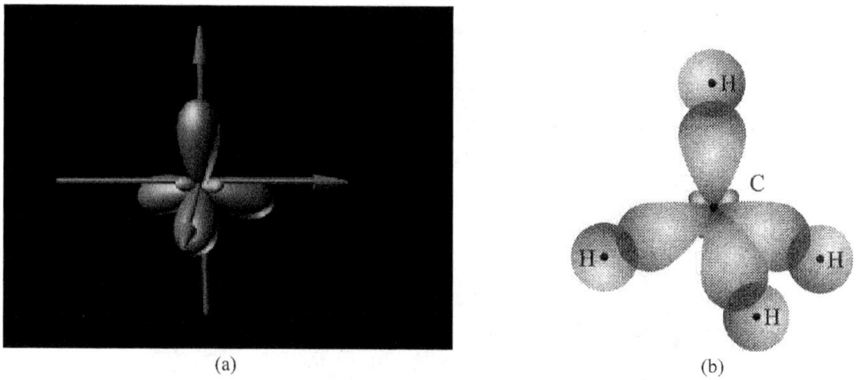

图 8-17　四个 sp^3 杂化轨道(a)和甲烷分子的形成示意图(b)

轨道的电子云就像是从正三角形中心伸向三个顶点的三条臂，而第 3 个 2p 电子仍在原来的 2p 态，其原子轨道与上述三角形的平面垂直，如图 8-18 所示. C_2H_4 中的 C 就是这种情形，此时两个 C 原子之间的键有两种，一种是 sp^2 三角轨道杂化，另一种是 pp 共价键.

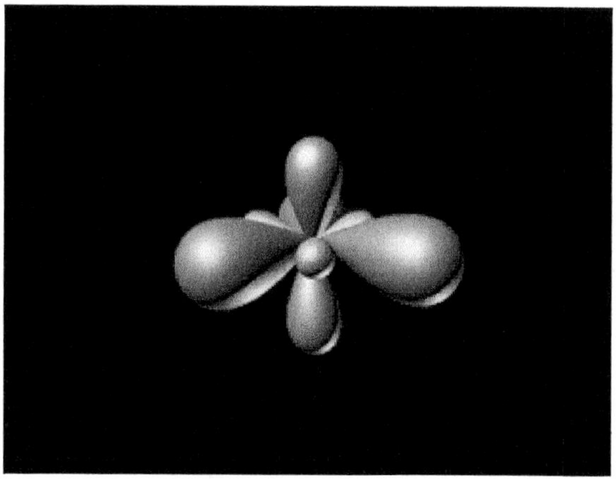

图 8-18　三个 sp^2 杂化轨道

1 个 2s 电子与 1 个 2p 电子则可以形成对角杂化，杂化后 2 个原子轨道的电子云就像一个哑铃，而另外两个仍在 2p 态的电子，其原子轨道相互垂直，处于哑铃的中垂面内，形成通常的 pp 共价键，如图 8-19 所示. C_2H_2 即是如此，此时两 C 原子间的键有两种，一种是 sp 对角杂化，另一种是 2 个通常的 pp 共价键.

由于 C 原子中的电子在周围氢原子的作用下，可以有上述不同的杂化轨道，所以碳氢化合物可以表现出多种不同的结构.

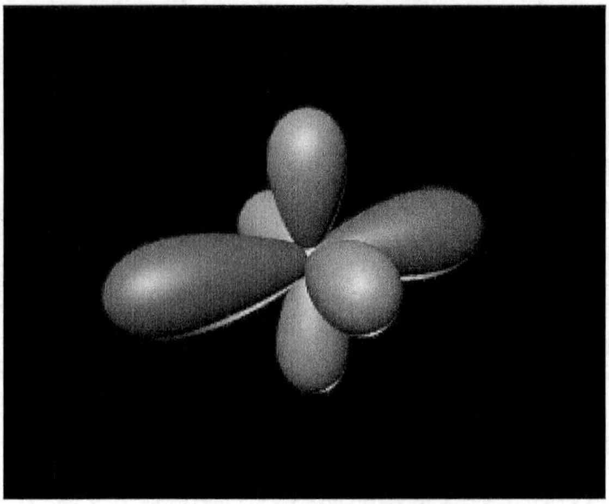

图 8-19　两个 sp 杂化轨道

8.2　分子的能级与光谱

8.2.1　分子内部运动的三种形式

分子的能量状态由分子的运动状态决定，分子内部的运动分以下三种形式.

(1) 分子中各个原子外壳层电子的运动，即价电子或成键电子的运动，形成分子的电子能级 $E_{e,i}$. 电子能级的低能级间隔约为$\Delta E_{e,i}\approx 1\text{eV}$ 的数量级，能级间跃迁所发光谱在可见光到紫外光的范围.

(2) 分子中各个原子核及其周围束缚电子在其平衡位置附近的振动，形成分子的振动能级 E_{υ}，振动能级低能级间隔约为 $\Delta E_{\upsilon}\approx 0.1\text{eV}$ 的数量级，能级间跃迁所发光谱在红外光谱的范围.

(3) 分子作为整体可绕通过分子质心的若干轴转动，形成转动能级 E_r. 转动能级低能级间隔约为$\Delta E_r\approx 0.001\text{eV}$，能级间跃迁所发光谱在远红外光到微波范围.

三种运动形式关联不强，可以分开处理，分子的总能量等于三种能量之和，为

$$E=E_{e,i}+E_{\upsilon}+E_r \tag{8-9}$$

注意：每一电子能级内包含许多振动能级 E_{υ}，它们分别用量子数 $\upsilon=0,1,2,3,\cdots$ 表示；每一振动能级内又包含许多转动能级 E_r，它们分别用量子数 $J=0,1,2,3,\cdots$ 表示；如图 8-20 所示.

8.2.2　双原子分子的转动能级和光谱

1. 分子的转动能级

双原子分子的转动是绕其质心的转动，即转动轴通过质心，且垂直于连接两

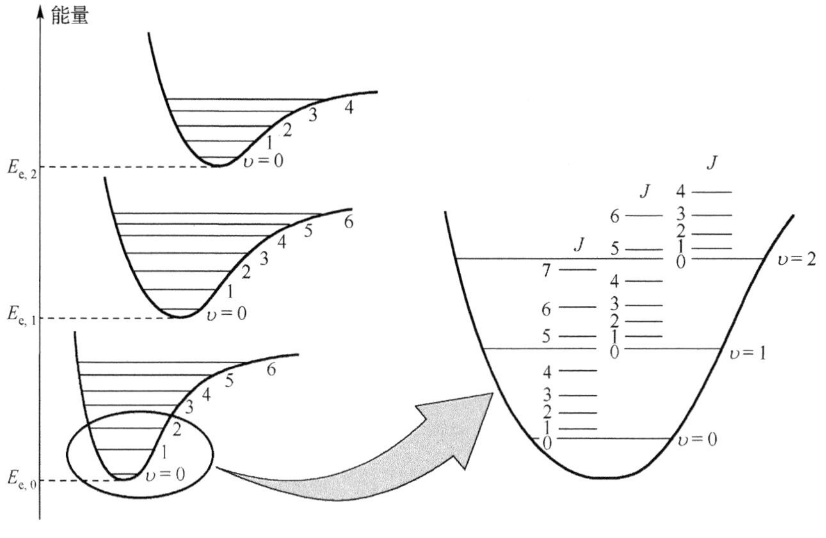

图 8-20　双原子分子的电子能级、振动能级和转动能级

原子核的直线. 分子的转动惯量为

$$I = m_1 r_1^2 + m_2 r_2^2 = \frac{m_1 m_2}{m_1 + m_2} R_0^2 = \mu R_0^2 \tag{8-10}$$

其中，$\mu = m_1 m_2/(m_1+m_2)$为双原子分子的约化质量；m_1、m_2分别为两个原子的质量；r_1、r_2分别为两个原子距双原子分子质心的距离；$R_0 = r_1 + r_2$为双原子分子原子间的平衡距离，也称为双原子分子的键长，如图 8-21 所示.

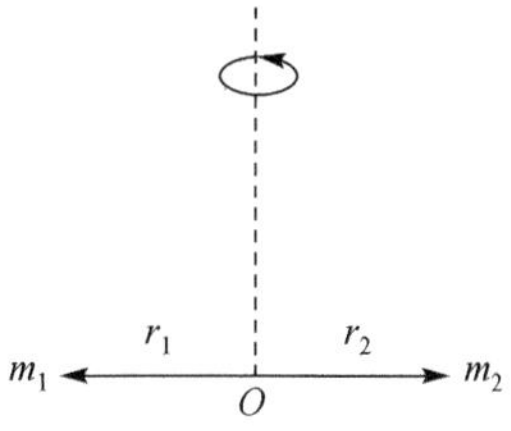

图 8-21　双原子分子的转动

分子绕通过质心轴的转动能量为 $E_r = \frac{1}{2} I\omega^2 = \frac{P_J^2}{2I}$，其中 P_J 为分子转动的角动量 $P_J = \sqrt{J(J+1)}\hbar$，$J = 0,1,2,3,\cdots$ 为转动量子数. 所以转动能级为

$$E_r = \frac{\hbar^2}{2I} J(J+1) = BhcJ(J+1) \tag{8-11}$$

其中，$B = \frac{\hbar^2}{2Ihc}$ 称为转动常数. 分子转动能级如图 8-22 所示.

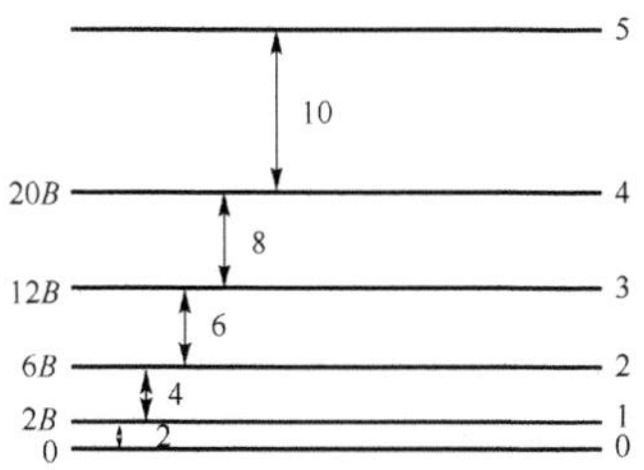

图 8-22　双原子分子的转动能级示意

两相邻转动能级间的间隔为

$$\Delta E_r = E_r(J+1) - E_r(J) = 2Bhc(J+1) \tag{8-12}$$

2. 分子的转动光谱

分子转动能级之间的跃迁是外界交变电磁场与分子电偶极矩间相互作用的结果，这种相互作用导致光子的吸收和辐射，跃迁的选择定则为$\Delta J=\pm 1$. 不具有固有电偶极矩的同核双原子分子(如 H_2、O_2、N_2 等)不能发生转动能级间的跃迁而形成转动光谱.

根据选择定则，辐射跃迁只在相邻的两个转动能级间发生，纯转动光谱线的波数为

$$\tilde{\nu}_r=\frac{1}{hc}(E_{r'}-E_r)=2B(J+1) \tag{8-13}$$

所以纯转动跃迁光谱线按波数排列是等间距的，分别为 $2B$，$4B$，$6B\cdots$，相邻谱线的波数差为 $2B$，如图 8-23 所示.

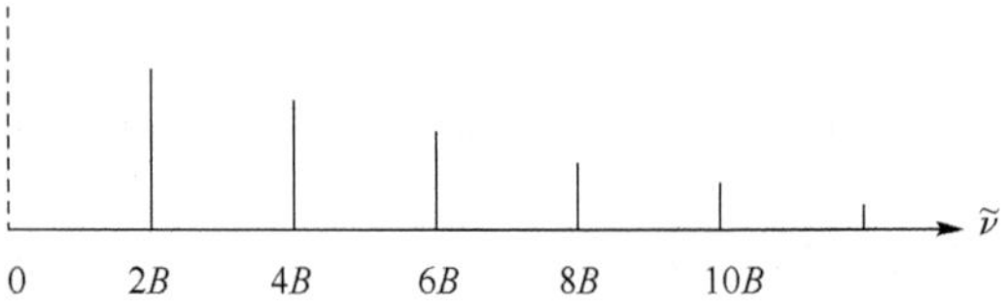

图 8-23　双原子纯转动光谱线示意

所以由分子纯转动谱线的波数差可测得分子的转动常数 B，从而可算出分子的转动惯量 I，进而得到分子中原子间的平衡距离 R_0.

理论计算表明，自发跃迁的概率正比于谱线的频率，而纯转动谱线的频率较低，所以一般实验中，纯转动跃迁的发射谱很难观测到，通常只能观测到吸收谱. 图 8-24 给出了 HCl 分子的纯转动吸收谱.

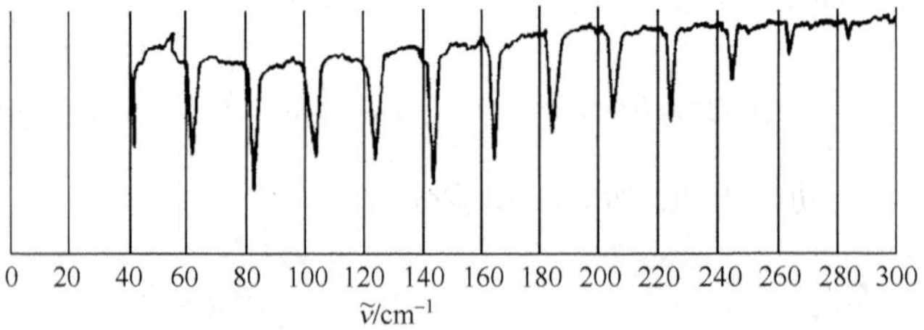

图 8-24　HCl 分子的转动吸收谱

例 8-1　$H^{35}Cl$ 的远红外光谱线的波数分别为 $21.18cm^{-1}$、$42.38cm^{-1}$、$63.54cm^{-1}$、$84.72cm^{-1}$ 和 $105.91cm^{-1}$，试求其转动惯量及原子核间距离.

解　分子远红外光谱为转动能级间跃迁产生. 由题可知其相邻谱线的平均间

隔为 21.18cm^{-1}，所以分子转动常数 B=10.59cm^{-1}，由此可计算分子的转动惯量

$$I=\frac{h}{8\pi^2 Bc}=2.643\times10^{-40}\,\mathrm{g\cdot cm^2}$$

又分子的有效质量为

$$\mu=\frac{m_1m_2}{m_1+m_2}=\left(\frac{1\times35}{1+35}\right)\times1.673\times10^{-24}\,\mathrm{g}\approx1.6265\times10^{-24}\,\mathrm{g}$$

从而分子中原子核间距离为

$$R_0=\sqrt{\frac{I}{\mu}}=127.5\mathrm{pm}$$

例 8-2　实验测得 N_2、HCl 和 HBr 混合气体远红外光谱前几条谱线的波数为 16.70cm^{-1}、20.79cm^{-1}、33.40cm^{-1}、41.58cm^{-1}、50.10cm^{-1}、62.37cm^{-1}，问这些谱线是由分子的什么运动产生的？计算这些分子的键长.

解　(1) 因为 N_2 为非极性分子，不产生转动光谱，所以这些谱线由 HCl 和 HBr 分子的转动所产生.

(2) 转动光谱的特征谱线之间是等间距的，题中的 6 条谱线可分为 2 组. 一组为 16.70cm^{-1}、33.40cm^{-1}、50.10cm^{-1}，由 HBr 产生，$2B_{\mathrm{HBr}}$=16.70cm^{-1}→B_{HBr}；一组为 20.79cm^{-1}、41.58cm^{-1}、62.37cm^{-1}，由 HCl 产生，$2B_{\mathrm{HCl}}$=20.79cm^{-1}→B_{HCl}. 再由 $B=\dfrac{h}{8\pi^2 Ic}$ 可得到各分子的转动惯量，进而得到分子的键长，请同学自解.

以上讨论都是在假设分子为刚性的条件下展开的，如果考虑到分子实际的非刚性，分子转动的离心力将导致分子键长 R_0 的改变，特别是在转动能级较高时这种键长的改变将不可忽略，若计入键长的变化后理论上给出的转动能级的修正公式为

$$E_{\mathrm{r}}(J)=hc[BJ(J+1)-DJ^2(J+1)^2] \tag{8-14}$$

式中，$B=\dfrac{\hbar}{4\pi\mu R_0^2c}$，$D=\dfrac{\hbar^3}{4\pi\mu^2kR_0^6c}$ 分别为由分子转动谱确定的常数.

8.2.3　双原子分子的振动能级和光谱

结构稳定的分子，其势能主要由分子中各个原子的核间距离决定，当各原子处于平衡位置时，势能最低. 对双原子分子而言，分子中两个原子可以沿分子的轴线做振动，当键长(原子核间距离)为平衡距离时，势能最低. 分子处于电子基态情况下，在平衡距离附近的小幅振动可近似于简谐振动，势能曲线非常接

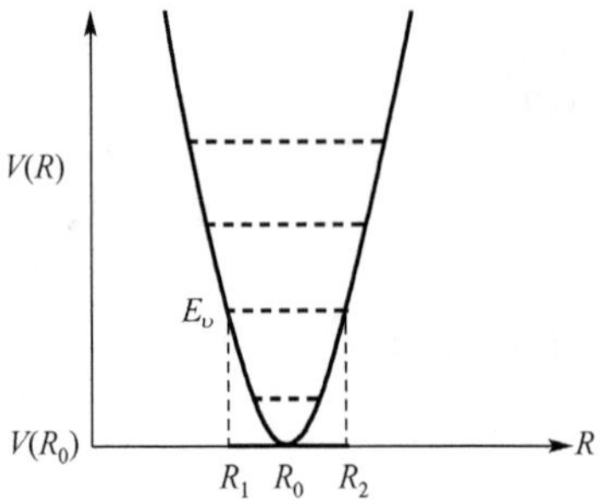

图 8-25　双原子分子的振动势函数和振动能级

近于抛物线，如图 8-25 所示，其势函数可近似表示为

$$V(R) \approx V(R_0) + \frac{1}{2}k(R - R_0)^2 \qquad (8\text{-}15)$$

式中，k 称为化学键的力常量，表示化学键的强弱.

根据量子力学，双原子分子系统振动能量是量子化的，等于

$$E_\upsilon = \left(\upsilon + \frac{1}{2}\right)\hbar\omega_0, \qquad \upsilon = 0,1,2,\cdots \qquad (8\text{-}16)$$

式中，υ 为振动量子数

$$\omega_0 = \sqrt{\frac{k}{\mu}} \qquad (8\text{-}17)$$

为简谐振动的固有圆频率.

由式(8-16)可见振动能级是等间隔的结构，相邻能级间隔为

$$\Delta E_\upsilon = E_{\upsilon+1} - E_\upsilon = \hbar\omega_0$$

$\upsilon = 0$ 时，$E_0 = \frac{1}{2}\hbar\omega_0$ 是振动的最低能级，称为零点能. 由于室温下 $\Delta E_\upsilon > kT$，所以室温时绝大多数分子处于 υ =0 的振动基态.

同转动能级跃迁情况类似，同核双原子分子没有固有电偶极矩，不存在振动能级间的跃迁所产生的振动光谱. 振动能级间跃迁的选择定则为 $\Delta\upsilon = \upsilon_2 - \upsilon_1 = \pm 1$. 因为振动能级是等间隔的，所以观测到的振动谱线只有 1 条，其频率为

$$\nu_0 = \frac{\omega_0}{2\pi} = \frac{1}{2\pi}\sqrt{\frac{k}{\mu}}$$

称为基本振动频率.

例 8-3　已知 CO 分子溶解在四氯化碳 CCl_4 液体样品中，实验测得它的红外吸收谱线频率 ν_0=6.42×10^{13}Hz，但 CCl_4 液体本身对这个频率的辐射是透明的，因此该吸收谱线是由 CO 分子产生的. 求 CO 分子的力常量和相邻振动能级之间的间隔.

解　C 原子和 O 原子的质量分别为 12.0u 和 16.0u，CO 分子的约化质量 μ=6.86u=1.14×10^{-30}kg. 由式(8-17)化学键的力常量为

$$k = \mu\omega_0^2 = 4\pi^2\nu_0^2\mu = 1.86\times10^3\,\text{N/m}$$

CO 分子振动能级间隔为

$$\Delta E_\upsilon = E_{\upsilon+1} - E_\upsilon = h\nu_0 = 4.26\times10^{-20}\,\mathrm{J} = 0.266\mathrm{eV}$$

实验中确实在频率 ν_0 处观察到一个强吸收，但也同时观察到一些较弱的吸收，如图 8-26 所示，这表明谐振子模型还不足以解释所有的实验事实.

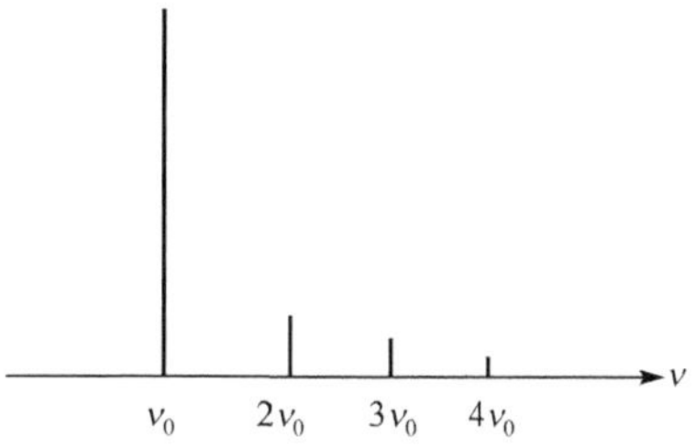

图 8-26　双原子分子的振动吸收谱示意

实际上，双原子分子的振动并不严格地遵循简谐振动规律，分子振动势能曲线的上部将较显著地偏离抛物线，考虑到分子振动的非谐振性，由量子力学可得到分子的振动能量修正为

$$E_\upsilon = (\upsilon+\frac{1}{2})h\nu_0 - (\upsilon+\frac{1}{2})^2\chi_e h\nu_0$$

式中，χ_e 为非谐振系数，对不同的分子有不同的值，约为 0.01 的量级. 可见考虑分子振动的非谐振性后振动能级不再是等间隔的了，其振动能级间隔随着振动量子数 υ 的增加而减小. 如图 8-27 所示.

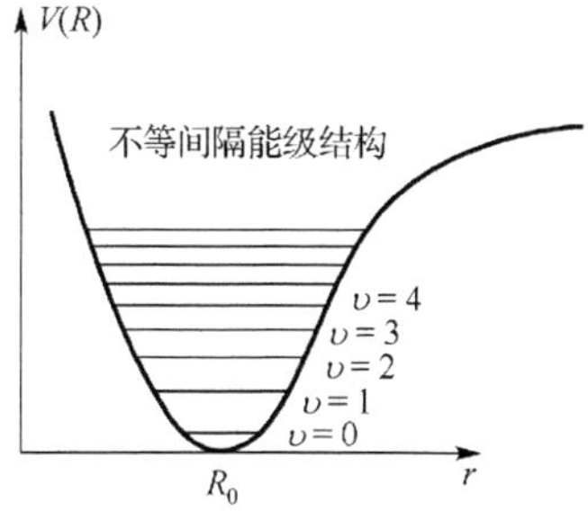

图 8-27　分子振动能级的不等间隔结构

非谐振能级之间跃迁的选择定则是 $\Delta\upsilon = \upsilon_2 - \upsilon_1 = \pm1, \pm2, \pm3, \cdots$.

$\upsilon=0\rightarrow\upsilon=1$ 的跃迁称为基频带，频率为 $\nu_1 = \nu_0(1-2\chi_e)$.

$\upsilon=0\rightarrow\upsilon=2$ 的跃迁称为第一泛频带，频率为 $\nu_1 = 2\nu_0(1-3\chi_e)$.

$\upsilon=0\rightarrow\upsilon=3$ 的跃迁称为第二泛频带，频率为 $\nu_1 = 3\nu_0(1-4\chi_e)$.

因为 χ_e 很小，所以 $\nu_1\approx\nu_0$，$\nu_2\approx2\nu_0$，$\nu_3\approx3\nu_0$，产生泛频的跃迁概率随 $\Delta\upsilon$ 的增加而迅速减小，相应谱线强度也迅速减弱，与图 8-26 的实验结果相符合，$\Delta\upsilon>4$ 的泛频很弱，一般不再考虑.

8.2.4　双原子分子的振转能级和振转光谱

因为分子的每一个振动状态，包含许多转动状态，所以当分子的振动状态发生变化时，同时会伴随着转动状态的变化，这时产生的光谱称为振转光谱. 在给定电子能级的条件下，分子的振转能级的能量为

$$E_{\upsilon,\mathrm{r}} = E_\upsilon + E_\mathrm{r} = h\nu_0\left(\upsilon+\frac{1}{2}\right) - h\nu_0\chi_e\left(\upsilon+\frac{1}{2}\right)^2 + hcBJ(J+1) - DJ^2(J+1)^2 \quad (8\text{-}18)$$

振转能级跃迁产生谱线的波数为

$$\tilde{\nu}_{\upsilon,\mathrm{r}}=\frac{(E_{\upsilon 2}+E_{\mathrm{r}2})-(E_{\upsilon 1}+E_{\mathrm{r}1})}{hc}=\frac{(E_{\upsilon 2}-E_{\upsilon 1})+(E_{\mathrm{r}2}-E_{\mathrm{r}1})}{hc}$$

振转能级之间跃迁的选择定则是 $\Delta\upsilon=\pm 1,\Delta J=\pm 1$，为简单起见，考虑 $\upsilon=0\to\upsilon=1$ 跃迁产生的基本振转谱，并略去式(8-18)中影响较小的两个修正项，则振转谱波数为

$$\tilde{\nu}_{\upsilon,\mathrm{r}}\approx\tilde{\nu}_0+B[J_2(J_2+1)-J_1(J_1+1)]$$

当ΔJ=1 即 J_2=J_1+1 时，产生的谱线称为 R 支，波数 $\tilde{\nu}\approx\tilde{\nu}_0+2BJ$，$J=1,2,3,\cdots$；

当ΔJ=−1 即 J_2=J_1−1 时，产生的谱线称为 P 支，波数 $\tilde{\nu}\approx\tilde{\nu}_0-2BJ$，$J=1,2,3,\cdots$.

图 8-28 给出了双原子分子 HCl 在近红外区的振转吸收光谱，可见 P 支和 R 支相对于基本振动频率 $\tilde{\nu}_0$ 对称分布，$\tilde{\nu}_0$ 为谱带的基线，实际是空缺的(因为，ΔJ=0 的跃迁是禁戒的). R 支最小波数与 P 支最大波数谱线间隔为 4B，同一支中两相邻谱线间隔均为 2B.

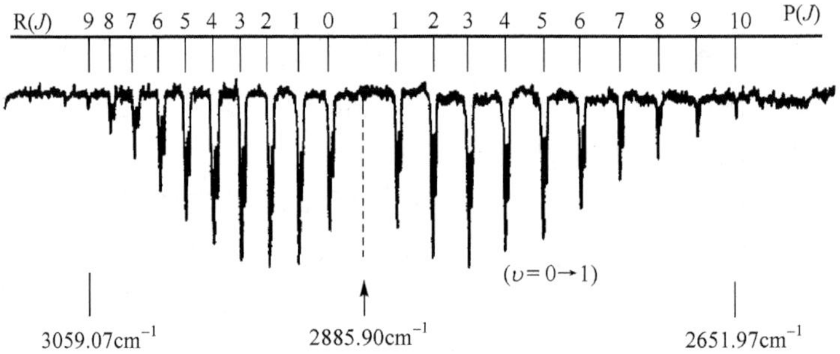

图 8-28　HCl 分子在近红外区的振转吸收光谱

注意：以上在导出 P 支和 R 支的波数表达式时，已经假定处于不同振动状态的分子转动惯量相同，实际上随着振动能级的增高，分子中原子间的平衡距离 R_0 逐渐增大，分子绕轴的转动惯量也随之逐渐增大，所以对 υ 较高的振动状态，需要考虑上下振动能级分子转动惯量的不同，对振动能级进行修正.

例 8-4　实验测得 HCl 分子的一个近红外光谱带，其相邻的几条谱线的波数是 $\tilde{\nu}_1=2925.78\mathrm{cm}^{-1}$，$\tilde{\nu}_2=2906.25\mathrm{cm}^{-1}$，$\tilde{\nu}_3=2865.09\mathrm{cm}^{-1}$，$\tilde{\nu}_4=2843.56\mathrm{cm}^{-1}$，$\tilde{\nu}_5=2821.49\mathrm{cm}^{-1}$，已知 H 和 Cl 的原子质量分别为 1.008u 和 35.45u，忽略分子的非谐振修正和非刚性修正，求这个谱带的基线波数 $\tilde{\nu}_0$ 及分子的力常量 k 和平衡距离 R_0.

解　HCl 分子的约化质量为 μ=0.98u=931MeV/c^2.

因为波数差 $\tilde{\nu}_2-\tilde{\nu}_3$ 约等于其他相邻谱线波数差的两倍，所以，$\tilde{\nu}_1$ 和 $\tilde{\nu}_2$ 属于 R 支，$\tilde{\nu}_3$、$\tilde{\nu}_4$、$\tilde{\nu}_5$ 属于 P 支，振动谱带的基线 $\tilde{\nu}_0$ 在 $\tilde{\nu}_2$ 和 $\tilde{\nu}_3$ 之间为 $\tilde{\nu}_0=\frac{1}{2}(\tilde{\nu}_2+\tilde{\nu}_3)=2885.67\mathrm{cm}^{-1}$.

由式(8-17)可得力常量为

$$k = \mu\omega_0^2 = 4\pi^2 c^2 \nu_0^2 \mu = 481.8\text{N/m}$$

又因为 $\tilde{\nu}_2$ 和 $\tilde{\nu}_3$ 之间的波数差为 $4B$，其他相邻谱线的波数差为 $2B$，取平均值有

$$2B = \frac{2925.78 - 2821.49}{5}\text{cm}^{-1} = 20.86\text{cm}^{-1}\text{，}\quad B = 10.43\text{cm}^{-1}$$

由 $B = \dfrac{h}{8\pi^2 Ic} = \dfrac{h}{8\pi^2 \mu R_0^2 c}$ 可得

$$R_0 = \sqrt{\frac{h}{8\pi^2 \mu c B}} = 0.128\text{nm}$$

8.2.5　双原子分子的电子态

双原子分子中，原子最外壳层的电子被各个核共有，参与成键，分子的状态取决于这些电子. 此时，作用于这些价电子上的电场不再具有球对称的性质，轨道角动量不再守恒，但由于价电子处于两个原子实的轴对称的电场中，轨道角动量在轴向(连接两个原子核的分子轴，取为 z 方向)的分量 $p_{lz}=m_l\hbar$ 是守恒的，$m_l=l, l-1,\cdots, -(l-1), -l$. 所以，对双原子分子可以用轨道角动量的轴向分量来描述电子的状态. 对分子而言，m_l 的正负两个状态实际上是相同的，相当于电子的转动全部反向，这对分子的状态无影响，所以用 m_l 的绝对值 $\lambda=|m_l|$ 描述分子中电子的状态. 对不同 λ 值的电子状态，常用以下符号表示.

λ 值	0，1，2，3，…
电子态	σ，π，δ，φ，…

处于这些状态的电子分别称为 σ、π、δ、φ 电子等，相应的分子轨道称为 σ、π、δ、φ 轨道等，除 σ 外，其他轨道都是双重简并的(由于 $\lambda=\pm m_l$). 每个分子中有一系列的分子轨道，各有自己的本征能量 $E_{e,i}$，若分子轨道能量比组成分子轨道的原子轨道能量低为成键轨道，反之，若分子轨道能量比组成分子轨道的原子轨道能量高为反键轨道用“*”号表示，如 σ^*、π^*、δ^*、φ^*等. 价电子在分子轨道上的分布遵从能量最低原理和泡利不相容原理，每个分子轨道最多容纳一对自旋取向相反的电子，π、δ、φ 等轨道由于是二重简并的，最多可以容纳 4 个电子. 价电子填充分子轨道的排布，称为分子的电子组态，例如，对 H_2^+ 其分子基态电子组态为$(\sigma_{1s})^1$，H_2 的为$(\sigma_{1s})^2$，He_2^+ 的为$(\sigma_{1s})^2(\sigma_{1s}^*)^1$，$Li_2$ 的为$(\sigma_{1s})^2(\sigma_{1s}^*)^2(\sigma_{2s})^2$，$N_2$ 的为$(\sigma_{1s})^2(\sigma_{1s}^*)^2(\sigma_{2s})^2(\sigma_{2s}^*)^2(\sigma_{2p})^4(\sigma_{2p}^*)^2$.

知道了分子轨道和分子的电子组态之后，下面我们确定分子态. 分子轨道总角动量沿分子轴向的分量是守恒量，可表为

$$M_L = \sum_i m_{li}$$

引入量子数 Λ 描述总角动量，定义为

$$\Lambda = |\sum_i m_{li}| \tag{8-19}$$

对不同的 Λ 值，用不同的希腊字母表示分子态

Λ 值	0，1，2，3，…
分子电子态	Σ，Π，Δ，Φ，…

分子中各电子的总自旋角动量用 S 表示，S 在分子轴方向的分量 $S_z = u\hbar$，$u=S, S-1,\cdots, -S+1, -S$，共有 $2S+1$ 个值，$2S+1$ 为分子的多重态数，分子光谱项符号为 $^{2S+1}\Lambda$.

实际上，双原子分子中除了各电子形成的总轨道角动量和总自旋角动量外，还有核的转动角动量，三者合成分子的总角动量 J，为解释各种分子的实验光谱，要确定分子中各种角动量的耦合情况，洪德曾进行过系统研究，总结出多种有代表性角动量耦合方案，此处不再详述.

分子中每一个稳定的电子激发态都包含许多振转能级，电子激发态和基态之间的跃迁产生分子的电子光谱，在外界电磁场作用下，电子一般从电子基态的低振转能级向上跃迁至电子激发态的各振转能级，形成分子的吸收谱，在分子的吸收谱中可以看到若干振转光谱带. 能级间跃迁的选择定则为

$$\Delta\Lambda = 0, \pm 1, \quad \Delta S = 0$$

$$\Delta\upsilon = 0, \pm 1, \pm 2, \pm 3, \cdots$$

$$\Delta J = 0, \pm 1 (0 \to 0 \text{除外})$$

图 8-29 为包含电子能级跃迁的振动光谱示意. 图中为两个不同的电子能级上的振动能级间的跃迁，电子能级通过势能曲线表示，不同势能曲线回复力常数 k 值可以是不同的.

图 8-29 中每一个跃迁产生一个谱带，它包含许多可能的转动能级跃迁产生的谱线，所有可能的谱带组成一个“谱带系”，如图 8-30 所示.

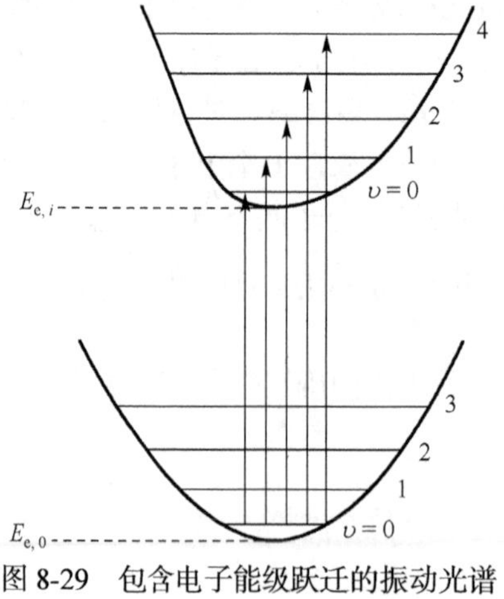

图 8-29　包含电子能级跃迁的振动光谱

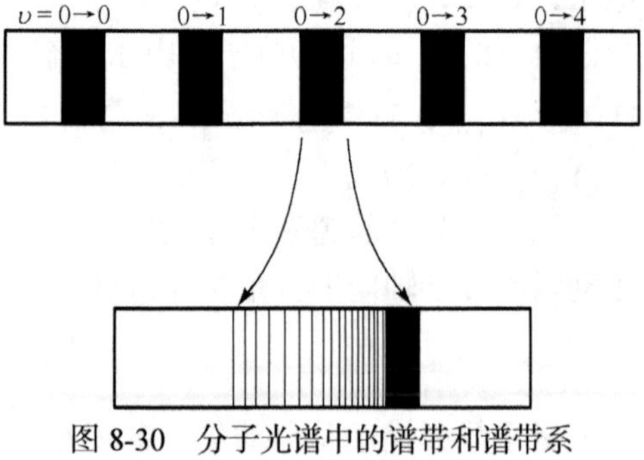

图 8-30　分子光谱中的谱带和谱带系

8.3　拉曼散射和光谱

8.3.1　拉曼散射及主要的实验结果

1. 拉曼散射

1928 年 C.V.拉曼在实验中发现，当光束穿过透明介质被分子散射时，在散射光谱中除了有原来的入射光的频率ν_i外，还有较弱的$\nu_i \pm \Delta\nu$的新频率出现，且散射光中频率的改变与入射光的频率ν_i无关，而与分子的振动和转动能级有关，这种现象叫拉曼散射. 拉曼散射实验装置如图 8-31 所示.

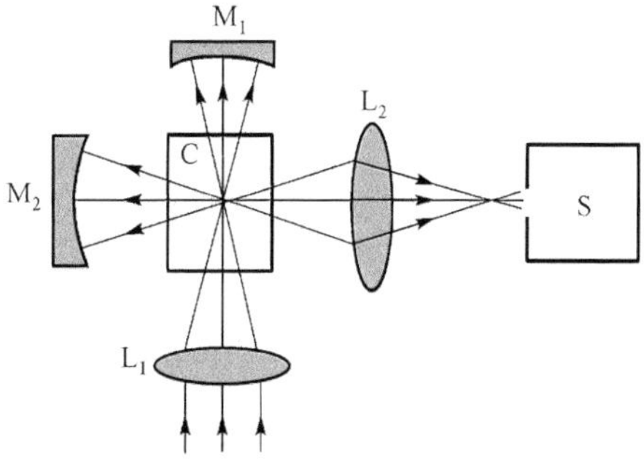

图 8-31　拉曼散射实验装置示意图

散射光中频率(或波长)与入射光频率相同的散射线称为瑞利散射，或瑞利线；

频率小于入射光的散射光，称为斯托克斯线(或红伴线)；

频率大于入射光的散射光，称为反斯托克斯线(或紫伴线)；

$\Delta\nu$称为拉曼位移，与入射光的频率ν_i无关. 拉曼散射光谱如图 8-32 所示.

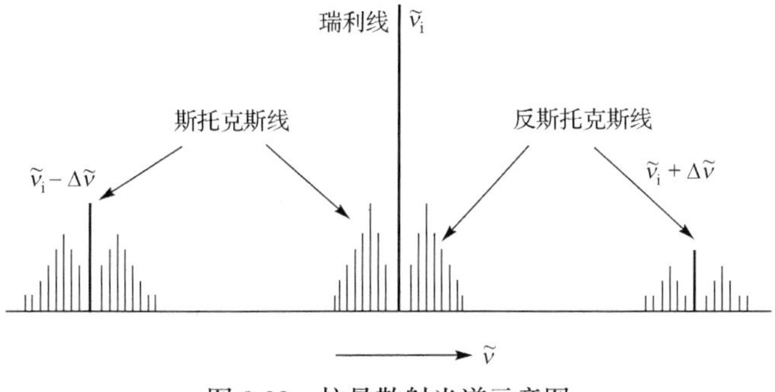

图 8-32　拉曼散射光谱示意图

2. 拉曼散射的主要实验结果

(1) 拉曼位移$\Delta\nu$与ν_i无关，只与散射样品的分子振动和转动能级有关；

(2) 拉曼位移$\Delta\nu$较小时，产生的靠近瑞利散射线的散射线称为小拉曼位移(或小拉曼谱)，与分子转动能级相关；小拉曼位移谱线对称分布在瑞利线两侧，称为纯转动拉曼谱线，其波数$\tilde{\nu}'$与瑞利线的波数$\tilde{\nu}_i$的关系为

$$\tilde{\nu}' - \tilde{\nu}_i = \pm(6+4J)B\ , \qquad J = 0,1,2,3,\cdots$$

式中，B 为转动常数；

(3) 拉曼位移$\Delta\nu$很大时，产生的远离瑞利散射线的谱线称为大拉曼位移(或大拉曼谱)，与分子振动能级相关，是一个振转能谱带，谱线分布在大拉曼谱带带心的斯托克斯线和反斯托克斯线的两侧，其波数 $\tilde{\nu}'$ 与大拉曼谱带心的斯托克斯线或反斯托克斯线波数 $\tilde{\nu}_{\mathrm{f}}$ 的关系为

$$\tilde{\nu}' - \tilde{\nu}_{\mathrm{f}} = \pm(6+4J)B\,, \qquad J = 0,1,2,3,\cdots$$

(4) 散射光强很弱，只有入射光光强的百万分之一；且大拉曼谱中的反斯托克斯线比斯托克斯线的强度弱得多,但随温度的升高反斯托克斯线强度迅速增加，而斯托克斯线强度变化不大.

图 8-33 是 HCl 分子的纯转动和振转拉曼谱示意图.

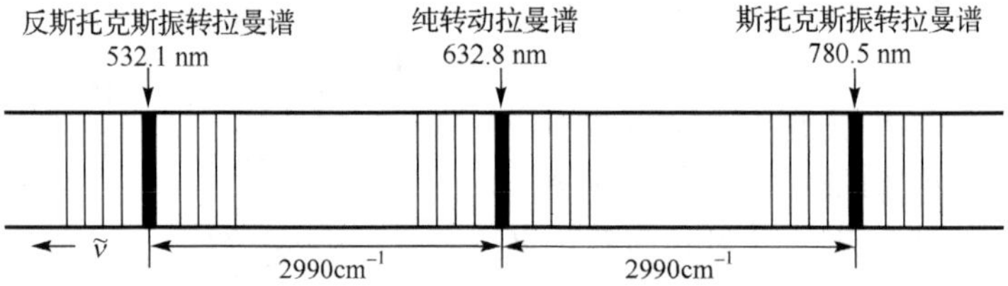

图 8-33　是 HCl 分子的纯转动和振转拉曼谱示意图

8.3.2　拉曼散射的理论解释

量子物理认为拉曼散射是入射光子与样品分子之间的非弹性散射所导致的，光子的散射是一个两步过程，如图 8-34 所示. 第一步，能量为 $h\nu_{\mathrm{i}}$ 的入射光子被分子吸收，从初态跃迁到某个虚能态 E_n，第二步，处于虚能态的分子发射光子退激发到末态. 设分子有两个振动能级，能级间距为 $E_1-E_0=h\nu$(E_0 为基态能级能量)，设初始时分子处于基态 E_0，当能量为 $h\nu_{\mathrm{i}}$ 的入射光子与分子相碰后，处于基态能级 $\upsilon=0$ 的分子吸收了一个能量为 $h\nu_{\mathrm{i}}$ 的入射光子，从初态跃迁到某个虚能态 E_n，若分子向下跃迁回到 $\upsilon=0$ 的基态 E_0，则散射光子与入射光子的能量相等，分子内部的状态也没有发生变化，这便是瑞利散射；如果分子向下跃迁回到 $\upsilon=1$ 的激发态 E_1，则光子在散射过程中将部分能量传递给分子，相当于分子吸收能量，散射光子能量减小为 $h(\nu_{\mathrm{i}}-\nu)$，这便是拉曼散射的斯托克斯线；如果分子的初态是 $\upsilon=1$

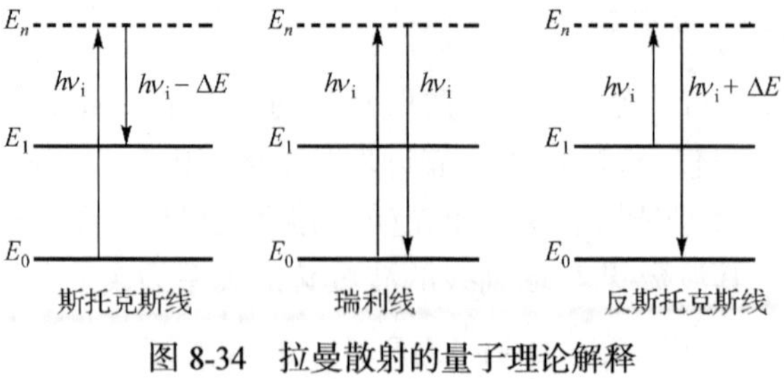

图 8-34　拉曼散射的量子理论解释

的第一激发态 E_1，末态是 $\upsilon=0$ 的基态 E_0，则光子在散射过程中从分子获得部分能量，相当于分子放出能量，散射光子的能量增加为 $h(\nu_i+\nu)$，这便是拉曼散射的反斯托克斯线.

用上述理论，我们首先讨论纯转动拉曼谱，即小拉曼谱. 小拉曼位移光谱和分子远红外纯转动光谱尽管都是由转动能级跃迁所产生的，但是拉曼光谱的谱线间隔是 $4B$，是分子远红外纯转动光谱的两倍，这源于他们遵循不同的选择定则，拉曼散射中转动能级的跃迁选择定则是 $\Delta J=0,\pm2$.

可以这样理解这个选择定则，因为拉曼转动跃迁是一个两步过程，其中每一步都遵从 $\Delta J=\pm1$ 的选择定则，两次 $\Delta J=\pm1$ 的组合就是从初态到末态的选择定则，这恰好是 $\Delta J=0,\pm2$. 图 8-35 是拉曼散射中的转动跃迁和纯转动拉曼光谱示意图. $\Delta J=0$ 的跃迁对应于瑞利线，波数等于入射光的波数；$\Delta J=2$ 的跃迁对应于反斯托克斯线，谱线波数为

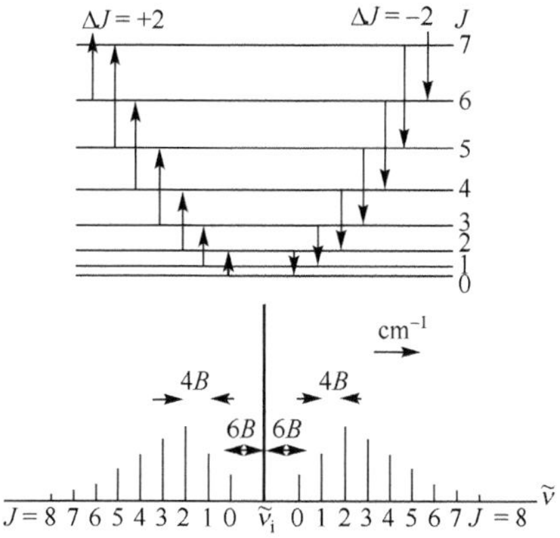

图 8-35　拉曼散射中的转动跃迁和纯转动拉曼光谱

$$\tilde{\nu}'=\tilde{\nu}_i+\frac{E_{r,J}-E_{r,J'}}{hc}=\tilde{\nu}_i+B[J'(J'+1)-J(J+1)]$$
$$=\tilde{\nu}_i+B[(J+2)(J+3)-J(J+1)]=\tilde{\nu}_i+B(4J+6)$$

谱线相对于瑞利线的位移为

$$\tilde{\nu}'-\tilde{\nu}_i=(6+4J)B\ ,\quad J=0,1,2,3,\cdots$$

所以，小拉曼谱的反斯托克斯线第一条谱线相对瑞利线的位移为 $6B$，之后每条谱线的间隔均为 $4B$.

同理 $\Delta J=-2$ 的跃迁对应于斯托克斯线，谱线相对瑞利线的位移为

$$\tilde{\nu}'-\tilde{\nu}_i=-B(4J+6)\ ,\quad J=0,1,2,3,\cdots$$

所以，小拉曼谱的斯托克斯线第一条谱线相对瑞利线的位移为 $-6B$，之后每条谱线的间隔均为 $4B$，很好地解释了实验观测结果.

下面我们讨论振转拉曼谱，即大拉曼位移. 在非谐振模型下，振动跃迁的选择定则原则上无限制，所以大拉曼位移对任意 $\Delta\upsilon$ 都可发生. 但室温下 $\Delta\upsilon=2$ 以上的跃迁概率很小，不易观测，主要是 $\upsilon=1\leftarrow\upsilon=0$ 的振动谱带. 大拉曼谱带的带心的拉曼位移等于分子振动光谱的基频 ν_0；振转拉曼谱的转动精细结构，由转动能级间跃迁产生，其选择定则也是 $\Delta J=0,\pm2$. 所以与小拉曼谱的讨论相似，大拉曼

谱带的转动精细结构谱线相对于大拉曼谱带的带心的位移仍为

$$\tilde{\nu}' - \tilde{\nu}_{\mathrm{i}} = \pm B(4J+6)\ ,\quad J = 0,1,2,3,\cdots$$

图 8-36 是实验测量的 CO 分子 1←0 振转拉曼谱的斯托克斯谱带的结构示意图.

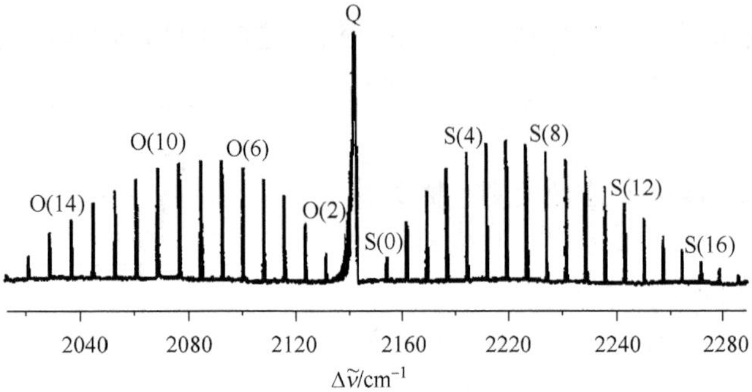

图 8-36　CO 分子 1←0 的振转拉曼谱的斯托克斯谱带

拉曼散射的特点是光源的波长可以选择，用可见区或紫外区的入射光源，就可以在可见区或紫外区研究分子的振动和转动，在很多情况下这比使用红外或远红外区域的光谱技术更为方便. 另外，对同核双原子分子由于不存在纯转动或振转光谱，但它们有相应的拉曼散射光谱，因而拉曼光谱成为获得同核双原子分子结构和性质的极重要的研究手段.

另外，常温下振动激发态的分子布居数远少于基态的布居数，所以，大拉曼位移的反斯托克斯谱带比斯托克斯谱带弱得多. 但随温度增加，激发态能级上的分子数会明显增加，但基态能级上分子数的相对变化并不明显，所以，反斯托克斯线强度随温度增加明显，而斯托克斯线强度变化不大.

例 8-5　用波长为 404.7nm 的激光测得 HCl 转动拉曼光谱第一条斯托克斯线的波数是 24646cm^{-1}，求 HCl 分子的键长.

解　入射光波数为

$$\tilde{\nu}_{\mathrm{i}} = \frac{1}{\lambda} = \frac{1}{404.7\times10^{-9}\mathrm{m}}$$

小拉曼位移为

$$\Delta\tilde{\nu} = \tilde{\nu}_{\mathrm{i}} - \tilde{\nu}'$$

$$\Delta\tilde{\nu} = \frac{1}{404.7\times10^{-7}\mathrm{cm}} - 24646\ \mathrm{cm}^{-1} = 64\mathrm{cm}^{-1} = 6B$$

由 $B = \dfrac{h}{8\pi^2\mu R_0^2 c}$ 可得

$$R_0 = \sqrt{\frac{h}{8\pi^2 \mu Bc}}$$

请同学自解.

例 8-6 HCl 被波长为 435.8nm 的汞线激发，计算其振转拉曼谱的斯托克斯线的波长，已知 HCl 的基频振动频率为 $8.667\times10^{13}\text{s}^{-1}$.

解 入射光的频率

$$\nu_{\text{i}}=\frac{c}{\lambda}=\frac{3\times10^8\text{ms}^{-1}}{435.8\times10^{-9}\text{m}}$$

HCl 分子的基频振动频率

$$\nu_0 = 8.667\times10^{13}\text{s}^{-1}$$

所以大拉曼谱带心的位移为

$$\Delta\nu = \nu_{\text{i}} - \nu_{\text{s}} = \nu_0 = 8.667\times10^{13}\text{s}^{-1}$$

从而大拉曼谱的斯托克斯线的频率为

$$\nu_{\text{s}} = \nu_{\text{i}} - \nu_0$$

波长

$$\lambda_{\text{s}} = \frac{c}{\nu_{\text{s}}} = \frac{3\times10^8}{\dfrac{3\times10^8}{435.8\times10^{-9}} - 8.667\times10^{13}}\times10^9 = 498.6(\text{nm})$$

习题与思考题

1. 已知 KCl 分子的平衡距离 R_0=0.267nm，假设 K^+和 Cl^-是点电荷，试由此估算 KCl 分子的电偶极矩. 将此估算值与 KCl 分子电偶极矩实验值 $D=2.64\times10^{-29}\text{C}\cdot\text{m}$ 相比较，说明点电荷模型与实际情况有什么差别.
2. 用波数表示的 HBr 分子的远红外吸收谱是一组等间隔的谱线，相邻谱线波数差 $\Delta\tilde{\nu}$ = 16.94cm^{-1}，试求 HBr 分子的转动惯量及原子核间的平衡距离，已知 H 和 Br 的原子质量分别为 1.008u 和 79.92u.
3. 已知 H_2 分子两原子核间的平衡距离 R_0=0.074nm，试求其 H_2 分子最低的三个转动能级的能量是多少？
4. 一氧化碳分子 $^{12}C^{16}O$ 和 $^{A}C^{16}O$ 的 $J=0\to J=1$ 的转动吸收光谱线相应的频率分别是 1.153×10^{11}Hz 和 1.102×10^{11}Hz，试求未知的碳同位素 ^{A}C 的质量数 A.
5. 氯原子的两同位素 ^{35}Cl 和 ^{37}Cl 分别与氢合成两种分子 $H^{35}Cl$ 和 $H^{37}Cl$. 试求这两种分子振动光谱中相应光谱带基线的频率比. 已知 ^{35}Cl 和 ^{37}Cl 的原子质量分别为 34.969u 和 36.965u.
6. 实验测得 HBr 分子 $\upsilon=0\to\upsilon=1$ 的振转吸收谱的基线对应的光子能量 $h\nu_0$=0.317eV，振转谱 R

支和 P 支相邻谱线的能量间隔ΔE=0.0020eV，求 HBr 分子的力常量及平衡距离.

7. 已知 HF 分子的振动基频率$\nu_0=1.24\times10^{14}$Hz，转动惯量 $I=1.3\times10^{-47}$kg · m^2，若以最短波长为 3μm 的连续光激发处于振动基态的 HF 分子，问是否可以使 HF 分子跃迁到转动和振动的激发态？
8. 入射单色光被 HF 分子散射时出现两条振动拉曼散射谱线，波长分别为 267.0nm 和 343.0nm，试由此得出该分子的振动基频和力常量.
9. 波长为 546.0nm 的单色入射光通过 N_2 分子后观测到转动拉曼光谱中最靠近瑞利线的红伴线和紫伴线之间的波数差为 0.72nm，试求该分子的转动常数是多少？
10. 分子光谱与原子光谱有什么异同？

第2篇

原子核物理

第 9 章

原子核的基本性质和结构

自 1911 年卢瑟福提出原子的核式结构模型以来，原子就被分成两部分来处理：一是处于原子中心的原子核；一是绕核旋转运动的电子. 核外电子的运动构成了原子物理学的主要内容，而原子核则成了原子核物理学的主要研究对象. 原子和原子核是物质结构的两个层次，或许是分得最开的两个层次，但两者之间存在众多相似之处.

本章将从原子核的基本性质、核力和原子核的结构模型来了解原子核. 原子核的基本性质通常是指原子核作为整体时所具有的静态性质，即原子核的电荷、质量、半径、核自旋、磁矩、电四极矩、宇称和核的统计性质等. 这些性质与原子核的结构及其变化密切相关，而原子核的结构主要用各种结构模型来描述，包括液滴模型、壳模型和集体模型等. 学习本章内容，将对原子核的静态性质与结构有一个概括的了解，也为后面各章的学习准备必要的基础知识.

9.1 原子核的电荷、质量和半径

9.1.1 原子核的电荷

原子核所带的正电荷量恰为 e 的整数倍，习惯上用 Ze 表示，Z 称为核电荷数，数值等于元素周期表中元素的原子序数. 核电荷数相同的原子具有相同的化学性质，通常将核电荷数相同的一类原子称为一种元素. 目前已发现 118 种元素，天然存在的元素中，铀元素的电荷数最大(Z=92). Z 可用特征 X 射线方法测定.

9.1.2 原子核的质量

原子核的质量很小，通常用原子质量单位 u 来度量原子核的质量. 由 $E=mc^2$ 可知

$$1\text{u}=1.660539040\times10^{-27}\text{kg}=931.4940954\ \text{MeV}/c^2$$

即一原子质量单位的质量相当于 931.494MeV 的能量. 用 u 作单位表示元素质量时，其整数部分为该元素的质量数，用 A 表示. 原子核的质量 m 可以表示为

$$m=M-Zm_{\mathrm{e}}+\sum_{n=1}^{Z}\frac{\varepsilon_n}{c^2} \tag{9-1}$$

式中，ε_n 为第 n 个电子的结合能；M 为中性原子的质量. 若忽略电子的结合能则原子核的质量为

$$m\approx M-Zm_{\mathrm{e}} \tag{9-2}$$

又 m_{e} 很小，所以有时对原子核进行某些估算时，往往用整个中性原子的质量代替原子核的质量. 例如，^{238}U 原子质量为 238.050787u，它的 92 个电子的质量为 5.0469×10^{-2}u，约占原子质量的 2.21×10^{-4}.

质量是原子核最基本的性质之一，它可反应核内的相互作用. 核质量数据是核物理、核天体物理等基础学科发展的基石，同时被广泛应用于核能利用等多个技术应用领域. 因此，原子核质量的测量将极大地促进人类对微观和宏观世界的认识，它是核物理的重要研究内容，通常利用质谱仪测量离子的电荷质量比进而确定其质量①.

9.1.3　原子核的半径

常将原子核近似看作球形，通常用核半径来表示原子核的大小. 核半径 R 用宏观尺度来衡量是很小的量，约为 10^{-15}m=1fm，无法直接测量，可以通过原子核与其他粒子的相互作用间接测量. 根据相互作用的不同，核半径一般有两种定义.

1. 电荷分布半径

利用高能电子散射实验，可测量核内的电荷分布半径，亦是质子分布半径. 图 9-1 表示核内电荷分布的大致情况. 纵坐标 ρ 表示电荷密度，横坐标 r 表示电荷与原子核中心的距离. 图中可见：在原子核中心附近，电荷密度是一常量，而边界处逐渐下降. 核半径 R 定义为电荷密度降为中心密度一半时的位置到核中心的距离.

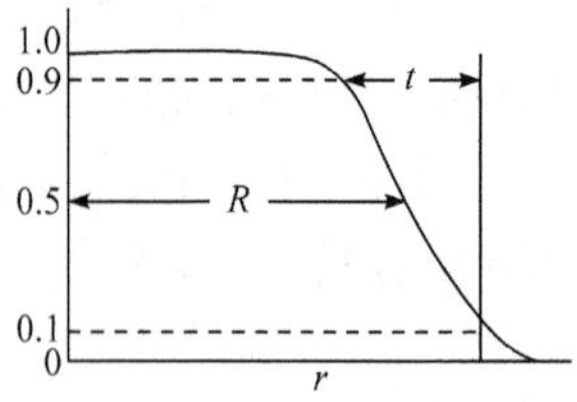

图 9-1　核内电荷分布状况

利用这种方法测量的核半径与原子核的质量数有如下近似关系：

$$R\approx r_0A^{1/3} \tag{9-3}$$

r_0 为常数，数值为 1.1～1.2fm.

2. 核力分布半径

由高能中子、质子、π介子等与原子核相互作用的散射实验可测量核力作用

① 王猛，张玉虎，周小红. 原子核质量的测量[J]. 中国科学：物理学 力学 天文学, 2020, 50: 54-64.

半径. 在此半径内有核力作用，半径之外，无核力作用. 实验证明，核力作用半径与质量数也有近似关系：$R \approx r_0 A^{1/3}$，其中 r_0 为 1.4～1.5fm.

原子核的电荷分布半径与核力分布半径都近似正比于 $A^{1/3}$，若设原子核近似为球形，其体积 $V=4\pi R^3/3$，则原子核的体积近似正比于 A，其质量密度为

$$\rho = \frac{m}{V} \approx \frac{Am_{\mathrm{N}}}{4\pi R^3/3} = \frac{m_{\mathrm{N}}}{4\pi r_0^{\,3}/3} \approx 1.44\times 10^{17}\,\mathrm{kg/m^3} \tag{9-4}$$

其中，核子质量 $m_{\mathrm{N}} = 1.67\times 10^{-27}\,\mathrm{kg}$，$r_0$ 取 1.4fm. 可见原子核内物质密度大得惊人.

9.2　原子核的组成与核素图

9.2.1　原子核的组成

1919 年，卢瑟福通过反应 $\alpha + {}^{14}_{7}\mathrm{N} \rightarrow {}^{17}_{8}\mathrm{O} + {}^{1}_{1}\mathrm{H}$ 发现一种粒子，带一个单位正电荷的电量，质量与氢原子核质量相等，被称为质子. 同时，用快速 α 粒子轰击其他原子核时也能产生这种粒子. 这个实验说明原子核内包含质子，但原子核应该不能只由质子组成. 如氘原子核，它的电荷等于质子电荷，但质量却为质子的两倍，原子核内还应包含什么成分呢?

直到 1932 年查德威克(Chadwick)发现了中子，人们才确立了原子核由质子和中子组成. 1930 年，玻特(W.Bothe)等利用 α 粒子轰击锂、铍($\alpha + {}^{9}_{4}\mathrm{Be} \rightarrow {}^{12}_{6}\mathrm{C} + {}^{1}_{0}\mathrm{n}$)等轻元素时，发现一种穿透力较强的辐射，可穿过厚的铅板被计数管记录下来. 同年，约里奥–居里(I.Joliot Curie)夫妇重复实验，并用放出的射线去轰击石蜡，但他们却都把这种辐射看成 γ 射线. 查德威克了解到约里奥–居里夫妇的工作后，重复上述实验并经过分析后，大胆预言这种未知射线是一种新的粒子，它不带电，质量和质子相近，称为“中子”.

质子和中子的质量分别是

$$m_{\mathrm{p}}=1.007276\mathrm{u}=938.272\mathrm{MeV}/c^2;\quad m_{\mathrm{n}}=1.008665\mathrm{u}=939.565\mathrm{MeV}/c^2 \tag{9-5}$$

它们统称为核子(质量数都是 1)，其自旋量子数均为 1/2，海森伯把中子和质子看作是核子的两个不同的状态(方便理论描述). 原子核的质量数 A 等于核内质子数 Z 和中子数 N 之和.

9.2.2　核素和核素图

1. 核素

具有相同质子数 Z 和中子数 N 的一类原子核，称为一种核素. 核素用符号

${}_{Z}^{A}X_{N}$表示，其中 X 为元素符号，实际工作中经常简写为 ${}^{A}X$. 例如，天然氧中含有${}_{8}^{16}O$、${}_{8}^{17}O$和${}_{8}^{18}O$，3 种氧的同位素，它们的 Z=8，而 N 分别为 8、9、10，所以它们是 3 种不同的核素. 元素仅决定于原子序数 Z，核素则同时决定于 Z 和 N. 只要 X 相同(即 Z 相同)N 可不同，元素在周期表中的位置就相同，其化学性质就基本相同，例如${}_{92}^{235}U$和${}_{92}^{238}U$具有相同的化学性质，但它们的 N 不同，所以是两个完全不同的核素，它们的核性质完全不同，${}_{92}^{235}U$是易裂变核素，而${}_{92}^{238}U$是可裂变核素.

下面介绍几个常见的名词.

同位素(isotope)：Z 相同而 N 不同的核素称为同位素，例如${}_{92}^{233}U$、${}_{92}^{235}U$、${}_{92}^{238}U$是铀的同位素.

同中子素：N 相同而 Z 不同的核素称为同中子素，例如${}_{14}^{30}Si_{16}$和${}_{16}^{32}S_{16}$.

同量异位素：A 相同而 Z 不同的核素称为同量异位素，例如${}_{38}^{90}Sr$和${}_{39}^{90}Y$.

同质异能素：Z、N 均相同的两个原子核，但原子核处于不同的能量状态，这样的核素称为同质异能素，用 ${}^{Am}X$ 表示，例如 ${}^{60m}Co$ 是 ${}^{60}Co$ 的长寿命激发态.

2. 核素图

若以原子核的中子数 N 为横坐标，质子数 Z 为纵坐标对核素作图形成核素图. 图 9-2 是核素图的示意图(缩小版)，图 9-3 则是实验室内常用的核素挂图的一小部分. 图上每一点(或每一格)代表一个特定的核素.

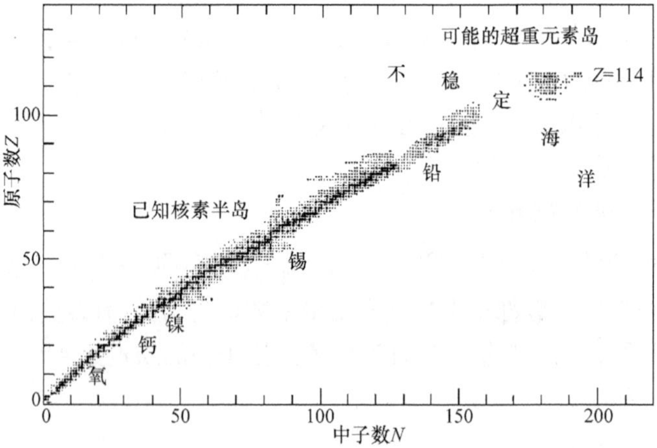

图 9-2　核素图

现代的核素图上，既包含了 300 多个天然存在的核素(280 个稳定的核素，60 多个放射性核素)，也包含了自 1934 年以来人工制造的 3000 多个放射性核素，它

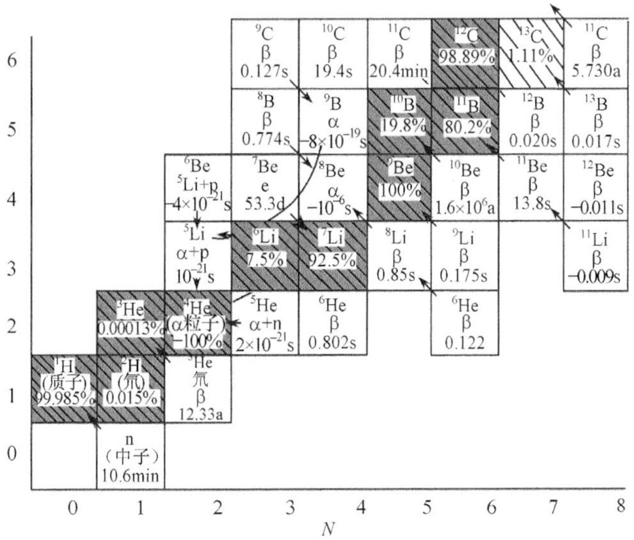

图 9-3　核素图 N(部分)

们是原子核物理的研究对象.

考察核素图发现，自然界中稳定的核素几乎全落在一光滑的曲线上或紧靠曲线的两侧，这个区域叫作核素的稳定区，称为稳定的核素半岛，该曲线称为 β 稳定线，可用经验公式表示

$$Z = \frac{A}{1.98 + 0.0155A^{2/3}} \tag{9-6}$$

对于 $Z < 20$ 的轻核素，稳定核素的中质比(中子数与质子数的比值)约为 1；Z 为中等值时中质比约为 1.4；Z 等于 90 左右时约为 1.6. 位于 β 稳定线上侧和下侧的区域分别属于缺中子核素区和丰中子核素区，中子数过多或偏少的核素都是不稳定的，可通过 β 衰变转化为稳定核素.

在 1966 年左右，理论预告，在远离稳定的核素半岛的不稳定的核素海洋中(见图 9-1)，在 Z = 114 附近应该有一个超重元素的稳定岛①. 几十年来，人们想尽办法要渡海登岛，虽然曾先后 15 次宣布“成功了”，但是，至今尚未真正登上去. 不过，人们尚未绝望，在没有发现理论上的缺陷之前，各种尝试还在不断地进行. 在 1974 年李政道教授更进一步提出在不稳定的核素海洋的更遥远的地方存在着一个比稳定的核素半岛大得多的“稳定的核素洲”，那里有成千上万个稳定的核素. 未来的实验将考验这些理论的可靠性②.

① Bemis C E, Nix J R. Superheavy elements-the quest in perspective[J]. Comments Nucl. Part. Phys, 1977, 7: 65.

② 杨福家. 原子核物理学进展——访美观感[J]. 自然杂志, 1978, 1: 413.

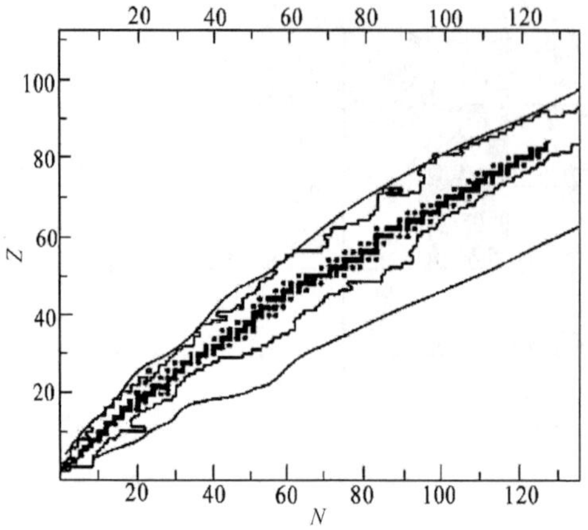

图 9-4　实验已发现的核素(在两条曲线范围内)及理论预言的核素(在两条实线范围内)

现今的理论还预言，在现有的核素半岛上，允许存在的核素远不止3000多个(图9-4中两曲折线范围内)，而是可能有6000～8000个(图9-4中两实线范围内，上面一条实线称为质子泄漏线，线上质子结合能为零；下面一条线为中子泄漏线，线上中子结合能为零)；显然，未发现的丰中子核素远多于丰质子核素．新的核素还在不断地被制造出来，远离稳定线的核素研究是原子核物理的一个重要的分支．

9.3　质量亏损和结合能

9.3.1　1+1≠2

原子核是由核子组成的，但原子核的质量小于核内核子质量之和．例如，氘核中有一个中子和一个质子，两者质量之和 $m_n+m_p=2.015941\text{u}$，而氘核的实际质量 $m_d=2.013559\text{u}$，两者之差

$$\Delta m=m_n+m_p-m_d=0.002382\text{u}=2.219\text{MeV}/c^2$$

称为质量亏损．这是因为当中子和质子组成氘核时，会释放出一部分能量(2.219MeV)，这就是氘核的结合能，已被实验所证实．反之若想将氘核一分为二放出质子和中子，氘核需要吸收2.219MeV的能量转化为核子的静止质量．

对于任意的核素 ${}_Z^AX_N$，质量亏损

$$\Delta m(Z,A)=Zm_p+Nm_n-m\approx ZM_H+Nm_n-M(Z,A) \tag{9-7}$$

其中，m 为原子核的质量，M 为中性原子的质量，M_H 为氢原子质量．

原子核的结合能一般可表示为

$$B(Z,A)=\Delta m(Z,A)c^2 \tag{9-8}$$

通过中性原子的质量 M 可计算各种核素的结合能．不同核素的结合能差别很大，一般来说，质量数 A 大的原子核的结合能 B 也大．注意：核数据库中，经常用质量过剩 $\Delta(Z,A)=[M(Z,A)-A]c^2$ 来表示相应的原子质量 $M(Z,A)$．

注意：一个体系的质量比其组分的质量之和小，这不算新鲜事. 分子的质量小于组成分子的原子质量之和，原子的质量小于原子核与电子的质量之和，等等. 任何两个物体结合在一起，都会释放能量. 只是在一般情况下，结合能微乎其微不加考虑罢了. 其中分子层次的结合能占体系总能量的 10^{-9}，原子层次约占 10^{-5}，原子核层次约占 10^{-3}，而高能物理超过 1. 所以结合能的概念在核物理和高能物理中非常重要.

9.3.2　平均结合能

原子核中平均每个核子的结合能称为平均结合能，又称比结合能，用 ε 表示为

$$\varepsilon = B / A \tag{9-9}$$

例如氘核的比结合能约为 1.1MeV 每核子. 比结合能表示若把原子核拆成自由的核子，平均对每个核子所需做的功. ε 的大小表示原子核结合的松紧程度，ε 越大的原子核结合得越紧.

图 9-5 中给出了比结合能 ε 随质量数 A 的变化，称为比结合能曲线.

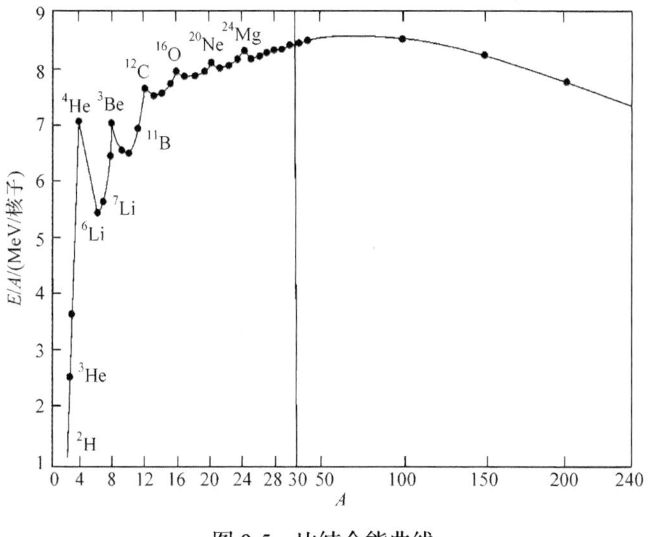

图 9-5　比结合能曲线

由图 9-5 可知：

(1) 在 $A<30$ 的原子核中，比结合能曲线整体是上升的，但有明显的周期性起伏. ε 极大的核素都是 A 为 4 的整数倍且 $Z=N$ 并为偶数的核素，如 ^{4}He、^{12}C、^{16}O、^{20}Ne 和 ^{24}Mg 等，这些核素的质子数 Z 和中子数 N 均为偶数，称为偶偶核；而 ε 极小的核素，Z 和 N 都为奇数，称为奇奇核.

(2) 在 $A>30$ 的原子核中，核子的比结合能变化不大，接近于一个常数(约 8MeV). 此时结合能 $B \propto A$，显示了核力的饱和性.

(3) 比结合能曲线中间高，两头低. 相对于轻核和重核，中等质量(A=50～150)的核素的ε比较大(约 8.6MeV)，当比结合能ε小的原子核变成ε大的原子核时，就会释放能量，所以重核裂变(例$\mathrm{n}+{}^{235}\mathrm{U}\rightarrow{}^{93}\mathrm{Rb}+{}^{141}\mathrm{Cs}+2\mathrm{n}$)和轻核聚变(例${}^{2}\mathrm{H}+{}^{3}\mathrm{H}\rightarrow{}^{4}\mathrm{He}+\mathrm{n}$)都会释放能量.

9.3.3 最后一个核子的结合能

原子核最后一个核子的结合能，是一个自由核子与核的剩余部分组成原子核时，所释放的能量，也是从原子核中分离一个核子所要给予的能量. 这个数值的大小反映了原子核相对临近核素的稳定程度.

核素${}_{Z}^{A}X_{N}$最后一个中子的结合能为

$$\begin{aligned}S_{\mathrm{n}}(Z,A)&=[m(Z,A-1)+m_{\mathrm{n}}-m(Z,A)]c^{2}\\&\approx[M(Z,A-1)+m_{\mathrm{n}}-M(Z,A)]c^{2}\end{aligned}\tag{9-10}$$

核素${}_{Z}^{A}X_{N}$最后一个质子的结合能为

$$\begin{aligned}S_{\mathrm{p}}(Z,A)&=[m(Z-1,A-1)+m_{\mathrm{p}}-m(Z,A)]c^{2}\\&\approx[M(Z-1,A-1)+M({}^{1}\mathrm{H})-M(Z,A)]c^{2}\end{aligned}\tag{9-11}$$

由式(9-7)和(9-8)，最后一个核子的结合能也可表示为

$$S_{\mathrm{n}}(Z,A)=B(Z,A)-B(Z,A-1)$$

$$S_{\mathrm{p}}(Z,A)=B(Z,A)-B(Z-1,A-1)$$

例 9-1 计算从氦核(^{4}He)中取出一个质子或一个中子必需消耗的最小能量，并解释结果的差别.

解 (1)从^{4}He 中取出质子所需的能量等于^{4}He 的最后一个质子的结合能，

$$S_{\mathrm{p}}({}^{4}\mathrm{He})=[M({}^{3}\mathrm{H})+M({}^{1}\mathrm{H})-M({}^{4}\mathrm{He})]c^{2}$$

而$M({}^{3}\mathrm{H})=3.016049\mathrm{u}$，$M({}^{1}\mathrm{H})=1.007825\mathrm{u}$，$M({}^{4}\mathrm{He})=4.002603\mathrm{u}$，所以

$$S_{\mathrm{p}}({}^{4}\mathrm{He})=0.021304\times931.5\mathrm{MeV}\approx19.845\mathrm{MeV}$$

即所需最小能量为 19.845MeV.

(2) 取出中子所需的能量等于^{4}He 的最后一个中子的结合能

$$S_{\mathrm{n}}({}^{4}\mathrm{He})=[M({}^{3}\mathrm{He})+m_{\mathrm{n}}-M({}^{4}\mathrm{He})]c^{2}$$

而$M({}^{3}\mathrm{He})=3.016029\mathrm{u}$，$m_{\mathrm{n}}=1.008665\mathrm{u}$，所以

$$S_{\mathrm{n}}({}^{4}\mathrm{He})=0.022091\times931.5\mathrm{MeV}\approx20.578\mathrm{MeV}$$

从而取出中子必须消耗的能量为 20.578MeV.

由于静电斥力，原子核中质子的结合能小于中子的结合能，所以取出中子消耗的能量略大于取出质子的能量.

9.4　原子核的角动量、磁矩和电四极矩

9.4.1　原子核的角动量

原子核和原子一样也具有角动量，这是因为原子核由自旋为 1/2 的质子和中子组成，且核子除具有自旋外，还在核内做复杂的相对运动，从而具有相应的轨道角动量. 原子核的角动量(又称核自旋)就是核内所有质子和中子的自旋角动量和轨道角动量的矢量和. 它是核的内部运动所固有的，与整个核的外部运动无关，钠光谱中黄色 D_3 线的超精细结构的发现是原子核存在角动量的最早的实验证据.

根据量子力学，原子核角动量 $\boldsymbol{P}_I$ 的大小可表示为

$$P_I = \sqrt{I(I+1)}\hbar \tag{9-12}$$

式中，I 为整数或半整数，是原子核的自旋量子数.

$\boldsymbol{P}_I$ 在空间某方向的投影为

$$P_{I_z} = m_I\hbar \tag{9-13}$$

其中，$m_I = I, I-1, \cdots, -I$，共有 $2I+1$ 个值，是原子核的自旋磁量子数.

习惯上，用自核自旋量子数 I 表示原子核自旋的大小(以 $\hbar$ 为单位)，附录Ⅱ中给出的核自旋便是 I 值. 注意：原子核在基态和激发态时的 I 往往是不同的，一般文献中给出的是基态时的 I.

在考虑了原子核角动量 $\boldsymbol{P}_I$ 后，原子的总角动量 $\boldsymbol{P}_F$ 等于核外所有电子的角动量 $\boldsymbol{P}_J$ 与原子核角动量 $\boldsymbol{P}_I$ 的矢量和，即

$$\boldsymbol{P}_F = \boldsymbol{P}_J + \boldsymbol{P}_I \tag{9-14}$$

$\boldsymbol{P}_F$ 的大小为 $P_F = \sqrt{F(F+1)}\hbar$，F 取值为

$$F = I+J, I+J-1, \cdots, |I-J| \tag{9-15}$$

如果 $J \geqslant I$，F 有 $2I+1$ 个值；如果 $I \geqslant J$，F 有 $2J+1$ 个值. F 不同时原子处于不同的状态，具有不同的能量，即考虑核自旋时，原子的能级又分裂成$(2I+1)$或$(2J+1)$个子能级，称为原子能级的超精细结构. 所以，原子核的核自旋 I 可以通过原子光谱的超精细结构来测量. 当然，这种由核自旋与电子总角动量相互作用导致的子能级间的距离，比由电子自旋与轨道相互作用导致的精细结构能级间的距离要小得多. 例如，早期发现的钠的 D 线波长为 589.3nm，考虑精细结构时分裂为两条谱线(D_1 为 589.6nm 和 D_2 为 589.0nm)，进一步分析，D_1 线和 D_2 线分别由相距

为 0.0023nm 和 0.0021nm 的两条线组成，此为 D 线的超精细结构.

下面讨论利用光谱线的超精细结构来确定核自旋 I.

(1) 当 $J \geqslant I$ 时，F 有 $2I+1$ 个值，能级分裂为 $2I+1$ 个子能级，此时可通过测量子能级的数目确定 I. 这种方法适合 I 比 J 小的核素，特别是能级不分裂时，$I=0$. 例如：^{59}Co 原子的基态($^4F_{9/2}$)原子光谱的超精细谱线有 8 条，小于 $2J+1=10$，说明谱线分裂数目由核自旋确定，即 $2I+1=8$，$I=7/2$.

(2) 当 $I \geqslant J$ 时，F 有 $2J+1$ 个值，能级分裂为 $2J+1$ 个子能级，此时可采用间距法则来求得 I.

量子力学中，$\boldsymbol{P}_I$ 与 $\boldsymbol{P}_J$ 的相互作用能量 E 正比于 $\boldsymbol{P}_I \cdot \boldsymbol{P}_J$，即

$$E = A\boldsymbol{P}_I \cdot \boldsymbol{P}_J \tag{9-16}$$

式中，A 是常量. 将式(9-14)两边平方

$$P_F^2 = P_I^2 + P_J^2 + 2\boldsymbol{P}_I \cdot \boldsymbol{P}_J \tag{9-17}$$

则

$$\boldsymbol{P}_I \cdot \boldsymbol{P}_J = \frac{1}{2}(P_F^2 - P_I^2 - P_J^2) = \frac{1}{2}[(F(F+1) - I(I+1) - J(J+1)] \tag{9-18}$$

设 $F=I+J, I+J-1, \cdots$ 时的相互作用能分别为 $E_1, E_2, \cdots$，由式(9-18)可算得两相邻能级的间距为

$$\begin{aligned} \Delta E_1 &= E_1 - E_2 = A\hbar^2(I+J) \\ \Delta E_2 &= E_2 - E_3 = A\hbar^2(I+J-1) \\ \Delta E_3 &= E_3 - E_4 = A\hbar^2(I+J-2) \\ &\cdots\cdots \end{aligned} \tag{9-19}$$

故

$$\Delta E_1 : \Delta E_2 : \Delta E_3 : \cdots = (I+J) : (I+J-1) : (I+J-2) : \cdots \tag{9-20}$$

实验测得能级间距的比值后，便可确定核自旋 I 的值. 此即为相邻能级的间距法则. 此法适用于 I 和 J 均大于 1/2，即分裂能级超过两个子能级的情况. 例如：铋的 472.2nm 的谱线对应于能级 $D_{3/2}$ 与 $S_{1/2}$ 之间的跃迁，考虑超精细结构时，两能级分别分裂为 4 个和 2 个子能级(即分裂为 $2J+1$ 个子能级)，所以 $I \geqslant J$. 此时，第一种方法不适用，但可利用间距法则. 测得 $D_{3/2}$ 的四个子能级的间距比为 6 : 5 : 4，由式(9-20)可得 $I+J=6$，而 $J=3/2$，故 $I=9/2$.

(3) 利用超精细结构谱线的相对强度测定 I.

理论表明，超精细结构谱线的相对强度正比于 $2F+1$，则跃迁至能级 $F_1=I+J$，$F_2=I+J-1$ 的谱线的强度之比为

$$\frac{2F_1+1}{2F_2+1}=\frac{2(I+J)+1}{2(I+J-1)+1}=\frac{2(I+J)+1}{2(I+J)-1} \tag{9-21}$$

当上述两种方法都不适用时，可利用此法定出 I. 例如，图 9-6 中钠 D 线的超精细结构，$I \geqslant J$，且 $3S_{1/2}$ 只分裂为两个能级，以上两种方法都不适用. 若测得 D_1 线(或 D_2 线)的两超精细谱线的相对强度之比为 5 : 3，由式(9-21)可得 $I+J=2$，而 $J=1/2$，则 $I=3/2$.

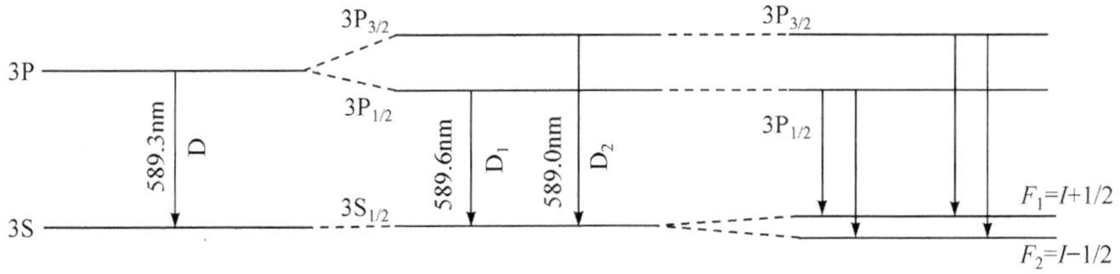

图 9-6　钠 D 线的精细结构和超精细结构

核自旋还可用核磁共振、电四极共振等方法测量. 实验发现，偶 A 核的自旋 I 为整数，其中偶偶核的 I 为零；奇 A 核的 I 为半整数.

9.4.2　原子核的磁矩

如同核外电子的情况，与原子核自旋相联系，原子核具有磁矩 $\boldsymbol{\mu}_I$，可表示为

$$\mu_I = g_I\left(\frac{e}{2m_{\mathrm{p}}}\right)P_I \tag{9-22}$$

式中，m_{p} 是质子质量，g_I 为核的朗德因子，其数值不能通过磁矩的耦合公式计算，只能通过实验测量.

式(9-22)原子核的磁矩是所有核子的自旋磁矩与所有质子的轨道磁矩的矢量和(中子的轨道磁矩为 0)，原子核磁矩的大小为

$$\mu_I = g_I\left(\frac{e}{2m_{\mathrm{p}}}\right)\sqrt{I(I+1)}\hbar = g_I\mu_N\sqrt{I(I+1)} \tag{9-23}$$

其中，$\mu_N = e\hbar/(2m_{\mathrm{p}})$，称为核磁子，由于质子质量比电子质量大 1836 倍，所以核磁子 μ_N 比玻尔磁子 μ_{B} 要小得多，故核磁矩 μ_I 比原子磁矩 μ_J 要小很多. 正因为如此，我们前面在讨论原子磁矩时一般不考虑原子核的磁矩. 原子核磁矩在 z 方向的投影为

$$\mu_{I_z} = g_I\left(\frac{e}{2m_{\mathrm{p}}}\right)P_{I_z} = g_I\mu_N m_I \tag{9-24}$$

注意：一般文献中所列核磁矩的大小是 μ_{I_z} 的最大值 $g_I I$ (以 μ_N 为单位). 表 9-1 列

出了部分核素的实验数据.

表 9-1　几种核素的核磁矩和电四极矩

核素	核磁矩 μ_N	电四极矩/b	核素	核磁矩 μ_N	电四极矩/b
n	–1.9131	0	^{12}C	0	0
^{1}H	2.7927	0	^{13}C	0.7024	0
^{2}H	0.857348	0.00282	^{23}Na	2.2175	0.14
^{3}H	2.9789	0	^{25}Mg	–0.8551	0.22
^{3}He	–2.1275	0	^{39}K	0.3914	0.055
^{4}He	0	0	^{176}Lu	3.1800	8.00
^{6}Li	+0.82189		^{235}U	–0.35	4.1
^{7}Li	3.2563	–0.045	^{241}Pu	–0.730	5.600
^{10}B	1.8007	0.08			

核磁矩的测量实质在于测量 g_I 因子，可以用多种方法测量，比较重要的是核磁共振法，具体过程如下.

将被测样品放在一个均匀的强磁场 $\boldsymbol{B}$ 中(约 1T)，由于原子核具有磁矩，它在磁场中与 $\boldsymbol{B}$ 作用获得附加能量 E

$$E = -\boldsymbol{\mu}_I \cdot \boldsymbol{B} = -\mu_{I_z} B = -g_I \mu_N m_I B \tag{9-25}$$

由于 $m_I = I, I-1, \cdots, -I$ ，有 $2I$+1 个值，所以附加能量 E 也有 $2I$+1 个值，即原来的一个核能级在磁场中将分裂成等间隔($g_I \mu_N B$)的 $2I$+1 个子能级. 根据选择定则 $\Delta m_I = 0, \pm 1$ ，两相邻子能级间可以进行跃迁.

若在垂直于均匀磁场 $\boldsymbol{B}$ 的方向上再加上一个高频磁场，其频率 ν 满足以下条件时：

$$h\nu = g_I \mu_N B \tag{9-26}$$

则样品的原子核将会吸收高频磁场的能量实现从较低的子能级向相邻较高子能级的跃迁. 此时高频磁场的能量被原子核强烈吸收，称为核磁共振吸收. 只要测得 ν 和 $\boldsymbol{B}$，利用上式可求出 g_I .

核磁共振有很多重要应用，如核磁共振成像、核磁共振元素分析等. 注意在应用过程中测量对象为 I 不为 0 的核素.

9.4.3　原子核的电四极矩

前面指出，原子核只是近似接近于球形. 进一步的实验表明，大多数原子核是偏离球形不远的轴对称椭球状. 这一点由原子核具有电四极矩得到证明. 非球形原子核的电荷(质子)分布也不是完全球形对称的，而非球形对称分布的电荷在

距离电荷分布中心 r 处所产生的电势可表示为

$$\phi(r)=a_1r^{-1}+a_2r^{-2}+a_3r^{-3}+\cdots \tag{9-27}$$

式中，a_1r^{-1} 为点电荷的电势；a_2r^{-2} 为电偶极子的电势；a_3r^{-3} 为电四极子的电势……即非球形对称分布的电荷，对外的效果相当于电多极子效果的叠加.

实验和理论分析表明，原子核中电偶极子贡献为 0，四极子以上的效应非常小，目前还不能观察到. 如果原子核电荷做旋转椭球形式的分布，其对称轴上有

$$\phi(r)=\frac{1}{4\pi\varepsilon_0}\left(\frac{Ze}{r}+\frac{Qe}{2r^3}\right) \tag{9-28}$$

式中，Q 为电四极矩，可证明为

$$Q=\frac{2}{5}Z(a^2-b^2) \tag{9-29}$$

式中，a 为沿对称轴的半径；b 为垂直于对称轴的最大截面半径，如图 9-7 所示.

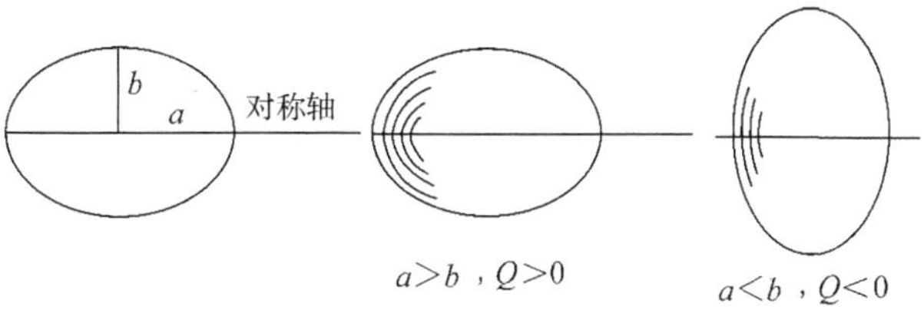

图 9-7　旋转椭球

显然，球形核的 $Q=0$；长椭球形的核 $Q>0$；扁椭球形的核 $Q<0$. 所以原子核的电四极矩是原子核偏离球形程度的量度，有面积的量纲，单位为靶(b)，$1\text{b}=10^{-24}\text{cm}^2$. 实验表明，电四极矩有正有负，多数是正值(部分核素的 Q 见表 9-1)，说明多数原子核的形状是长椭球.

引入椭球偏离球形的形变参量 ε，定义 $\varepsilon=\Delta R/R$，R 为与椭球同体积的球的半径，ΔR 为椭球对称轴半径 b 与 R 之差，则 $b=R(1+\varepsilon)$. 而 $\frac{4}{3}\pi R^3=\frac{4}{3}\pi a^2 b$，则 $a=\frac{R}{\sqrt{1+\varepsilon}}$. 这样电四极矩 Q 与形变参量 ε 的关系如下：

$$Q\approx\frac{6}{5}ZR^2\varepsilon\approx\frac{6}{5}Zr_0^2A^{2/3}\varepsilon \tag{9-30}$$

实验测得 Q 值后，利用上式可计算形变参量 ε. 结果表明，对大多数原子核，ε 的绝对值是不等于零的小数，一般为百分之几. 这说明大多数原子核是非球形的，但偏离球形的程度不大.

实际上原子核的电荷分布对核外电子有影响，因此在原子和分子光谱的超精细结构中将出现一条附加的谱线. 可在核磁共振和分子、原子光谱中显现，所以

它不仅能帮助我们认识核结构，也能帮助我们认识化合物的微观结构. 因为化学环境不同电子形成的电场便不同，电四极矩与电子电场相互作用的能量也不同，所产生的超精细结构光谱就会有差别，所以可通过谱线观察，对核结构以及化合物的微观结构进行分析和研究.

原子核电四极矩的存在将破坏原子光谱超精细结构的间距法则. 实验分析这种偏离间距法则的程度，可以求得电四极矩. 核的电四极矩还可以通过测量电四极矩共振吸收来获得.

9.5　原子核的宇称和统计性

9.5.1　原子核的宇称

我们知道，物理规律不会仅仅由于左右方向的不同(空间反演)而有差别，即应该具有坐标反演对称性，表现在微观粒子的运动状态中，用微观粒子的状态波函数$\Psi(\boldsymbol{r})$描述，可说明如下：我们知道$|\Psi(\boldsymbol{r})|^2$表示粒子在空间某点附近单位体积中出现的概率，按空间反演不变性，粒子在$\boldsymbol{r}$处的概率应和$-\boldsymbol{r}$处的相同，即$|\Psi(\boldsymbol{r})|^2=|\Psi(-\boldsymbol{r})|^2$，所以描述粒子运动状态的波函数应具有两种可能的性质，即$\Psi(\boldsymbol{r})=\pm\Psi(-\boldsymbol{r})$.

若 $\Psi(x,y,z)=\Psi(-x,-y,-z)$，称粒子具有偶性宇称.

若 $\Psi(x,y,z)=-\Psi(-x,-y,-z)$，称粒子具有奇性宇称.

宇称　是表示描述微观粒子体系状态的波函数Ψ在空间反演变换下的奇偶性的物理量. 是微观物理领域中特有的概念，在经典物理中无对应的物理量.

原子核中单个核子的宇称取决于其轨道量子数l，判断依据为$(-1)^l$. 当l为奇数时，核子具有奇宇称；当l为偶数时，核子具有偶宇称. 原子核的宇称π决定于组成原子核的各核子的轨道角动量量子数l值的总和$\sum l$，即$(-1)^{\Sigma l}$，等于各核子的宇称之积.

光子的宇称为奇性. 在物理学中当我们找到一种对称变换时，就可以寻找到一种守恒量或守恒定律. 由时间平移不变性，可导出能量守恒；由空间转动不变性可导出角动量守恒；由空间平移不变性可导出动量守恒. 由空间反演不变性可导出的是宇称守恒.

宇称守恒　在核子间的相互作用(强作用)和电磁相互作用中，系统的宇称守恒. 这表明一个孤立系统，宇称决不会从偶性变为奇性，或做相反的变化. 这是物理规律在空间反演下具有不变性的表现.

一定的原子核状态具有确定不变的宇称，只有当原子核改变时，即核内中子和质子状态改变，或核发射吸收具有奇性宇称的光子或其他粒子时，原子核的宇称才会发生变化. 但整个体系的宇称是守恒的. 所以原子光谱的发射和吸收选择定则中有一条规定，跃迁只能发生在宇称为奇性和偶性的能级之间(即 $\Delta l=\pm 1$). 因此，可通过核衰变或核反应使原子核的状态改变来测定核的宇称，同样，对原子核宇称的测定可以推知核内核子的运动规律.

注意：弱作用中宇称可以不守恒. 1956 年，李政道和杨振宁提出弱作用(如 β 衰变)中宇称可以不守恒的假设，后经吴健雄等人从实验上加以证实，是近代物理学史中的一个重大突破.

注意：附录Ⅱ中给出的核的宇称是原子核处于基态时的宇称，通常在自旋数值右上角用“+”或“−”来表示. 例如：^{40}K 基态的自旋为 4，宇称为负，表示为 4^-.

9.5.2　原子核的统计性

一个物理体系中，通常有多个或大量微观粒子共存，而内禀属性(质量、电荷、自旋等)相同的一类粒子(如电子，质子等)称为**全同粒子**. 全同粒子状态具有**交换对称性**，所谓交换对称性，也就是考虑两个全同的粒子对换时对系统波函数的影响. 这是亚原子物理中一个非常重要的规律，是任何物理过程都应遵守的基本规律. 具体来说，交换对称性就是当交换体系中两个粒子的状态时，交换前后体系状态不变.

量子力学中，考虑 N 个全同粒子组成的多体系，其状态用波函数 $\Psi(q_1,\cdots,q_i,\cdots q_j,\cdots,q_N)$ 描述，q_i 代表每一个粒子的广义坐标(例如包括空间坐标和自旋坐标等). 引入粒子 i 和 j 的交换算符 $\hat{P}_{ij}$，即

$$\hat{P}_{ij}\Psi(q_1,\cdots,q_i,\cdots,q_j,\cdots,q_N)=\Psi(q_1,\cdots,q_j,\cdots,q_i,\cdots,q_N) \tag{9-31}$$

交换前后系统状态不变可表示为

$$\hat{P}_{ij}\Psi(q_1,\cdots,q_i,\cdots,q_j,\cdots,q_N)=C\Psi(q_1,\cdots,q_i,\cdots,q_j,\cdots,q_N) \tag{9-32}$$

式中，C 为常数，将 $\hat{P}_{ij}$ 同时作用于式(9-32)两边，得

$$\begin{aligned}\hat{P}_{ij}^2\Psi(q_1,\cdots,q_i,\cdots,q_j,\cdots,q_N)&=C^2\Psi(q_1,\cdots,q_i,\cdots,q_j,\cdots,q_N)\\&=\Psi(q_1,\cdots,q_i,\cdots,q_j,\cdots,q_N)\end{aligned} \tag{9-33}$$

则 $C=\pm 1$. $C=1$ 时，波函数是交换对称的；$C=-1$ 时，波函数是交换反对称的. 交换对称或反对称的波函数是全同粒子交换对称性的必然结果.

实验和理论分析表明，微观粒子的自旋量子数要么是整数，要么就是半整数. 从量子力学知道，这两类不同的粒子分别组成的体系具有不同的统计性质，由自旋为半整数的粒子组成的全同粒子系统，遵循费米–狄拉克统计. 所以自旋为半整数的粒子也称为费米(Fermi)子，例如质子、中子、电子、中微子、μ 子及质量数 A 为奇数的原子核等. 由自旋为整数的粒子组成的全同粒子系统，遵循玻色–爱因

斯坦统计. 所以自旋为整数的粒子也称为玻色(Bose)子，例如光子、π 介子、质量数 A 为偶数的原子核等.

服从费米–狄拉克统计的费米子在同一量子状态中，只允许有一个，遵从泡利不相容原理；服从玻色–爱因斯坦统计的玻色子在同一量子状态中允许有两个或两个以上.

由于这两种粒子的区别，描述它们的波函数的性质也是不同的. 费米子组成的系统称波函数是交换反对称的；玻色子组成的系统波函数是交换对称的.

由“基本粒子”组成的复杂粒子，如氦核或其他原子核，若在讨论的问题或过程中其内部状态不变，全同性概念仍然适用，可以当一类全同粒子. 因为两个相同的原子核对换，相当于原子核中的核子一一对换，而核子是费米子每换一次波函数 Ψ 改变符号一次，共改变$(-1)^A$次，所以当 A 为偶数时，原子核的波函数有交换对称性，是玻色子；当 A 为奇数时，原子核的波函数有交换反对称性，是费米子. 例如，${}_2^4\text{He}$ 为玻色子，而 ${}_1^3\text{H}$ 和 ${}_2^3\text{He}$ 则为费米子.

9.6 核　　力

原子核内核子的平均结合能达 8MeV 之多，足见核子之间的作用力是很强的. 但在人们认识原子核之前，只知道在自然界有两种作用力，即万有引力和电磁相互作用力. 容易估计，万有引力在原子核内完全可以忽略(核内万有引力势能约 10^{-36}MeV)，而电磁力对核内的质子只能起排斥的作用(电磁相互作用势能 0.03MeV)，那么是什么样的力使中子与质子如此紧密地结合在一起，形成密度高达 10^{17}kg/m^3 的原子核呢？我们面临一种新的作用力——核力.

从发现中子起，人们就对核子之间的作用力——核力开始了探索，但直到现在，人们对核力的了解也还不全面. 人们对核力的研究，通常有两个途径：一方面用唯象的方法，对氘核和核子–核子散射实验等进行实验研究和理论分析，以了解核力的性质和可能的形式；另一方面可以用量子场论的方法解释核力，比如认为核力是通过核子间交换介子而起的作用，从而导出核子–核子相互作用势，这就是核力的介子理论.

9.6.1 核力的一般唯象性质(今已了解的)

1. 短程强作用力

这是容易理解的，因为人们发现原子核之前从来没有察觉到这种力，它只在原子核的线度内才发生作用(几个费米)；另从卢瑟福 α 粒子散射实验也可表明，因为当 α 粒子与靶核间的作用距离大于 10^{-14}m 时，α 粒子不受靶核的吸引，仍是

被散射(库仑散射)，这说明核力的作用距离(力程)是非常短的. 可用原子核内核子间的平均距离来估算

$$\delta=\left(\frac{V}{A}\right)^{\frac{1}{3}}\approx\left(\frac{4\pi R^3}{3A}\right)^{\frac{1}{3}}=2\times10^{-15}\,\mathrm{m}$$

只有 10^{-15}m 的量级.

另外，尽管带正电荷的质子之间存在着库仑斥力，但质子、中子仍能牢固地构成原子核，这一事实表明核力是一种很强的引力，只有这样，才能克服库仑斥力而组成原子核. 核力是迄今所知道的各种相互作用力中作用强度最大的. 如果把它的作用强度设为 1，则电磁作用的强度为 10^{-2}，万有引力的强度为 10^{-38} 量级，所以核力是一种短程强作用.

2. 核力的饱和性

原子核中每个核子只与它邻近的少数几个核子发生相互作用，这样的性质叫核力的饱和性. 在原子核中，有 A 个核子，若每个核子能与其他 $A-1$ 个核子相互作用，那么核子之间相互作用的数目有 $A(A-1)/2$ 个，所以原子核的结合能 $\Delta E\propto A^2$，而事实上 $\Delta E\propto A$；其次若每个核子能与其余 $A-1$ 个核子作用，那么 A 越大，相互作用的核子对数越多，核子之间就结合得更紧，因而随 A 的增加，每个核子所占有的体积应缩小，但事实上原子核体积 $\propto A$，$V=4\pi r_0^3A/3$.

这些事实证明原子核中每个核子只能与它临近的几个核子相互作用(就像液体中的分子)，由于相邻的核子数有限，所以核力具有非常明显的饱和性.

3. 核力的电荷无关性

海森伯早在 1932 年就假设当质子与中子在核内所处的状态相同时，质子与质子之间、中子与中子之间、质子与中子之间的核力是完全相同的，即 $F_{\mathrm{pp}}=F_{\mathrm{nn}}=F_{\mathrm{np}}$. 1937 年被实验初步证实，1955 年被更精确的实验证实.

以结合能举例说明：一个氘核与一个中子结合成氚，将放出结合能 8.48MeV；而一个氘与一个质子结合生成氦，将放出结合能 7.72MeV. 比较核素 ^{3}He 与 ^{3}H 的不同，发现 ^{3}He 中有一对 p-p 作用，而 ^{2}H 核中是一对 n-n 作用，如图 9-8 所示. 与 ^{3}He 核中 p-p 作用相应的库仑斥力能为 0.72MeV，假设 ^{3}He 内不存在此库仑斥力，则结合能应为 7.72 + 0.72 = 8.44(MeV)，这与 ^{3}H 的结合能很接近，所以可以认为 p-p 与 n-n 间的核力能是相等的，从而证明了核力与电荷无关.

图 9-8　^{3}H 和 ^{3}He 核的核子间相互作用比较

4. 核力有非有心力的存在

实验表明核子间除存在主要的有心力作用外，还有微弱的非有心力混合着. 强度同核子间的距离、核子自旋与核子间连线的夹角有关.

如氘核基态的可能状态包含自旋三重态 $^3S_1$ 和自旋单态 $^1S_0$，但自然界中不存在自旋单态的氘核，这表明核力与自旋有关. 为解释氘核磁矩的实验值、$^3S_1$ 态的偏离以及电四极矩不为 0，氘核基态中必须混入少量的 $^3D_1$ 态，即氘核基态为 $^3S_1$+$^3D_1$，两核子处于自旋三重态，轨道角动量是 S 态为主，混有少量(振幅的 4%)D 态. 氘核基态不是纯的 S 态意味着核子之间的作用力含有非有心力成分.

另外，高能 n-p 散射实验中出射的中子部分极化，所谓极化就是出射核子的自旋不是完全杂乱无章，而是向上和向下但数目不相等. 若全部向上或全部向下则称完全极化，不是全部则是部分极化. 纯有心势场的作用，与自旋无关，所以不会极化. 非有心力成分与自旋取向有关，可以引起极化，但仅考虑非有心力时还不能给出与实验相符的极化度，还需引入自旋–轨道耦合力才能解释实验结果.

5. 核力在极短程内存在斥力芯

核子不能无限靠近，可见它们之间除了引力外，还一定存在斥力. 从高能 p-p 散射实验中，我们获得的核力知识大致是：当两核子之间的距离为 0.8～2.0fm 时，核力表现为吸引力，在小于 0.8fm 时，有较强的斥力. 而且对于 0.8～2.0fm 的核力，人们只有一定的认识，对于小于 0.8fm 的核力，认识则很不清楚.

*9.6.2 核力的介子理论

我们知道带电粒子间的力是通过电磁场作用的，而电磁场的量子是光子，所以现代观点认为电磁相互作用是带电粒子之间交换“虚光子”而产生的交换力，示意如图 9-9 所示. 1935 年，日本物理学家汤川秀树把核力和电磁力类比，提出了核力的介子理论. 他认为核力也是一种交换力，他设想核子周围空间存在着介子场，核子间的相互作用是由于交换介子场的量子(介子)而发生的，并且由核力的力程预言了介子的质量介于电子和核子质量之间，约为电子质量的 200 多倍，被命名为**介子**.

下面我们估算介子的质量：如图 9-10 所示，一个核子释放的虚粒子在经过Δx距离后被另一核子吸收，虚粒子存在的时间间隔(虚粒子生存时间)为Δt，即便虚粒子以光速前进，它走过的距离Δx 也不会超过 $c\Delta t$，即$\Delta x \leqslant c\Delta t$. 由不确定关系，$\Delta t$ 内最大的能量转移为

$$\Delta E \Delta t = \hbar$$

$$\Delta E = \hbar/\Delta t = \hbar c/\Delta x \tag{9-34}$$

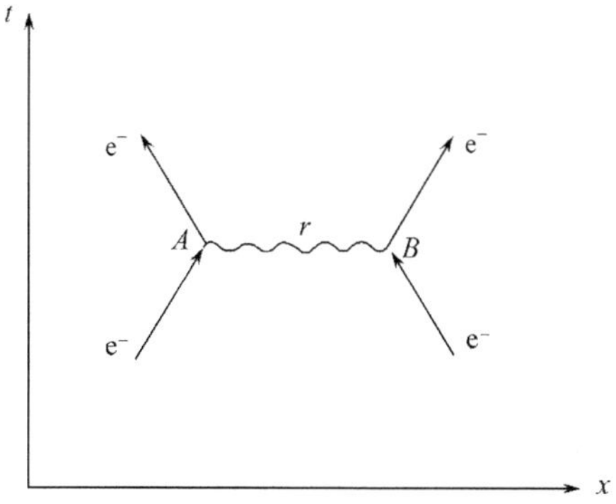

图 9-9　两个电子的相互作用

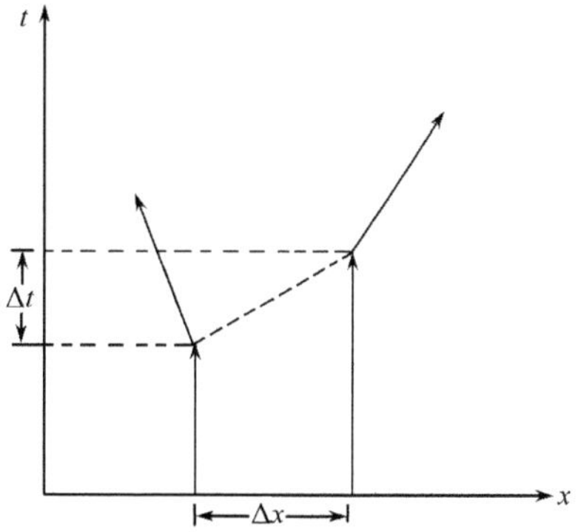

图 9-10　核子间的相互作用

设这些能量完全转化为虚粒子的能量，那么虚粒子的质量必须满足

$$\Delta E = mc^2 = \hbar c/\Delta x$$

所以虚粒子质量为

$$m = \hbar/(\Delta x c) \tag{9-35}$$

假如我们考察电磁相互作用，它的力程$\Delta x \to \infty$，由式(9-35)虚粒子的质量 m 必须为 0，光子恰好满足这一要求，所以光子是电磁作用的传播者. 现在考察力程 $\Delta x \sim 2.0\text{fm}$ 的强相互作用，由式(9-35)可算出虚粒子的质量为

$$mc^2 = \hbar c/\Delta x \approx 100\text{MeV}$$

约为电子质量的 200 倍.

当汤川秀树提出介子理论时，人们并未发现过这种粒子，于是实验物理学家开始寻找介子. 在 1936～1937 年，人们找到了 μ 子，其质量为电子的 207 倍，质量满足要求，但很快发现，它与核子作用极弱，不参与强相互作用，它不可能是汤川秀树所预言的介子. 直到 1947 年，泡利在宇宙射线中发现了 $\pi^{\pm}$介子，1950 年又发现了 π^0 介子，并证实其质量分别是 $m^{\pm} = 273.3m_e$ 和 $m^0 = 264m_e$，与汤川秀树的预言一致. 汤川秀树和泡利分别于 1949 年和 1950 年获得了诺贝尔物理学奖. 按汤川秀树理论，若一个质子发射 π^+介子则转换为中子，而中子吸收 π^+介子则转换为质子，等效于质子中子换位. 同样中子发射 π^-介子转换为质子，质子吸收 π^-介子转换为中子. 同类核子交换 π^0 介子起作用，如图 9-11 所示.

顺便指出图 9-10、图 9-11 是在时空平面内表示相互作用的一种方法，称为费曼图.

核力的介子场论是解决核力机制的一个方向，它在很多实验里已得到检验，取得了很大的成功，特别是对核力在长程处(1～2fm)的行为能给予较好的解释和说明，但对短程处的行为，特别是对于 0.5fm 以内产生的强排斥芯无法解释和说

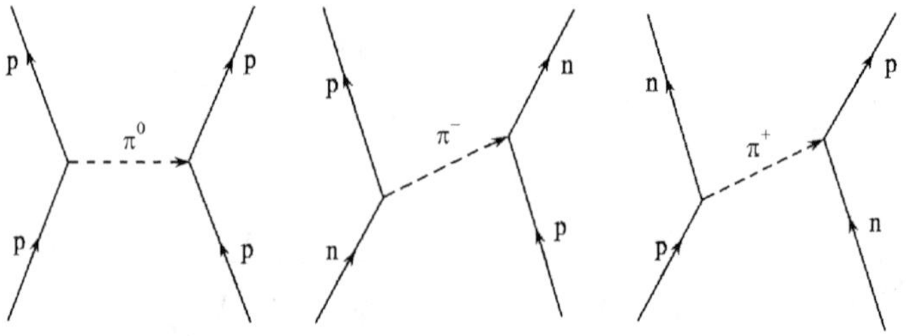

图 9-11　介子作为核力的传播子

明. 随着粒子物理的发展，揭示了核子的内部结构，即核子是由更深层次的粒子即夸克(或层子)所组成,这就启发人们对核力机制作出新的设想. 设想核子之间的强相互作用并不是最基本的相互作用,而是组成核子的夸克之间的强相互作用(色相互作用)在核子作用范围的体现. 正如分子之间的相互作用并不是基本的，而是组成分子的原子间的电磁相互作用在分子作用范围的表现一样. 夸克之间相互作用的传播子是胶子，描写夸克间强相互作用的基本理论是量子色动力学(QCD). 从夸克层次研究核力本质是现代核物理的重要研究方向之一，目前仍处于探索和发展阶段.

9.7　原子核结构模型

研究原子核除了回答原子核是由什么组成的以外，还要回答原子核的组成体在核内是如何运动的，这个问题至今仍没有完全解决. 原子核中主要相互作用是核力，核力远比电磁相互作用复杂，它的性质还不十分清楚，即使清楚也存在一个棘手的多体问题，核内的核子数很多，不可能像两体问题那样求解，但核子数又不是很多，不能采用统计的方法. 所以我们只能提出各种原子核的结构模型对核内的运动情况作近似的唯象的描述.

迄今为止，能解决实际问题的核理论都是半唯象的理论，即以实验事实为根据，提出各种原子核的结构模型对核内的运动情况作近似的描述. 半唯象的理论模型主要有液滴模型、壳模型和集体模型等，这些模型都不是全面的，一个模型往往只能反映核内部运动的某一方面的特性. 对各种模型的深入了解将有助于促进我们对原子核的全面认识.

9.7.1　原子核的液滴模型

1. 原子核的液滴模型

液滴模型将原子核类比成一个“液滴”，将核子比作液体中的分子. 提出原子核液滴模型的实验根据有两个：①原子核的结合能同 A 成正比，说明核力具有饱和性，原子核中的核子只同周围几个核子起作用，这正如液体中的分子只同附近的分子有作用；②原子核的体积与 A 成正比，密度 ρ 不随 A 而变化，这正如液体的密度是常数，不随液滴大小而变化.

液滴模型的成功之处就是给出了结合能的半经验公式. 核结合能的曲线是由实验结果标绘的，至今我们还无法从理论上导出一个核的质量公式(或结合能公式)，从而算出所有核素的结合能(质量).

2. 结合能的半经验公式

根据液滴模型，Weizsacker 于 1935 年提出了一个半经验公式，将核素的结合能表示为

$$B(Z,A)=B_V+B_S+B_C+B_a+B_p$$
$$=a_VA-a_SA^{2/3}-a_CZ^2A^{-1/3}-a_a\left(A/2-Z\right)^2A^{-1}+a_p\delta A^{-1/2} \tag{9-36}$$

其中，各个常量 a 是由此公式与很多原子核基态的结合能实验数据作最佳拟合定出的参量. 有一组参量是 $a_V=15.835\text{MeV}$ ，$a_S=18.33\text{MeV}$ ，$a_C=0.714\text{MeV}$ ，$a_a=92.80\text{MeV}$ ，$a_p=11.2\text{MeV}$. 下面对式(9-36)逐项进行说明.

第一项 $B_V=a_VA$ 是体积能. 描述核力对结合能的贡献. 原子核中核子间的相互作用中核力起主要作用，所以体积能对结合能的贡献最大. 它正比于体积 V，而原子核半径 $R\approx r_0A^{1/3}$，所以 B_V 正比于质量数 A.

第二项 $B_S=-a_SA^{2/3}$ 是表面能. 是关于原子核表面核子的修正. 因为研究体积能时认为核内各核子所处的环境是完全相同的，实际并非如此，处于核表面的核子只受到表面以内的核子的作用，表面外无核子，所以表面核子受到的作用比内部的核子小，所以结合能相对较弱，所以需要加一修正项. 因为表面核子数正比于表面积 $4\pi R^2$，而 $R\approx r_0A^{1/3}$，所以 B_S 正比于 $A^{2/3}$. 负号表示表面核子结合能减小，所以原子核会尽可能减小表面积，以保证核有尽可能大的结合能而更加稳定. 而体积一定的几何体，球形的表面积最小，故原子核近似为球形.

第三项 $B_C=-a_CZ^2A^{-1/3}$ 是库仑排斥能. 核内各质子间除核力作用外，还有库仑斥力，这个力使结合能减少. 库仑力是长程力，不具有饱和性，所以 Z 个质子中的每一个要与其他的质子发生 $Z(Z-1)/2$ 对相互作用，所以库仑能与 Z^2 成正比，若质子均匀分布在半径为 R 的球体内，库仑能与 R 成反比. 所以 $B_C\propto Z^2/A^{1/3}$.

第四项 $B_a=-a_a(A/2-Z)^2/A$ 是非对称能. 从 β 稳定线看出，稳定的轻核，质子数和中子差不多数相等，$N=Z=A/2$，这意味着 N=Z 的核，具有较高的稳定性，即结合能较大(根据泡利不相容原理，中子和质子对称相处的情形下，填充的能级更低). 而 $N\neq Z$ 的核，结合能减小，稳定程度减小. 原子核由于 N、Z 不对称使结合能减小的修正，称为非对称能(习惯上也称为对称能)，非对称能依赖于 N/Z，且

与 A 有关，当 $N=Z=A/2$ 时，非对称能为零.

第五项 $B_{\mathrm{p}} = a_{\mathrm{p}} \delta A^{-1/2}$ 是奇偶能(也称为对能). 实验发现原子核的稳定性可分为三类，如表 9-2 所示.

(1) 偶偶核，稳定性最高，结合能最大.

(2) 奇 A 核，稳定性次之，结合能次之.

(3) 奇奇核的稳定性最差，结合能最小.

表 9-2 稳定核素的奇偶分类

Z	N	名称	稳定核素数目
偶数	偶数	偶偶核	166
偶数	奇数	偶奇核	55
奇数	偶数	奇偶核	50
奇数	奇数	奇奇核	9
合计			280

这是因为原子核中的中子、质子有各自成对相处的趋势. 同类核子成对相处时原子核较稳定，结合能就大些；不成对时，结合能就小些. 若 A 为偶数的核，当 Z 变化±1 时，将由偶偶核↔奇奇核. 这时原子核质量将发生跃变. 核的这种奇偶效应也将对结合能有贡献. 所以在结合能公式中还应附加一项奇偶能 B_{p}. 其中，偶偶核 $\delta=1$；奇 A 核 $\delta=0$；奇奇核 $\delta=-1$.

体积能、表面能和库仑能是结合液滴模型提出的，非对称能和奇偶能是基于稳定原子核的经验规律给出的修正. 事实上，Weizsacker 在 1935 年提出的半经验公式①与式(9-37)略有不同，在以后的几十年间，曾提出此类公式不下数十个. 目前，式(9-37)是较常用的结合能半经验公式，只用五个可调参数就可拟合多数核素的实验数据，且公式中各项的物理意义比较明确，物理图像比较清楚.

3. 结合能公式的应用

1) 核素的原子质量

由核素的结合能与原子的质量关系式(9-7)和(9-8)，结合式(9-36)可给出原子的质量半经验公式

$$M(Z,A)=ZM(^{1}\mathrm{H})+(A-Z)m_n -[a_{\mathrm{V}}A-a_{\mathrm{S}}A^{2/3}-a_{\mathrm{C}}Z^2A^{-1/3}-a_{\mathrm{a}}\left(A/2-Z\right)^2A^{-1}+a_{\mathrm{p}}\delta A^{-1/2}]/c^2 \qquad (9\text{-}37)$$

① Von Weizsacker C F. Zur theorie der kernmassen[J]. Z. Physik, 1935, 96: 431.

上式的计算结果与实验值总体上符合很好，但对于很轻的核素以及某些区域如 Z 或 N 为 50、82 等幻数附近的核素，计算结果与实验值的差别较大. 毕竟这只是一个唯象的半经验公式，只能给出统计结果，对于很轻的核素不适用，也不能精细地反映核素个体的特性. 这是液滴模型的局限.

2) β 稳定线

由结合能的半经验公式，可以讨论稳定核素的 Z 和 A 的关系，即 β 稳定线. 如果把 Z 当成连续变量，并暂先略去奇偶能项，那么满足

$$\frac{\partial B(Z,A)}{\partial Z}=0 \tag{9-38}$$

的核素是 β 稳定的. β 稳定的核素其电荷数用 Z_s 表示，由式(9-36)可得

$$Z_s=\frac{A}{2a_{\mathrm{C}}A^{2/3}/a_{\mathrm{a}}+2}\approx\frac{A}{0.0154A^{2/3}+2} \tag{9-39}$$

这和 β 稳定线的经验方程(9-6)是一致的. 由于 Z 是整数，同量异位素中稳定的核素就在 β 稳定线上或在 β 稳定线的近旁.

例 9-2　试估算 A=25 的原子核，稳定的同量异位素.

解　将各参数代入式(9-39)

$$Z_s\approx\frac{25}{0.0154\times 25^{2/3}+2}\approx 12$$

即 A=25 的最稳定的核素是 ${}^{25}_{12}\mathrm{Mg}$ ，而 ${}^{25}_{13}\mathrm{Al}$ 和 ${}^{25}_{11}\mathrm{Na}$ 都是不稳定的.

原子核液滴模型的半经验公式可以较成功地计算原子核基态的结合能和质量，是现有计算公式中和实验结果符合最好的. 除此之外，液滴模型可以用液滴形变来解释原子核的裂变. 核素的液滴模型只能唯象地描述核素的整体性质、平均效应，而对核素内部的微观行为如基态自旋、宇称和激发态的动力学特性等无法描述.

9.7.2　原子核的壳层模型

1. 壳层模型的实验基础——幻数的存在

我们知道，当原子中的电子数等于某些特殊的数(2、10、18、36、54、86)时，该元素特别稳定，而这些特殊的数正是原子壳层结构中电子填满壳层时的数目. 奇怪的是，当组成原子核的质子数或中子数为 2、8、20、28、50、82 时，原子核也特别稳定，结合能更大，更接近球形. 我们把这些数称为“幻数”. 大量的实验事实显示了幻数的存在.

(1) 核素丰度(自然界中核素占总同位素的质量百分比)，地球及其他天体的化

学成分分析表明，$^{4}_{2}He$ 、$^{16}_{8}O$ 、$^{40}_{20}Ca$ 、$^{60}_{28}Ni$ 等核素比它们附近核素的天然丰度高，它们的质子数或中子数或两者都是幻数. 在所有的稳定核素中，中子数等于 20、28、50 和 82 的同中子素最多，而质子数等于 8、20、28、50 和 82 的同位素的数目比临近的核素多.

(2) 结合能，质子数或中子数或两者都是幻数的核素的结合能特别大，而比幻数多一个核子的原子核的结合能则特别小.

(3) 其他如核素的电四极矩、核素的能级特点、γ 跃迁、慢中子的吸收截面等都显示出幻数的存在.

幻数的存在说明原子核具有某种内部结构. 启发人们提出一个问题：原子核中是否也存在壳层结构?

2. 核壳层结构存在的条件与基本思想

原子中之所以存在壳层结构，是因为在原子中存在一个相对固定的中心体——原子核，所有电子都在以它为中心的势场中相当独立地运动. 由此出发，求解薛定谔方程，再考虑到泡利不相容原理之后，可以得到原子的壳层结构. 如果原子核中也存在类似的壳层结构，必须具备三个条件：①核内存在一个平均场，对球形核它是有心场；②每个核子在核内的运动可以看成是独立的；③在某一能级上核子的数目有一定的限制.

条件③很容易满足，因为核子是费米子(自旋为 1/2)，遵从泡利不相容原理，从而每个能级容纳的核子数目受到限制. 对条件①，虽然核内没有中心体，但可以设想核内每个核子是在其他 A–1 个核子的平均作用场中运动，此平均场是其他 A–1 个核子对一个核子作用场的总和，对于接近球形的原子核，此平均场是有心场. 对条件②，根据量子力学，核子在有心力场中运动时可以处于不同的能级，当原子核处于基态时，所有最低能级均被核子填充，核子一般不能进行导致状态改变的碰撞(因为如果两个核子互相碰撞发生状态改变，根据泡利原理，他们只能去占据未被核子占据的状态——高能态，这种概率很小，所以核内核子之间的碰撞受到极大的限制)，于是可以认为，核子在核内相当自由地运动，始终保持在一个特定的能态上. 所以条件①②也满足，它们是核内壳模型建立的基本思想.

3. 核壳层模型的建立

效仿原子结构的处理方法，选择合适的对平均场的描述，求解单核子在平均场中运动的薛定谔方程，可得到核子的不同的能级. 然后按照能量最低原理和泡利不相容原理将核子依次填入能级，可望形成核的壳层结构，并解释幻数.

注意：质子和中子相比，有库仑斥力，平均场势能不同，它们各自有自己的能级图.

1) 平均场势函数的选择

历史上，人们曾用过几种势函数来代表模型所要求的球对称的力场，发现所设势函数的形式对推得核子状态的影响极小. 所以我们可以使用尽可能简单的势函数，如方势阱和谐振子势阱，它们在数学上最容易处理. 方势阱势函数为

$$V(r)=\begin{cases}-V_0, & r\leqslant R\\ 0, & r>R\end{cases} \tag{9-40}$$

谐振子势阱的数学表示式为

$$V(r)=-V_0+\frac{1}{2}m\omega^2 r^2 \tag{9-41}$$

式中，r 是有心势场的径向参数，即力场中的某一点至场中心的距离；V_0 为常数，是势阱深度；R 是原子核的半径；m 是核子质量；$\omega=(2V_0/mR^2)^{1/2}$，是振动的角频.

方势阱的物理意义表示核子在原子核内和核外都不受力，只在原子核的边界上才受到很强的指向核内的引力($\boldsymbol{F}=-\nabla V(r)$)，而谐振子势阱则表示核子在原子核的中心附近不受力，当核子从核中心附近向外移动时，受到一个逐渐变强的向里的力. 理论研究中也经常使用伍兹-萨克森(Woods-Saxon)势阱，它是介于方势阱和谐振子势阱的势阱形式.

2) 单粒子能级

把质子或者中子分别置于方势阱中，据量子力学，求解方势阱波函数的径向部分，可得到核子在此方势阱描述的中心力场中运动的能级(边界条件为 $r=R$ 时，$\psi(r)=0$)，$E_n(\upsilon,l)$，υ 是径向量子数，$\upsilon=n-l$，n 是主量子数，$n=1, 2, 3,\cdots,l$ 是角量子数(核子运动的角量子数)，$l=0,1,\cdots,n-1$，即原子核的核能级是主量子数 n 和角量子数 l 的函数. 推算所得各核能态的次序列于图 9-12. 各能级标记为 υL，对应于 $l=0,1,2,\cdots$，仍用 S、P、D、F……表示. 与电子态标记的差别在于 υ，而 $\upsilon=n-l$. 例，此处原子核的 2P 能态 $l=1$，$\upsilon=2$，所以 $n=3$.

与原子情况类似，n、l 一定时，每个 l 有 $2l+1$ 个取向($m_l=l, l-1, \cdots, -l$)，又每个核子的自旋有两个取向($m_s=\pm1/2$)，所以核能态是 $2(2l+1)$重简并的. 考虑泡利不相容原理，同一核能级 υL 最多容纳 $2(2l+1)$个同类核子，从而可以得出各能级填满时的总数，见表 9-3. 由表可见，只有前面 3 个幻数 2、8、20 出现，没有 50、82. 足见理论需要扩展，因为它还不能说明所有实验事实.

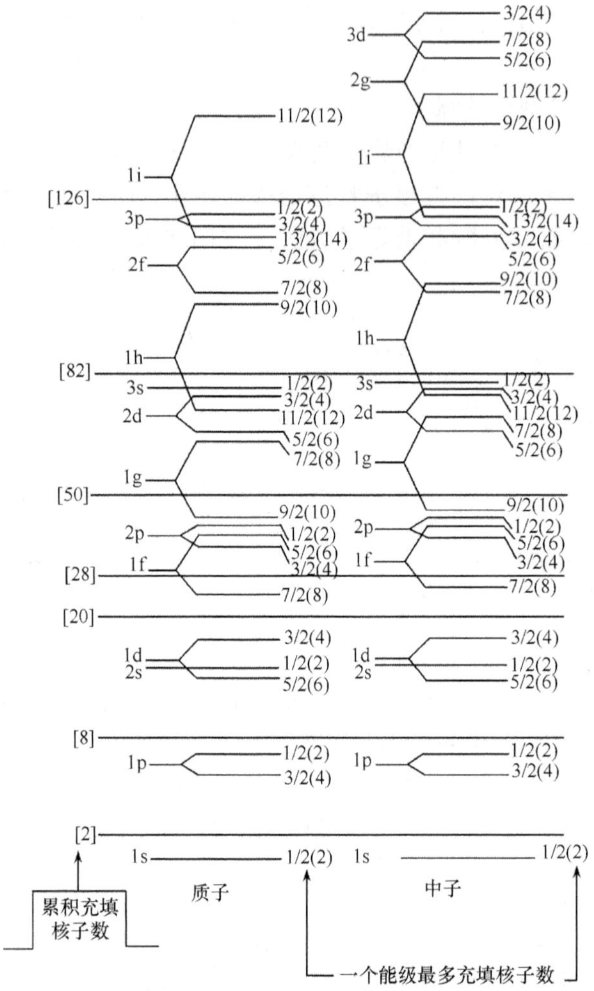

图 9-12　质子与中子的能级

表 9-3　各核能态能容纳的核子数

核态次序	1s	1p	1d	2s	1f	2p	1g	2d	3s	1h
同类核子满额数 $2(2l+1)$	2	6	10	2	14	6	18	10	2	22
各态同类核子累积数 $\sum 2(2l+1)$	2	8	18	20	34	40	58	68	70	92

3) 自旋-轨道耦合引起能级分裂

以上讨论核能级时认为能量只与主量子数 n 和轨道角动量量子数 l 有关，没有考虑核子的自旋角动量与轨道角动量的耦合问题. 这只有在自旋与轨道耦合极小时才是正确的，而在原子核中，自旋与轨道的耦合是非常强烈的，许多实验给予了直接证明. 所谓核子的自旋与轨道耦合，是说核子的能量不仅与它的轨道角动量的大小有关，而且还与轨道角动量与自旋角动量的相对取向有关，当它们正向平行时，总角动量量子数为 $j = l + 1/2$；当它们反向平行时，总角动量量子数为 $j = l - 1/2$. 所以考虑自旋–轨道耦合后，原来的一个核能级(n、l 一定)将分裂为两个子能级(l=0 的状态不分裂)，能级状态表示由 υl 变为 υl_j . 例如，原来的 υP 状态变成了 $\upsilon P_{1/2}$ 和 $\upsilon P_{3/2}$ 两个状态；原来的 υD 的状态分裂为 $\upsilon D_{3/2}$ 和 $\upsilon D_{5/2}$ 两个状态，如图 9-12 所示. 类似于原子，核子总角动量 p_j 在空间可有 $2j$+1 个不同取向，所以子能级是 $2j$+1 重简并的，即每个子能级可容纳 $2j$+1 个不同状态的同类核子. 由自旋轨道耦合引起的核能级分裂与原子中电子能级的精细结构雷同. 只是原子中电子的自旋轨道耦合较弱，j=l±1/2 的两个能级的间隔较小，一般不会改变原来的能级次序. 而原子核中，核子的自旋轨道耦合很强，j=l±1/2 的两个能级的间隔可以很大，而且与(2l+1)成正比，以至于可改变原来的能级次序. 另外，j=l+1/2 的能级比 j=l–1/2 的能级低，这一点也与原子的情形不同.

注意：图 9-12 中 υl 能级是方势阱和谐振子势阱的能级内插得到的结果.

这样核子按照能量最低原理依次填入各能级 υl_j ，从图 9-10 可见，壳层的形成是由于有些能级间的间隔特别大，例如：50、82、126 三个数分别落在 1g、1h、1i 的分裂处，且能级分裂的间隔特别大，而那里又没有其他能级，所以就成为满壳层的分界处，对应出现幻数 50、82、126. 从而给出全部幻数.

原子核中质子和中子各有一套能级，基本互不相关. 由于质子间有库仑斥力，因而质子的能级要比相应的中子能级高一些(较低能级时两者的能级差别不大，能级越高相差越多)，能级间距要大一些，能级的排列次序也略有不同，但主壳层的相对位置不变，可给出相同的幻数. 由于质子与中子的能级越高相差越大，所以从低能级到高能级，中子能级数目比质子能级数目多. 一般来说，原子核中填充在能级上的最后一个质子和中子的能量是相仿的. 例如，$^{208}_{82}\mathrm{Pb}$ 当中子填到 126 个时，质子只有 82 个，这说明原子核中填满 126 个中子后到达的中子能级高度同填满 82 个质子后到达的质子能级高度差不多相等，这也可以解释较重原子核的中子多于质子. 当质子和中子从低到高依次填充图 9-12 中的单粒子能级时，原子核处于基态. 如果某些核子占据一些较高的能级，而较低能级未填满时，原子核处于激发态.

壳层模型理论预言，82 以后的质子幻数可能是 114，126 以后的中子幻数是 184. 而质子数为 114 和中子数为 184 的原子核是双幻数核，该核及其附近的一些核可能具有相当大的稳定性，形成稳定的超重核素岛. 实验上发现和研究超重核对核结构理论的发展将起重大作用，是核物理的一个研究方向.

壳层模型所预言的以上核能级，实验表明有如下特性：

(1) 对同一 l, $j=l+1/2$ 的能级比 $j=l-1/2$ 的能级低(即自旋和轨道角动量平行情况比反平行情况结合得紧密些).

(2) $j = l + 1/2$ 和 $j = l - 1/2$ 两能级的间隔随 l 值增大而增大，可证大约与 $(2l+1)/A^{2/3}$ 成正比.

(3) 具有相同的 l 和 j 的偶数个同类核子耦合起来，总是处于宇称为偶性、总角动量和总磁矩都为 0 的状态(基态时). 因为实验表明只有当中子或质子两两成对时(自旋相反、角动量相反)，能量最低，即 $L=0$，$S=0$，$J=0$，所以偶数中子或偶数质子对原子核的角动量无贡献.

(4) 具有相同 l 和 j 的奇数个同类核子耦合起来，总是处于这样一个状态，它们的宇称视 l 值的奇偶来决定，总角动量 J 和磁矩等于一个在 j 态的单独核子的那些数值. 以上结论均被实验所证实.

(5) 若有两个同样的核子占据一样 l、j 的能态，则还应加上一个代表“成对能”的结合能. 在任何原子核中最大 j 值状态的成对能最大，可算出差不多与 $(2j+1)/A$ 成正比.

4. 壳模型的应用

1) 原子核基态的自旋和宇称

原子核的壳层模型能正确地解释大多数原子核的基态自旋和宇称，这是壳模型最大的成功之处.

对于偶偶核，当其处于基态时，每一能级上的核子数均为偶数. 由于同一能级中的偶数个核子具有同样大小的角动量 j，由能级特性(3)成对的两个核子的 j 的方向是相反的，因此每一能级的所有核子角动量的矢量和为零. 从而中子壳层和质子壳层均具有数值为零的角动量，所以偶偶核的基态核自旋为零. 至于宇称，同一能级上的核子的宇称相同，无论核子的宇称是偶还是奇，偶数个核子的宇称的乘积总是为偶(或 $\sum l$ 总是等于偶数)，所以偶偶核的基态宇称必为偶. 这些关于偶偶核的基态核自旋和宇称的预言均被实验所证实，未发现例外.

对于奇 A 核，根据壳层模型，原子核基态的自旋与宇称由填充壳层的最后那个奇数核子的状态决定. 这是因为其余偶数个核子的贡献相当于一个偶偶核，故原子核的自旋与最后那个奇数核子的角动量量子数 j 相同，考虑到所有能级的 j 都是半整数，奇 A 核的自旋是半整数. 宇称由那个奇数核子的轨道量子数 l 来决定，当 l 为偶数时，原子核宇称 $(-1)^l$ 为偶，当 l 为奇数时，原子核宇称为奇. 例如，奇 A 核 ${}^{39}_{19}\mathrm{K}$ 的基态宇称和角动量由第 19 个质子决定(20 个中子和前 18 个质子的宇称为偶角动量为 0). 由能级图可见，第 19 个质子处于 $d_{3/2}$ 能级，$l=2$，$j=3/2$，宇称 $(-1)^l$ 为偶，所以原子核 ${}^{39}_{19}\mathrm{K}$ 的宇称为偶，总角动量(核自旋)$I=j=3/2$. 与实验结果一致. 需要注意的是用壳模型来讨论奇 A 核时必须考虑对能对核子能级次序的影响. 考虑了对能效应的壳层模型预言的奇 A 核的基态角动量和宇称, 与实验值大部分相符, 只有少数核的理论值与实验值有差异. 例如, 在轻核范围内, ^{19}F、^{19}Ne 和 ^{23}Na 的理论值与实验值不符, 这是因为这几个核有较大的形变, 而基于球对称势的壳模型对形变核的解释会遇到困难.

至于奇奇核, 自旋与宇称决定于最后的奇数中子和奇数质子之间的耦合. 这两个奇数核子的角动量耦合形成核自旋, 鉴于每个核子的角动量都是半整数, 因此耦合结果必定是整数, 具体的数值一般可由实验测量. 而核的宇称等于最后两个奇核子所处状态的宇称之积.

例 9-3　用原子核的壳层模型预言 ^{4}He 和 ^{29}Si 原子核的基态核自旋和宇称.

解　^{4}He 为偶偶核, 自旋为 0, 宇称为正. $^{29}_{14}Si$ 为奇 A 核, 它的基态宇称和角动量由第 15 个中子决定. 前 14 个中子和 14 个质子对自旋和宇称的贡献相等于一个偶偶核. 由能级图 9-12 可见, 第 15 个质子处于 2s 能级, 量子数 l=0, j=1/2, 宇称 $(-1)^l=1$, 所以原子核 $^{29}_{14}Si$ 的宇称为正, 核自旋 I=j=1/2. 与实验结果一致.

2) 其他原子核性质的解释

壳模型在解释其他原子核的性质方面也有所贡献, 如同质异能素岛现象、原子核的磁矩和电四极矩等.

壳模型能很好地解释同质异能素岛的出现. 在 γ 衰变中, 当原子核的激发态与相邻较低能态的角动量之差 ΔI 比较大($\Delta I \geqslant 3$)时, γ 跃迁概率较小, 转而发生其他衰变退激, 此时, 激发态具有较长的寿命($\tau \geqslant 1\text{s}$), 称为同质异能态. 实验发现, 这种长寿命同质异能态几乎都集中在紧靠 Z 或 N 等于 50、82、126 等幻数前面的区域, 形成所谓的同质异能素岛. 壳模型中, 在 50、82、126 三个幻数附近由自旋轨道耦合引起的能级分裂特别大, 以至于 j 值差别很大的能级可以相邻排列在一起, 同时这种相邻的两能级具有不同的宇称. 按照跃迁选择定则这样的两能级间 γ 跃迁概率极低, 从而形成同质异能态. 由图 9-12 知, 当最后一个核子填充到幻数附近的能级形成原子核的激发态时, 激发态和相邻能级的 ΔI 相差比较大. 在 Z 或 N 等于 38 以前, 相邻两能级的 j 值最多相差 2, 不会形成同质异能态; 在 38 以后, 核子填入 2p(j=1/2)和 1g(j=9/2)两个能级中时, j 值相差为 4, 因此 Z 或 N 等于 39 到 49 之间的原子核可能出现同质异能态, 形成同质异能素岛; 同理, Z 或 N 在 65～81 和 101～125 也存在同质异能素岛. 实验发现确实如此.

壳模型对原子核的磁矩也有一定的预言. 对偶偶核, 核自旋为零, 因此偶偶核的核磁矩也为零, 这与实验完全符合; 对奇 A 核, 核自旋一般等于最后一个奇数核子的角动量, 因此可以推测其磁矩也应等于最后一个核子的磁矩. 而核内单个核子的磁矩 $\boldsymbol{\mu}_j$ 一般由核子的轨道磁矩 $\boldsymbol{\mu}_l$ 和核子自旋磁矩 $\boldsymbol{\mu}_s$ 组成, 即

$$\boldsymbol{\mu}_j = \boldsymbol{\mu}_l + \boldsymbol{\mu}_s = g_l \boldsymbol{p}_l + g_s \boldsymbol{p}_s = g_j \boldsymbol{p}_j \tag{9-42}$$

式中，磁矩以核磁子 μ_N 为单位，角动量以 $\hbar$ 为单位，各 g 分别为相应的朗德因子. 用 $\boldsymbol{p}_j$ 点乘上式，经化简(过程与 6.1 节类似)可得

$$\mu_j = g_j p_j = g_l \frac{j(j+1)+l(l+1)-s(s+1)}{2(j+1)} + g_s \frac{j(j+1)+s(s+1)-l(l+1)}{2(j+1)} \tag{9-43}$$

所以奇 A 核的磁矩为

$$\mu_I' = \frac{I}{I+1}\left[\left(I+\frac{3}{2}\right)g_l - \frac{1}{2}g_s\right] \quad \left(当 I = j = l - \frac{1}{2} 时\right)$$

$$\mu_I' = \left(I-\frac{1}{2}\right)g_l + \frac{1}{2}g_s \quad \left(当 I = j = l + \frac{1}{2} 时\right) \tag{9-44}$$

其中，奇 Z 偶 N 核(相当于质子磁矩)，$g_l = 1$，$g_s = 5.58$；偶 Z 奇 N 核(相当于中子的固有磁矩，中子轨道运动无磁矩)，$g_l = 0$，$g_s = -3.82$. 原子核的磁矩为式(9-44)中之一. 作出 μ_I' 与 j 的两条关系曲线，称为施密特(Schmidt)线. 大部分实验数值并没有落在施密特线上，但都在施密特两曲线之间，变化趋势也相符. 因此，壳模型对奇 A 核磁矩的预言虽不能给出准确的数值，但可描写磁矩的变化趋势.

壳模型对远离幻数的原子核的电四极矩的预言与实验值差别较大. 根据壳模型，次壳层填满时的电四极矩为零，电四极矩是由未填满壳层的质子贡献的，并可定量计算其大小，但计算结果除了幻数附近的原子核有较好的符合外，远离幻数的原子核的实验与理论值有严重的分歧，如表 9-4 所示.

表 9-4　核素基态的电四极矩实验值与壳模型的理论计算值

核素	特征	I	$Q_{实验}/b$	$Q_{理论}/b$	$Q_{实验}/Q_{理论}$
${}^{17}_{8}O_9$	双幻+1 中子	5/2	−0.026	−0.001	20
${}^{39}_{19}K_{20}$	双幻−1 质子	3/2	0.055	0.05	1
${}^{175}_{71}Lu_{104}$	两壳层之间	7/2	5.6	−0.25	−20
${}^{209}_{83}Bi_{126}$	双幻+1 质子	9/2	−0.35	−0.3	1

*9.7.3　原子核的集体模型

上面我们讨论了原子核的液滴模型与壳层模型. 液滴模型能够解释原子核的结合能曲线、重核的裂变过程等. 原子核的壳层模型能够解释原子核的幻数、核自旋、磁矩及其他一些性质，但这两个模型都只代表了两种极端情况. 液滴模型是把原子核看作一个整体，不考虑单个核子的运动情况；相反，壳层模型认为核内核子的运动是彼此独立的. 显然，原子核既有反映核子的彼此独立运动的性质，同时也有反映它们的集体运动的性质.

在壳层模型中，是把原子核当成球形来处理的. 对一些实验测量的分析，例如，对电四极矩的测量所做的分析表明，除了幻数附近的少数原子核外，大部分原子核是有形变的，像一个长椭球，尤其在 Z 为 57～71 的稀土元素和 $Z \geqslant 92$、$N > 135$ 的超铀元素，它们都是处于两个封闭壳层之间. 这种形变比壳层模型中单个核子运动所引起的效应要大得多，它应是许多核子产生的集体效应. 从而进一步考虑就会想到，一大群粒子在互相吸引力的作用下要形变成一个集体，很可能会有集体的振动. 这样，粒子就运动于变动着的势场中. 个体核子的运动和集体运动相互结合，才是原子核内部的整体运动，这样一个描述称为集体模型.

原子核的集体模型是同时考虑了核内核子的集体运动及其独立运动的结合. 我们可以想象，核子在各自的轨道上运动，但也相互有关，而成为合成形式的运动，才使原子核具有一定的外形. 核子的集体运动使原子核产生形变，因此一个核子所受到的势能函数，不再是球对称的了. 这样可将原子核的内部运动分为两部分：一部分是由于核子集体运动而产生的形变，其结果使原子核成为一旋转刚体，原子核有转动运动，另一种是振动式的表面形变，即原子核还有振动运动，转动与振动是属于集体运动的结果；另一部分是单个核子在势能场中的独立运动，即壳层轨道运动，这种情形与分子光谱中有电子运动、分子的转动与振动三种激发能相似，分子电子态的改变相当于各核子态的改变.

集体模型的理论探讨应该用量子流体力学来讨论，其内容相当复杂，这里只就其一些特殊的结果，简述如下.

1. 原子核的形变

当原子核中中子和质子都构成完整的壳层时，原子核的稳定平衡形状是球形. 在完整壳层之外如有少数几个核子，就会引起小的形变；但平衡形状仍是球形，不过形变时的恢复力会因此减弱一些. 壳层外的核子数若再增加，球形平衡会被破坏，平衡形状就成为非球形的，往往是一个轴对称形. 当原子核的核子数离开完整壳层结构最远，平衡的形变与球形差别也最大.

2. 原子核的集体振动

原子核可能有几种振动方式. 能量较低的振动是形状的周期性变化，但体积不变，这简称为形状振动. 另外还有体积改变的压缩性振动，以及中子与质子有相对运动的偶极振动，它们的频率较高，与原子核低能级性质的关系较小.

原子核的形状可以用球谐函数 $Y_{l,M}$ 来描述；因此，形状的振动，当振幅不大时，可以看作各级多极振动的叠加，其中最主要的是四极子振动. 当原子核是完整壳层结构或其相近的结构时，它的平衡形状是球形，形变不会很大. 较低的能级应该由于这些振动而形成. 对质子和中子都是偶数的原子核，四极振动(以球形

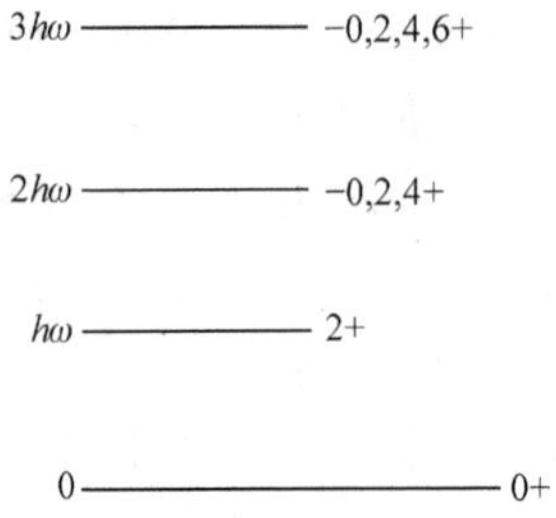

图 9-13　原子核的振动能级

为平衡形状，变动于长椭球与扁椭球之间)的能级，按理论应如图 9-13 所示，能级是等间距的. 图 9-13 中，左边标明的是能量值，右边是原子核可能有的自旋和宇称(“+”表示偶性宇称).

对平衡形状偏离球形很大的原子核，四极振动有两种简正振动方式：一种是原子核仍保持圆柱对称，只是球形偏心率的变化；另一种是偏离圆柱对称的变化. 但对偏离完整壳层结构较远的原子核，最低的那些能级还不是由于振动，而是转动的能级.

3. 原子核的转动

对球形核，任何过球心的轴都是对称轴，球体相对于对称轴转过任一角度 φ 不会使波函数 ψ 发生任何变化，即

$$\frac{\partial \psi}{\partial \varphi}=0 \tag{9-45}$$

若取此轴为 z 轴，则沿 z 轴的角动量分量必为零. 因此不存在集体转动.

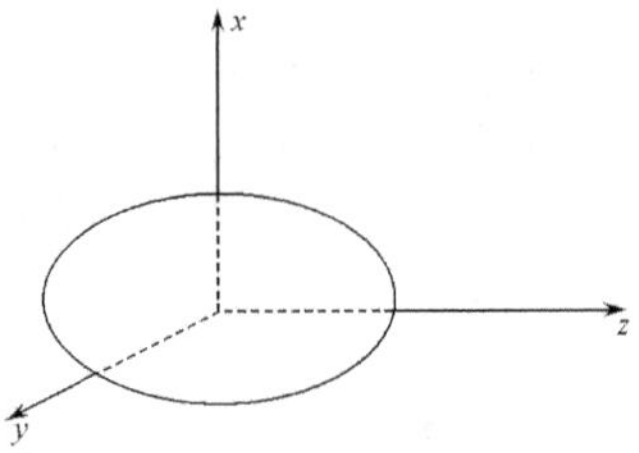

图 9-14　具有对称椭球形状的原子核

假如原子核是一个具有永久形变的对称椭球，如上面提到偏离完整壳层结构较远的原子核具有非球形的平衡形状，如图 9-14 所示. z 轴是对称轴，绕 z 轴的转动在量子力学中是一个没有意义的概念，即不存在集体转动，但是绕 x 或 y 轴则呈现出集体转动. 为简单起见，假定形变核的内禀角动量为零(偶偶核). 考虑它绕 x 轴的转动，则转动能为

$$E_{转}=\frac{\hbar^2}{2J}I(I+1) \tag{9-46}$$

式中，J 是转动惯量；I 是总角动量量子数. 由于无自旋核(偶偶核)相对于 xy 平面反射不变，而 I 为奇数的球谐函数 $\mathrm{Y}_{I,M}$ 的宇称为奇，在反射下变号，故不能作为描述原子核运动状态的函数. 允许的 I 值只是偶数，故

$$I=0,2,4,\cdots$$

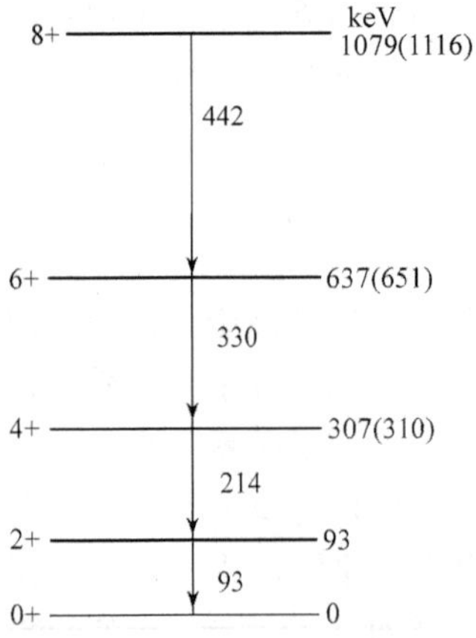

图 9-15　^{180}Hf 的转动能谱

式(9-46)正是玻尔与莫特尔逊在 1953 年提出的著名的核转动能谱公式，它得到一系列实验数据的支持，图 9-15 就是当时玻尔与莫特尔逊引用的一个

简例①.

在 $A>24$、$150<A<190$、$A>220$ 这些范围，也就是离完整壳层结构较远的范围，很多质子和中子都是偶数的原子核，显现出符合式(9-46)的转动能级. 转动能级的特征是式(9-46)所示各能级的相对值. 把 $I=2,4,6,8$ 分别代入式(9-46)，就可以求得各能级的数值分别为 6,20,42,72 乘以 $\hbar^2/2J$. 不同原子核的转动能级的绝对值各有不同，但每一种原子核的各能级之间的相对值对各原子核应该是相同的. 把上述诸能级的数值分别以 E_2,E_4,E_6,E_8 代表，就应该有

$$\frac{E_4}{E_2}=\frac{20}{6}=3\frac{1}{3},\quad \frac{E_6}{E_2}=\frac{42}{6}=7,\quad \frac{E_8}{E_2}=\frac{72}{6}=12 \tag{9-47}$$

在所说范围内确实观察到好多偶数质子、偶数中子的原子核具有上述比值的能级. 图 9-16 显示了 $150<A<190$ 和 $A>220$ 两个范围内，偶偶核的第二、三、四激发能级与第一激发能级的比值，这些能级很符合转动能级间隔的特征.

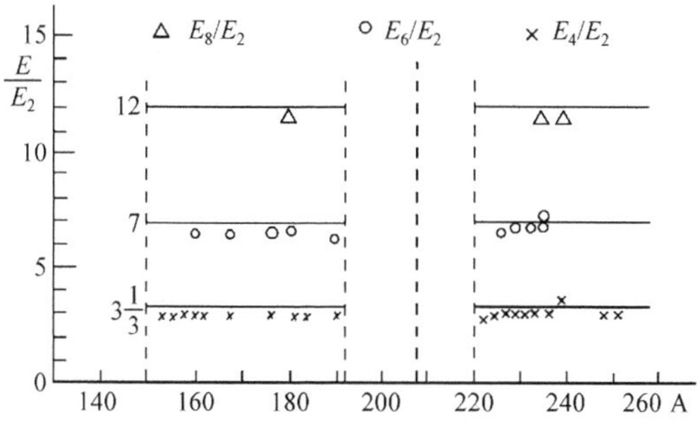

图 9-16　偶偶核转动态的能量比较

离完整壳层结构较远的奇数 A 的原子核，也有转动谱的出现. 这可以用库仑激发过程获得. 图 9-17 显示 $^{181}_{73}Ta$ 的转动能级和这些能级间的 γ 跃迁. 两个激发态是用库仑激发过程获得的. 研究它们的 γ 跃迁，可以认出基态的 $I=7/2$，两个激发态的 I 分别为 9/2 和 11/2，测得此两激发态与基态之间能级间隔之比为 $E\left(\frac{11}{2}\to\frac{7}{2}\right)\Big/E\left(\frac{9}{2}\to\frac{7}{2}\right)=\frac{303}{137}\approx 2.21$. 把这些 I 值代入式(9-47)，求得理论比值为 2.22. 实验与理论值很接近.

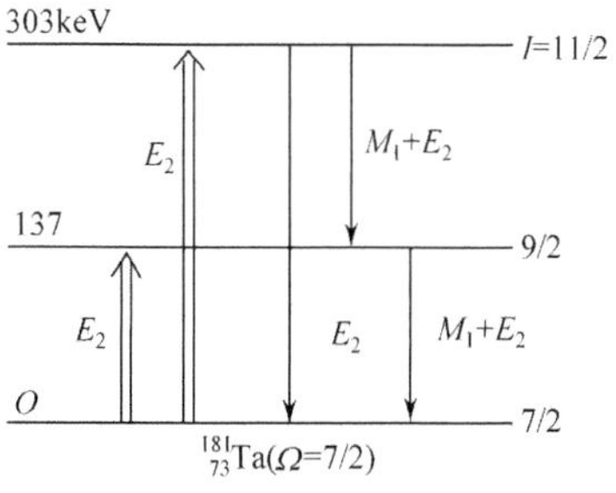

图 9-17　^{181}Ta 的转动谱

① 原著：Bohr A, Mottelson B. Rotational states in even-even nuclei[J]. Phys.Rve., 1953, 90: 717；或参阅：Bohr A. Rotational motion in nuclei[J]. Rev. Mod. Phys., 1976, 48(3): 365. 那里载有玻尔、莫特尔逊与雷恩沃特领诺贝尔奖时的演讲.

4. 不同形状的原子核的低能级的比较

从以上的讨论可以看到，在远离完整壳层结构的范围，原子核的平衡形状是非球形的，它的那些低能级是转动能级. 随着向完整壳层逐步靠近，原子核的形状偏离球形的程度会逐渐减小，转动惯量亦在减小；到了某一程度，虽然离完整壳层结构还差一些，但它的平衡形状就成了球形. 在这种情况下，低激发态近似地已经是四极型的形状谐振. 在更接近完整壳层结构的原子核中，这类形状振动的频率会增加. 在完整壳层结构附近的原子核中，集体振动的频率大到可以与单独粒子相比较.

图 9-18 所示为 A 在 180～206 之间的原子核的低能级的变化情况. 能级上所标的是用千电子伏为单位的能量值，右边所标是自旋量子数 I 和宇称，箭头指观察到的跃迁. 图中可见，离完整壳层结构较远的 ^{180}Hf 的低能级是转动能级，这由能级间隔可知；它的第二激发能级与第一激发能级之比是 3.32，这是转动能级应有的比值. ^{190}Os 的低能级还是转动能级，但 $E(2)/E(1)$=3.00，已经偏离了 10%. ^{192}Pt 和 ^{198}Hg 的 $E(2)/E(1)$都在 2 左右，所以它们的集体运动已经是振动了. 至于 ^{206}Pb 质子壳层已完整，中子数也接近完整壳层，它的低激发能级上升很多，可以证明已属于粒子激发性质的了.

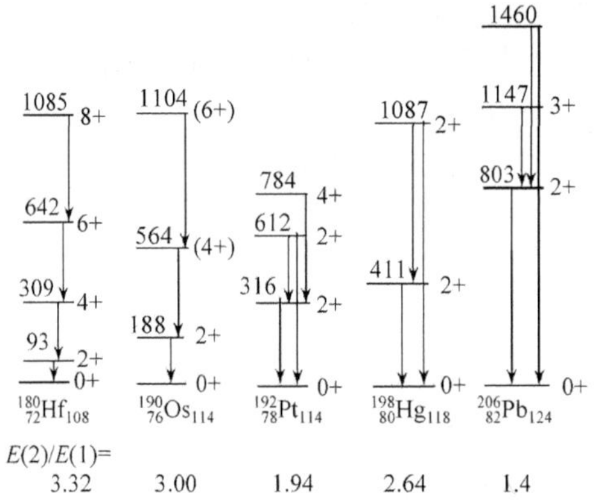

图 9-18　不同形状的原子核的低能级的比较

习题与思考题

1. 如果要将 ^{16}O 分成 8 个中子和 8 个质子，要给它多少能量？要将它分成 4 个 ^{4}He 则又如何(^{16}O：15.994915u，^{4}He：4.002603u，^{1}H：1.007825u，n：1.008665u)?
2. ^{1}H 和 n 的质量分别为 1.007825u 和 1.008665u，计算出 ^{12}C 的平均结合能.
3. 计算原子核($^{4}_{2}$He 、$^{107}_{47}$Ag 、$^{238}_{92}$U)的半径，设 r_0=1.45fm.
4. 试问下列原子的基态有多少个超精细结构成分？^{1}H($^{2}S_{1/2}$)、^{6}Li($^{2}S_{1/2}$)、^{9}Be($^{1}S_{0}$)、^{15}N($^{4}S_{3/2}$)，括号里给出了原子电子壳层的基项.
5. 两质子相距 2fm，计算它们的库仑势能与引力势能.
6. 利用质量半经验公式计算 ^{64}Cu、^{107}Ag、^{140}Ce、^{238}U 核的质量.
7. 据质子、中子壳层模型能级图预言 ^{51}V、^{71}Ga、^{123}Sb 的基态核自旋.
8. 如何测量原子核的质量、大小?
9. 为何重核裂变和轻核聚变会放能?
10. 简述核力的主要性质.
11. 思考液滴模型与壳模型的成功与失败之处.

第 10 章

放射性衰变及其应用

在人们已发现的 3000 多种核素中，绝大多数都是不稳定的. 这些原子核能自发地从一种状态转变为另一种状态或从一种核素转变成另一种核素，同时放射出一些射线，这种现象称为放射性衰变. 能发生放射性衰变的核素称为放射性核素. 实验表明，放射性核素的衰变类型主要有三种.

(1) α 衰变：放出 α 射线，即氦原子核.

(2) β 衰变：包括 β^-衰变、β^+衰变和电子俘获(EC). β^-衰变放出电子和反中微子，β^+衰变放出正电子和中微子，EC 是原子核俘获一个核外电子并放出中微子.

(3) γ 衰变：包括 γ 跃迁和内转换(IC). γ 跃迁放出光子，内转换是原子核把激发能直接交给核外电子，使电子电离.

除了以上三种衰变类型，少数核素还可能发生自发裂变(SF)、质子衰变、重离子衰变、中子衰变等，通常这些衰变模式发生的概率极小.

放射衰变现象、电子、X 射线是 19 世纪末的三大重要发现，揭开了近代物理的序幕. 放射性衰变提供了原子核内部运动变化的许多重要信息，同时在许多领域中有丰富的应用.

10.1　放射性衰变规律

10.1.1　指数衰变规律

原子核的衰变是自发产生的，其衰变过程不受环境影响，任何一个放射性核素，它发生衰变的精确时刻不能预知，但大量原子核的衰变遵从一定的统计规律. 假设时刻 t 时放射性核素的数目为 N，则在 $t \sim t+\mathrm{d}t$ 内发生衰变的核素数目 $-\mathrm{d}N$ 必定正比于 N 和 $\mathrm{d}t$，于是

$$-\mathrm{d}N = \lambda N \mathrm{d}t \tag{10-1}$$

其中，λ 是引入的比例常量.

若 $t = 0$ 时原子核的数目为 N_0，对式(10-1)积分可得

$$N = N_0 \mathrm{e}^{-\lambda t} \tag{10-2}$$

这就是独立存在的放射性核素衰变遵从的指数衰减统计规律. 指数衰减规律是放射性核素衰变的基本规律，它是放射性核素在众多领域应用的基础.

将式(10-1)改写一下，有助于了解常数 λ 的物理意义

$$\lambda = \frac{-\mathrm{d}N / \mathrm{d}t}{N} \tag{10-3}$$

可见，λ 代表一个原子核在单位时间内衰变的概率，是放射性物质衰变快慢的标志，被称为衰变常量(单位为 s^{-1})，λ 决定于原子核本身，不受环境的影响. 每种放射性物质有它自己的衰变常量. 所以对于放射性核素来说，虽然无法预知一个核素何时衰变，但在任一时刻核素衰变的概率是完全确定的.

注意：以上公式是统计规律，是对大量原子核作实验测定得出的，我们不知道每个原子核何时衰变，所以对少量个别原子核无意义.

对于放射性核素，我们也经常用半衰期和平均寿命来表示其衰变的快慢.

半衰期($T_{1/2}$)原子核数目减少到原有数目的一半所需要的时间. 由式(10-2)知，当 $N / N_0 = \mathrm{e}^{-\lambda T} = 1/2$ 时，得

$$T_{1/2} = \frac{\ln 2}{\lambda} \approx \frac{0.693}{\lambda} \tag{10-4}$$

例如，^{60}Co 的半衰期为 5.27 年，即经过 5.27 年，^{60}Co 原子核的数目是原来的一半，再经过 5.27 年，数目是最初的四分之一.

平均寿命(τ)原子核的衰变有先、有后，各个原子核的寿命一般是不同的，从 $t=0$ 到 $t=\infty$ 都有可能，平均寿命是指一种放射性核素的每个原子核生存时间的平均值.

设 $t \sim t+\mathrm{d}t$ 内发生衰变的核素数目为 $-\mathrm{d}N$，对于这 $-\mathrm{d}N$ 个原子核，它们的总寿命为 $(-\mathrm{d}N)t$，所以此核素的平均寿命为

$$\tau = \frac{\int_{N_0}^{0} t(-\mathrm{d}N)}{N_0} = \frac{\int_0^{\infty} \lambda N t \mathrm{d}t}{N_0} = \int_0^{\infty} \lambda t \mathrm{e}^{-\lambda t} \mathrm{d}t = \frac{1}{\lambda} \tag{10-5}$$

即平均寿命 τ 为衰变常量的倒数，比半衰期略长一点. 将 $t=\tau$ 代入衰变公式有

$$N = N_0 \mathrm{e}^{-1} \approx 37 N_0 \%$$

所以平均寿命表示：经过平均寿命这段时间以后，剩下的核素数目约为原来的 37%.

注意：衰变常量 λ、半衰期 $T_{1/2}$ 和平均寿命 τ 是放射性核素的特征量. 每一个放射性核素都有它特有的 λ、$T_{1/2}$ 和 τ，没有两种核素的是一样的，因此 λ、$T_{1/2}$、τ 是放射性核素的“手印”，我们可根据对其任一值的测量判断核素种类.

10.1.2　放射性活度与半衰期测量

1. 放射性活度(A)

放射性核素在单位时间内衰变的原子核数目称为放射性活度，用 A 标记，由式(10-2)有

$$A=-\frac{\mathrm{d}N}{\mathrm{d}t}=\lambda N=\lambda N_0\mathrm{e}^{-\lambda t}=A_0\mathrm{e}^{-\lambda t} \tag{10-6}$$

也服从指数衰减规律. 放射性活度的单位为贝克勒尔(Bq)、居里(Ci)或卢瑟福(Rd). 其中 1Bq=1 次核衰变/s；1 Ci=3.7×10^{10} 次核衰变/s；1 Rd=1×10^6 次核衰变/s.

放射性衰变的指数衰减规律我们通常使用式(10-6)，因为借助于放射性测量技术，可以精确测量放射性活度. 在放射性测量过程中，我们测量的是放射源在单位时间内放出某种射线或粒子的数目即射线强度. 如果放射源一次衰变放出一个粒子，则射线强度和放射性活度相等. 若一次衰变放出两个粒子，则射线强度是放射性活度的两倍，即射线强度与放射性活度间有简单的倍数关系.

2. 半衰期的测量

只需测定放射性活度 A，可确定放射性核素的半衰期 $T_{1/2}$ 或衰变常量 λ. 对式(10-6)两边取对数得

$$\ln A=\ln A_0-\lambda t \tag{10-7}$$

测量单位时间放出粒子数随时间的变化，作出 $\ln A$-t 曲线，在直线上读出 $\ln(A_0/2)=\ln(\lambda N_0/2)$ 处的 t 即为半衰期，如图 10-1 所示.

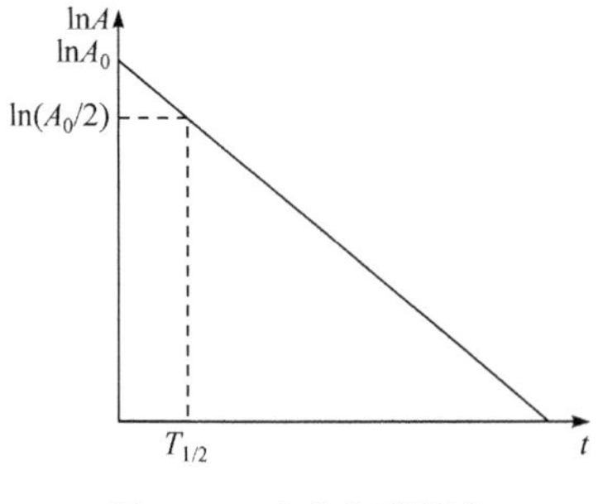

图 10-1　半衰期的测定

以上半衰期的测量适合半衰期不是特别长的核素. 对于半衰期特别长的核素，如 ^{238}U，不可能测出活度 A 随时间的变化，可通过测一定质量核素的放射性活度来计算半衰期.

例 10-1　取 1mg ^{238}U，测得它的放射性活度为 740 个 α 粒子/min，求 ^{238}U 的半衰期.

解　因为 ^{238}U 一次衰变放出一个 α 粒子，则

$$\lambda=\frac{A}{N}=\frac{740/60}{\dfrac{10^{-3}}{238}\times6.02\times10^{23}}\approx4.87\times10^{-18}(\mathrm{s}^{-1})$$

所以，$T_{1/2}=\dfrac{0.693}{\lambda}\approx4.5\times10^9(\mathrm{a})$.

10.1.3　分支衰变现象

通常，一个原子核衰变时可能有几种不同的衰变方式同时发生，这种现象称为分支衰变现象. 例如：^{64}Cu 的衰变(图 10-2)，可同时有 β^-、β^+和 EC 俘获三种衰变. 当核素具有多种分支衰变时，

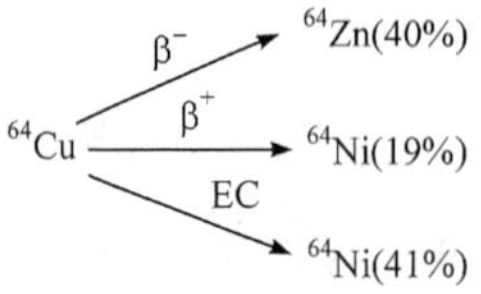

图 10-2　^{64}Cu 的衰变

$$\lambda=\sum_i \lambda_i \tag{10-8}$$

其中，λ 是核素总的衰变常量，λ_i 是分支衰变常量. 第 i 种分支衰变的分支比 b_i(图 10-2 中括号内的百分比)为

$$b_i=\frac{\lambda_i}{\lambda}=\frac{A_i}{A_i} \tag{10-9}$$

且满足 $\sum_i b_i=1$. 对于 ^{64}Cu，分支比分别为 40%、19%和 41%.

第 i 种分支衰变的部分放射性活度为

$$A_i=\lambda_i N=\lambda_i N_0 \mathrm{e}^{-\lambda t} \tag{10-10}$$

总的放射性活度为

$$A=\sum_i A_i=\lambda N_0 \mathrm{e}^{-\lambda t} \tag{10-11}$$

可见部分放射性活度在任何时候都与总放射性活度成正比. 注意：部分放射性活度随时间是按 $\mathrm{e}^{-\lambda t}$ 衰减而不是按 $\mathrm{e}^{-\lambda_i t}$ 衰减的. 这是因为任何放射性活度随时间的衰减都是由于原子核数 N 减少，而 N 减少是所有分支衰变的总结果.

10.1.4　级联衰变(又称递次衰变)现象

放射性核素经过一次衰变后可能仍是稳定核素，会继续衰变，一代又一代连续进行，直到一种稳定的核素为止，这种衰变叫作级联衰变. 级联衰变中的各代子体形成衰变链. 在级联衰变中，任何一种放射性物质被分离出来单独存放时，它的衰变满足式(10-2)的指数衰减规律. 但是，它们混在一起时，衰变情况要复杂得多.

考虑级联衰变 A—>B—>C：A、B、C 的衰变常量分别为 λ_1、λ_2、λ_3；t 时刻的数目为 N_1、N_2、N_3；t=0 时， $N_1(0)=N_{10}$，$N_2(0)=N_3(0)=0$. 各代子体的数目既因自身衰变而减少，又因上代核素的衰变而增多，则

$$\begin{aligned}
\frac{\mathrm{d}N_1}{\mathrm{d}t}&=-\lambda_1 N_1\\
\frac{\mathrm{d}N_2}{\mathrm{d}t}&=\lambda_1 N_1-\lambda_2 N_2\\
\frac{\mathrm{d}N_3}{\mathrm{d}t}&=\lambda_2 N_2-\lambda_3 N_3
\end{aligned} \tag{10-12}$$

求解式(10-12)可得

$$N_1(t) = N_{10}\mathrm{e}^{-\lambda_1 t}$$
$$N_2(t) = \frac{\lambda_1}{\lambda_2 - \lambda_1} N_{10}(\mathrm{e}^{-\lambda_1 t} - \mathrm{e}^{-\lambda_2 t}) \tag{10-13}$$
$$N_3(t) = N_{10}(h_1\mathrm{e}^{-\lambda_1 t} + h_2\mathrm{e}^{-\lambda_2 t} + h_3\mathrm{e}^{-\lambda_3 t})$$

式中，$h_1 = \dfrac{\lambda_1\lambda_2}{(\lambda_2-\lambda_1)(\lambda_3-\lambda_1)}$，$h_2 = \dfrac{\lambda_1\lambda_2}{(\lambda_1-\lambda_2)(\lambda_3-\lambda_2)}$，$h_3 = \dfrac{\lambda_1\lambda_2}{(\lambda_1-\lambda_3)(\lambda_2-\lambda_3)}$.

对于级联衰变系列 $A_1 \to A_2 \to A_3 \to \cdots \to A_n \to \cdots$，当初始时刻只有母体 A_1 时，第 n 个放射体 A_n 的数目随时间的变化为

$$N_n(t) = N_{10}(h_1\mathrm{e}^{-\lambda_1 t} + h_2\mathrm{e}^{-\lambda_2 t} + \cdots + h_n\mathrm{e}^{-\lambda_n t}) \tag{10-14}$$

式中

$$\begin{aligned} h_1 &= \frac{\lambda_1\lambda_2\cdots\lambda_{n-1}}{(\lambda_2-\lambda_1)(\lambda_3-\lambda_1)\cdots(\lambda_n-\lambda_1)} \\ h_2 &= \frac{\lambda_1\lambda_2\cdots\lambda_{n-1}}{(\lambda_1-\lambda_2)(\lambda_3-\lambda_2)\cdots(\lambda_n-\lambda_2)} \\ &\vdots \\ h_n &= \frac{\lambda_1\lambda_2\cdots\lambda_{n-1}}{(\lambda_1-\lambda_n)(\lambda_2-\lambda_n)\cdots(\lambda_{n-1}-\lambda_n)} \end{aligned} \tag{10-15}$$

10.2　放射性平衡与天然放射系

10.2.1　放射性平衡

级联衰变链中，母核的数目始终按照自己的半衰期指数衰减，而对于各代子体，由式(10-14)看出，其数目变化与前期各代子体都有关系. 但当时间足够长后，子体的数目变化有明显简单的规律. 共有三种情况：暂时平衡、长期平衡和不成平衡. 以两个放射体的级联衰变为例，$A \to B \to C$，A、B 的衰变常量是 λ_1、λ_2，半衰期为 T_1、T_2.

1. 暂时平衡

当母体的半衰期比子体的长 $T_1>T_2$(即 $\lambda_1<\lambda_2$)，即子核的寿命小于母核的寿命，且 T_1 不是很大(在观察时间内可以看出母体放射性的变化)时，例如，${}^{200}\mathrm{Pt} \to {}^{200}\mathrm{Au} \to {}^{200}\mathrm{Hg}$，$T_1$=12.6h，$T_2$=0.81h. 根据式(10-13)，当时间足够长($t>7T_2$)时，$\mathrm{e}^{-(\lambda_2-\lambda_1)t} \ll 1$，有

$$N_2 = \frac{\lambda_1}{\lambda_2 - \lambda_1} N_1 \tag{10-16}$$

母体与子体的放射性活度关系为

$$A_2 = \frac{\lambda_2}{\lambda_2 - \lambda_1} A_1 \tag{10-17}$$

可以看到：当时间足够长时，子体和母体的核数目(或放射性活度)之比为固定值. 这种平衡关系随着($t > 7T_1$)母体的衰减完而结束，称为暂时平衡.

可以证明，当 $t_m = \frac{1}{\lambda_1 - \lambda_2} \ln \frac{\lambda_1}{\lambda_2}$ 时，$\lambda_1 N_1(t_m) = \lambda_2 N_2(t_m)$． 若此时分离出子体将获得子体最大的放射性活度.

暂时平衡启示我们保存短寿命核素的一个方法. 例如，常用的医用放射性核素 ^{113}In，其半衰期为 99.5min，若从远处运来则会所剩无几. 从上看出，我们可以把 ^{113}In 与其母体 ^{113}Sn 一起保存. 因为 ^{113}Sn→^{113}In 的半衰期为 115d，经过一段时间后($t \gg \tau_2$)，子核 ^{113}In 与母核 ^{113}Sn 的放射性强度相等，即单位时间内子核衰变掉的核数等于它从母核衰变中得到的补充核数——平衡，从而可保存和运输. 要使用时，可用化学的方法将 ^{113}In 淋洗出来. 被淋洗后 ^{113}Sn 继续以俘获电子的方式生成 ^{113}In，适当的时候 ^{113}In 又可被淋洗出来，所以俗称 ^{113}Sn 为“母牛”.

2. 久期平衡(长期平衡)

当母体 A 的半衰期比子体的长得多 $T_1 \gg T_2$(即 $\lambda_1 \ll \lambda_2$)，且母体 A 的半衰期很大(在观察时间内不能看出母体放射性的变化)，例如，$^{226}\mathrm{Ra} \to {}^{222}\mathrm{Rn} \to {}^{218}\mathrm{Po}$，$T_1$=1600a，$T_2$=3.824d. 根据式(10-13)，当时间足够长，即 $t \gg 1/\lambda_2$ 时

$$N_2 = \frac{\lambda_1}{\lambda_2} N_1 \tag{10-18}$$

即

$$\lambda_2 N_2 = \lambda_1 N_1 \quad 或 \quad A_2 = A_1 \tag{10-19}$$

这时子体的核数目和放射性活度达到饱和，且与母体的放射性活度相等，即单位时间内子核衰变掉的核数等于它从母核的衰变中得到的补充核数，两者处于平衡状态，考虑到 T_1 很大，此平衡过程将长期存在，称为久期平衡.

对于多代子体的递次衰变，只要母体的半衰期很长，而且各代子体的半衰期都比它短得多，则不管各代子体的半衰期相差多大，在足够长的时间(子体中半衰期最长的 7 倍)后，整个衰变链会达到长期平衡，即各代子体的放射体的活度彼此相等

$$\lambda_1 N_1 = \lambda_2 N_2 = \lambda_3 N_3 = \cdots \tag{10-20}$$

3. 不成平衡

当母体的半衰期比子体的半衰期小($T_1<T_2$)时，根据式(10-13)，母体按指数规律衰减较快,而子体的核素数目开始为 0,随时间逐步增长,越过极大值后衰减. 子体与母体之间没有固定的数目关系，称为不成平衡.

10.2.2　天然放射系

级联衰变链也称为放射系. 地壳中存在的一些重的放射性核素是三个天然放射系的各代子体，图 10-3 给出了三个天然放射系和人工放射系镎系的衰变链. 图

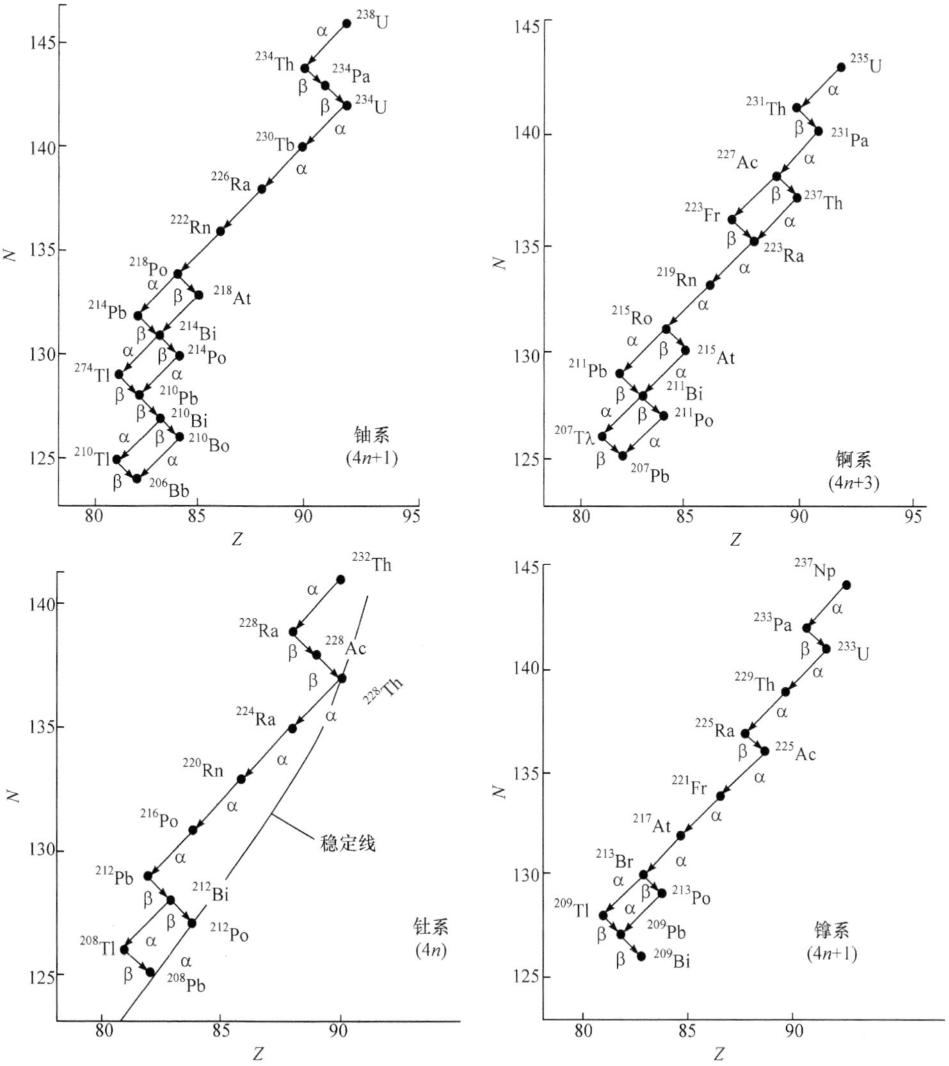

图 10-3　四种放射系：铀系、锕系、钍系、镎系

中横坐标是质子数 Z，纵坐标是中子数 $N=A-Z$. 它们的母核半衰期都很长，和地球年龄(4.6×10^9a)相当，因而经过漫长的地质年代后还能保存下来. 它们的成员大多具有 α 放射性，少数具有 β^-放射性，一般都伴随有γ辐射，但没有一个具有 β^+ 衰变或电子俘获的. 每个放射系从母体开始，都经过十几次级联衰变，最后达到稳定的铅同位素.

1. 铀系

铀系从 ^{238}U 开始，中间经过 8 次 α 衰变、6 次 β^-衰变，最后生成稳定的 ^{206}Pb. 铀系各核素的质量数均为 $4n+2$，所以又称 $4n+2$ 系. ^{238}U 的半衰期为 4.468×10^9 a，而其子体半衰期最长的是 ^{234}U，半衰期为 2.455×10^5 a，所以，铀系建立长期平衡需要几百万年的时间.

2. 锕系

锕系从 ^{235}U 开始，经 7 次 α 衰变、4 次 β 衰变，最后生成稳定的 ^{207}Pb. 锕系各核素的质量数为 $4n+3$，称为 $4n+3$ 系. 母体 ^{235}U 的半衰期为 7.038×10^8 a，子体中半衰期最长的是 ^{231}Pa，半衰期为 3.28×10^4a，锕系建立长期平衡需要几十万年.

3. 钍系

钍系从 ^{232}Th 开始，经 6 次 α 衰变、4 次 β 衰变，最后生成稳定的 ^{208}Pb. 钍系各核素的质量数为 $4n$，称为 $4n$ 系. 母体 ^{232}Th 的半衰期为 1.405×10^{10} a，子体中半衰期最长的是 ^{228}Ra，半衰期为 5.75a，钍系建立长期平衡需要几十年.

地壳中存在 $4n$、$4n+2$、$4n+3$ 三个天然放射系，缺少 $4n+1$ 这样一个放射系. 后来人工合成了 $4n+1$ 系，即镎系. 母核 ^{237}Np 经多次衰变最后生成稳定的 ^{209}Bi. ^{237}Np 的半衰期为 2.144×10^6 a，比地球年龄小很多，所以在地壳中没有发现 $4n+1$ 系. 天然放射系中都有气体核素 ^{222}Rn、^{219}Rn、^{220}Rn，而镎系没有.

10.3 衰变规律的应用

10.3.1 人工放射性核素的制备

目前所知的 3000 多种核素中，绝大多数是人工制造的. 人工放射性核素主要通过中子或各种高能带电粒子与靶核发生核反应制备. 在新核素的产生过程中，同时会发生衰变，假设单位时间新核素的产生数目为 P，则核素的变化率为

$$\frac{\mathrm{d}N}{\mathrm{d}t}=P-\lambda N \tag{10-21}$$

式中，N 为生产开始后 t 时刻该核素的数目，对式(10-21)求积分得

$$N = P(1 - e^{-\lambda t}) / \lambda \tag{10-22}$$

产生核素的放射性活度为

$$A = \lambda N = P(1 - e^{-\lambda t}) = P(1 - 2^{-t/T_{1/2}}) \tag{10-23}$$

可以看出,核素的数目或放射性活度并不随时间线性增加,如图 10-4 所示. 当产生核素的反应时间 $t=T_{1/2}$ 时，核素的放射性活度可达到产生率 P 的一半，当经过 2 $T_{1/2}$ 的时间，达到 P 的 75%，不论时间多长，A 最大等于 P(饱和值)，而且当 $t>3\ T_{1/2}$ 后，增加就很缓慢了，当 $t>5\ T_{1/2}$ 后放射性活度已基本达到饱和值，继续反应是徒劳的.

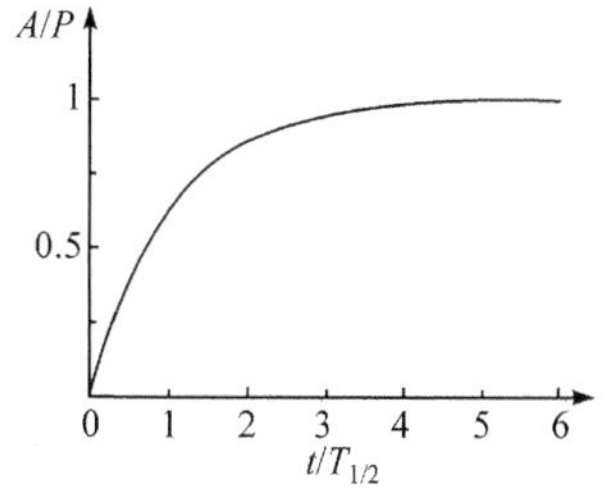

图 10-4　放射性核素制备的饱和曲线

10.3.2　放射性鉴年

1. ^{14}C 鉴年

在考古中，可以利用 ^{14}C 推算考古文物、古生物的年代.

^{14}C 具有放射性，半衰期约为 5700a. 自然界中的 ^{14}C 是宇宙射线中的中子与空气中的 ^{14}N 发生核反应($n + {}^{14}N \rightarrow {}^{14}C + p$)产生的，$^{14}C$ 在大气层中氧化为 $^{14}CO_2$，混在普通的 $^{12}CO_2$ 中. 考虑到长期以来，地球上的宇宙射线背景不变，大气中的 ^{14}N 和 ^{12}C 的含量恒定,则空气中 $^{12}C : {}^{14}C = 1 : 1.2\times10^{-12}$ (数目比)几乎不变. 大气中的 CO_2 在一切生物体的新陈代谢中被吸收和放出，^{14}C 也参与了这样的循环过程，处于动态的平衡. 则在活的生物体内，^{12}C 和 ^{14}C 的比例与空气中一样.

一旦生物体死亡，不再从大气中吸收新鲜的 CO_2，生物体中 ^{14}C 的含量因衰变而减少. 所以根据考古样品中 ^{14}C 含量的变化可以推知动植物的生存年代.

例 10-2　在河北磁山遗址中发现古时的粟，在粟样品中含有 1g 碳，测出它的放射性活度为 $\lambda N(t)=10.4\times10^{-2}s^{-1}$，试推算它存放的年代.

解　由 $^{12}C : {}^{14}C = 1 : 1.2\times10^{-12}$ 可知，1g 新鲜的碳中含 ^{14}C 的数目为

$$N_0 = \frac{1}{12}\times6.023\times10^{23}\times1.2\times10^{-12} = 6.023\times10^{10}$$

古粟样品中 ^{14}C 的数目为

$$N(t) = \frac{10.2\times10^{-2}}{\lambda} = \frac{10.2\times10^{-2}\times5700\times365\times24\times3600}{0.693} = 2.646\times10^{10}$$

由式(10-2)可推得古粟距今的时间是

$$t = \frac{1}{\lambda}\ln\frac{N_0}{N(t)} = \frac{5700a}{0.693}\times\ln\frac{6.023\times10^{10}}{2.646\times10^{10}} = 6765\ (a)$$

据考证这些粟是世界上发现最早的粟，它比在印度和埃及发现的还要早.

2. 重同位素鉴年

可利用放射性重同位素 ^{235}U 和 ^{238}U 推测矿石的地质年代.

^{238}U 经过一系列的衰变→^{206}Pb，设形成岩石时有 N_0 个 ^{238}U，现矿石中存留 ^{238}U 有 $N^{238}(t)$个，^{206}Pb 有 $N^{206}(t)$个，^{238}U 衰变链的中间产物数目总和为 $\sum_i N_i(t)$，而

$$N_0 - N^{238}(t) = N^{206}(t) + \sum_i N_i(t)$$

根据式(10-20)，因为 t 很久远，所以 $\sum N_i(t) \ll N^{206}(t)$，可以忽略. 结合式(10-2)解得

$$t = \frac{1}{\lambda}\ln\frac{N_0}{N^{238}(t)} = \frac{T_{1/2}}{0.693}\ln\left(\frac{N^{206}(t)}{N^{238}(t)} + 1\right)$$

则测出 ^{206}Pb 与 ^{238}U 的数目之比便可定出岩石年代 t.

习题与思考题

1. 放射性活度为 100mCi 的放射性 ^{32}P 制剂，求制成后 30d 的放射性活度. ^{32}P 的半衰期为 14.3d.
2. $^{232}_{90}Th$ 放射 α 射线成为 Ra. 从含有 1g $^{232}_{90}Th$ 的一片薄膜测得每秒放射 4100 个 α 粒子，试算出 $^{232}_{90}Th$ 的半衰期为 1.4×10^{10}a.
3. 用中子束照射 ^{197}Au 来生成 ^{198}Au，已知 ^{198}Au 的半衰期为 2.696d，问照射多久才能达到饱和放射性活度的 95%?
4. 一块铀矿石经分析是铀 ^{238}U 及铅 ^{206}Pb 的混合物，其中铅 ^{206}Pb 的含量约为 27%(重量比)，问这块矿石的年龄是多少年(^{238}U 的 T=4.5×10^9a)?
5. 假设地球刚形成时，^{235}U 和 ^{238}U 的相对丰度为 1∶2，试求地球的年龄.
6. 经测定一出土古尸的相对含量为现代人的 80%，求该古人的死亡时间.
7. 任何递次衰变系列，在时间足够长以后，将按什么规律衰变?
8. 为什么在天然放射系中没有见到 β^+ 和 EC 放射性?

第 11 章

α、β、γ衰变

第 10 章讨论了大量原子核衰变过程核数目变化所遵循的统计规律，未涉及核衰变发生的原因及核衰变过程原子核自身的变化与放出粒子的特征等，本章将对这些问题逐步展开讨论.

11.1 α 衰 变

11.1.1 α 衰变的条件与衰变能

α 衰变是原子核自发地发射出 α 粒子而发生的核转变.

α 衰变可表示为

$$ {}_{Z}^{A}X \to {}_{Z-2}^{A-4}Y + {}_{2}^{4}He \tag{11-1}$$

其中，X 为母核，Y 为子核(也称为反冲核). 若衰变前，母核 X 可以看作静止. 根据衰变过程能量守恒有

$$m_X c^2 = m_Y c^2 + m_\alpha c^2 + E_\alpha + E_Y \tag{11-2}$$

式中，E_α、E_Y 分别为 α 粒子和子核的反冲动能，m_X、m_Y 分别是母核和子核的静质量.

定义衰变过程中放出的动能之和为衰变能(E_d)，则

$$E_d = E_\alpha + E_Y = [m_X - (m_Y + m_\alpha)]c^2 \tag{11-3}$$

略去电子与原子核之间的结合能时有

$$E_d = [M_X - (M_Y + M_{He})]c^2 \tag{11-4}$$

式中，M 为中性原子质量. 显然要发生 α 衰变，必须 $E_d > 0$. 事实上任何能自发进行的核衰变过程必须是放能的. 所以发生 α 衰变的条件为

$$M_X(Z, A) > M_Y(Z-2, A-4) + M_{He} \tag{11-5}$$

即只有当母核原子的静止质量大于子核原子和 α 粒子原子(氦原子)的静止质量之和时，α 衰变才能发生. 通常质量数 $A > 140$ 的原子核才可能发生 α 衰变.

例如，$^{210}Po \rightarrow {}^{206}Pb + {}^{4}_{2}He$，因为 $M(^{210}Po)$=209.9829u，$M(^{206}Pb)$=205.9745u，M_{He}=4.0026u. α 衰变条件式(11-5)是满足的，所以 ^{210}Po 核可以发生 α 衰变，且可算出它的衰变能

$$E_d = \{M(^{210}Po) - [M(^{206}Pb) + M(^{4}_{2}He)]\}c^2 = 5.402MeV$$

类似可证明 ^{64}Cu 是不可能发生 α 衰变的，它不满足上述 α 衰变条件.

11.1.2 α 粒子的能量与能谱的精细结构

1. 衰变能及其分配

衰变能 E_d 是一个很重要的参量，由式(11-4)，我们可以用衰变前后的原子质量求出，但在某些情况下衰变前的核素(如新合成的核素)质量并不知道，我们可以根据衰变能定义 $E_d=E_Y+E_\alpha$，通过测量放出粒子的动能求衰变能 E_d，进而推出未知核素的质量. 通常我们不会测量 E_Y，因为子核的质量较大，反冲动能很小，很难准确测量，而事实上 E_Y 和 E_α 之间是有关系的，只要测出 E_α 即可知道 E_Y.

由衰变前后动量守恒(母核静止)

$$m_Y v_Y = m_\alpha v_\alpha \tag{11-6}$$

所以

$$E_Y = \frac{1}{2} m_Y v_Y^2 = \frac{m_\alpha}{m_Y} E_\alpha \approx \frac{4}{A-4} E_\alpha \tag{11-7}$$

考虑到质量数 $A > 140$ 的原子核才会发生 α 衰变，$E_Y \ll E_\alpha$

$$E_d = E_\alpha + E_Y = \left(1 + \frac{m_\alpha}{m_Y}\right) E_\alpha \approx \left(1 + \frac{4}{A-4}\right) E_\alpha = \frac{A}{A-4} E_\alpha \tag{11-8}$$

即只要知道 E_α 便可由式(11-8)求出 E_d，且衰变能的绝大部分以 α 粒子的动能形式放出，子核的反冲能只占很少一部分. 例如，^{210}Po 核的 α 衰变 E_α=5.3MeV，E_Y=0.1MeV.

2. α 能谱的精细结构

用磁谱仪对 α 放射源放出的 α 粒子能量的测量结果表明，α 粒子的能量并不单一，而是有多个不同的分立值. 例如，^{210}Po 发射的 α 粒子有能量为 5.3045MeV 和 4.52MeV 两组，^{235}U 发射的 α 粒子则有 10 种以上的不同能量成分. ^{212}Bi 衰变为 ^{208}Tl 时共放出六群 α 粒子(如图 11-1 所示). 衰变放出 α 粒子的这种复杂的组成称为 α 粒子能谱的精细结构. 在 α 能谱的精细结构中，一般只有一种能量的 α 粒子的强度最大，其他几种能量的 α 粒子的强度较弱. 而 α 粒子能谱具有分立的不连续的特征显示原子核的能级是分立的.

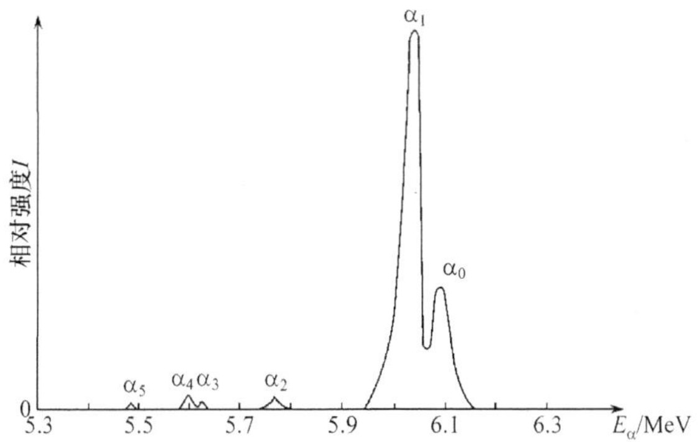

图 11-1　^{212}Bi 衰变的 α 能谱

测出 ^{212}Bi 放射的 α 粒子的动能 E_α，再依据式(11-8)算出相应的衰变能 E_d 列于表 11-1.

表 11-1　^{212}Bi 衰变的 α 粒子能量及衰变能

	E_α/Mev	E_d/Mev		E_α/Mev	E_d/Mev
α_0	6.084	6.201	α_3	5.621	5.730
α_1	6.044	6.161	α_4	5.601	5.709
α_2	5.763	5.874	α_5	5.480	5.585

11.1.3　α 能谱精细结构与核能级的关系

由 α 能谱图可见，α 粒子能谱具有分立的不连续的特征，这似乎说明原子核的能级是分立的. 测出 α 粒子动能，计算出衰变能，就可以确定子核的能级. 设原子核中存在基态和各种激发态，且处于激发态的原子核是不稳定的. α 衰变过程中母核和子核都可能处于基态或激发态，而 α 粒子通常处于基态. 若激发态能量用 E^*表示，由衰变过程中能量守恒有

$$m_X c^2 + E_X^* = m_Y c^2 + m_\alpha c^2 + E_\alpha + E_Y + E_Y^* \tag{11-9}$$

显然，母核和子核处于不同的能量状态时，衰变能就有多个可能值，放出 α 粒子也有多个能量值. 例如，基态母核衰变到子核的激发态时，因一部分能量被留做子核的激发态能量，所以放出的衰变能或 α 粒子的能量就要低一些. 子核所处的激发态越高，放出的 α 粒子的能量越低. 因此，通过测量 α 粒子的动能就可以确定子核的能级.

1. 短射程 α 粒子

若母核处于基态，子核处于激发态，放出的 α 粒子能量较小，在物质中的射

程较短，称为短射程 α 粒子. 设母核衰变放出 α_0、α_1、α_2……多群 α 粒子，其能量分别为 $E_{\alpha0}>E_{\alpha1}>E_{\alpha2}>\cdots$，其中 α_0 是母核基态衰变为子核基态放出的，α_1 是由母核基态到子核第一激发态的，与各群 α 粒子对应的衰变能，可由式(11-8)算得，依次为 E_{d0}、E_{d1}、E_{d2}……. 设子核激发态能量为 E_1^*、E_2^*……，由式(11-9)可得子核能级为

$$E_1^* = E_{d0} - E_{d1}$$
$$E_2^* = E_{d0} - E_{d2} \tag{11-10}$$
$$\cdots\cdots$$

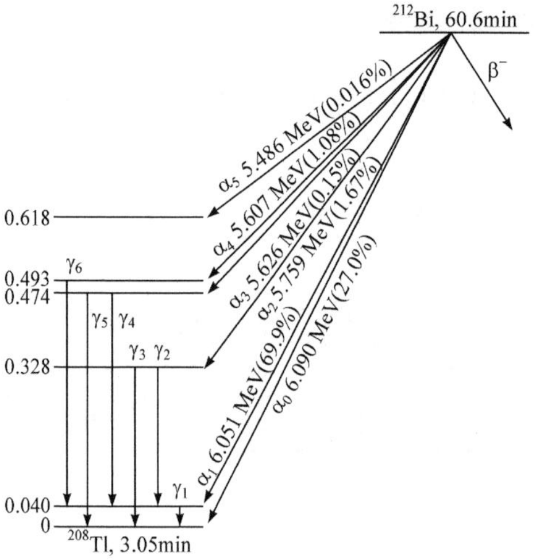

图 11-2　^{212}Bi 的衰变纲图

参照原子的情况，可画出原子核的能级图. 以 ^{212}Bi 的衰变为例，如图 11-2 所示，这种表示衰变情形的图称为衰变纲图. ^{212}Bi 衰变过程中放出 6 种能量的 α 粒子，对应子核 ^{208}Tl 处于不同的能量状态.

以上解释的正确性，可以通过测定伴随 α 衰变产生的 γ 射线的能量来验证，因为处于激发态的 ^{208}Tl 原子核可以放出 γ 射线而回到基态. γ 射线的能量等于激发态与基态能量之差，又等于相应的 α 衰变能之差. 实验上我们确实观察到与此相符的相应的 γ 射线.

例 11-1　在镭-226 的 α 衰变中，测得 α 粒子动能分别为 4.793MeV、4.612MeV，求相应的衰变能，以及子核可能发射的 γ 光子能量.

解　由式(11-8)，相应的衰变能为

$$E_{d1} = \frac{226}{222} \times 4.793 \approx 4.879(\text{MeV})$$

$$E_{d2} = \frac{226}{222} \times 4.612 \approx 4.695(\text{MeV})$$

$$E_{d1} - E_{d2} = 0.184\text{MeV}$$

镭-226 衰变放出两种能量的 α 粒子，子核氡-222 则处于两种不同的能量状态. 由式(11-4)及静质量可计算放出 4.793MeV 的 α 粒子时，子核处于基态，那么激发态的能级便为 0.184MeV. 当氡核由激发态向基态跃迁时，可发射能量为 0.184MeV 的光子. 实验上确实观测到能量为 0.184MeV 的光子.

可见由 α 粒子能谱可以得到原子核能级的数据，从而获得有关原子核结构的知识.

2. 长射程 α 粒子

以上讨论的α衰变，都是从母核的基态发生的. 如果母核本身是一个衰变的产物，那么母核不仅可以处于基态，也可能处于激发态. 处于激发态的母核可以通过发射γ射线退激到基态，然后进行α衰变(概率大)，但也有可能从激发态进行α衰变(概率小). 显然，这种α粒子的能量比基态发射的α的能量要大一些. 激发态能量越高，α粒子的能量就越大. 长射程α粒子是从母核的激发态到子核基态衰变时发射的α粒子，在物质中射程较长.

例如，$^{212}Bi \xrightarrow{\beta^-} {}^{212}Po$. ^{212}Po 是 ^{212}Bi 衰变的产物，它可能处于基态，也可能处于激发态. 处于激发态的 ^{212}Po 或发射 γ 光子回到基态；或直接从激发态发生α衰变，如图 11-3 所示.

一般衰变中激发态的原子核γ跃迁的概率要比 α 衰变的概率大几个量级，因此长射程 α 粒子的强度是极低的(只有总强度的 10^{-4}～10^{-7})，一般观察不到. 唯有激发态的 ^{212}Po、^{214}Po 等少数核发射的长射程 α 粒子还可观测.

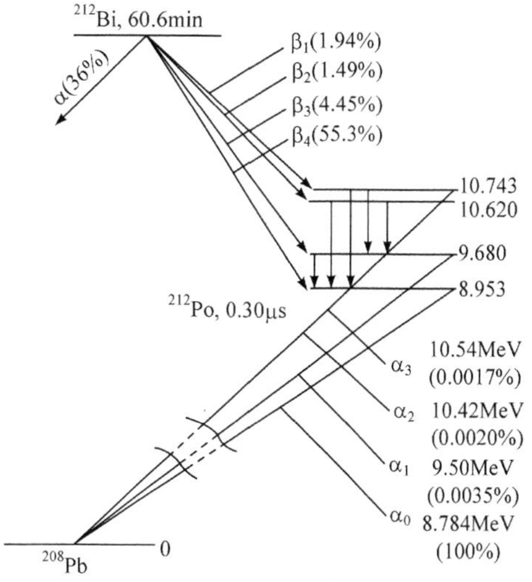

图 11-3　^{212}Po 衰变放出的长射程α粒子

11.1.4　α 衰变的实验规律

1. 衰变能随原子序数 Z 和质量数 A 的变化

实验表明：只有质量数 $A > 140$ 的原子核才可能发生 α 衰变. 由前述可知原子核要自发地发射 α 粒子，衰变能必须大于零.

由结合能(9-7)、(9-8)和衰变能(11-3)，衰变能也可表示为

$$E_d = (B_Y + B_\alpha) - B_X \tag{11-11}$$

B_X、B_Y 和 B_α 分别为母核、子核和 α 粒子的结合能.

假设结合能随 Z、A 的变化是平滑的，利用结合能的半经验公式(9-36)，衰变能可表示为

$$E_d = \Delta B + B_\alpha \approx \frac{\partial B}{\partial Z}\Delta Z + \frac{\partial B}{\partial A}\Delta A + B_\alpha \tag{11-12}$$

对于 α 衰变，$\Delta Z = -2$，$\Delta A = -4$. 式(9-37)中 $(N-Z)$ 为常数，奇偶能 B_p 变化很小，可近似看作常数，对式(9-36)求 $\dfrac{\partial B}{\partial Z}$ 和 $\dfrac{\partial B}{\partial A}$，代入上式有

$$E_{\mathrm{d}} = B_{\alpha} - 4a_{\mathrm{V}} + \frac{8a_S}{3}A^{-1/3} + 4a_{\mathrm{C}}\frac{Z}{A^{1/3}}\left(1-\frac{Z}{3A}\right) - a_{\mathrm{a}}\left(1-\frac{2Z}{A}\right)^2 \tag{11-13}$$

将各系数和α粒子的结合能代入，得到衰变能与 Z、A 的关系. 对于β稳定线附近的原子核，其结合能随质量数 A 的变化如图 11-4 中的虚线所示. 由图可见，E_{d} 随 A 的增加而增大，对于 $A \geqslant 150$ 的原子核，E_{d} 才大于零，这也解释了为什么重核才能观察到α放射性.

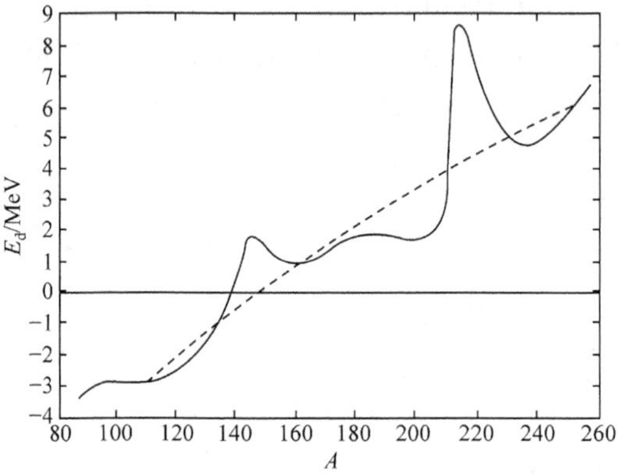

图 11-4　E_{d} 随 A 的变化

但是，由式(11-13)所算得的衰变能在定量上与实验结果(图 11-4 中实线)并不符合. 考虑到实验曲线与 $E_{\mathrm{d}}=0$ 的线相交于 $A\approx 140$ 处，所以 $A \geqslant 140$ 的原子核都有可能发生 α 衰变. 式(11-13)与实验结果的分歧在于液滴模型只正确反映了核结构的一个侧面.

2. 衰变能与衰变常量的关系

实验表明：放射性核素的衰变能越大衰变常量也越大，而且对于不同的核素，E_{d} 变化范围不大，但衰变常量的变化却非常大. 如表 11-2 所示，当衰变能从 4.27MeV 变到 8.95MeV 时，即变化了 2.1 倍，但衰变常量却变化了 10^{24} 倍. 也就是说，衰变能的微小变化却引起了衰变常量的巨大变化.

表 11-2　一些 α 放射性核素的数据

核素	E_{d}/Mev	λ /s^{-1}	核素	E_{d}/Mev	λ /s^{-1}
^{238}U	4.27	4.9×10^{-18}	^{222}Rn	5.58	2.1×10^{-6}
^{226}Ra	4.86	1.4×10^{-11}	^{214}Po	7.83	4.2×10^{3}
^{210}Po	5.40	5.8×10^{-8}	^{212}Po	8.95	2.3×10^{6}

11.1.5　α 衰变机制

如何解释衰变能与衰变常量间的强依赖关系呢？这涉及 α 衰变的机制问题，即 α 粒子是怎样从原子核中发射出来的.

1. 经典理论解释 α 衰变过程的困难

原子核内并无 α 粒子集团存在，放出的 α 粒子是临时形成的. α 粒子的形成及 α 粒子如何跑出原子核，用经典理论很难解释. 假设核内存在 α 粒子，在核内，α 粒子与其他核子之间存在核力和库仑力，且吸引的核力大于排斥的库仑力，α 粒子在核内整体受到吸引力(负势能)；但在核外，α 粒子只受到库仑力的排斥(正势能). 势能曲线大致如图 11-5 中的实线所示，在核表面($r = R$处)形成一个势垒. 当 α 粒子在核内运动至边界时，遇到势垒，按照经典力学的解释，若 α 粒子的动能小于势垒高度，粒子不可能越过势垒飞离出去.

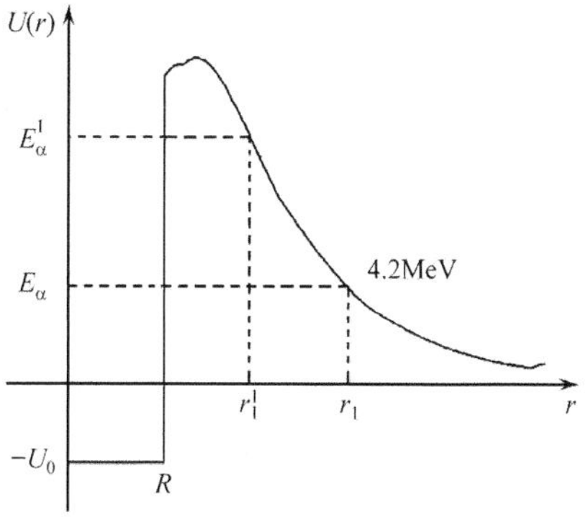

图 11-5　原子核的势能曲线

以 ^{238}U 为例，我们估算一下经过 α 衰变生成 ^{234}Th 的势垒高度，α 粒子刚离开母核 ^{238}U 时，它与子核 ^{234}Th 之间的库仑能为

$$E_C = \frac{2Z_Y e^2}{4\pi\varepsilon_0(R_Y + R_\alpha)} \approx 28\text{MeV}$$

式中，R_Y、R_α 为子核 ^{234}Th 与 α 粒子的半径，而 $R \approx r_0 A^{1/3}$，r_0=1.2fm；Z_Y 为子核核电荷数；E_C 是 α 粒子与子核恰处于分离的临界状态时具有的库仑势能，大约 28MeV，即势垒高度约为 28MeV. 按照能量守恒，衰变后即分离后至少应该放出约 28MeV 的衰变能，但实验上测得 α 粒子的动能为 4.2MeV，比 E_C 小得多，根据经典力学，这样一个 α 粒子不可能超出表面飞出来，而应被表面反弹回核内，经典力学解释 α 衰变遇到了困难.

2. 量子力学理论对 α 衰变过程的解释

早在 1928 年，伽莫夫(G.Gamov)就用量子力学的隧道效应成功解释了 α 衰变现象. 对于微观的 α 粒子，求解状态波函数满足的薛定谔方程可得：无论 α 粒子的能量大于或小于势垒高度，α 粒子的波函数在势垒内外均不为零，而波函数模的平方体现了粒子出现的概率，这说明能量小于势垒高度的 α 粒子有一定的概率跑出核外，尽管这个概率很小. 这就是量子力学中的“隧道效应”. 形象地说，粒子不是从势垒顶上飞过去的，而是从隧道钻过去的. 所以根据量子力学中的“隧道效应”，能量小于势垒高度的 α 粒子是可以贯穿势垒跑出核外的，这样就可以解释 α 衰变现象了. 而且势垒穿透理论可计算 α 粒子碰到势垒时的穿透概率 P，再结合 α 粒子每秒碰撞势垒的次数 $n=\dfrac{v}{2R}$（v 为 α 粒子在核内运动的速度，R 为母核的半径)，可给出 α 衰变的概率即衰变常量 $\lambda=nP$.

11.2 β 衰 变

β 衰变是指原子核自发地放射出电子(β^-衰变)或正电子(β^+衰变)或俘获一个轨道电子而发生的核转变. β 粒子是电子和正电子的统称. 正电子除了所带电荷为正外，其他与电子相同. 发生 β 衰变的核素覆盖核素图上大多数区域，所以 β 衰变的研究可以给出更丰富的核结构信息.

11.2.1 β 能谱的连续性与中微子假设

1. β 能谱的连续性

前面指出，α 衰变放出的 α 粒子的能谱是分立的，这反映了原子核能级的量子特性，即原子核的能量状态是分立的. 但是，实验发现 β 衰变过程中放出的 β 粒子的能谱是连续的.

用 β 磁谱仪可精确测量 β 射线的能量分布，但 β 粒子的质量比 α 粒子的质量轻得多，因而速度要大得多. 例如，4MeV 的 α 粒子的速度约为光速 c 的 5%，而 β 粒子的速度为光速的 99.5%. 因此，在处理 β 粒子的能量问题时必须考虑相对论效应.

相对论中

$$\begin{aligned}&E=mc^2,\quad E_0=m_0c^2\\&c^2p^2=E^2-E_0^2\\&T=E-E_0\end{aligned}\tag{11-14}$$

其中，E 是全能量，E_0 为静止能量，T 为动能，p 为动量.

对于 β 粒子的动能，实验测得能谱如图 11-6 所示，有以下特点：

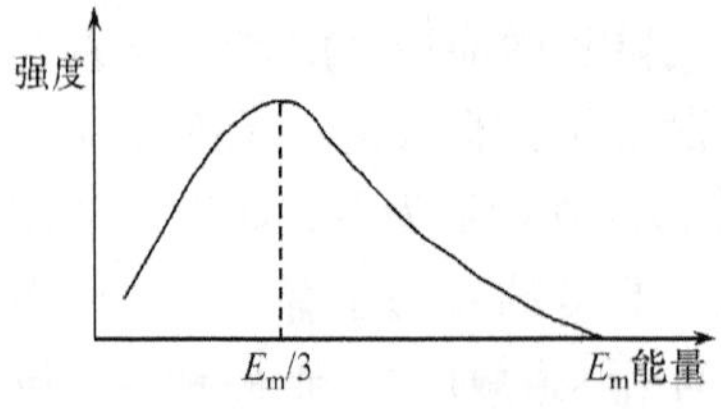

图 11-6　β 射线能谱

(1) β 粒子的能量是连续分布的；

(2) 有一个确定的最大能量 E_m，它近似等于 β 衰变能；

(3) 动能很大和动能很小的 β 粒子强度都很小，而动能为最大能量 1/3 的 β 粒子的强度最大.

β 能谱与 α 粒子的分立能谱形成鲜明的对

比，这直接引发了当时科学界面临的难题：原子核是个量子体系，核能级是不连续的，而核衰变是不同原子核能态之间的跃迁，释放的能量必然也是分立的，这已经被 α 衰变所证实，那么为什么 β 射线谱是连续的呢？绝大部分 β 粒子的能量小于 β 衰变能，似乎 β 衰变前后能量不守恒了？量子力学的不确定关系不允许核内有电子，那么 β 衰变放出的电子是从哪里来的呢？

2. 中微子假说

对于 β 衰变面临的难题，1930 年，泡利提出“只有假定在 β 衰变过程中，伴随每个电子有一个轻的中性粒子(中微子)一起被放出来，使中微子与电子的能量之和为常数，才能解释……”，即假设原子核在发射 β 粒子的同时，还伴随发射一个自旋为 1/2、不带电荷、静质量几乎为零的费米子——中微子 ν.

有了中微子，β 衰变时衰变能 E_d 就应该在电子、中微子和子核三者之间分配，即 $E_d=E_e+E_\nu+E_R$，这样任意的分配均不违反能量守恒律. 事实上，当衰变物有 3 个时，它们的能量是可以任意分配的，因此能谱是连续的，所以从释放粒子能谱是否连续可判断产物是两个还是多个，这是近代核物理和粒子物理常用的实验方法之一.

因为电子质量<<核的质量，所以子核的反冲能量 $E_R\approx 0$，因而衰变能主要在电子和中微子之间分配. 当 $E_\nu=0$ 时，$E_e\approx E_d=E_{max}$，此时电子的能量取极大值，即 β 能谱的端点；当 $E_\nu\approx E_d$ 时，$E_e=0$，所以电子动能可取 $0\sim E_{max}$ 之间的任何值. 从统计的角度考虑，取得中间能量的概率最大，所以中间能量的电子数目最多.

3. β 衰变的费米理论

基于泡利的中微子假设，费米于 1934 年提出了弱相互作用的 β 衰变理论，成功解释了 β 粒子的来源问题. 费米认为，β 衰变的本质是原子核内一个中子变成质子或者是一个质子变成中子，而中子和质子可以看作是核子的两个不同的量子状态，它们之间的相互转变，就相当于核子在不同量子状态之间的跃迁. 在跃迁过程中，放出电子和中微子. 所以，β 粒子是核子在不同状态之间跃迁的产物，事先并不存在于核内，正像原子发光一样，光子是原子在不同能量状态之间跃迁的产物，事先并不存在于原子内部. 导致产生光子的是电磁相互作用，而导致产生电子和中微子的是一种新的相互作用，电子–中微子场与原子核的相互作用——弱相互作用.

按照费米理论，β 衰变可表示为

$$\begin{cases}\beta^-\text{衰变}: n\rightarrow p+e^-+\bar{\nu}\\ \beta^+\text{衰变}: p\rightarrow n+e^++\nu\\ \text{EC俘获}: p+e^-\rightarrow n+\nu\end{cases}\tag{11-15}$$

其中，$\bar{\nu}$ 是反中微子，它和中微子的质量、自旋、磁矩均相同，差别在于自旋方向不同，ν的自旋方向与运动方向相反，$\bar{\nu}$的相同；它们与物质相互作用的性质不同. 例如，以下过程可进行：

$$\bar{\nu}+p\to n+e^{+}\ ,\quad \nu+n\to p+e^{-}$$

而下述过程是禁戒的：

$$\bar{\nu}+n\to p+e^{-}\ ,\quad \nu+p\to p+e^{+}$$

4. 中微子的实验验证

理论上预言了中微子存在后，如何从实验上寻找中微子呢？这成为问题的关键.

由于中微子既不带电，又几乎无质量，在实验中极难测量. 故早期主要通过间接实验来验证中微子的存在. 一种重要的间接实验是测量电子俘获过程中的反冲核能量，此方法由我国物理学家王淦昌于 1942 年提出，由戴维斯于 1952 年测量 ^{7}Li ($^7\mathrm{Be}+e^{-}\to{}^7\mathrm{Li}+\nu$)的反冲能所证实. 电子俘获的终态只有中微子和反冲核，两者的能量都是单一的. 其中 ^{7}Be 的衰变能为 0.86MeV，若中微子存在，^{7}Li 的反冲能为 56eV，实验测得的反冲能量是(55.9±1.0)eV.

考虑到中微子只能与核子发生弱相互作用，且作用概率很小(中微子穿过地球的俘获概率只有 10^{-12})，则直接测量中微子的实验需要强的中微子流和庞大的探测设备. 1953 年大功率反应堆建成，大量裂变产物的 β^-衰变产生了强中微子流. 莱尼斯和柯文从该年开始，利用 $p+\bar{\nu}\to e^{+}+n$ 进行实验，若实验中能探测到这个过程中同时产生的中子和正电子，则直接证明了中微子的存在. 具体实验过程(实验示意如图 11-7 所示)为：①反应堆形成大量$\bar{\nu}$射入矩形水箱构成的靶室，靶室充满 $CdCl_2$ 水溶液，水中 H 即质子 p 俘获反中微子生成中子 n 和正电子 e^+；②正电子在溶液中湮灭($e^{+}+e^{-}\to 2\gamma$)放出 0.511MeV 的γ光子，而中子被镉俘获放出总能量 9.11MeV 的多个光子；③产生的光子将激发水箱周围的闪烁体并产生荧光，从而被光电倍增管测到；④利用能量甄别技术和符合测量技术确定 n 和 e^+同时产生的实例，即中微子被质子俘获的实例. 经过艰苦工作，莱尼斯和柯文于 1956 年成功证实该实验，并测得反应概率与理论预言完全一致①.

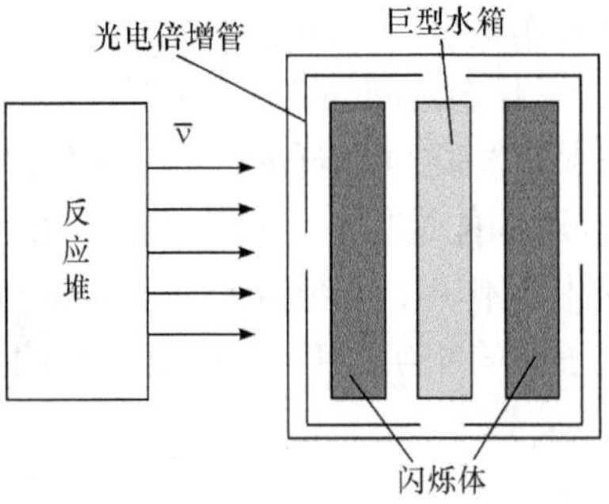

图 11-7　直接观测中微子实验示意图

① Reines F, Cowan C J. A proposed experiment to detect the free Neutrino[J]. Phys. Rev., 1953, 90: 492.
Reines F, Cowan C J. Detection of the free neutrino[J]. Phys. Rev., 1953, 92: 830.

自此，有关中微子的实验成为粒子物理发展的一个重要方向，历史上，多项和中微子测量相关的工作获得诺贝尔物理学奖. 经测量研究：中微子有螺旋性；中微子作为基本粒子共有三种类型，即电子中微子、μ子中微子和τ子中微子；中微子有一个特殊的性质，它可以在飞行中从一种类型转变为另一种类型，称为中微子振荡. 原则上三种中微子之间振荡，应该有三种模式，其中两种模式自 20 世纪 60 年代即有迹象，当时称作“太阳中微子之谜”和“大气中微子之谜”，之后被实验所证实. 第三种振荡方式由我国科学家王贻芳领导的大亚湾中微子实验于 2012 年发现，并测量到其振荡概率为 9.2%①.

11.2.2　β 衰变类型与衰变能

1. β^-衰变

β^-衰变通式为

$$ {}_Z^AX \to {}_{Z+1}^{A}Y + e^- + \bar{\nu} \tag{11-16}$$

例如：${}_1^3H \to {}_2^3He + e^- + \bar{\nu}$. 由衰变过程能量守恒有

$$m_X c^2 = m_Y c^2 + m_e c^2 + E_Y + E_e + E_\nu \tag{11-17}$$

其中，m_X、m_Y、m_e分别是母核、子核和电子的静止质量. 衰变能为

$$E_d(\beta^-) = E_Y + E_e + E_\nu = (m_X - m_Y - m_e)c^2 \tag{11-18}$$

若以原子质量 M_X、M_Y 表示，并忽略电子在原子中的结合能

$$\begin{aligned} E_d(\beta^-) &= \{(M_X - Zm_e) - [M_Y - (Z+1)m_e] - m_e\}c^2 \\ &= (M_X - M_Y)c^2 \end{aligned} \tag{11-19}$$

则衰变条件为

$$M_X > M_Y \tag{11-20}$$

即只有母核原子静质量大于子核原子静质量时，β^-衰变才有可能发生.

一般，β^-放射性核素是丰中子核素，分布于 β 稳定线的右下方，如图 11-8 所示. 在 4 个放射系中我们看到重核经过几次 α 衰变后，核内中子数 N 与质子数 Z 之比上升很多，因而相继出现几次 β^-衰变. 重核的 N 与 Z 之比很高，当它裂变成中等核时，其 N 与 Z 之比

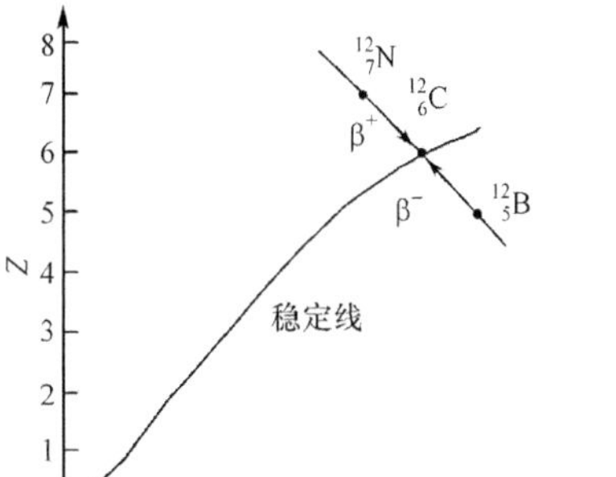

图 11-8　核素图上的 β^-和 β^+衰变

① An F P, Bai J Z, Balantekin A B, et al. Observation of electron-antineutrino disappearance at Daya Bay[J]. Phys. Rev. Lett., 2012, 108: 171803.

相对应稳定核高得多，故重核的裂变产物大多是 β^- 放射性核素.

2. β^+ 衰变

β^+ 衰变的通式为

$$ {}_{Z}^{A}\mathrm{X} \rightarrow {}_{Z-1}^{A}\mathrm{Y} + \mathrm{e}^{+} + \nu \tag{11-21} $$

例如，${}_{6}^{11}\mathrm{C} \rightarrow {}_{5}^{11}\mathrm{B} + \mathrm{e}^{+} + \nu$，由能量守恒，衰变能表示为

$$ \begin{aligned} E_{\mathrm{d}}(\beta^{+}) &= E_{\mathrm{Y}} + E_{\mathrm{e}} + E_{\nu} = (m_{\mathrm{X}} - m_{\mathrm{Y}} - m_{\mathrm{e}})c^{2} \\ &= \{(M_{\mathrm{X}} - Zm_{\mathrm{e}}) - [M_{\mathrm{Y}} - (Z-1)m_{\mathrm{e}}] - m_{\mathrm{e}}\}c^{2} \\ &= (M_{\mathrm{X}} - M_{\mathrm{Y}} - 2m_{\mathrm{e}})c^{2} \end{aligned} \tag{11-22} $$

所以发生 β^+ 衰变的条件为

$$ M_{\mathrm{X}} > M_{\mathrm{Y}} + 2m_{\mathrm{e}} \tag{11-23} $$

即母核原子静质量与子核原子静质量之差大于两倍电子的静质量时，β^+ 衰变才可能发生.

β^+ 衰变核是缺中子的核素，分布于 β 稳定线的左上方，如图 11-8 所示.

3. 电子俘获(EC 或 ε)

缺中子核素除了进行 β^+ 衰变，还可能俘获核外的壳层电子发生核转变. 用下标 i 表示 K、L、M 等电子壳层，则轨道电子俘获的通式为

$$ {}_{Z}^{A}\mathrm{X} + \mathrm{e}_{i}^{-} \rightarrow {}_{Z-1}^{A}\mathrm{Y} + \nu \tag{11-24} $$

即子核与母核质量数相同，核电荷数减一. 例如，${}_{4}^{7}\mathrm{B} + \mathrm{e}_{i}^{-} \rightarrow {}_{3}^{7}\mathrm{Li} + \nu$. 原子核可俘获核外任意壳层的电子，只是 K 层电子在核附近出现的机会多，所以 K 层电子的俘获概率最大. 原子核俘获 K 层电子的过程叫 K 俘获，同理可定义 L、M 俘获等.

若 i 壳层电子的结合能为 ε_i，设俘获前原子的总能量是 $M_Z c^2$，俘获一个 i(i=L, M, N, …)壳层负电子后成为 M_{Z-1} 原子，刚好核外要减少一个电子，已有一个电子进入核中，不需要再增减，但第 i 层电子有一个空位，需要由外层电子来补空，补完后若原子要处于基态就需放出 i 层电子的结合能 ε_i. 由能量守恒

$$ m_{\mathrm{X}}c^{2} + m_{\mathrm{e}}c^{2} - \varepsilon_{i} = m_{\mathrm{Y}}c^{2} + E_{\mathrm{Y}} + E_{\nu} \tag{11-25} $$

则衰变能为

$$ \begin{aligned} E_{\mathrm{d}}(\mathrm{EC}) &= E_{\mathrm{Y}} + E_{\nu} = (m_{\mathrm{X}} + m_{\mathrm{e}} - m_{\mathrm{Y}})c^{2} - \varepsilon_{i} \\ &= \{(M_{\mathrm{X}} - Zm_{\mathrm{e}}) + m_{\mathrm{e}} - [M_{\mathrm{Y}} - (Z-1)m_{\mathrm{e}}]\}c^{2} - \varepsilon_{i} \\ &= (M_{\mathrm{X}} - M_{\mathrm{Y}})c^{2} - \varepsilon_{i} \end{aligned} \tag{11-26} $$

所以俘获条件为

$$M_X > M_Y - \varepsilon_i / c^2 \tag{11-27}$$

即如果母核的原子静质量大于子核的原子静质量与子核第 i 层电子的结合能相应的质量之和，才能发生第 i 层的轨道电子俘获.

若 $\varepsilon_K / c^2 > M_X - M_Y > \varepsilon_L / c^2$，则 K 俘获不能发生，此时发生 L 俘获的概率最大.

比较式(11-26)和(11-30)，因为 $2m_e c^2 \gg \varepsilon_i$，所以能发生 β^+衰变的原子核总可以发生 EC 俘获，但能发生 EC 俘获的原子核不一定能发生 β^+衰变. 原则上，满足 β^+衰变条件时，两者都有可能发生，只不过各占有一定的分支比而已，不同核素分支比一般不同.

EC 俘获中，产物只有反冲核和中微子，中微子的能量为分立值. 怎样知道有电子俘获的发生呢？当原子核俘获一个壳层电子后(如 K 层)，就出现一个该壳层的空位，外层电子跃迁到这个空位，多余的能量以 X 射线或俄歇电子的形式放出. 所以，观测到 X 射线或俄歇电子就知道有电子俘获发生，且根据 X 射线能量或俄歇电子动能可知是哪种原子核发生了电子俘获.

注意：俄歇电子来自核外，β 粒子来自核内，两者有根本区别.

4. 双 β 衰变

β 衰变除了上述常见的三种类型外，还存在一种非常稀少的“双 β 衰变”. 它是指原子核自发地放出两个电子或两个正电子，或发射一个正电子同时又俘获一个轨道电子，或俘获两个轨道电子的过程. 可表示为

$$\begin{cases} {}_Z^AX \xrightarrow{2\beta^-} {}_{Z+2}^{\ \ A}Y \\ {}_Z^AX \xrightarrow{2\beta^+} {}_{Z-2}^{\ \ A}Y \\ {}_Z^AX \xrightarrow{\beta^+\varepsilon} {}_{Z-2}^{\ \ A}Y \\ {}_Z^AX \xrightarrow{2\varepsilon} {}_{Z-2}^{\ \ A}Y \end{cases} \tag{11-28}$$

双 β 衰变中，原子核的电荷数改变 2，其发生的概率比单 β 衰变的概率小得多，它只有原子核的单 β 衰变在能量上被禁戒或由于母核与子核的角动量差很大时才能被观察到，只能在一些偶偶核中发生，例如 ${}_{34}^{82}Se \xrightarrow{2\beta^-} {}_{36}^{82}Kr$. 利用双 β 衰变的测量可以确定中微子质量的上限为几个电子伏.

11.2.3　β 衰变纲图

图 11-9、图 11-10、图 11-11 分别为 ^3H、^{137}Cs 和 ^{64}Cu 的 β 衰变纲图. 图中横线表示原子核的能级，对应每种核素的最低一条横线表示基态，在它上面的横线表示激发态. 每条横线旁一般给出该能级的能量(相对于基态而言)、自旋和宇称.

母核基态旁给出半衰期.

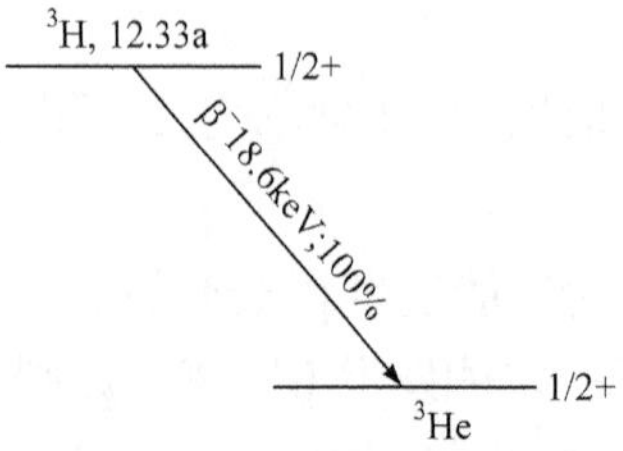

图 11-9　^{3}H 的β衰变纲图

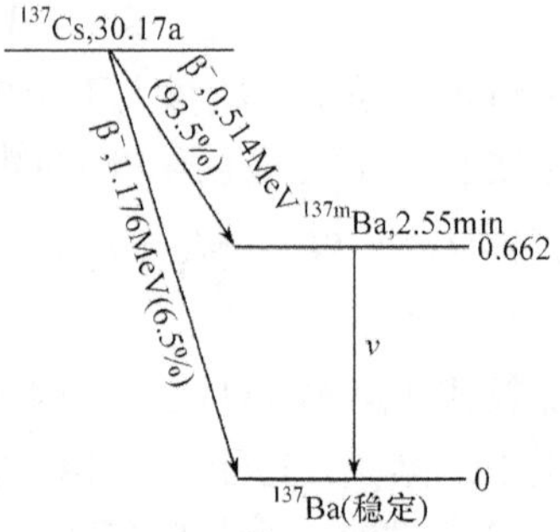

图 11-10　^{137}Cs 的β衰变纲图

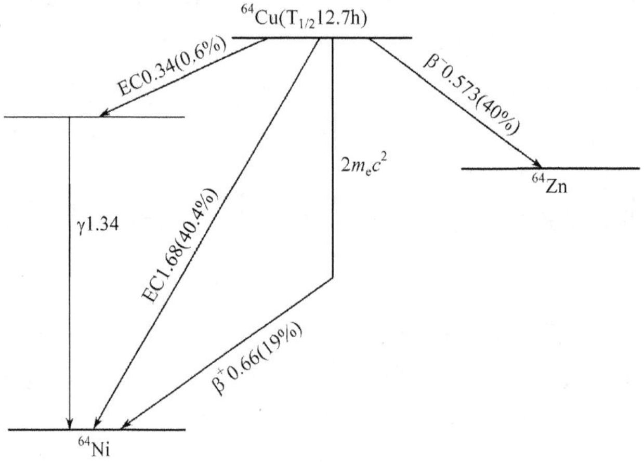

图 11-11　^{64}Cu 的β衰变纲图(能量单位为 MeV)

箭头向右的斜线表示 β^-衰变，箭头向左的斜线表示 β^+衰变或轨道电子俘获. 斜线旁标有衰变类型、能量和分支比(用百分数表示)等. 如图 11-9 中斜线旁的标示显示 ^{3}H 进行 β^-衰变的概率为 100%，放出 β^-粒子的最大能量为 18.6keV.

当然，β 衰变的子核可能处于激发态，这时放出的 β 粒子的最大能量比子核处于基态时小. 例如常用的 β 源 ^{137}Cs(图 11-10)，放出的 β 粒子是两组能量连续 β 粒子的叠加，其中每一组各有一定的强度. 经 β 衰变生成的处于激发态的子核，通过发射 γ 光子跃迁到基态，则测量 ^{137}Cs 的 β 粒子时，将受到伴随 γ 射线的干扰. 事实上纯 β 放射性核素很少.

衰变纲图中母核基态和子核基态的垂直距离是根据原子质量差(而不是原子核的质量差)画出的. 对于 β^+衰变，由于母核与子核的原子质量差所对应的能量需要减去两个电子的静止能量后才等于 β^+粒子的最大动能，因而代表 β^+衰变的斜线前画了一条垂线表示两个电子的静止能量. 如图 11-11 中的 ^{64}Cu 的 β^+衰变.

11.2.4　β 衰变的选择定则

类似于原子跃迁中的选择定则，β 衰变过程也必须服从一定的选择定则，即跃迁过程中自旋与宇称变化所满足的条件.

β 衰变过程满足角动量守恒

$$\boldsymbol{P}_{I_\mathrm{i}} = \boldsymbol{P}_{I_\mathrm{f}} + \boldsymbol{P}_S + \boldsymbol{P}_L \tag{11-29}$$

其中，$\boldsymbol{P}_{I_\mathrm{i}}$、$\boldsymbol{P}_{I_\mathrm{f}}$ 为母核与子核的角动量，$\boldsymbol{P}_S$ 为电子与中微子的自旋角动量之和，$\boldsymbol{P}_L$ 为电子与中微子的轨道角动量之和，即

$$\boldsymbol{P}_S = \boldsymbol{P}_{S_\mathrm{e}} + \boldsymbol{P}_{S_\nu},\quad \boldsymbol{P}_L = \boldsymbol{P}_{L_\mathrm{e}} + \boldsymbol{P}_{L_\nu} \tag{11-30}$$

电子和中微子的自旋均为 1/2，按照角动量耦合规则，电子和中微子的总自旋 S=0 或 1.

电子和中微子的轨道角动量取值为 $0,1,2,\cdots$，按照角动量耦合规则，总的角动量可取值为 $L=0,1,2,\cdots$. β 衰变的类型可根据 L 的大小进行分类：L=0 时，称为容许跃迁；$L\neq 0$ 时，则称为禁戒跃迁. 其中禁戒跃迁又分为几类，一级禁戒跃迁(L=1)，二级禁戒跃迁(L=2)，等等.

按照量子场论可计算 β 衰变的跃迁概率，结果显示：跃迁概率随 L 的增大而递减，而且 L+1 的跃迁概率比 L 的跃迁概率小几个数量级. 故 β 衰变过程中，首先考虑容许跃迁，如果容许跃迁为零，则考虑一级禁戒跃迁，以此类推.

β 衰变是弱作用参与所以宇称可以不守恒，宇称选择定则不能简单地由宇称的守恒定律给出. 但是，在非相对论的处理中，β 衰变中原子核的宇称的变化可以认为等于轻子(此处指电子和中微子)带走的轨道宇称，即

$$\pi_\mathrm{i} = \pi_\mathrm{f}(-1)^L \tag{11-31}$$

则 β 衰变的宇称选择定则为

$$\Delta\pi = \pi_\mathrm{i} / \pi_\mathrm{f} = (-1)^L \tag{11-32}$$

综合以上分析，容许跃迁的选择定则如表 11-3 所示.

表 11-3　β 衰变的容许跃迁选择定则

L	S	选择定则	
0	0	$\Delta I = 0$	$\Delta\pi = +1$
	1	$\Delta I = 1,0,-1(0\rightarrow 0$跃迁除外)	

其中，$\Delta I = I_\mathrm{i} - I_\mathrm{f}$，由角动量耦合规则给出.

容许跃迁实例：${}^3_1\mathrm{H} \xrightarrow{\beta^-} {}^3_2\mathrm{He}\ (1/2^+ \rightarrow 1/2^+)$；${}^{64}_{29}\mathrm{Cu} \xrightarrow{\beta^-} {}^{64}_{28}\mathrm{Ni}\ (1^+ \rightarrow 0^+)$.

各级禁戒的选择定则如表 11-4 所示.

表 11-4　β 衰变的容许跃迁选择定则

跃迁类型	L	S	选择定则	
一级禁戒跃迁	1	0	$\Delta I = 1, 0, -1$($0 \to 0$跃迁除外)	$\Delta\pi = -1$
		1	$\Delta I = 0, \pm 1, \pm 2$	
二级禁戒跃迁	2	0	$\Delta I = \pm 2$	$\Delta\pi = +1$
		1	$\Delta I = \pm 2, \pm 3$	
n级禁戒跃迁	n	0	$\Delta I = \pm n$	$\Delta\pi = (-1)^n$
		1	$\Delta I = \pm n, \pm(n+1)$	

注意：对于二级禁戒跃迁，单从角动量守恒考虑，$\Delta I = 0, \pm 1$ 也可以产生二级禁戒跃迁，但结合宇称选择定则 $\Delta\pi = +1$，此时必能发生容许跃迁，而二级禁戒跃迁比容许跃迁弱很多，从而忽略 $\Delta I = 0, \pm 1$ 的二级禁戒跃迁. 二级以上的禁戒跃迁，与二级禁戒跃迁的讨论完全相同. 下面举一些禁戒跃迁的例子.

一级禁戒跃迁：${}^{39}_{18}\mathrm{Ar} \xrightarrow{\beta^-} {}^{39}_{19}\mathrm{K}$ $(7/2^- \to 3/2^+)$；${}^{111}_{47}\mathrm{Ag} \xrightarrow{\beta^-} {}^{111}_{48}\mathrm{Cd}$$(1/2^- \to 1/2^+)$.

二级禁戒跃迁：${}^{59}_{26}\mathrm{Fe} \xrightarrow{\beta^-} {}^{59}_{27}\mathrm{Co}$ $(3/2^- \to 7/2^-)$；${}^{10}_{4}\mathrm{Be} \xrightarrow{\beta^-} {}^{10}_{5}\mathrm{B}$ $(0^+ \to 3^+)$.

三级禁戒跃迁：${}^{87}_{37}\mathrm{Rb} \xrightarrow{\beta^-} {}^{87}_{38}\mathrm{Sr}$ $(3/2^- \to 9/2^+)$；${}^{40}_{19}\mathrm{K} \xrightarrow{\beta^-} {}^{40}_{20}\mathrm{Ca}$ $(4^- \to 0^+)$.

四级禁戒跃迁：${}^{115}_{49}\mathrm{In} \xrightarrow{\beta^-} {}^{115}_{50}\mathrm{Sn}$ $(9/2^+ \to 1/2^+)$.

四级以上的禁戒跃迁，由于跃迁概率太小，在实验上无法观察到.

11.3　γ 衰 变

α 衰变和 β 衰变所形成的子核往往处于激发态，处于激发态的原子核是不稳定的，它向低能态跃迁，同时发射出 γ 光子的现象叫 γ 衰变.

11.3.1　γ 跃迁

1. γ 跃迁中光子的能量

γ 跃迁中，原子核只是在不同能量状态间转换. 假设原子核从能量为 E_i 的能级向能量为 E_f 的能级跃迁，则 γ 衰变能为

$$E_d = E_i - E_f \tag{11-33}$$

衰变过程中，动量和能量守恒

$$p_\gamma = p_R$$

$$E_d = E_\gamma + E_R = E_\gamma + \frac{p_R^2}{2m_R} = E_\gamma + \frac{E_\gamma^2}{2m_R c^2} \approx E_\gamma \tag{11-34}$$

可见衰变能的绝大部分被 γ 光子带走，只有很小一部分成为子核的反冲能，在原子核物理的研究中往往可以忽略.

原子核能级之间的跃迁，与原子能级之间的跃迁一样，都是放出光子，但光子的能量范围不同. 原子核放出 γ 光子的能量在几十 keV 到几个 MeV 之间，波长很短所以穿透力很强；原子放出光子(原子光谱和特征 X 射线)的能量在 eV 到 keV 之间.

由于不同的原子核具有不同的激发能级，因而不同的原子核发生 γ 跃迁就放出不同能量的 γ 射线，故通过 γ 射线能谱的测定，可以对放射性核素的种类进行鉴定，这种方法称为 γ 能谱分析. 对稳定的不具有 γ 放射性的核素，我们可以选择某种合适的核反应手段使之具有 γ 放射性(譬如用中子照射样品，样品核素吸收中子变为放射性核素后进行衰变)，然后测定其 γ 能谱，从而鉴定样品中所含核素的种类及其数量，这种方法称为活化分析.

注意：有别于 α 衰变和 β 衰变，γ 跃迁过程的半衰期特别短，几乎可以认为是瞬时发生的.

2. γ 跃迁的选择定则

与原子发光一样，γ 跃迁是电磁相互作用的结果，跃迁过程也需要满足选择定则. γ 跃迁过程中的选择定则由角动量、宇称的守恒定律和跃迁概率的大小来确定.

设原子核跃迁前后的角动量为 P_{I_i}、P_{I_f}，光子的角动量为 P_L，则有

$$P_L = P_{I_i} - P_{I_f} \tag{11-35}$$

则量子数 L 可以取以下整数值

$$L = |I_i - I_f|, |I_i - I_f| + 1, \cdots, I_i + I_f \tag{11-36}$$

理论计算表明，L 越大，γ 跃迁的概率越小. 因此，一般都取最小值 $L = |I_i - I_f|$. 其他 L 值的跃迁概率可以忽略不计. 需要注意的是：由于光子本身的自旋为 1，并考虑到光子是纵向极化的，则在 γ 跃迁中被光子带走的角动量不可能为零，至少是 1. 因而，由 $I_i = 0$ 的状态跃迁到 $I_f = 0$ 的状态(称 0→0 跃迁)，不可能通过发射 γ 光子来实现. 另外 $I_i = I_f \neq 0$ 的跃迁中，L 的最小值不能为 0，应该取 L=1.

根据被 γ 光子带走的角动量的不同，可以把 γ 辐射分为不同的极次：L=1 的叫偶极辐射；L=2 的叫四极辐射；L=3 的叫八极辐射，等等. 即角动量为 L 的 γ

辐射，它的极次为 2^L.

设跃迁前后原子核的宇称为 π_i、π_f，则 γ 辐射的宇称 π_γ 为

$$\pi_\gamma = \pi_i / \pi_f \tag{11-37}$$

则跃迁前后原子核的宇称相同时，γ 具有偶宇称；跃迁前后原子核的宇称相反时，γ 具有奇宇称. 根据 γ 辐射宇称与角动量量子数 L 的关系，γ 辐射分为两类：一类叫作电多极辐射，此时 $\pi_\gamma = (-1)^L$；另一类叫作磁多极辐射，此时 $\pi_\gamma = (-1)^{L+1}$. 通常，电 2^L 极辐射用符号 EL 表示，例如 $E1$ 为电偶极辐射，$E2$ 为电四极辐射，$E3$ 为电八极辐射，等等. 磁 2^L 极辐射用符号 ML 表示，例如 $M1$ 为磁偶极辐射，$M2$ 为磁四极辐射，$M3$ 为磁八极辐射，等等.

由量子电动力学可以计算 γ 跃迁概率，结果显示：①跃迁概率随 L 的增加很快变小，相邻 L 的跃迁概率相差几个量级；②相同 L 的磁辐射比电辐射概率小 2～3 个数量级，一般来说，ML 与 $M(L+1)$有相同的数量级. 通常，磁偶极辐射可能和电四级辐射同时发生，磁四极辐射可能和电八极辐射同时发生，依次类推.

由式(11-35)和(11-37)以及跃迁概率数量级的比较，可以得出始态 (I_i, π_i) 至末态 (I_f, π_f) 的跃迁选择定则，为简明可见，列表于表 11-5.

表 11-5　γ 跃迁选择定则

$\Delta\pi$ \ ΔI	0 或 1	2	3	4	5
+	$M1(E2)$	$E2$	$M3(E4)$	$E4$	$M5(E6)$
−	$E1$	$M2(E3)$	$E3$	$M4(E5)$	$E5$

注：表中 $\Delta I = I_i - I_f$ 和 $\Delta\pi = \pi_i / \pi_f$ 分别表示原子核始末态角动量和宇称的变化，括号内的跃迁类型表示有可能与括号前的跃迁同时存在.

根据选择定则，由始末态的自旋和宇称可以判断跃迁的类型，如图 11-12 所示.

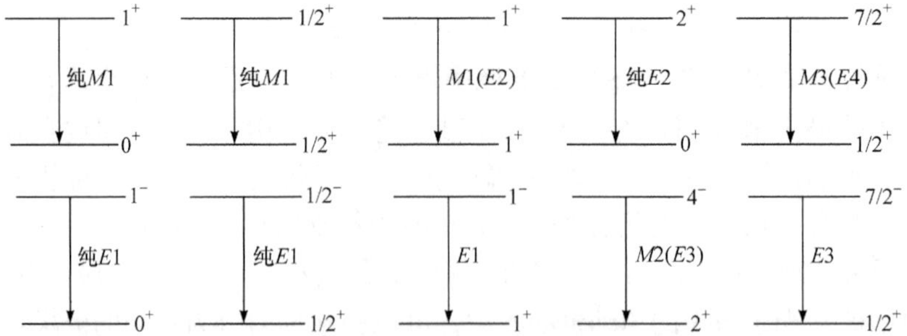

图 11-12　由始末态的自旋和宇称确定跃迁的类型

如果已知跃迁的类型和始末态中一个能级的自旋和宇称，由选择定则可以推出另一个能级的自旋和宇称. 不过，这样定出的能级自旋一般有两种或三种可能值(图 11-13)，需要配合其他实验数据最后才能确定其自旋. 图中上排是从始态和跃迁类型推出末态的能级特性；下排是从末态和跃迁类型推出始态的能级特性.

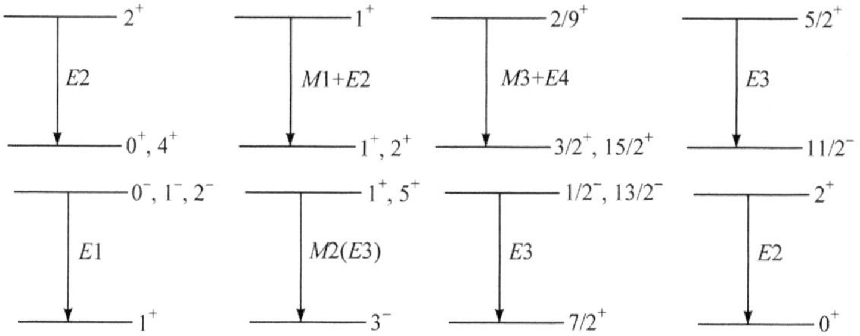

图 11-13　由一能级的特性和跃迁类型确定另一能级的特性

11.3.2　内转换(IC)

原子核从高能量状态跃迁到低能量状态，除了放射 γ 光子外，还有另外一种释放能量的途径，就是把激发态的能量直接交给核外的某一个电子，使它成为自由电子，此过程叫内转现象，发射出的电子叫内转换电子. 是原子核的电磁场与壳层电子相互作用的结果. 内转换电子放出后，原子中放射内转换电子的壳层就出现空位，原子处于高能量状态，以放出特征 X 射线或俄歇电子退激，如图 11-14 所示. 所以内转换伴有特征 X 射线或俄歇电子.

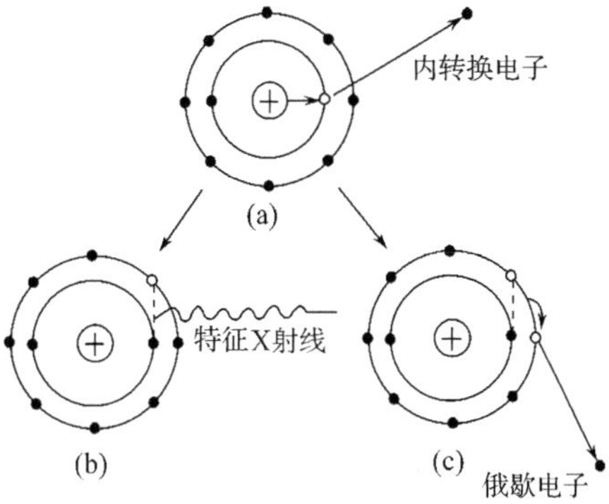

图 11-14　内转换及其伴随效应

1. 内转换电子的能量

根据能量守恒，内转换电子的动能为

$$E_{\mathrm{kre}} = E_{\mathrm{i}} - E_{\mathrm{f}} - E_{\mathrm{R}} - \varepsilon_i \tag{11-38}$$

式中，ε_i 是 i 层电子的结合能；E_{R} 是子核的反冲能；E_{kre} 为内转换电子动能；而 $E_{\mathrm{i}} - E_{\mathrm{f}} = E_{\mathrm{d}}$ 是原子核 γ 衰变的衰变能. 一般 E_{R} 很小，所以

$$E_{\mathrm{kre}} \approx E_{\mathrm{d}} - \varepsilon_i \tag{11-39}$$

内转换过程可以在原子的任何一壳层的电子上发生，关键取决于 E_{d} 的大小，当 $E_{\mathrm{d}} > \varepsilon_{\mathrm{K}}$ 时，内转换主要在 K 层电子上发生；当 $\varepsilon_{\mathrm{L}} < E_{\mathrm{d}} < \varepsilon_{\mathrm{K}}$ 时，内转换主要发生在 L 壳层上.

下面以 ^{198}Au 为例研究一下内转换电子的能量和能谱结构. 图 11-15 为 ^{198}Au 的衰变纲图，图 11-16 是 ^{198}Au 的 β 能谱和 ^{198}Hg 的内转换电子能谱的叠加，其中的连续谱是 ^{198}Au 3 种能量β粒子能谱的叠加，连续的β^-谱上 3 个尖锐的峰是子核 ^{198}Hg 的内转换电子谱. 因为 ^{198}Hg 的 K、L、M 层电子的结合能分别是 $\varepsilon_K = 83.103$keV、$\varepsilon_L = 14.839$keV 和 $\varepsilon_M = 3.562$ keV，由衰变纲图可见，^{198}Hg 核的 0.421MeV 激发态与基态能级间可发生内转换，且 E_d=0.412 > $\varepsilon_K > \varepsilon_L > \varepsilon_M$，所以在 K、L、M 层都可发生内转换，其相应的内转换电子的动能 $E_{kre}(K) < E_{kre}(L) < E_{kre}(M)$，其能量数值分别为

$$E_{kre}(K) = E_d - \varepsilon_K = 0.412 - 0.0831 = 0.3289(\text{MeV})$$

$$E_{kre}(L) = 0.412 - 0.014839 \approx 0.3972(\text{MeV})$$

$$E_{kre}(M) = 0.412 - 0.0036 = 0.4084(\text{MeV})$$

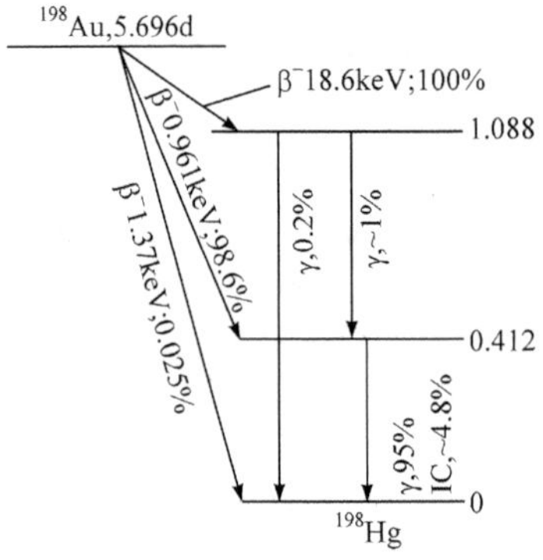

图 11-15　^{198}Au 的衰变纲图

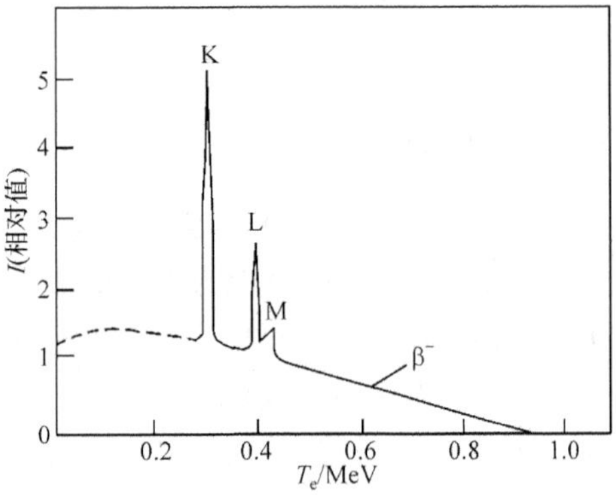

图 11-16　^{198}Au 的β能谱和 ^{198}Hg 的内转换电子能谱的叠加

2. 内转换系数

原子核的能级之间发生跃迁时，究竟是放出 γ 光子的概率大，还是发生内转换的概率大，完全由核能级的特性所决定. 一般来说，重核低激发态发生跃迁时，发生内转换的概率比较大. 定义内转换系数α，用于表示内转换和 γ 跃迁相对概率的大小

$$\alpha = N_e / N_\gamma = \lambda_e / \lambda_\gamma \tag{11-40}$$

其中，N_e 与 N_γ 分别为单位时间内发射的内转换电子数和 γ 光子数，λ_e 与 λ_γ 为内转换和 γ 跃迁的分支衰变常量. 如果用 N_K、N_L、N_M……分别表示单位时间内发射的 K、L、M……的内转换电子数，则可定义相应于各个壳层的内转换系数

$$\alpha_K = N_K / N_\gamma,\quad \alpha_L = N_L / N_\gamma,\quad \alpha_M = N_M / N_\gamma,\quad \cdots \tag{11-41}$$

显然

$$\alpha = \alpha_K + \alpha_L + \alpha_M + \cdots \tag{11-42}$$

实验上可以测量同一时间间隔内原子核所放出的内转换电子数和相应的 γ 光子数来确定内转换系数，而理论虽可以进行比较精确的计算，但计算过程十分复杂. 实验表明：当原子核的电荷数较大，且跃迁前后能级的角动量之差很大而能量之差很小时，内转换系数较大，有可能 $\alpha \gg 1$，以至于很难观察到 γ 辐射. 这时可以利用不同壳层的内转换系数的比值来描述，例如 $K/L = \alpha_K / \alpha_L$. 即使内转换系数不大，也可以采用内转换系数的比值与理论作比较. 因为在分支比的测量中，所测的都是能量相近的内转换电子，考虑到仪器所引起的误差，内转换系数的比值的测量比内转换系数 α 的测量要精确.

考虑到内转换现象的存在，原子核的激发态可能有较长的寿命.

11.3.3　同质异能态与同质异能跃迁(IT)

绝大多数情况下，原子核处于激发态的平均寿命都相当短暂，大约 10^{-14}～10^{-17}s，但也有一些原子核可停留在激发态较长的时间，我们称这样的激发态为亚稳态，长的寿命可达几年. 把这种寿命比较长(时间较长没有明确的定义，一般要求大于 0.1s)的激发态称为同质异能态，处于同质异能态的核素叫同质异能素. 在核素符号左上角数字旁加字母 m 来表示. 同核异能素实际上是处于不同激发态的同一种原子核，它们有相同的质量数 A 和电荷数 Z，但有明显不同的半衰期，即不同的寿命. 同核异能素和处于一般激发态的原子核一样，通常可以通过 γ 跃迁或内转换退激，同质异能态发生的跃迁叫同质异能跃迁(IT). 除此之外，有些同质异能素也可以直接发生 α 或 β 衰变，例如 ^{214m}Po 衰变放出长寿命的 α 粒子，^{60m}Co 进行 β^-衰变.

图 11-17 是 ^{60}Co 的同核异能态及其衰变的衰变纲图. ^{60m}Co 是 ^{60}Co 的同核异能素，它的半衰期是 10.5min，发生同质异能跃迁的概率是 99.75%，进行 β^-衰变的概率是 0.25%，而 ^{60}Co 的半衰期是 5.271a，其 β^-衰变(β^-粒子的最大能量 0.31MeV)的概率是 100%.

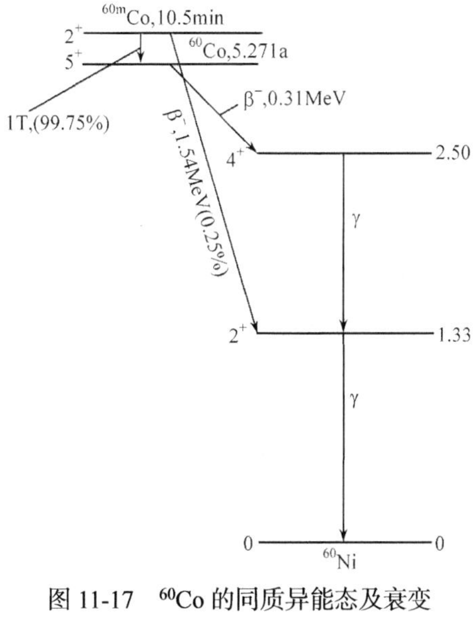

图 11-17　^{60}Co 的同质异能态及衰变

鉴于同核异能素较长的寿命，我们可以比较详细地直接研究它们的性质. 实验发现：当同核异能态的角动量和基态(或相邻的较低激发态)的角动量之差较大、能量之差较小时，γ 跃迁的概率就小，此时内转换系数较大(可能发生 α 、β

衰变)，从而半衰期较长.

11.3.4　γ 射线的共振吸收与穆斯堡尔效应

当入射光子的能量等于原子或原子核的某两个能级之差时，原子或原子核吸收光子的概率大为增加，这种现象叫共振吸收(图 11-18). 原子内光子的共振吸收早已观测到，但原子核的 γ 射线的共振吸收在实验上却很难观测到，一直到 1958 年德国科学家穆斯堡尔提出无反冲的 γ 共振吸收.

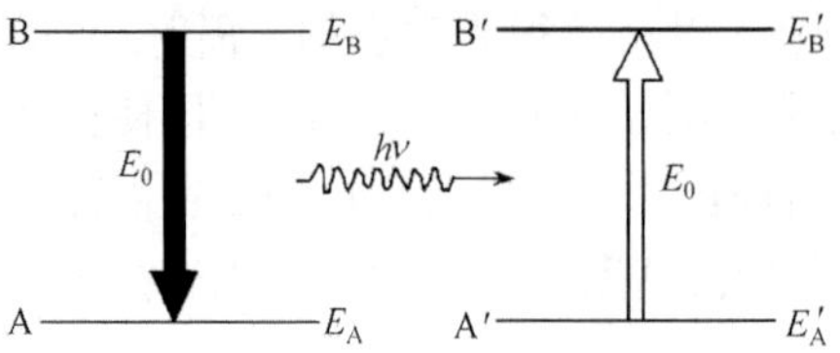

图 11-18　光子的共振吸收

1. γ 射线的共振吸收

γ 射线共振吸收涉及的问题.

(1) 能级自然宽度 Γ 的存在. 在之前的所有描述中，我们知道原子或原子核的能级是分立的，具有确定的数值，但是，这只是一种近似. 根据量子力学的测不准关系，任何具有一定寿命 τ 的原子或原子核的激发态，能量不是完全确定的，其能量是围绕某一确定值的一个分布范围，或者说能级具有一定的自然宽度 Γ，如图 11-19 所示. 能级宽度 Γ 与寿命 τ 之间有下面的关系：

$$\Gamma = \frac{\hbar}{\tau} \tag{11-43}$$

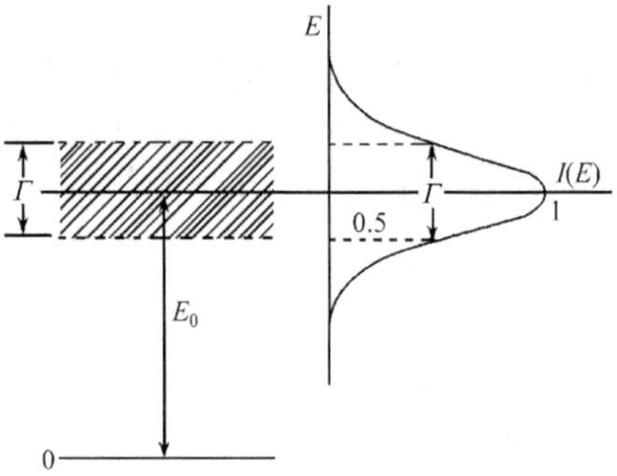

图 11-19　能级宽度示意图

可见，激发态的平均寿命越长，则能级的宽度越窄. 对稳定的原子核能态 $\tau \to \infty$，所以能级是完全确定的.

由于激发态有一定的宽度，所以γ跃迁放出的γ射线的能量具有几乎相同的展宽. 此宽度称为γ射线的自然宽度. γ射线的自然宽度是很小的，例如，能量为 1MeV、寿命为 10^{-13}s 的激发态跃迁到基态时放出的γ射线的能级自然宽度为 6.58×10^{-3}eV. 为了直接观测自然宽度，γ 谱仪的能量分辨率需要高达 10^{-8} 数量级，现有的 γ 谱仪没有如此高的能量分辨率.

(2) 核反冲能 E_R 的存在. 实验上难于观察到γ射线的共振吸收的另一个原因，在于原子核发射或吸收γ射线时反冲作用的影响. 设 γ 跃迁是在原子核的激发态 B 和稳定的基态 A(设基态 E_A=0)之间发生的，则衰变能为 $E_d=E_B-E_A=E_B$. 由前文的讨论可知，激发态 B 的能量是以 E_B 为中心的连续分布，如图 11-20(a)所示. 当处

于静止状态的原子核从能级 B 向 A 跃迁时，发射能量为 E_γ 的光子，原子核将受到反冲，其反冲能为

$$E_R = \frac{E_\gamma^2}{2m_N c^2} = \frac{P_N^2}{2m_N}$$

因为 $E_d = E_\gamma + E_R$，而 $E_R \ll E_\gamma$，所以 $E_\gamma \approx E_d$，则上式可改写为 $E_R \approx \dfrac{E_d^2}{2m_N c^2}$.

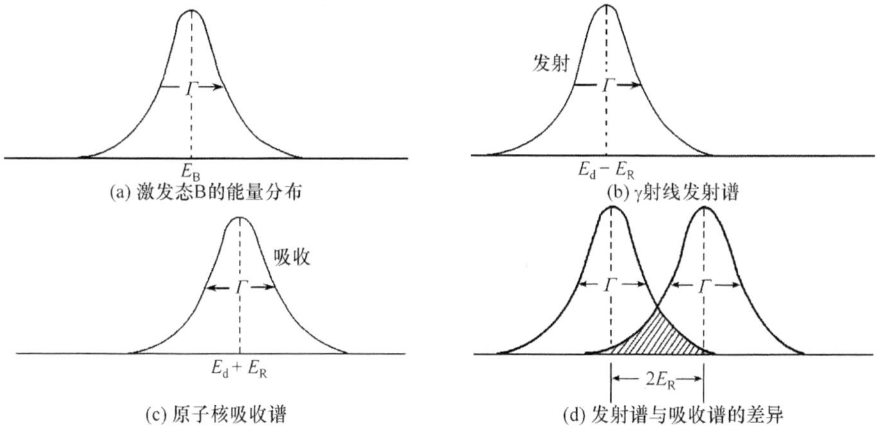

图 11-20　反冲能 E_R 引起吸收和发射谱的位移

因原子核反冲能的存在，衰变放出的 γ 射线能量 $E_{\gamma e}$ 比衰变能小，两者之间相差一项反冲能 E_R

$$E_{\gamma e} = E_d - E_R = E_d - \frac{E_d^2}{2m_R c^2} \tag{11-44}$$

所以 γ 射线的发射谱是以 $E_d - E_R$ 为中心的连续分布，发射中心与 E_d 相比向左移动了一个 E_R 的距离，并且发射谱的宽度与能级 B 的自然宽度相同，如图 11-20(b)所示.

同样道理，处于基态的同类原子核吸收 γ 光子时也会有反冲. 因此，要把处于静止状态的原子核从基态 A 激发到激发态 B 时，吸收 γ 射线的能量 $E_{\gamma a}$ 比 E_d 大

$$E_{\gamma a} = E_d + E_R = E_d + \frac{E_d^2}{2m_R c^2} \tag{11-45}$$

因此 γ 射线的吸收谱是以 $E_R + E_d$ 为中心的连续分布，如图 11-20(c)所示.

比较 $E_{\gamma e}$ 和 $E_{\gamma a}$，可发现实际的发射谱与所要求的吸收谱之间的能量相差 $2E_R$，如图 11-20(d)所示. 显然只有当发射谱与吸收谱相互有较大重叠时，才能发生 γ

共振吸收. 所以，有显著的 γ 共振吸收的必要条件是

$$2E_R \leqslant \Gamma \tag{11-46}$$

在原子体系中此条件很容易满足，例如，钠光谱的黄色 D 线相当于 2.1eV 的能量，激发态平均寿命为 10^{-8} s，能级宽度 $\Gamma \approx 6.6\times10^{-6}$eV，而反冲能约为 10^{-10}eV，显然 $2E_R \ll \Gamma$. 对原子核情况完全不同，例如，^{191}Ir 的 129keV 的能级，宽度约为 $\Gamma = 6.5\times10^{-6}$eV，原子核发射 γ 光子时的反冲能为 0.046eV，反冲能量比能级宽度大很多，所以实验上观察不到原子核的 γ 射线的共振吸收.

由前可见，为了观察到 γ 光子的共振吸收，必须想法补偿反冲能量损失.

德国科学家穆斯堡尔则于 1958 年提出了另一个办法——消除核反冲.

2. 穆斯堡尔效应

穆斯堡尔提出，可以把发射 γ 光子的原子核和吸收光子的原子核牢固地束缚在晶格中. 当 γ 光子的能量满足一定条件时，可以有效地消除核反冲，γ 光子的共振吸收便可实现. 因为原子核固结于晶格中后，遭受反冲的就不是单个的原子核，而是整块晶体，这时 E_R 表达式中的 m_N 将是晶体的质量(因为，当原子核束缚于晶格中时，要使它脱离平衡位置，一般至少需要提供 10eV 的能量. 而在能量 100keV 左右的 γ 跃迁中，原子核所获得的反冲能一般为 10^{-2}eV 左右. 因此，束缚于晶格中的原子核发射和吸收 γ 光子时，原子核单独反冲是不可能的，而是整块晶体一起反冲)，于是 $E_R \to 0$. 此过程可视为无反冲过程——这就是穆斯堡尔效应，穆斯堡尔效应也被称为无反冲的 γ 射线的共振吸收.

最早观察穆斯堡尔效应的实验装置示意如图 11-21 所示(用的是 ^{191}Ir 的 129keV 能级，见图 11-22). 放射源 ^{191}Os 镶嵌在一个可以转动的轮子的边缘. ^{191}Os 的子体 ^{191}Ir 发射的 γ 光子经准直小孔后，被稳定的 ^{191}Ir 吸收体所吸收，没有吸收掉的部分由闪烁计数器 D 进行记录.

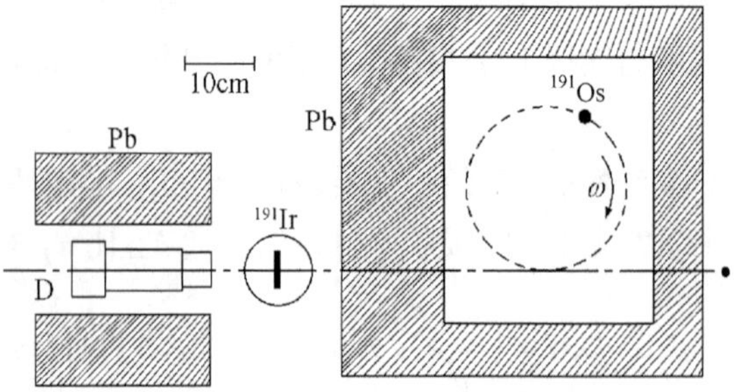

图 11-21　早期观察穆斯堡尔效应的实验装置示意

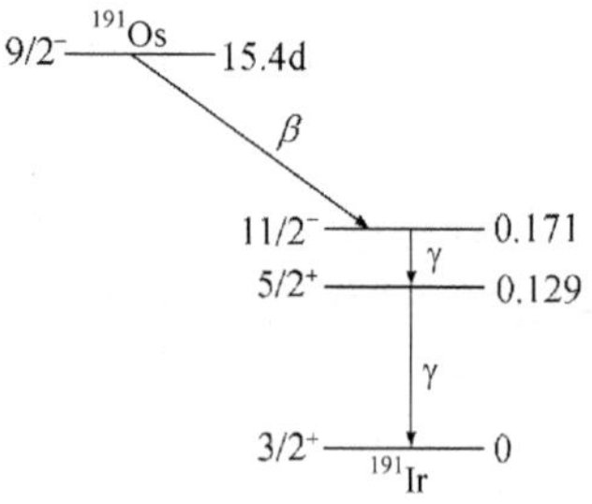

图 11-22　^{191}Os 的衰变纲图

为了避免固体中热振动使发光原子振动，把 γ 射线源和吸收物均放在低温下(T=88K)观察. 当轮转动时，放射源相对吸收体运动，当相对速度 v=0 时，无反

冲的共振吸收达到最大；当相对速度为 v 时，根据多普勒效应，吸收体接收到的放射源发射的 γ 射线能量将发生变化，其变化值为 $\Delta E = \pm E_\gamma v/c$. 这时共振吸收将减少，当能量改变 $E_\gamma v/c$ 超过能级的自然宽度 Γ 时，探测器 D 的计数急剧上升. 实验结果如图 11-23 所示，它是 ^{191}Ir 的 129keV 能级 γ 射线共振吸收谱. 图中横坐标是放射源相对于吸收体的运动速度 v ，以及与此相应的放射源发射的 γ 射线的能量变化 ΔE. 当放射源向吸收体靠近时，相应的速度为 $+v$ ，γ 射线的能量变化为 $+\Delta E$. 纵坐标是 γ 射线强度的相对变化，即 $(I_{Ir}-I_{Pt})/I_{Pt}$，这里 I_{Ir} 和 I_{Pt} 是分别为通过相同厚度的铱和铂(用于测量本底)吸收体后的 γ 射线强度. 由图 11-23 可见，当放射源的运动速度为每秒几厘米、γ 射线的能量改变 $\Delta E < 10^{-5}$eV 时，共振吸收已经破坏.

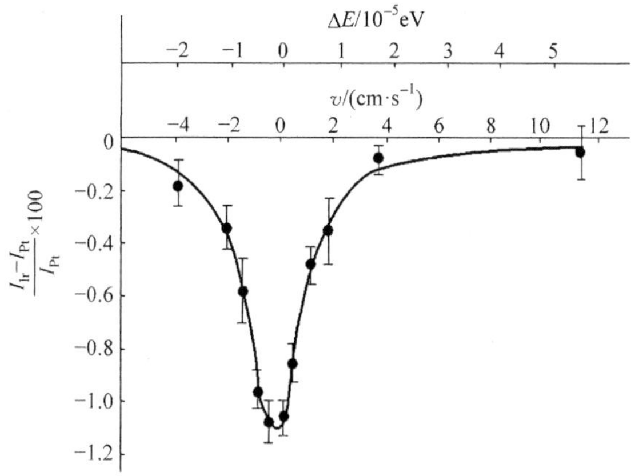

图 11-23　^{191}Ir 129keV γ 射线的共振吸收谱

由谱线的半宽度可以得到能级宽度 $\Gamma = 4.6\times10^{-6}$eV (吸收谱峰值高度一半对应的谱线宽度)，相应的能级寿命为 $\tau = 1.4\times10^{-10}$s . 反之，若已知能级自然宽度，此装置可探知入射能量微小的改变，如上述实验装置中，入射 E_γ 的能量改变绝对值为 4.6×10^{-6}eV 时即可被探知.

所以穆斯堡尔效应具有能量分辨率十分高的特点. 例如，对 ^{191}Ir，我们可探测到任何与 $\Gamma / E_\gamma = 4\times10^{-11}$ 能量相应的微小的扰动；对研究最多的 ^{57}Fe 的 14.4keV 能级，我们可测量到任何与 $\Gamma / E_\gamma = 3\times10^{-13}$ 能量相应的微小扰动(这意味着测量地球到月球之间的距离，可以精确到 0.01mm). 这样高的分辨率是其他研究方法所不能达到的. 因此穆斯堡尔效应发现后立刻被用于各种精密测量中. 利用穆斯堡尔效应测量重力红移就是一个著名的事例.

一个半径为 R 的发光星球放出的光子能量假定为 $h\nu$, 那么，在远处接收到的光子能量不会是 $h\nu$, 因为光子要克服星球的引力势而损失一部分能量. 重力引力

势是

$$V = -G\frac{Mm}{R}$$

式中，M 是发光星球的质量；G 是引力常量；m 是光子的质量

$$m = h\nu/c^2$$

因此，在远离发光星球处接收到的光子的能量为

$$E = h\nu' = h\nu - GM\left(\frac{h\nu}{c^2}\right)\frac{1}{R} = h\nu\left(1 - \frac{GM}{Rc^2}\right)$$

即频率要变小，波长要增大，向红色方向移动，故称为重力红移. 红移量一般小于 10^{-10}，以前虽然能计算，但无法测量. 利用穆斯堡尔效应首次对它作了精密的测量.

同样，当光子离开地球距离不同时，重力引力势不同，频率也不同. 例如，相差 20m 距离频率相对变化为 2×10^{-15}；庞德(R.V.Pound)和里布卡(G.A.Rebka)在 1960 年利用穆斯堡尔效应测到了这一微小的变化①.

另外，穆斯堡尔效应的大量应用工作是基于原子核和电子间的超精细相互作用(非 9.4 节中核自旋引起). 原子核与核外电子的电荷分布引起两者间库仑相互作用的修正，从而引起核能级的微小移动，而且基态和激发态原子核的电荷分布不同，这种能级的移动也不同. 利用穆斯堡尔效应可测出不同能量状态下的能级移动，从而研究核外电子的分布情况.

同时，如果原子核所处位置上存在电场梯度或磁场，则它们与原子核的电四极矩或磁矩相互作用将引起核能级的分裂. 这种能级分裂可以利用穆斯堡尔效应灵敏地测出. 因为电场梯度、磁场与核外电子分布的电磁性质有关，所以穆斯堡尔效应可作为研究原子核周围环境的灵敏探针，而这种探针所提供的微观结构信息在物理学、化学、生物学、地质学、冶金学等学科的基础研究方面得到广泛的应用. 起源于核物理研究的穆斯堡尔效应，已经发展成为一门重要的边缘学科——穆斯堡尔谱学②.

习题与思考题

1. 镭(^{226}Ra)和氡(^{222}Rn)的同位素质量分别为 M(Ra)=226.09574u 和 M(Rn) = 222.08663u. 试问 ^{226}Ra 是否能放出 α 粒子？若能，求出衰变能和 α 粒子的动能. $M(^4\text{He})$ = 4.003873u.

① Pound R V, Rebka G A. Variation with temperature of the energy of recoil-free gamma rays from solids[J]. Phys. Rev. Litters, 1960, 41: 274.

② 马如璋, 徐英庭. 穆斯堡尔谱学[M]. 北京: 科学出版社, 2017.

2. ^{210}Po 核从基态进行衰变，并伴随发射两组 α 粒子，其中一组 α 粒子的动能为 5.30MeV，另一组 α 粒子的动能为 4.50MeV，试计算各情形下 ^{210}Po 核的 α 衰变能和子核由激发态回到基态时放出的能量.
3. ^{218}Po α 衰变至 ^{214}Pb 已知 α 粒子的动能 E_k 为 5.98MeV，试计算反冲核的动能.
4. 一块质量为 0.5kg 的核燃料纯 ^{239}Pu，试计算这块核燃料存放时由于 α 衰变放出的功率为多少瓦?
5. ^{47}V 既可发生 β^+衰变，也可发生 K 俘获，已知 β^+的最大能量为 1.89MeV，试求 K 俘获过程中放出的中微子的能量 E_ν.
6. 利用核素质量，计算 ^{3}H→^{3}He 的 β 谱的最大能量 E_m.
7. ^{32}P 的 β 粒子的最大能量 E_m=1.71MeV，计算放出 β 粒子时原子核的最大反冲能 E_{Re} 和发射中微子时核的最大反冲能 $E_{R\nu}$.
8. 放射源 $^{74}_{33}$As 有：①两组 β^-电子，其最大能量(分支比)为 0.39MeV(16%)和 1.36MeV(16%)，后者为相应至 $^{74}_{34}$Se 基态之衰变；②两组 β^+电子，其最大能量(分支比)为 0.92MeV(25%)和 1.53MeV(2.8%)，后者为相应至 $^{74}_{32}$Ge 基态之衰变；③两组单能中微子，1.93MeV(38%)和 2.54MeV(2.2%). 试做出 $^{74}_{33}$As 的衰变纲图.
9. 试判断下列各 β 衰变的级次：$n \xrightarrow{\beta^-} p(1/2^+ \to 1/2^+)$；$^{17}_{9}F \xrightarrow{\beta^+} {}^{17}_{8}O(5/2^+ \to 5/2^+)$；$^{55}_{26}Fe \xrightarrow{EC} {}^{55}_{25}Mn(3/2^- \to 5/2^-)$；$^{75}_{32}Ge \xrightarrow{\beta^-} {}^{75}_{31}Ga(1/2^- \to 3/2^-)$；$^{87}_{37}Rb \xrightarrow{\beta^-} {}^{87}_{36}Kr(3/2^- \to 3/2^+)$；$^{91}_{39}Y \xrightarrow{\beta^-} {}^{91}_{38}Sr(1/2^- \to 5/2^+)$.
10. ^{108}Cd 由激发态向基态跃迁时，发射 0.62MeV 的 γ 光子，试计算 ^{108}Cd 核的反冲能.
11. 原子核 ^{69}Zn 处于能量为 436keV 的同质异能态时，试求放射 γ 光子后的反冲能 E_{Rk} 和放射内转换电子后的反冲动能 E_{ke}(已知 ^{69}Zn，K 电子的结合能为 9.7keV).
12. 用无反冲激发态的 ^{57}Fe 核发射的 14.4keV 的 γ 射线做共振实验. 如果作为吸收体的稳定的 ^{57}Fe 处于自由状态，这时吸收体的反冲能为多少? 为使共振吸收达到最大值，放射源的运动速度应为多大?
13. 试计算 1μg 重的 ^{137}Cs 每秒放出多少个 γ 光子(已知 ^{137}Cs 的半衰期为 30.07a，β 衰变至子核激发态的分之比为 93%，子核 γ 跃迁的内转换系数分别为 α_K=0.0976，K/L=5.66，M/L=0.260).
14. 对以下 γ 跃迁，已知跃迁类型和始态的能级特性，试求末态的能级特性：$1^+ \xrightarrow{E1}$；$2^- \xrightarrow{M2+E3}$；$4^+ \xrightarrow{E2}$；$1^+ \xrightarrow{M1+E2}$；$0^+ \xrightarrow{M3}$.
15. 为何中微子难以测量?
16. 内转换电子与俄歇电子有何不同?
17. 为什么在天然放射系中没有见到 β^+和 EC 放射性?

第 12 章

原子核反应

原子核与原子核，或者原子核与其他粒子(如中子、γ 光子等)接近到间距 10^{-15}m 量级时两者之间的相互作用所引起的各种变化称为核反应. 相对于第 10、第 11 章讨论的核衰变(不稳定核素自发地改变核的性质)，核反应是具有一定能量粒子的轰击下核素性质发生的改变.

核反应所涉及的能量变化一般比核衰变(只涉及低激发能级，通常几个 MeV 以下)大得多，通常大于一个核子的结合能(约 8MeV)，甚至高达几百个 MeV，所以核反应是研究原子核高激发能级的重要手段. 同时核反应产生的现象更为丰富，借助于不同能量、不同类型的粒子入射不同的靶核，引起的核反应种类有数千种，所以核反应可从更广泛的范围研究原子核. 此外，核反应是获得放射性核素和原子能的途径，故核反应具有广泛的应用价值.

本章讨论核反应过程的两个主要问题：一是核反应过程中粒子之间的能量关系；二是核反应概率(反应截面)的问题，即大量粒子轰击原子核发生核反应的概率. 实验规律与理论模型将围绕这两个问题进行阐述.

12.1 核反应概述

核反应一般可表示为

$$A+a \rightarrow B+b \tag{12-1}$$

式中，A 为靶核；a 为入射粒子；b 为出射粒子(一般指反应产物中较轻的粒子)；B 为生成核. 此反应可简化写成 $A(a,b)B$ 或(a,b). 当入射粒子的能量比较高时，出射粒子的数目可能有两个以上，例如，30MeV 的质子轰击 ^{63}Cu，可发生反应 $\mathrm{p}+{}^{63}\mathrm{Cu} \rightarrow {}^{61}\mathrm{Cu}+\mathrm{p}+\mathrm{n}$，简写为 $^{63}\mathrm{Cu(p,np)}^{61}\mathrm{Cu}$.

12.1.1 核反应的分类

1. 按出射粒子种类

(1) 出射粒子和入射粒子相同的核反应称为核散射. 核散射又可以分为弹性

散射和非弹性散射.

弹性散射是指散射前后系统的动能守恒，靶原子核的内能(核能级)不变. 可以表示为

$$A(a,a)A \tag{12-2}$$

非弹性散射是指散射前后系统的总动能不相等，靶原子核的内能发生变化，生成核处于激发态. 可以表示为

$$A(a,a')A^* \tag{12-3}$$

(2) 出射粒子和入射粒子不同的核反应称为核转变. 核转变的反应类型特别丰富，例如，产生中子的核反应 $\alpha + {}^9_4\text{Be} \to \text{n} + {}^{12}_6\text{C}$；裂变反应 $\text{n} + {}^{235}\text{U} \to {}^{93}\text{Rb} + {}^{141}\text{Cs} + 2\text{n}$；聚变反应 ${}^2\text{H} + {}^3\text{H} \to {}^4\text{He} + \text{n}$ 等.

2. 按入射粒子种类

入射粒子为中子时，称为中子核反应；入射粒子为光子时，称为光核反应；入射粒子为带电粒子时，称为带电粒子反应，若带电粒子比 α 粒子重，又称为重离子反应.

3. 按入射粒子能量

入射粒子的能量，可以低到 1eV 不到，也可以高达几百 GeV，甚至更大. 入射粒子能量在 140MeV(π 介子的产生阈能)以下的，称为低能核反应；140MeV～1GeV 的称为中能核反应；1GeV 以上的称为高能核反应. 一般的原子核物理只涉及低能核反应，而且上述的划分界限并不严格.

12.1.2　反应道

一种入射粒子与一种原子核的反应过程往往不止一种，而可能有好几种，例如

$$\text{p} + {}^7_3\text{Li} \to \begin{cases} \xrightarrow{\qquad\qquad} \text{p} + {}^7_3\text{Li} \\ \xrightarrow{500\text{keV}} \alpha + \alpha \\ \xrightarrow{1.89\text{MeV}} \text{n} + {}^7_4\text{Be} \\ \xrightarrow{5.07\text{MeV}} \text{T} + {}^5_3\text{Li} \end{cases} \tag{12-4}$$

式中，每一种核反应过程称为一个反应道. 反应前的道叫入射道，反应后的道叫出射道.

一个入射道可能对应多个出射道，出射道的数目决定于入射粒子的能量，当入射粒子能量增大时，一般会增加出射道. 如式(12-4)所示，低能质子入射锂靶，必然有弹性散射的出射道；质子能量大于 500keV 时，开放反应道(p,α)，此时有弹

性散射和(p,α)两种出射道；能量大于1.89MeV时，开放反应道(p,n)，此时有三种出射道.

多个入射道也可对应于同一个出射道，即不同的入射粒子与靶核反应可能有相同的出射粒子与生成核，例如

$$\left.\begin{array}{l}\mathrm{D}+{}_{3}^{6}\mathrm{Li}\\ \mathrm{p}+{}_{3}^{7}\mathrm{Li}\\ \mathrm{n}+{}_{4}^{7}\mathrm{Be}\end{array}\right\}\rightarrow \alpha+\alpha \tag{12-5}$$

对于确定的入射粒子和靶核，到底发生哪些核反应，除了与入射粒子能量有关，还与核反应机制和核结构等问题有关，而且要受到下面所描述的守恒定律的约束.

12.1.3 核反应遵守的一系列守恒律

大量实验表明，核反应过程主要遵守以下几个守恒定律.

(1) 电荷数守恒，即反应前后的总电荷数不变.

(2) 质量数守恒，即反应前后的总质量数不变.

(3) 能量守恒，即反应前后体系的总能量(静止质量和动能之和)不变.

(4) 动量守恒，即反应前后体系的总动量不变.

(5) 角动量守恒，即反应前后体系的总角动量保持不变. 注意：体系总角动量矢量 = 粒子角动量矢量(入射、出射粒子) + 原子核角动量矢量(靶核、生成核) + 两者相对运动角动量矢量.

(6) 宇称守恒，即反应前后体系的总宇称保持不变. 体系宇称=粒子宇称(入、出射粒子)×核宇称(靶、生成核)×两者相对运动的轨道宇称.

12.2 核反应中的能量

12.2.1 反应能(Q值与实验Q'值)

核反应过程中放出的能量称为反应能Q，等于反应前后体系的动能之差.

对核反应$A+a\rightarrow B+b$，假设各粒子和原子核的动能分别为E_a、E_b、E_A、E_B，静止质量为m_a、m_A、m_b、m_B，能量守恒有

$$m_a c^2+E_a+m_A c^2+E_A=m_B c^2+E_B+m_b c^2+E_b \tag{12-6}$$

反应能

$$Q=(E_B+E_b)-(E_A+E_a)=[(m_A+m_a)-(m_B+m_b)]c^2 \tag{12-7}$$

若忽略电子的结合能，则

$$Q=[(M_A+M_a)-(M_B+M_b)]c^2 \tag{12-8}$$

其中，M 为各原子质量，即由反应物和生成物的静止质量之差可计算反应能 Q.

因为反应前后核子数守恒，反应能 Q 还可表示为

$$Q=(B_B+B_b)-(B_A+B_a) \tag{12-9}$$

式中，B 为各原子核的结合能.

与衰变能必大于零不同，反应能可正可负，或者等于零(弹性散射). $Q>0$ 的反应为放能反应，此过程中，反应物的一部分静止质量转换为生成物的动能；$Q<0$ 的反应为吸能反应，此时反应物动能的一部分转换为生成物的静止质量；$Q=0$ 的反应为弹性散射.

以上讨论 Q 值时，假设反应前后的原子核都处于基态. 实际情况中，反应产物(特别是生成核)经常处于激发态. 生成核处于激发态时的 Q 值，通常称为实验 Q 值，用 Q' 表示.

设生成核的激发态能量为 E^*，能量守恒(12-6)变为

$$m_ac^2+E_a+m_Ac^2+E_A=m_Bc^2+E_B+E^*+m_bc^2+E_b \tag{12-10}$$

则

$$Q'=(E_B+E_b)-(E_A+E_a)=Q-E^* \tag{12-11}$$

由静止质量计算 Q 值，再由实验(参阅 12.2.2 节 Q 方程)测得 Q' 后，即可求得生成核的激发能. 这是通过核反应获得原子核激发能数据的重要方法.

12.2.2　Q 方程

对核反应 $a+A\rightarrow B+b$，设反应前靶核静止($E_A=0$)，反应过程中动量守恒

$$\boldsymbol{P}_a=\boldsymbol{P}_B+\boldsymbol{P}_b \tag{12-12}$$

如图 12-1 所示，θ 为出射粒子与入射粒子的方向夹角，有

$$P_B^2=P_a^2+P_b^2-2P_aP_b\cos\theta \tag{12-13}$$

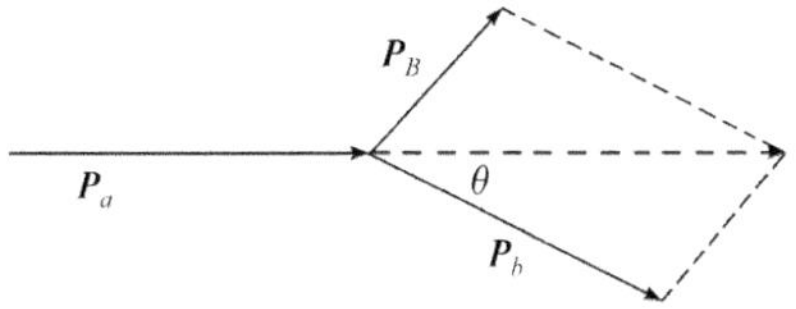

图 12-1　核反应中动量守恒

$P^2=2mE$，代入上式可得

$$2m_BE_B=2m_aE_a+2m_bE_b-4\sqrt{m_am_bE_aE_b}\cos\theta \tag{12-14}$$

结合式(12-7)可解得

$$\begin{aligned}Q&=(E_B+E_b)-(E_A+E_a)=(E_B+E_b)-E_a\\&=\left(1+\frac{m_b}{m_B}\right)E_b-\left(1-\frac{m_a}{m_B}\right)E_a-\frac{2\sqrt{m_am_bE_aE_b}}{m_B}\cos\theta\end{aligned} \tag{12-15}$$

式(12-15)称为 Q 方程. 把式中的质量 m 之比写为质量数 A 之比，并不会影响其精度

$$Q=\left(1+\frac{A_b}{A_B}\right)E_b-\left(1-\frac{A_a}{A_B}\right)E_a-\frac{2(A_aA_bE_aE_b)^{1/2}\cos\theta}{A_B} \tag{12-16}$$

Q 方程给出了反应能 Q、入射与出射粒子动能 E_a、E_b 以及两者运动方向夹角 θ 的关系. 通常 E_a 已知，只要测出 E_b 和 θ，即可算出 Q 或 Q'. 当 $\theta=90°$ 时，上式中最后一项为零，故在 $90°$ 方向上进行测量，计算更为简单.

另外，如果已知 Q 和 E_a，可通过求解 Q 方程得到出射粒子动能 E_b 随出射角 θ 的变化关系

$$E_b=\left\{\frac{(A_aA_bE_a)^{1/2}}{A_B+A_b}\cos\theta\pm\left[\left(\frac{A_B-A_a}{A_B+A_b}+\frac{A_aA_b}{(A_B+A_b)^2}\cos^2\theta\right)E_a+\frac{A_B}{A_B+A_b}Q\right]^{1/2}\right\}^2 \tag{12-17}$$

这种关系对在实验中辨认粒子，以及在不同的出射角处选择一定能量的出射粒子是很有用处的. 式(12-17)中方括号前有正负号，一般只取正值，同时取正负的情况在能量双值问题(12.2.4 节)中细谈.

例 12-1　已知能量为 2.0MeV 的氘核轰击 ^{6}Li 时，在出射角 $\theta=155°$ 的方向探测到两种能量的质子：4.67 MeV 和 4.29MeV，试求 ^{7}Li 的激发能.

解　对核反应

$$^6\text{Li}+{}^2\text{H}\rightarrow{}^7\text{Li}+{}^1\text{H}$$

若 ^{7}Li 处于基态，可利用式(12-8)计算该反应的反应能 Q

$$\begin{aligned}Q&=(M_A+M_a-M_B-M_b)c^2\\&=(6.015123+2.014102-7.016003-1.007825)\times931.5\text{MeV}\\&=0.005397\times931.5\text{MeV}\\&\approx5.03\text{MeV}\end{aligned}$$

另外，基于放出质子的能量，可利用式(12-16)计算实验 Q'值

$$\begin{aligned}Q_0'&=\left(\frac{A_a}{A_B}-1\right)E_a+\left(\frac{A_b}{A_B}+1\right)E_b-\frac{2(A_aA_bE_aE_b)^{1/2}}{A_B}\cos\theta\\&=\left(\frac{2}{7}-1\right)\times2+\left(\frac{1}{7}+1\right)\times4.67-\frac{2\times(2\times1\times2\times4.67)^{1/2}}{7}\cos155°\\&\approx5.03(\text{MeV})\end{aligned}$$

$$\begin{aligned}Q_1'&=\left(\frac{2}{7}-1\right)\times2+\left(\frac{1}{7}+1\right)\times4.29-\frac{2\times(2\times1\times2\times4.29)^{1/2}}{7}\cos155°\\&\approx4.55(\text{MeV})\end{aligned}$$

可见 $Q_0' = Q$，所以 4.67MeV 的质子是 ^{7}Li 为基态时放出的. 利用式(12-11)可得 ^{7}Li 激发态能量为

$$E^* = Q - Q_1' = (5.03 - 4.55)\text{MeV} = 0.48\text{MeV}$$

实验上同时可观测到 0.48MeV 的 γ 射线，这也说明用上述方法定出原子核的激发能是可靠的.

12.2.3　核反应的阈能

在 $^{14}N(\alpha, p)^{17}O$ 反应中 $Q = -1.193\text{MeV}$，但事实上，当 α 粒子的动能为 1.193MeV 时，这个核反应并不能发生. 那么在吸能核反应中，入射粒子至少应有多大的能量才能引起核反应呢？这就是核反应过程中的阈能问题. 在质心坐标系中，此问题更容易解答. 为此，我们首先研究一下实验室坐标系 L 和质心坐标系 C 的问题.

1. 质心系中的动能——相对运动动能

实验坐标系(L 系)——以实验室中某一点为坐标原点的坐标系(如核反应实验中的靶核). 质心坐标系(C 系)——以被研究体系质心为坐标原点的坐标系.

通常，实验测得的数据都是 L 系中的结果，而理论处理很多问题时 C 系中更加简单. 为了使实验数据与理论结果作比较，经常需要将有关物理量在两种坐标系间变换.

设有一 a 粒子轰击静止的靶核 A. 在 L 系里选择靶核为坐标原点，这时，粒子 a 至靶核的距离为 x，a 与 A 的质心 C 至靶核 A 的距离为 x_C(图 12-2).

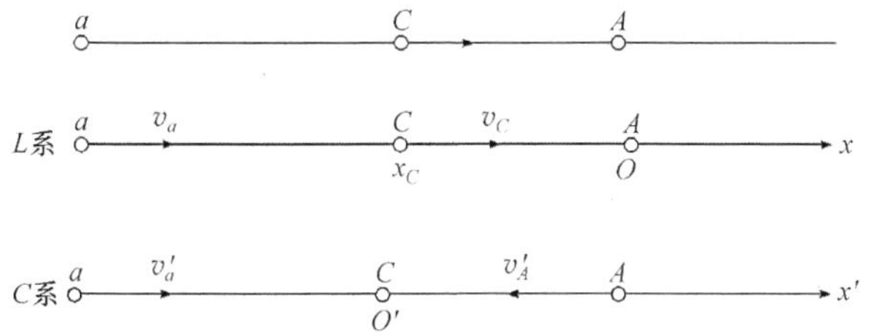

图 12-2　入射粒子、靶核、质心在实验室和质心坐标系中的速度

根据质心的定义，x 与 x_C 有如下关系：

$$x_C = \frac{m_a x}{m_a + m_A} \quad \text{或} \quad \frac{x_C}{x - x_C} = \frac{m_a}{m_A} \tag{12-18}$$

式中，m_a 和 m_A 分别为入射粒子和靶核的质量. 上式对时间 t 求微分有

$$v_C = \frac{m_a}{m_a + m_A} v_a \tag{12-19}$$

$v_a = \dfrac{\mathrm{d}x}{\mathrm{d}t}$，$v_C = \dfrac{\mathrm{d}x_C}{\mathrm{d}t}$ 分别为粒子 a 和系统质心在 L 系中的速度. 由此可见当粒子

以 v_a 接近靶核时，质心以 v_C 接近靶核.

系统在 L 系中的总动能为

$$E_k = E_a = \frac{1}{2}m_a v_a^2$$

如果以质心 C 作为坐标原点，那么粒子 a 在 C 系里的速度为

$$v_a' = v_a - v_C = \frac{m_A}{m_a + m_A}v_a \tag{12-20}$$

靶核在质心系里的速度为

$$v_A' = 0 - v_C = -\frac{m_a}{m_a + m_A}v_a \tag{12-21}$$

负号表示与质心的速度方向相反.

C 系中，入射粒子 a 和靶核 A 的动能之和(称为入射粒子的相对运动动能)为

$$E' = \frac{1}{2}m_a v_a'^2 + \frac{1}{2}m_A v_A'^2 = \frac{1}{2}\frac{m_a m_A}{m_a + m_A}v_a^2 = \frac{m_A}{m_a + m_A}E_a \tag{12-22}$$

C 系中，入射粒子 a 和靶核 A 的动量之和为

$$P_a' + P_A' = 0 \tag{12-23}$$

2. 阈能(E_{th})

L 系中反应前体系有动量，根据动量守恒，反应后体系也应具有动量，因此反应后的生成物不可能没有动能. 这就要求在吸能反应中入射粒子具有的动能，除了供给体系反应时需要吸收的能量 $|Q|$ 外，还需供给生成物一定的动能，所以入射粒子的动能必须大于 $|Q|$ 值，才能使核反应发生. 对于吸能反应，L 系中，能够引起核反应的入射粒子所具有的最低动能称为反应的阈能.

C 系中，反应前后体系的动量均为零，所以 C 系中反应产物不一定要有动能. 所以在 C 系中只要求反应前体系的最低动能等于 $|Q|$，核反应就可能发生，即

$$E' = \frac{m_A}{m_a + m_A}E_a \geqslant |Q| \tag{12-24}$$

可见，要使核反应发生，入射粒子在 L 系中所必须具有的最低动能应为

$$E_a = \frac{m_A + m_a}{m_A}|Q| \tag{12-25}$$

此即吸能反应中的阈能 E_{th}，所以

$$E_{th} = \frac{m_A + m_a}{m_A}|Q| \tag{12-26}$$

对核反应 $^{14}N(\alpha,\ p)^{17}O$，阈能为 $E_{th}=\frac{4+14}{14}\times 1.193\approx 1.53(\mathrm{MeV})$，也就是说，入射 α 粒子的动能至少应为 1.53MeV，才能引起 $^{14}N(\alpha, p)^{17}O$ 反应.

放能反应中，不需供给能量，阈能原则上等于零. 对于带电粒子引起的核反应，即使是放能反应，入射粒子也必须具有一定的动能，因为入射粒子需要克服库仑斥力靠近靶核，故存在反应阈，但不属于这里讨论的阈能.

例 12-2　用 α 粒子轰击固定的锂(Li)靶，试求当核反应 $^{7}Li(\alpha,\ n)^{10}B$ 成为可能时，α 粒子的动能的阈值.

解　核反应方程如下：

$$ {}_{3}^{7}\mathrm{Li}+{}_{2}^{4}\mathrm{He}\rightarrow {}_{5}^{10}\mathrm{B}+{}_{0}^{1}\mathrm{n}+Q $$

$$ m_{\mathrm{Li}}=7.016005\mathrm{u},\ m_{\mathrm{He}}=4.002063\mathrm{u},\ m_{\mathrm{B}}=10.013535\mathrm{u},\ m_{\mathrm{n}}=1.008665\mathrm{u} $$

反应能

$$ Q=[(m_{\mathrm{Li}}+m_{\mathrm{He}})-(m_{\mathrm{B}}+m_{\mathrm{n}})]c^2\approx -3.85\mathrm{MeV}<0 $$

是吸能反应，其阈值为

$$ E_{\mathrm{th}}=\frac{m_{\mathrm{He}}+m_{\mathrm{Li}}}{m_{\mathrm{Li}}}|Q|\approx 6.05\mathrm{MeV} $$

12.2.4　能量双值问题

能量双值问题同样在质心系中讨论更加方便.

1. 出射角在 L 系与 C 系的转换关系

对于出射粒子 b，其速度在两个参考系中满足关系

$$ \boldsymbol{v}_b=\boldsymbol{v}_b'+\boldsymbol{v}_C \tag{12-27} $$

其中，$\boldsymbol{v}_b$ 是出射粒子 b 在 L 系中的速度，$\boldsymbol{v}_b'$ 是 C 系中的速度，$\boldsymbol{v}_C$ 是质心系的速度. 其向量间的关系如图 12-3，图中 θ_L 是 L 系中的出射角，θ_C 是 C 系中的出射角.

由图 12-3 可得

$$ v_b\cos\theta_L=v_C+v_b'\cos\theta_C \tag{12-28} $$

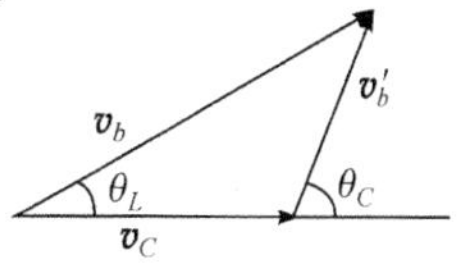

图 12-3　出射粒子速度在两参考系中的关系

根据余弦定理

$$ \cos\theta_C=-\frac{v_C^2+v_b'^2-v_b^2}{2v_Cv_b'} \tag{12-29} $$

由式(12-28)和式(12-29)消去 v_b，并定义

$$ \gamma=\frac{v_C}{v_b'} \tag{12-30} $$

可得

$$\cos\theta_L = \frac{\gamma + \cos\theta_C}{(1+\gamma^2 + 2\gamma\cos\theta_C)^{1/2}} \tag{12-31}$$

由此可见，如果已知γ，则可由θ_C换算出θ_L.

下面来求表达式. 质心系中，反应能为

$$\begin{aligned} Q &= \frac{1}{2}m_b v_b'^2 + \frac{1}{2}m_B v_B'^2 - \frac{1}{2}m_a v_a'^2 - \frac{1}{2}m_A v_A'^2 \\ &= \frac{1}{2}m_b v_b'^2 + \frac{1}{2}m_B v_B'^2 - E' \end{aligned} \tag{12-32}$$

质心系中总动量为零

$$m_b v_b' = m_B v_B' \tag{12-33}$$

由式(12-32)和(12-33)消去v_B'可得

$$v_b'^2 = \frac{2m_B}{m_b(m_b + m_B)}(E' + Q) \tag{12-34}$$

由式(12-19)和(12-34)得

$$\gamma^2 = \frac{m_a m_b}{m_A m_B}\left(\frac{m_b + m_B}{m_a + m_A}\right)\frac{E'}{E' + Q} \tag{12-35}$$

用质量数A替代质量m，且$A_a + A_A = A_b + A_B$，最后得到γ的表达式为

$$\gamma = \left(\frac{A_a A_b}{A_A A_B}\cdot\frac{E'}{E' + Q}\right)^{1/2} \tag{12-36}$$

2. 能量双值讨论

出射粒子能量能否出现双值取决于γ的大小，我们先根据式(12-36)讨论各种核反应中γ的取值范围.

对于弹性散射，Q=0，$\gamma = A_a / A_A$与能量无关，显然$\gamma \leqslant 1$. 在这里有两种极端情况，其一是$A_a = A_A$(如 n 与 H 的弹性散射)，γ =1，由式(12-31)得到$\cos\theta_L = \cos\frac{\theta_C}{2}$，则$\theta_L = \frac{\theta_C}{2}$；其二是$A_a \ll A_A$(如 n 与 ^{235}U 的弹性散射)，$\gamma \approx 0$，则$\theta_L = \theta_C$.

对于非弹性散射和核转变过程，γ一般是入射粒子能量的函数. 入射粒子能量固定时，对确定的核反应，γ是一常量. 对于放能反应($Q > 0$)，$\gamma < 1$；而对于吸能反应($Q < 0$)，γ大小取决于入射粒子能量，可能大于 1，也可能小于等于 1. 例如，对于$^{14}N(\alpha, p)^{17}O$，$Q = -1.194MeV$，若$E_\alpha = 2MeV$，则$E' = 2MeV$，$\gamma = 0.27$；

若 $E_\alpha = 1.56\text{MeV}$，则 $E' = 1.213\text{MeV}$，$\gamma = 1.04$.

我们遇到的大部分核反应，一般都是 $\gamma < 1$，而能量双值出现在 $\gamma > 1$ 时，具体分析如下.

(1) $\gamma \leqslant 1$，即 $v_C \leqslant v_b'$.

$\gamma < 1$ 时的速度矢量关系如图 12-4 所示($\gamma = 1$ 的情况类似). 由图可见：当 $\theta_C = 0°$ 时，$\theta_L = 0°$，v_b 大小等于 $v_b' + v_C$；$\theta_C = 180°$ 时，$\theta_L = 180°$，v_b 大小等于 $v_b' - v_C$. 则在立体角的全部范围内有出射粒子，且 v_b 是出射角 θ_L 的单调下降函数. 同时 γ 越小，v_b 随出射角 θ_L 的变化越小. 当 $\gamma \to 0$ 时，出射粒子能量几乎不随 θ_L 变化(例如 n 与 ^{235}U 的弹性散射). 反之，当 $\gamma \to 1$ 时，出射粒子能量随 θ_L 的增大而下降最多，θ_L 为大角度处，出射粒子的能量趋于零.

(2) $\gamma > 1$，即 $v_C > v_b'$.

速度矢量关系如图 12-5 所示. 由图可见，当 θ_C 从 $0°$ 到 $180°$ 变化时，θ_L 的变化范围是 $[0°, \theta_{\text{m}}]$. 其中 θ_{m} 对应图 12-6 的位置，满足 $\sin\theta_{\text{m}} = \dfrac{v_b'}{v_C} = \dfrac{1}{\gamma}$. 所以，当 $\theta_L = \theta_{\text{m}}$ 时，只有一个 v_b 值；当 $\theta_L \in [0°, \theta_{\text{m}})$ 时，有两个 v_b 值，此时存在高低两个能量的出射粒子(高能量的对应小的 θ_C)，其能量满足 Q 方程(12-17). 这就是能量双值问题.

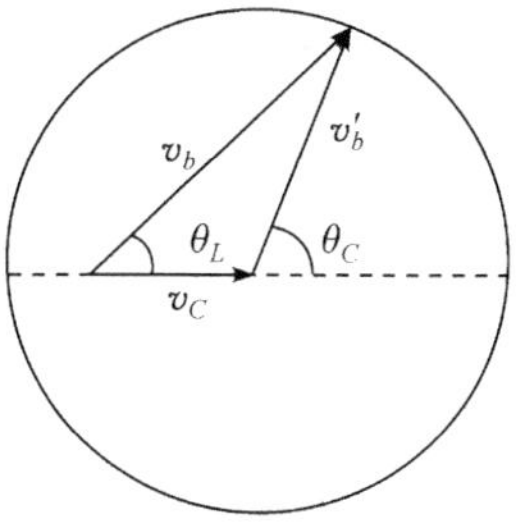

图 12-4　$\gamma \leqslant 1$ 时

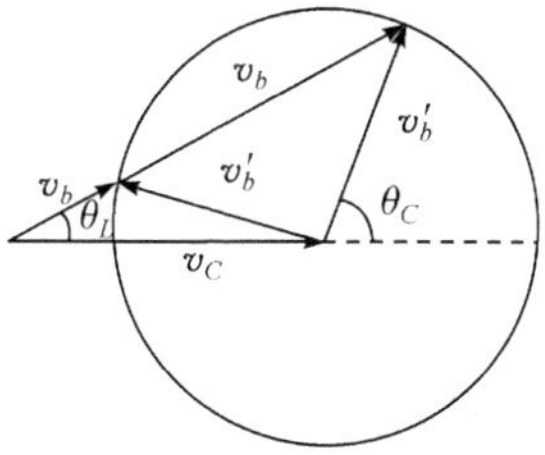

图 12-5　$\gamma > 1$ 时

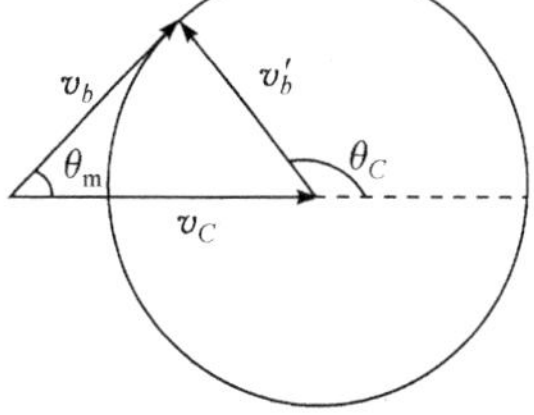

图 12-6　$\gamma > 1, \theta = \theta_{\text{m}}$

12.3　核反应截面

满足一系列守恒律的核反应并不一定必然发生，所有核反应都只能以一定的概率发生，为了描述核反应发生的概率大小，我们引入反应截面的概念. 反应截面是微观现象中最核心的物理概念，原子物理、原子核物理、粒子物理都用截面来描述反应概率的大小.

12.3.1　反应截面 σ

反应截面 σ 表征入射粒子与原子核发生核反应的概率. 在核反应的实验过程

中，入射粒子轰击靶(图 12-7)，通常已知入射粒子和靶的信息，通过测量出射粒子可以给出各种反应的截面.

1. 反应截面的过程描述

一束粒子 a 以速度 v 垂直入射靶 A(图 12-8). 设入射粒子单位体积的粒子数为 n_a，束流粒子的长度为 l_a，入射粒子照射靶的光斑面积为 S；对于靶 A，设单位体积的靶核数为 n_A(等于单位体积的原子数目)，靶是厚度为 Δx 的薄靶；照射后假设发生核反应的数目为 $N_{反应数}$.

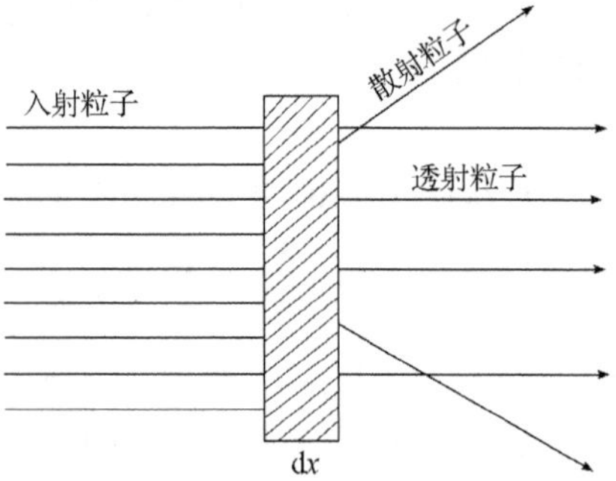

图 12-7　入射粒子打靶

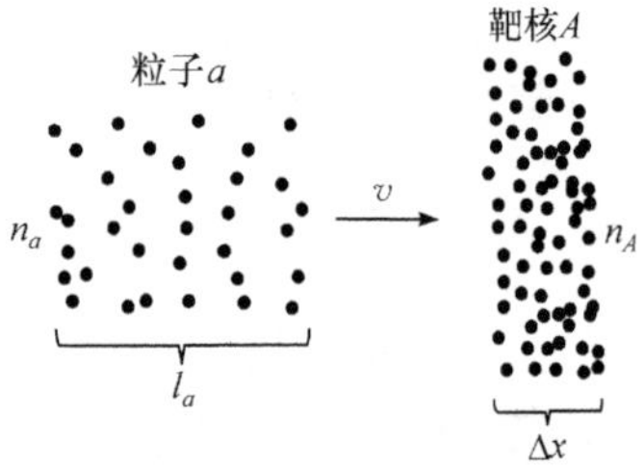

图 12-8　粒子 a 入射靶核 A

为给出核反应截面，我们作如下两个简化假设：①薄靶中原子核互相不遮蔽，粒子与靶核的反应过程和周围环境无关；②粒子与薄靶反应后数目的变化可忽略. 因为核反应只有在粒子与靶核足够近时(大约 fm 量级)才能发生. 单个粒子快速飞过薄靶时，遇到靶核的概率很小，故反应概率极低，也就是发生反应的数目相对于入射粒子数和靶核数都很小(满足假设②)；同时若某个粒子与靶核相遇反应时，其他粒子和周围靶核都远在反应力程之外，故对反应过程没有影响(满足假设①). 基于这两个假设，每个粒子遇到的靶核介质是一样的；同样，每个靶核遇到的入射粒子情况也是一样的，即每个粒子与靶核的反应过程完全相同.

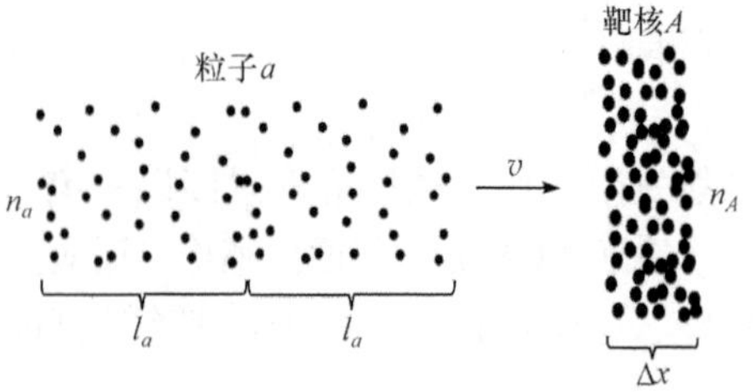

图 12-9　入射粒子束流长度 l_a 加倍时

如果入射粒子束流长度 l_a 加倍(图 12-9)时，前后两束粒子发生反应的情况完全一样，则核反应的数目必将加倍，等于 $2N_{反应数}$，即

$$N_{反应数} \propto l_a \tag{12-37}$$

同样地，

$$N_{反应数} \propto n_a;\quad N_{反应数} \propto n_A;\quad N_{反应数} \propto \Delta x;\quad N_{反应数} \propto S \tag{12-38}$$

即

$$N_{反应数}=\sigma\cdot n_a\cdot l_a\cdot S\cdot n_A\cdot\Delta x \tag{12-39}$$

其中，比例常数σ常称为反应截面，其物理意义稍后讨论. 对不同的核反应有不同数值，在确定的核反应中，它只和入射粒子能量有关.

2. 反应截面的物理意义

如果实验中已知入射粒子的数目$N_a=n_al_aS$，并测量透射粒子相对入射粒子数目的减少$-\Delta N_a$，则式(12-39)变为

$$N_{反应数}=-\Delta N_a=\sigma\cdot N_a\cdot n_s \tag{12-40}$$

其中，$n_S=n_A\Delta x=\dfrac{N_A}{S}$为单位面积上的靶核数(因为靶中原子核互不遮蔽，相当于把薄靶中的所有靶核放在一个平面上)，所以

$$\sigma=\frac{-\Delta N_a}{N_a\cdot n_S}=\frac{-\Delta N_a}{N_a\cdot n_A\cdot\Delta x} \tag{12-41}$$

由式(12-41)可见

$$反应截面=\frac{反应核子数}{入射粒子数\times单位面积的靶核数} \tag{12-42}$$

可见，反应截面σ的物理意义是入射粒子与单位面积上一个靶核反应的概率，与入射粒子种类和能量、靶核、核反应过程等有关. 形象地理解，相当于原子核中存在着一个有效面积，入射粒子只要入射到此面积内，就会发生核反应. σ的数值可以大于，也可以小于原子核的几何截面(πR^2). 反应截面具有面积的量纲，常用单位是靶(b)，其中 $1\text{b}=10^{-28}\text{m}^2$. 例如，0.0253eV 的中子与 ^{235}U 的反应截面约为 700b.

实验上，我们也经常给出单位时间入射的粒子数I_a，并测量单位时间入射粒子数的减少$-\Delta I_a$. 无论测量的是一段时间的粒子总数，还是单位时间的粒子数，具体的反应过程并没有改变，所以

$$\sigma=\frac{-\Delta I_a}{I_an_A\Delta x} \tag{12-43}$$

例 12-3　用通量密度为$10^7\ \text{cm}^{-2}\cdot\text{s}^{-1}$的快中子照射铝靶，能发生反应$^{27}\text{Al(n,p)}^{27}\text{Mg}$，^{27}Mg 可进行$\beta^-$衰变，半衰期为 9.46min. 已知铝靶面积为 10cm^2，厚为 1cm，密度为 2.7g/cm^3，靶面垂直于中子束，若反应截面约为 0.05b，(1)求单位时间产生的^{27}Mg；(2)若用快中子照射 18.9min，求^{27}Mg 的放射性活度.

解　(1) 将靶视为薄靶，靶厚Δx=1cm，单位时间入射的粒子数为

$$I=\varphi \cdot S=10^{7}\times 10\text{s}^{-1}=10^{8}\text{s}^{-1}$$

对于铝靶

$$n_S=n_A\cdot \Delta x=\frac{\rho \cdot N_{\text{A}}}{A}\cdot \Delta x=\frac{2.7\times 6.02\times 10^{23}}{27}\times 1\text{cm}^{-2}=6.02\times 10^{22}\text{cm}^{-2}$$

则单位时间产生的 ^{27}Mg

$$I_{\text{Mg}}=-\Delta I_a=\sigma \cdot I\cdot n_s=0.05\times 10^{-24}\times 10^{8}\times 6.02\times 10^{22}\text{s}^{-1}=3.01\times 10^{5}\text{s}^{-1}$$

可见反应粒子数≪入射粒子数和单位面积靶核数，所以将其视为薄靶是可行的. 一般实验中对厚度 $\ll 1/\sigma n_A$ 靶均可视为薄靶.

(2) ^{27}Mg 一边通过核反应产生，一边衰变，则数目的变化满足

$$\frac{\text{d}N}{\text{d}t}=I_{\text{Mg}}-\lambda N$$

设初始时，^{27}Mg 的数目为零，对上式积分后得

$$N=I_{\text{Mg}}(1-\text{e}^{-\lambda t})/\lambda$$

照射 18.9min 后，^{27}Mg 的放射性活度为

$$A=\lambda N=I_{\text{Mg}}\left(1-\text{e}^{-\frac{t\ln 2}{T_{1/2}}}\right)=3.01\times 10^{5}\times \left(1-\text{e}^{-\frac{18.9\times \ln 2}{9.46}}\right)\text{s}^{-1}=2.26\times 10^{5}\text{s}^{-1}$$

对一定的入射粒子和靶核，往往有若干个反应道. 如果 $N_{\text{反应数}}$ 是各个反应道的反应数目之和，则相应的 σ 为总截面. 如果 $N_{\text{反应数}}$ 是通过某一反应道的反应数，则相应的 σ 为**分截面**. 例如，中子与 ^{235}U，可发生弹性散射、非弹性散射、(n,γ)、(n,f)、(n,p)、(n,α)等各种反应，其中每一个反应道的反应概率都不同，用分截面 σ_i 表示.

显然，总截面等于各反应道的截面之和，即

$$\sigma=\sigma_1+\sigma_2+\sigma_3+\cdots \tag{12-44}$$

核反应中的各种反应截面均与入射粒子的能量有关，分截面的测量较复杂，须把观测的过程辨认出来. 测量各种能量、各种入射粒子与不同靶核的反应截面是核反应工作的一项主要任务. 例如，图 12-10 为中子与 ^{235}U 核反应的总截面①，图 12-11 为 ^{3}H(d,n)^{4}He 的反应截面.

① 本书所有反应截面数据参阅 ENDF/B-VIII，https://www.nndc.bnl.gov/endf-b8.0/.

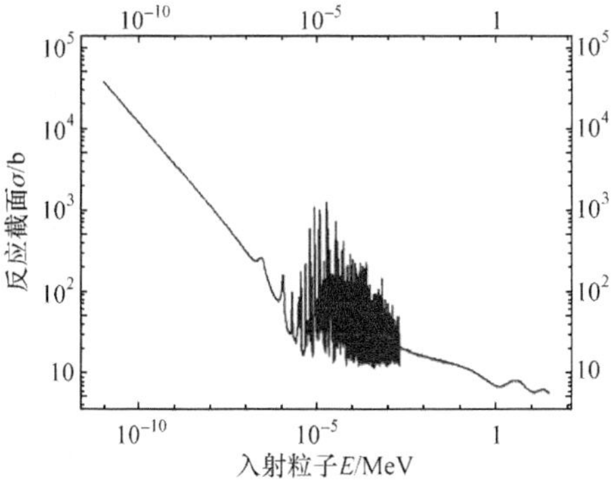

图 12-10　中子与 ^{235}U 核反应的总截面

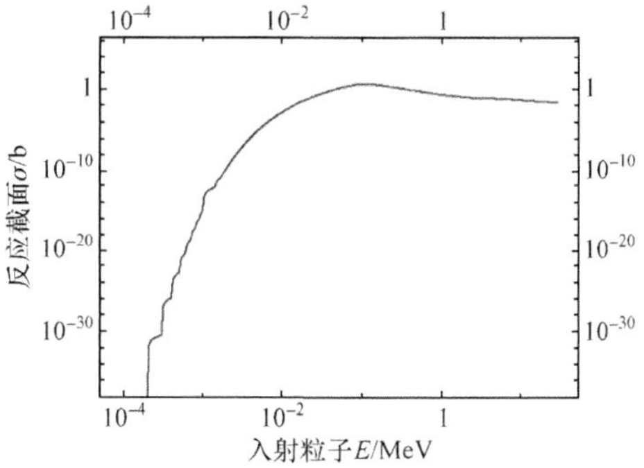

图 12-11　$^3H(d,n)^4He$ 的反应截面

12.3.2　微分截面

核反应中，出射粒子往往可以向各方向发射，而且各个方向的出射粒子数不一定相等，具有角分布，说明出射粒子飞向不同方向的核反应概率不一定相等. 我们用微分截面 $\sigma(\theta, \varphi)$表示出射粒子向不同方向出射的核反应概率，它代表在某种核反应中，在(θ, φ)方向的单位立体角内出射粒子的概率，所以

$$\sigma(\theta,\varphi)=\frac{\mathrm{d}\sigma}{\mathrm{d}\Omega}=\frac{\mathrm{d}(-\Delta I_a)}{I_a n_A \Delta x \mathrm{d}\Omega} \tag{12-45}$$

即

$$\sigma(\theta,\varphi)=\frac{\text{单位时间内出射在}\theta\text{方向单位立体角内的粒子数}}{\text{单位时间入射粒子数}\times\text{单位面积的靶核数}} \tag{12-46}$$

$\mathrm{d}\Omega$ 的单位是球面度，记作 sr，所以微分截面的单位是 b/sr. 对某一核反应过程，截面 σ 与微分截面的关系为

$$\sigma=\int\sigma(\theta,\varphi)\mathrm{d}\Omega \tag{12-47}$$

实验中，微分截面是一个可直接测量的量，测量过程如图 12-12 所示. 可测量给出各反应道的微分截面 $\sigma_i(\theta,\varphi)$，求积分可得到该反应道的分截面，即

$$\sigma_i=\int_\Omega\sigma_i(\theta,\varphi)\mathrm{d}\Omega=\int_0^{2\pi}\int_0^{\pi}\sigma_i(\theta,\varphi)\sin\theta\mathrm{d}\theta\mathrm{d}\varphi \tag{12-48}$$

对于一般的入射粒子和靶核，微分截面对 φ 角是各向同性的，因而 $\sigma(\theta, \varphi)$通常只是 θ 的函数，则

$$\sigma_i=2\pi\int_0^{\pi}\sigma_i(\theta)\sin\theta\mathrm{d}\theta \tag{12-49}$$

微分截面$\sigma(\theta)$随θ的变化曲线称为角分布. 对确定的反应道，角分布的形状一般随入射粒子能量的变化而变化. 图 12-13 是 0.0253eV 的中子与 H 的弹性散射微分截面随角度 θ 的变化. 一般来说，凡是对应某一参数表示核反应中出射粒子分布的截面，就称为微分截面. 前面是以立体角为参数，是角分布的微分截面，也可用其他参数表示粒子的微分截面.

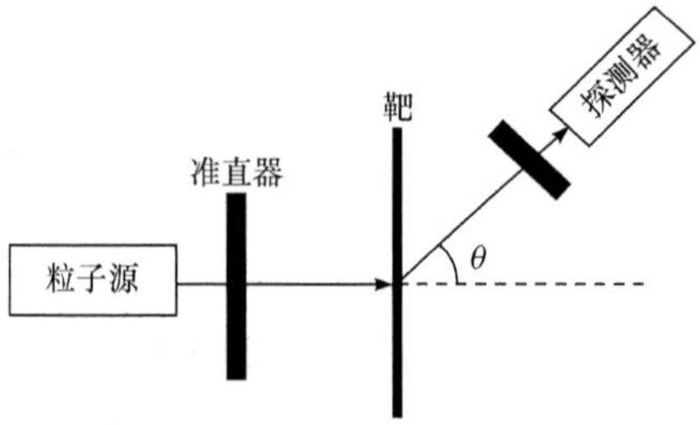

图 12-12　核反应测量示意图

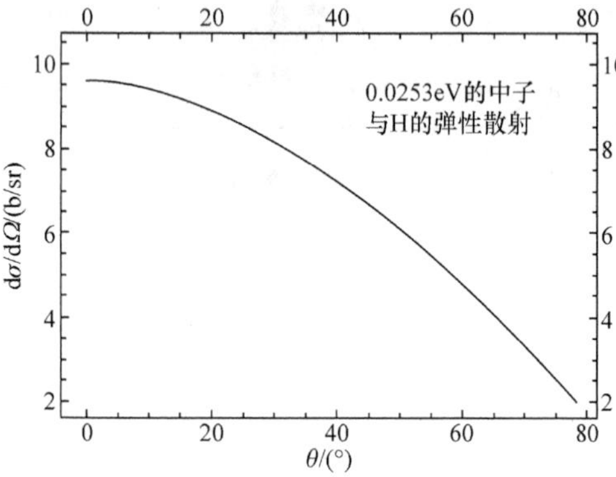

图 12-13　0.0253eV 的中子与 H 的弹性散射微分截面随角度θ的变化

例 12-4　能量为 77MeV 的 $^{12}C^{4+}$ 轰击 ^{197}Au 靶，在 $\theta = 12°$ 方向探测到 $^{12}C^{4+}$ 的计数率为 $260s^{-1}$，求 $\sigma(\theta)$. 已知实验条件：探测器孔径 $R = 0.1cm$，探测效率为 100%，探测器至靶距离 $r = 15cm$，束流强度 $I_e = 0.01\mu A$，靶厚 $D_m = 400\mu g \cdot cm^{-2}$.

解　由束流强度可给出单位时间入射粒子数

$$I = \frac{I_e}{4e} = \frac{0.01\times10^{-6}}{4\times1.6\times10^{-19}}s^{-1} \approx 1.56\times10^{10}s^{-1}$$

靶厚 $D_m = \rho\Delta x$ 为质量厚度，ρ 为靶的质量密度，而 $n_S = n_A\Delta x$，n_A 为数目密度，则

$$n_S = \frac{D_m N_A}{A} = \frac{400\times10^{-6}\times6.02\times10^{23}}{197}cm^{-2} \approx 1.2\times10^{18}cm^{-2}$$

立体角为

$$d\Omega = \frac{ds}{r^2} = \frac{\pi R^2/4}{r^2} = \frac{\pi\times0.1^2}{4\times15^2}sr \approx 3.5\times10^{-5}sr$$

则

$$\sigma(\theta) = \frac{dI_{反应数}}{I_a n_S d\Omega} = \frac{260}{1.56\times10^{10}\times1.2\times10^{18}\times3.5\times10^{-5}}cm^2/sr$$

$$\approx 4\times10^{-22}cm^2/sr = 400b/sr$$

12.3.3　核反应产额 Y

若靶不能视为薄靶，其厚度为有限厚度 D 时，与薄靶不同，粒子与靶反应后数目的变化不可忽略. 此时常定义入射粒子在靶中引起的反应数与入射粒子数之比为核反应的产额(Y)，它也描述一个入射粒子在靶中发生核反应的概率. 显然，Y 与反应截面和靶物质有关，具体来说，入射粒子能量、反应截面、靶材料的厚度和密度都会影响 Y 的大小.

1. 中子反应的产额

设一强度为 I_0 的中子束垂直入射靶材，靶材的厚度为 D，如图 12-14 所示. 当中子束通过靶材时，由于与靶核发生核反应，中子的强度越来越弱.

考虑靶深 x 处 $\mathrm{d}x$ 薄层内中子束流的减少，根据式(12-43)，有

$$-\mathrm{d}I = \sigma \cdot I \cdot n_A \cdot \mathrm{d}x \tag{12-50}$$

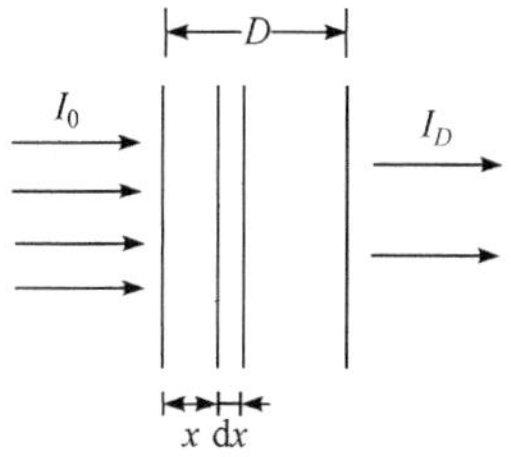

图 12-14　中子束通过靶材

其中，I 为靶深 x 处的中子强度，n_A 为单位体积的靶核数，σ 为反应截面. 由于中子在靶内通过时，不与核外电子作用，因而只要中子不与原子核反应，它的能量不会改变. 故中子在靶内各处的反应截面均相同，即为常数. 对上式积分得

$$I = I_0 \mathrm{e}^{-\sigma n_A x} \tag{12-51}$$

则中子通过靶厚 D 时中子的强度为 $I_D = I_0 \mathrm{e}^{-\sigma n_A D}$，反应产额为

$$Y = \frac{I_0 - I_D}{I_0} = 1 - \mathrm{e}^{-\sigma n_A D} \tag{12-52}$$

由上式看到：当 $D \ll \dfrac{1}{\sigma n_A}$ 时，这种靶称为薄靶，薄靶中产额 $Y = \sigma n_A D$，即薄靶中产额才与靶厚成正比；当 $D > \dfrac{10}{\sigma n_A}$ 时，$Y \approx 1$，即中子基本被吸收.

2. 带电粒子反应的产额

带电粒子与中子不同，当它通过靶材时，会与核外电子发生作用，其能量会损失. 一定初始能量的入射粒子通过不同厚度的靶材时，其能量损失也不同，即粒子在不同靶深处的能量不等，而反应截面是能量的函数，则不同靶深处的反应截面是不同的.

对带电粒子考虑同样的入射情况(图 12-14)，靶深 x 处 $\mathrm{d}x$ 薄层内，单位时间内核反应的数目 $\mathrm{d}I_{\text{反应}}$ 为

$$\mathrm{d}I_{\text{反应}} = \sigma(E) \cdot I \cdot n_A \cdot \mathrm{d}x \tag{12-53}$$

于是在厚度为 D 的靶中单位时间反应的总数为

$$I_{\text{反应}} = \int_0^D \sigma(E) \cdot I \cdot n_A \cdot \mathrm{d}x \tag{12-54}$$

反应产额为

$$Y = \frac{I_{\text{反应}}}{I_0} = \frac{1}{I_0}\int_0^D \sigma(E) \cdot I \cdot n_A \cdot \mathrm{d}x \tag{12-55}$$

由式(12-55)，如果靶厚 D 很小，入射粒子在靶中的能量损失相对于初始动能 E_0 可以忽略不计，这种靶称为薄靶. 此时，$\sigma(E)$ 可视为常量，即 $\sigma(E) = \sigma(E_0)$. 另外，考虑到反应截面是一个小量，薄靶中发生反应的粒子与未反应的粒子相比可以忽略不计，即 $I \approx I_0$. 这样，产额 $Y = \sigma(E_0) \cdot n_A \cdot D$. 可见，带电粒子在薄靶中的产额与中子情形相同，都正比于靶厚、截面.

而对于非薄靶情况，必须知道带电粒子穿过靶材不同深度处的能量损失才能从理论上分析反应的产额，对此不再讨论.

12.4 核反应的理论模型

粒子撞击靶核发生散射或核反应，这究竟是怎样的具体过程呢？这是核反应的动力学问题，根据实验事实曾先后提出过几种理论和模型. 具体讨论核反应模型前，先对核反应过程做简单介绍.

12.4.1 核反应过程的三阶段描述

1958 年，外斯柯夫(V.F.Weisskpf)对核反应过程提出了三阶段描述，如图 12-15 所示，它描绘了核反应过程的粗糙图像.

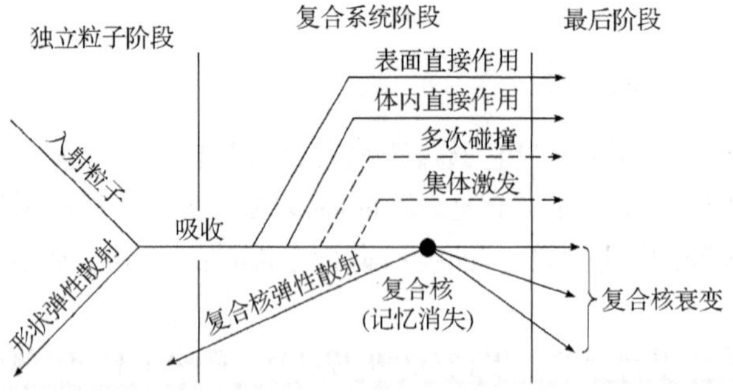

图 12-15 核反应过程

1. 第一阶段——独立粒子阶段

入射粒子接近到靶核的势场范围内时，可发生两种情况：一是入射粒子被靶核吸收；二是被靶核弹射出来(形状弹性散射或势散射). 此阶段粒子在靶核势场中运动时，保持着相对的独立性——独立粒子阶段. 此阶段，入射粒子在靶核势场中运动，保持着相对的独立性，通常称为“独立粒子阶段”.

2. 第二阶段——复合系统阶段

粒子被靶核吸收后，反应进入第二阶段. 在这一阶段，粒子与靶核发生能量交换，因而不能再把粒子看作是在靶核作用下独立运动，而认为入射粒子与靶核形成了一个复合系统，所以叫作“复合系统阶段”.

此过程中，能量的交换方式有多种：①入射粒子把能量交给靶核的表面或体内的一个或几个核子，将核反应推向第三阶段，分别称为表面直接作用和体内直接作用；②入射粒子在靶核内经多次碰撞之后，又发射出来，称为多次碰撞；③入射粒子把部分能量交给靶核后飞出，靶核集体激发，引起核集体振动和转动，称为集体激发；④入射粒子与靶核经过很多次碰撞，不断损失能量，最后停留在核内，和靶核融为一个整体，形成一个中间过程的原子核，称为复合核.

其中①②③统称为直接作用，直接作用过程中入射粒子在不同程度上保留了原有特性，而复合核则“忘记”了原来的入射粒子，即“忘记”了复合核是怎样形成的.

3. 最后阶段

核反应的最后阶段中，复合核分解为出射粒子和剩余核. 如果分解出来的粒子与原入射粒子相同，而剩余核又处于基态，这就是弹性散射. 这种经过复合核的弹性散射称为复合核弹性散射. 显然，对于一个具体的核反应，可能经过不同的反应阶段. 势散射只经过第一个阶段核反应就结束，直接反应经过前两个阶段后结束，而复合核经历了三个阶段.

12.4.2 光学模型

光学模型认为，原子核好比一个半透明的玻璃球，入射粒子与靶核的作用如同光波射在玻璃球上，一部分透射或反射，一部分被吸收. 透射或反射的光波相当于粒子被散射，被吸收的光波相当于粒子进入靶核，引起核反应. 光学模型认为靶核对于入射粒子是半透明的，理论处理过程中，入射粒子与靶核的作用是一个复势阱，把它代入薛定谔方程中求解状态波函数，再利用分波法可计算散射截面和吸收截面.

注意:光学模型的主要任务是解决入射粒子在核的势场中的散射和吸收问题，至于粒子被核吸收后的进程，光学模型并不考虑. 后者取决于考察的反应属于复合核还是直接作用，将采用不同的理论方法. 复合核过程的理论处理方法称为复合核模型,而直接相互作用过程因作用方式的多样对应提出了多种理论处理方法，本书不作介绍.

12.4.3 复合核模型

1. 复合核模型

1936 年，玻尔提出了复合核模型，成功解释了许多核反应现象. 模型假定，一般的低能核反应分两个阶段进行，而且两个阶段独立无关. 玻尔假设对核反应 $a+A\to B+b$ 可描述为

$$a+A\to C^*\to B+b \tag{12-56}$$

第一阶段是复合核的形成($t\sim 10^{-22}$s),即入射粒子与靶核作用后融合成激发态的新核 C^*，称为复合核. 第二阶段是复合核的衰变，即复合核衰变生成出射粒子和剩余核.

设复合核的形成截面为 $\sigma_{CN}(E_a)$(可由光学模型计算给出)，复合核放出粒子 b 的衰变概率为 $\lambda_b(E^*)$. 由于复合核的形成与衰变是两个相互独立的过程，式(12-56)的反应截面 σ_{ab} 可表示为

$$\sigma_{ab}=\sigma_{CN}(E_a)\cdot\lambda_b(E^*) \tag{12-57}$$

式中，E_a 为入射粒子的能量，E^*为复合核的激发能.

复合核模型的基本思想是把原子核比作液滴，复合核形成的过程可以看成液滴的加热过程. 当入射粒子射入靶核后，它与其周围核子发生强烈的作用，从而把能量传递给周围核子，这些核子又把能量传递给自己周围的核子. 这样，经过无数次碰撞，核子间的能量传递达到动态平衡，其他各种自由度也相继达到统计平衡，至此形成复合核. 复合核一般处于高激发态，复合核的激发能相当于液滴增加的能量.

复合核的衰变过程可比作液滴中蒸发液体分子. 复合核形成后，并不立刻进行衰变. 因为要从复合核中发射一个核子，一般需要约 8MeV 的分离能. 虽然复合核的激发能可能比 8MeV 高，但激发能是在所有核子中分配的，每个核子得到的能量并不多. 因此，要从核中发射核子，必须在某一核子上集中足够大的能量. 这就要求复合核内核子间能量频繁交换. 当某一核子上聚集到的能量大于分离能时，该核子就可能摆脱核力的束缚飞出原子核，完成复合核的衰变. 衰变后的剩余核比原始复合核的能量低，就像蒸发出液体分子的液滴温度会降低. 如果复合核的激发能不太大，较大能量集中在一个核子上的概率小，复合核主要以 γ 跃迁

方式回到基态.

复合核的衰变方式一般不止一种，可以通过发射中子、质子、γ 光子、α 粒子等衰变. 各种衰变方式分别具有一定的概率，这种概率与复合核的形成方式无关，仅仅决定于复合核本身的性质. 例如

$$\mathrm{p}+{}_{29}^{63}\mathrm{Cu}\to{}_{30}^{64}\mathrm{Zn}^{*}\to\begin{cases}\mathrm{n}+{}_{30}^{63}\mathrm{Zn}\\2\mathrm{n}+{}_{30}^{62}\mathrm{Zn}\\\mathrm{p}+\mathrm{n}+{}_{29}^{62}\mathrm{Cu}\end{cases}\tag{12-58}$$

复合核 ${}_{30}^{64}\mathrm{Zn}^{*}$ 可以通过三种方式衰变，各种衰变道的相对概率由复合核的性质决定，而与 ${}_{30}^{64}\mathrm{Zn}^{*}$ 的形成方式无关. 在适当的条件下，原则上可通过任何一个入射道(如 $\alpha+{}_{28}^{60}\mathrm{Ni}$)形成复合核 ${}_{30}^{64}\mathrm{Zn}^{*}$ ，该复合核与式(12-58)具有同样的衰变方式. 通过此方法，可以验证复合核模型中两阶段独立无关.

2. 核共振

1) 核反应的共振现象

实验可测得核反应截面 $\sigma(E)$ 随入射粒子能量变化的关系，发现当入射粒子能量为某些数值时，$\sigma(E)$ 突然变大，曲线呈现出一些尖锐的峰，这种现象称为核共振.

图 12-16 是中子与 ${}^{109}\mathrm{Ag}$ 的反应总截面随能量(0.01～100eV)的变化关系. 当入射中子的能量 E_a 为 5.196 eV、30.618 eV、40.300 eV、55.671 eV、70.952 eV、87.877eV 时，曲线出现极大值，与这些极大值对应的能量称为共振能量.

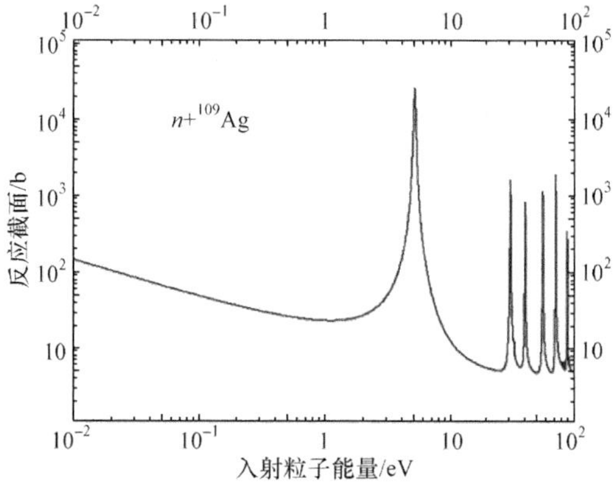

图 12-16　中子与 ${}^{109}\mathrm{Ag}$ 的反应总截面随能量(0.01～100eV)的变化关系

利用复合核模型不难解释核共振现象. 复合核具有一定的能级结构，当入射粒子的相对运动动能 $\dfrac{m_A}{m_a+m_A}E_a$ 加上入射粒子和靶核的结合能 B_{aA} 正好等于复合核的一个激发能级时，入射粒子会被强烈吸收，出现核共振，即核共振的实质是：

入射粒子的相对运动动能和粒子与靶核的结合能之和恰好使复合核到达它的一个核能级时，两者就容易形成一个复合核，于是复合核的形成截面特别大，从而整个反应截面也就特别大. 由此可见，通过实验测得反应截面 $\sigma(E)$，找到入射粒子的共振能量后，复合核相应的核能级的能量很容易求得

$$E^* = E_a^{(C)} + B^* = \frac{m_A}{m_a + m_A} E_a + B_{aA} \tag{12-59}$$

式中，$E_a^{(C)}$ 为入射粒子的相对运动动能(即质心系中系统的动能)；E_a 为入射粒子在实验室坐标系中的动能；B_{aA} 为入射粒子 a 在复合核 C^* 中的结合能.

例 12-5　求图 12-16 中第一个共振峰对应的复合核 ^{110}Ag 的核能级.

解　图 12-16 中形成的复合核 ^{110}Ag*的反应式为

$$\mathrm{n} + {}^{109}\mathrm{Ag} \rightarrow {}^{110}\mathrm{Ag}^*$$

入射中子与靶核 ^{109}Ag 的结合能 B_{aA} 为

$$\begin{aligned} B_{aA} &= [M({}^{109}\mathrm{Ag}) + m_n - M({}^{110}\mathrm{Ag})]c^2 \\ &= (108.904756 + 1.008665 - 109.906111) \times 931.5\mathrm{MeV} \\ &\approx 6.809\mathrm{MeV} \end{aligned}$$

与图 12-16 中第一个共振峰对应的入射粒子动能为 E_a=5.196eV.

据式(12-59)，与此共振峰相应的复合核 ^{110}Ag 的能级为

$$\begin{aligned} E^* &= \frac{m_A}{m_a + m_A} E_a + B_{aA} \\ &= \left(\frac{109}{1+109} \times 5.196 \times 10^{-6} + 6.809\right)\mathrm{MeV} \\ &\approx 6.809\mathrm{MeV} \end{aligned}$$

2) 复合核的能级宽度

复合核的能级都比较高，若其激发态能量超过核子的分离能，这种能级称为非束缚能级，而低于核子分离能的能级称为束缚能级. 对于非束缚能级，它不仅可以通过发射 γ 光子或内转换电子进行退激，而且还可以通过发射核子进行退激，甚至可以发射 α 粒子或其他复合粒子进行退激.

复合核可以通过各种方式衰变，设 λ_1、λ_2……分别表示各种衰变方式单位时间内的衰变概率，则单位时间衰变的总概率 $\lambda = \lambda_1 + \lambda_2 + \cdots$，而与其相应的能级的平均寿命 $\tau = 1/\lambda$. 由量子力学的测不准关系，可估计复合核的能级宽度为

$$\Gamma \approx \frac{\hbar}{\tau} = \hbar\lambda = \hbar(\lambda_1 + \lambda_2 + \cdots) = \Gamma_1 + \Gamma_2 + \cdots \tag{12-60}$$

其中，Γ_1、Γ_2……为对应于各种衰变方式的分宽度.

由于复合核一般可以通过放射 γ 光子、中子、质子和 α 粒子等方式进行退激. 因此非束缚能级的总宽度可表示为

$$\Gamma = \Gamma_\gamma + \Gamma_n + \Gamma_p + \Gamma_\alpha + \cdots \tag{12-61}$$

其中，Γ_γ、Γ_n、Γ_p……分别表示 γ 辐射宽度、中子宽度、质子宽度等.

利用能级宽度，$a+A \to C^* \to B+b$ 反应的截面(12-57)可表示为

$$\sigma_{ab} = \sigma_{CN}(E_a) \cdot \frac{\Gamma_b}{\Gamma} \tag{12-62}$$

3) 布雷特–维格纳(Breit-Wigner)公式

为定量描述核反应的共振现象，由量子力学的分波法可以导出共振附近的截面随入射粒子能量的变化关系，称为布雷特–维格纳公式，简称 B-W 公式. B-W 公式只适用于描写单个共振能级附近(图 12-17)的截面随能量的变化，因此也叫单能级公式.

为简单起见，讨论从入射粒子为 s 波(l=0)的中子开始，具体推导过程从略. 对于慢中子引起的一般的核反应 $A(a,b)B$，其共振反应截面的 B-W 公式为

$$\sigma_{ab} = \pi \lambda\!\!\!^{-2} \cdot \frac{\Gamma_a \Gamma_b}{(E' - E_0)^2 + (\Gamma/2)^2} \tag{12-63}$$

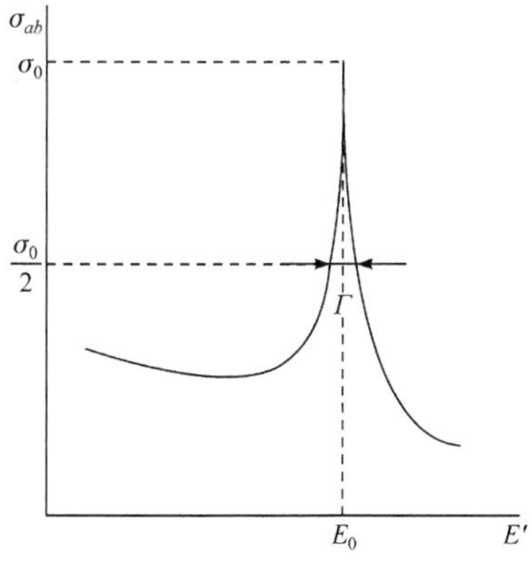

图 12-17　单能共振峰

式中，$\lambda\!\!\!^{-} = \frac{\lambda}{2\pi}$，$\lambda$ 为入射粒子的德布罗意波长；Γ_a 为入射粒子的弹性散射宽度，Γ_b 为反应后出射粒子为 b 的宽度，Γ 为反应的总宽度；$E' = \frac{m_A}{m_a + m_A} E_a$ 为入射粒子的相对运动动能，E_0 为发生共振反应时入射粒子的相对运动动能.

由式(12-63)，当 $E' = E_0$ 时，截面最大，此时发生共振. 共振时的截面 σ_0 为

$$\sigma_0 = 4\pi \lambda\!\!\!^{-2} \cdot \frac{\Gamma_a \Gamma_b}{\Gamma^2} \tag{12-64}$$

当 $E' = E_0 \pm \frac{\Gamma}{2}$ 时，$\sigma_{ab} = \frac{1}{2}\sigma_0$. 复合核激发态能级宽带 Γ 为共振曲线的半高宽(图 12-17).

当入射粒子的轨道角动量 $l \neq 0$ 时，B-W 公式(12-63)右边应乘上因子$(2l+1)$. 另外，根据角动量守恒的要求，还必须考虑反应前后自旋态的统计权重. 设 I_a、I_A 和 I_C 分别为入射粒子、靶核和复合核的自旋，始态有 $(2I_a+1)\cdot(2I_A+1)(2l+1)$ 种

可能，末态有$(2I_C+1)$种可能，则统计因子为

$$g(I_C)=\frac{2I_C+1}{(2I_a+1)\cdot(2I_A+1)(2l+1)} \tag{12-65}$$

显然，对于慢中子入射到自旋为零的靶核上，统计因子$g(I_C)=0$.

考虑统计因子后，对于l分波的中子，B-W 公式写为

$$\sigma_l(a,b)=\frac{2I_C+1}{(2I_a+1)\cdot(2I_A+1)}\cdot\pi\lambda\!\!\!^{-2}\cdot\frac{\Gamma_a\Gamma_b}{(E'-E_0)^2+(\Gamma/2)^2} \tag{12-66}$$

以上讨论的是中子的共振截面的 B-W 公式. 对于带电粒子入射靶核，因库仑场的存在使共振理论更加复杂，但其结果本质上与中子情形相同.

3. 截面的连续区

当入射粒子能量不太高时，$\sigma(E)$曲线往往出现一些共振峰. 共振出现的能量范围通常叫作共振区，共振区的截面用 B-W 公式描述. 当入射粒子能量增大时，复合核处于较高的激发态，那些激发态很不稳定，所以能级的宽度Γ较大，且间隔很小，以至于相互重叠，连成一片，这一能量范围通常叫作截面的连续区(图 12-18). 连续区内，入射粒子能量一般约为 1～30MeV，实验中已观测不到共振现象，反应截面σ的变化是平滑的(图 12-19).

连续区所采用的理论是黑核模型，此处不再讨论.

最后，我们总结一下反应截面随能量的变化趋势. 对中子入射的核反应，随入射粒子能量E_a增加，反应截面σ逐渐下降，这是反应截面变化的总趋势. 即当E_a较小时，$\sigma\gg$原子核的几何截面πR^2(R为原子核的半径)，随E_a的增加σ减小，在减小的过程中会出现共振现象，然后σ逐渐变得平缓变化，最后趋近定值原

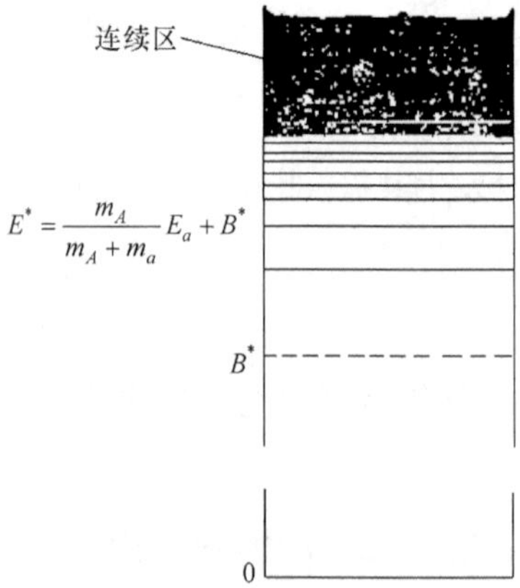

图 12-18　复合核能级示意图

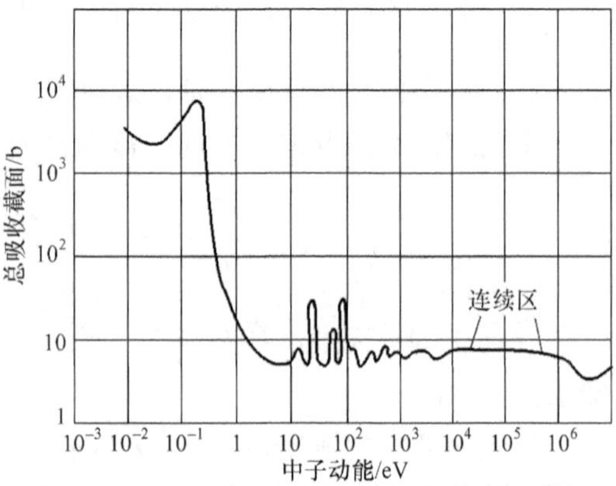

图 12-19　Cd 中子反应截面与入射中子动能的关系

子核的几何截面. 这种现象可以这样理解，当中子的德布罗意波波长很短时(即入射中子能量较高时)，它只有与原子核靠得足够近时，中子才与原子核起作用，因此原子核对它的有效作用截面趋近于几何截面.

对带电粒子，情况与中子不同，当 E_a 较小时，因为库仑势垒的阻挡，反应截面(远小于中子的反应截面) < 原子核的几何截面. 当 E_a 增加时，透过势垒的概率增加，所以 σ 很快增加(当然此过程中也会有共振现象出现)，直到趋近几何截面.

习题与思考题

1. 以能量 E_a=0.6MeV 的氘核，轰击氘靶(重水)，核反应放出中子，求反应能 Q.
2. 对于反应 $^{10}\mathrm{B}+\mathrm{d}\to{}^{8}\mathrm{Be}+\alpha+17.8\mathrm{MeV}$，当氘束能量为 0.6MeV 时，在 $\theta=90°$方向上观察到四种能量的 α 粒子：12.2MeV、10.2MeV、9.0MeV、7.5MeV，求 ^{8}Be 的激发能.
3. 试求中子分别与 ^{16}O、^{17}O 原子核作用时发生(n, 2n)反应的阈能 E_{th1}、E_{th2}，并解释两个阈能值的巨大差异. 已知 ^{15}O、^{16}O 和 ^{17}O 的结合能分别为 111.95MeV、127.6MeV、131.76MeV.
4. 设有一铝靶，用 15MeV 的快中子进行核反应，^{27}Al(n, α)^{24}Na，已知入射中子束中有 6.7×10^{-4}% 的中子引起了核反应，设该靶物质密度为 2.7g/cm^3，铝箔的厚度为 10μm，求中子的反应截面.
5. 厚度为 0.020cm 的金箔被通量为 1.0×10^{12}/cm^2 ·s 的热中子照射了 5min，通过 ^{197}Au(n, γ)^{198}Au 反应生成 ^{198}Au. 已知反应截面为 98.7b，金的密度为 19.3g/cm^3，试求每平方厘米产生的 ^{198}Au 的放射性活度(^{198}Au 的半衰期为 $T_{1/2}$=2.696d).
6. 质子轰击 ^{7}Li 靶，当质子能量为 0.44MeV、1.05MeV、2.22MeV 和 3.00MeV 时，观察到核共振，已知质子和 ^{7}Li 核的结合能为 17.21MeV，求所形成的复合核相应的能级.
7. 如何解释入射粒子能量越大，反应出射道越多的现象?
8. 如何解释粒子入射中重核时反应截面出现共振现象?

第 13 章

原子核的裂变与聚变

1938 年，哈恩(O.Hahn)和斯特拉斯曼(F.Strassmann)用放射化学的方法发现，中子束照射铀(Z=92)的产物中有钡(Z=56)和镧(Z=57)的放射性同位素，认识到中子轰击铀、钍等一些重原子核可以分裂成两个质量差不多的原子核. 一个重原子核分裂为两个中等质量原子核的现象称为原子核裂变. 事实上，重核裂变除了分裂为两个碎片的情形(称为二分裂变)外，还可能分裂成三块或四块碎片(称为三分裂变和四分裂变). 只是三分裂变比二分裂变罕见，两者出现的概率之比大约是 3∶1000，而四分裂变出现的概率更小. 我们讨论的裂变通常指二分裂变.

裂变是一种重要的核反应现象，是原子核物理研究的一个重要方向. 同时，裂变所释放的核能是原子能的重要来源，由此发展出了核工程这样的工程技术专业. 作为核能的另一种——聚变能源是潜力更大的核能源，但由于技术上的困难，未来几十年主要的核能源还是裂变能源.

13.1 原子核的裂变

13.1.1 自发裂变与诱发裂变

1. 自发裂变(SF)

自发裂变是一种放射性衰变方式，是原子核自发发生的核裂变. 因为中等质量原子核的比结合能比重核的大，因此裂变会有能量放出. 如果仅从是否有能量放出来判断自发裂变的可能性，质量数 $A > 90$ 的原子核就可能发生自发裂变. 但实验上发现很重的原子核才能自发裂变. 因为有能量放出是原子核自发裂变的必要条件，自发裂变的概率必须具有一定的大小，才能在实验上观察到.

很重的原子核大多具有 α 放射性，自发裂变和 α 衰变这两种衰变方式有所竞争. 对于 $Z \approx 92$ 的核素，自发裂变比起 α 衰变可以忽略(参考附录Ⅱ). ^{252}Cf 能自发裂变也可以 α 衰变，自发裂变占比约为 3%. ^{252}Cf 是重要的自发裂变源和中子源.

与 α 衰变类似，自发裂变也用量子隧道效应来解释. 自发裂变也要穿透势垒，这种裂变穿透的势垒称为裂变势垒. 势垒越高，穿透势垒的概率越小，自发裂变越不易发生，半衰期就长. 而且自发裂变的半衰期对势垒高度非常敏感，例如，势垒相差 1MeV，穿透概率可以差到 10^5 倍，半衰期就差到 10^5 倍.

2. 诱发裂变

在外来粒子轰击下重原子核发生的裂变称为诱发裂变，它是核反应的一个反应道. 在诱发裂变中，中子诱发的裂变(n, f)最重要，也研究得最多. 由于中子和靶没有库仑相互作用，能量很低的中子就可以进入核内从而引发裂变. 裂变过程又有中子发射，因而能形成链式反应，这也是中子诱发裂变更受到重视的原因.

中子诱发靶核裂变时，同时会发生其他的核反应. 表 13-1 给出能量 0.0253eV 的中子与几种核素的反应截面，裂变截面 σ_f 、辐射俘获截面 σ_γ 和总截面 σ_t .

表 13-1　几种核素的热中子(0.0253eV)反应截面　单位：b

	^{233}U	^{235}U	^{239}Pu	^{238}U	^{232}Th
σ_f	531.4	586.7	747.4		
σ_γ	45.3	99.4	270.1	1.7	7.3
σ_t	588.8	700.2	1025.6	11.9	20.4

表 13-1 中，热中子可引起 ^{233}U、^{235}U 和 ^{239}Pu 的裂变，这些核素称为易裂变核素，它们都有很大的热中子裂变截面. 这些核素中只有 ^{235}U 天然存在，但天然丰度很小，约 0.7%. 天然铀中主要是 ^{238}U，丰度为 99.3%. ^{239}Pu 和 ^{233}U 非天然存在，可分别由 ^{238}U 和 ^{232}Th 经过(n,γ)反应再进行 β^- 衰变而成.

对于 ^{238}U 和 ^{232}Th，当入射中子能量增高到一定数值时，才会发生裂变，这样的裂变称为有阈裂变，这类核素称为可裂变核. 图 13-1 是 ^{238}U 的快中子裂变截面，裂变截面随中子能量呈现阶梯形变化. 入射中子能量达到裂变阈 1MeV 时，

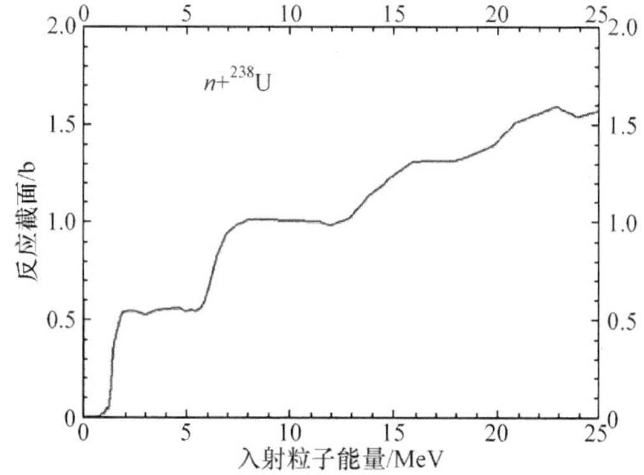

图 13-1　^{238}U 的快中子裂变截面

打开反应道(n,f)，反应截面开始突增；第二个突变在 6MeV 左右，除了(n,f)反应外，又打开了(n, nf)反应道；当入射中子能量在 14MeV，又打开了(n,2nf)反应道.

除了中子可以诱发核裂变外，具有一定能量的带电粒子如 p、d、α 和 γ 射线也能诱发裂变. 只是带电粒子要进入靶核内必须克服库仑势垒，而 γ 射线引起的核裂变截面比较小.

13.1.2 裂变后现象

1. 裂变后现象概述

一个重原子核裂变为两个质量相差不远的原子核，以 ^{235}U(n,f)反应为例，这一过程可用下式描述：

$$^{235}_{92}\mathrm{U}+\mathrm{n}\rightarrow {}^{236}_{92}\mathrm{U}^{*}\rightarrow X+Y \tag{13-1}$$

式中，X、Y 是两裂变碎块(如 $^{139}_{56}$Ba 和 $^{97}_{36}$Kr)，按质量的不同分别称为重碎片和轻碎片；激发态的复合核 $^{236}_{92}\mathrm{U}^{*}$ 是裂变核. 图 13-2 是裂变后现象的示意图.

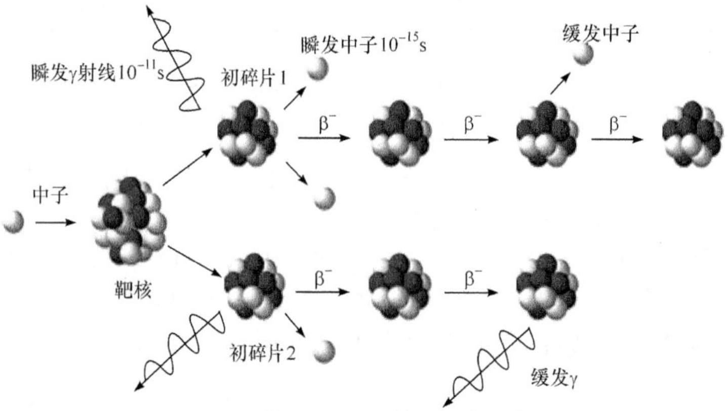

图 13-2 裂变后现象示意图

原子核刚裂变形成的碎片称为初级碎片(又叫裂变的初级产物). 初级碎片是远离 β 稳定线的丰中子核，且有很高的激发能，因而能直接发射中子(1～3 个)，发射中子后的裂变碎片称为次级碎片. 此时次级碎片的激发能约小于 8MeV，不足以再发射中子，所以主要以发射 γ 光子的形式退激. 发射中子和 γ 射线的过程分别在裂变后小于 10^{-15}s 和小于 10^{-11}s 这样短的时间内完成，所发出的中子、γ 光子叫作瞬发中子和瞬发光子. 例如，^{235}U 的裂变碎片 $^{139}_{56}$Ba 和 $^{97}_{36}$Kr，同稳定的 $^{138}_{56}$Ba 和 $^{84}_{36}$Kr 比较，分别多了 1 个和 13 个中子，所以裂变后，立刻放出几个(每次裂变平均 2.5 个)中子. 这样，^{235}U 发生(n,f)反应的一个可能反应道为

$$^{235}_{92}U + n \to ^{93}_{37}Rb + ^{141}_{55}Cs + 2n \tag{13-2}$$

通常，初级碎片发射瞬发中子后仍是丰中子核，可进行多次 β^-衰变(发射 β 粒子和中微子)变成稳定核．而 β^-衰变过程中往往伴随着 γ 衰变(放出 γ 光子)，同时，衰变过程中偶尔形成一些激发能大于中子结合能的核，它可直接发生中子衰变退激．这种在 β^-衰变过程中发射的中子和 γ 光子叫缓发中子和缓发光子．例如，轻碎片 ^{87}Br 经 3 次 β^-衰变变成稳定核 ^{87}Sr 的过程中(图 13-3)，核素 ^{87}Kr 的一个激发能级可以发射中子变为 ^{86}Kr．其中，激发态的 ^{87}Kr 称为中子发射体，^{87}Br 称为缓发中子先驱核，而中子发射半衰期由 β^-衰变母核 ^{87}Br 的半衰期(55.65s)所决定．

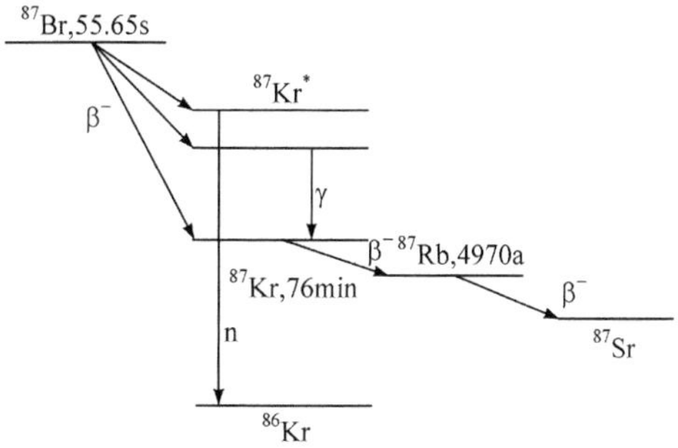

图 13-3　^{87}Kr*发射中子的衰变纲图

核裂变过程放出的反应能将在碎片和各种粒子间进行分配．对于慢中子诱发的核裂变能量分配见表 13-2(表中数值为平均值)，每次裂变可探测到的反应能量约为 200MeV.

表 13-2　慢中子诱发裂变每次裂变的能量分配　　单位：MeV

	^{235}U	^{239}Pu
轻碎片	99.8	101.8
重碎片	68.4	73.2
裂变中子	4.8	5.8
瞬发 γ	7.5	≈7
裂变产物的 β 射线	7.8	≈8
裂变产物的 γ 射线(缓发 γ)	6.8	≈6.2
中微子(测不到)	(≈12)	(≈12)
可探测总量	195	202

2. 裂变碎片

裂变碎片质量分布 $Y(A)$，又称裂变碎片的产额，其中 A 是碎片的质量数．裂变碎片的质量分布是核裂变问题中极重要的物理量．因每次核裂变产生两个碎片，总的产额

$$\sum_A Y(A) = 2 \tag{13-3}$$

裂变碎片质量分布与裂变核有关，也与入射粒子能量有关．整体来说，$Z \leqslant 84$

的核素，裂变碎片呈对称分布，即质量为 A_f 的裂变核分成两个质量相等的碎片 $A_1 = A_2 = A_f / 2$ 的产额最大，这样的核裂变称为对称裂变. $Z \geqslant 100$ 的核素也主要发生对称裂变. 但对于 $90 \leqslant Z \leqslant 98$ 的核素的自发裂变或低激发能的诱发裂变，碎片质量分布是非对称的，称为非对称裂变. 随着入射粒子能量增大，非对称裂变逐渐向对称裂变模式过渡.

^{235}U 的热中子诱发裂变，碎片质量分布的非对称性突出，见图 13-4. 图中显示，热中子诱发的裂变碎片，重碎片峰位在 $A_H \approx 140$，轻碎片峰在 $A_L \approx 96$，产额约 6%. 而在对称分裂的 $A = \dfrac{236}{2} = 118$ 处，产额曲线有很深的谷，$Y(118) \approx 0.01\%$，峰谷比约 600. 而当入射中子能量为 14MeV 时，峰位处产额约 5%，而 $Y(118) \approx 1\%$，峰谷比降为 5.

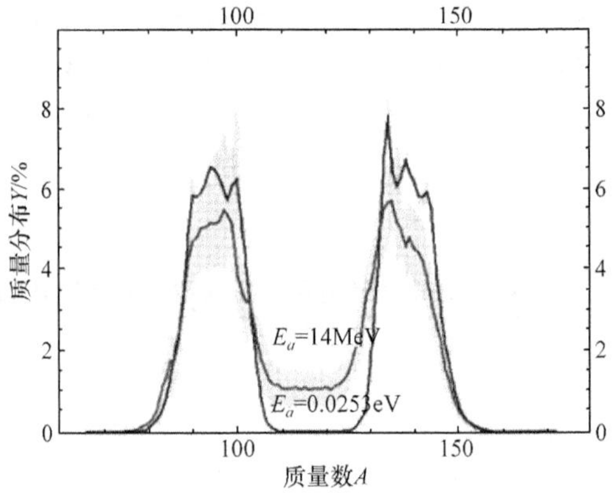

图 13-4　中子诱发 ^{235}U 裂变的 $Y(A)$

3. 裂变中子

核裂变放出的中子包括瞬发中子和缓发中子，但缓发中子的份额很小(少于 1%).

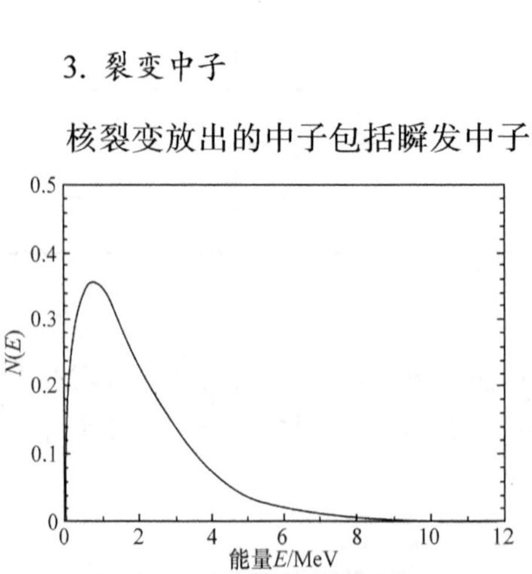

图 13-5　裂变中子能谱

1) 瞬发裂变中子能谱

裂变放出的瞬发中子能谱 $N(E)$是连续谱，如图 13-5 所示(图中为 ^{235}U 的热中子诱发裂变结果)，其中 E 是裂变中子的动能. $N(E)$可近似用麦克斯韦分布曲线表示

$$N(E) \propto \sqrt{E} \exp(-E / T_M) \qquad (13\text{-}4)$$

其中，参量 T_M 称为麦克斯韦温度. 通常，选择 ^{252}Cf的自发裂变和 ^{235}U的热中子诱

发裂变的中子能谱作为标准的裂变中子能谱，其谱参量 T_M 为

$$\begin{aligned} &{}^{252}\mathrm{Cf(SF)} \quad T_M = (1.453 \pm 0.017)\mathrm{MeV} \\ &{}^{235}\mathrm{U} + \mathrm{n_{th}} \quad T_M = (1.319 \pm 0.019)\mathrm{MeV} \end{aligned} \tag{13-5}$$

裂变中子的平均能量为

$$\overline{E} = \frac{\int_0^\infty EN(E)\mathrm{d}E}{\int_0^\infty N(E)\mathrm{d}E} = \frac{3}{2}T_M = \begin{cases} (2.179 \pm 0.025)\mathrm{MeV} & {}^{252}\mathrm{Cf(SF)} \\ (1.979 \pm 0.029)\mathrm{MeV} & {}^{235}\mathrm{U} + \mathrm{n_{th}} \end{cases} \tag{13-6}$$

即裂变中子的平均能量约 2MeV. 对于诱发裂变，随着入射中子能量的增加，裂变谱的 T_M 略有增大，平均能量亦略有提高，但变化不大.

注意：裂变中子在各个方向都有可能出射，其角分布在实验室系中强烈地倾向碎片飞行的方向，但在碎片质心系中，近似为各向同性.

2) 平均裂变中子数 $\overline{\nu}$

鉴于缓发中子数目份额较小，在讨论裂变中子时，一般可不考虑缓发中子，即每次裂变平均中子数 $\overline{\nu}$ 为

$$\overline{\nu} = \overline{\nu}_p + \overline{\nu}_d \approx \overline{\nu}_p \tag{13-7}$$

其中，$\overline{\nu}_p$ 和 $\overline{\nu}_d$ 是每次裂变的平均瞬发中子数和平均缓发中子数.

对于确定的裂变体系，测量每次裂变的瞬发中子数 ν 及其概率分布 $P(\nu)$，则

$$\overline{\nu}_p = \sum_{\nu} \nu P(\nu) \tag{13-8}$$

而 $P(\nu)$ 可用高斯分布表示

$$P(\nu) = \frac{1}{\sqrt{2\pi}\sigma}\exp\left[-\frac{(\nu - \overline{\nu})^2}{2\sigma^2}\right] \tag{13-9}$$

其中，除了 ^{252}Cf 自发裂变外，大多数裂变核的分布宽度参量 $\sigma \approx 1.08$.

$\overline{\nu}$ 与裂变核有关. 表 13-3 列出一些核裂变的 $\overline{\nu}$ 值.

表 13-3　每次裂变平均中子数 $\overline{\nu}$

热中子诱发裂变		自发裂变	
核素	$\overline{\nu}$	核素	$\overline{\nu}$
^{233}U	2.478±0.007	^{238}PU	2.00±0.08
^{235}U	2.405±0.005	^{240}Pu	2.16±0.02
^{239}Pu	2.884±0.007	^{252}Cf	3.731±0.009
^{241}Am	3.22±0.04	^{254}Cf	3.88±0.14

对于诱发裂变，$\bar{\nu}$ 也依赖于入射粒子能量. 入射中子能量增高时，裂变核的激发能变大，裂变会放出更多的瞬发中子. 例如，中子诱发 ^{235}U 裂变，$\bar{\nu}_p$ 值随入射中子能量 E_n 近似线性上升

$$\bar{\nu}_p(E_n) = 2.416 + 0.133E_n \tag{13-10}$$

式中，E_n 的单位为 MeV.

3) 缓发中子

缓发中子产生于某些裂变产物的 β 衰变链中. 缓发中子的能量取决于其衰变母核，是分立的. 缓发中子的半衰期就是缓发中子先驱核的 β 衰变半衰期，其半衰期从几 ms 到 100s 左右. 缓发中子与反应堆的控制有密切关系，按照缓发中子半衰期的不同，常将它分成几组. 表 13-4 列出 ^{235}U 的中子诱发裂变的缓发中子数据，份额是每次裂变产生的缓发中子数，总的份额只有 0.0065.

表 13-4　^{235}U 的中子诱发裂变的缓发中子数据

组	典型先驱核	$T_{1/2}$/s	E/keV	份额
1	^{87}Br	54～56	250	0.000247
2	^{137}I，^{88}Br	21～23	560	0.001385
3	^{138}I，^{89}Br，$^{83,94}Rb$	5～6	430	0.001222
4	^{139}I，Cs，Sb，Te，$^{90,92}Br$，^{93}Kr	1.9～2.3	620	0.002645
5	^{140}I，Kr	0.5～0.6	420	0.000832
6	Be，Rb，As	0.17～0.27	430	0.000169

13.1.3　裂变理论

在核裂变发现后不久，玻尔和惠勒(J.A.Wheeler)用液滴模型成功地解释了裂变过程. 液滴模型把原子核比作带电的液滴，原子核的结合能包括体积能、表面能、库仑能、非对称能和奇偶能等项. 液滴模型中，一般的原子核在球形时处于势能最低点(结合能最大). 球形液滴发生形变时它的势能有变化.

1. 重核的稳定性

设原子核是球形的，根据能量最小原理，如果它是稳定的话，在球形时的势能 $V_{球}$ 应比稍有形变而成为椭球时的势能 $V_{椭}$ 要小(或在球形时的结合能应比椭球时的结合能要大)，这样如果核稍有形变，它会回到球形；如果球形核的势能比稍有形变时的势能大，那么原子核就会自发地形变，先变成椭球，逐渐伸长成哑铃状，最后断裂成两块. 所以原子核对裂变的稳定条件是：$\Delta V = V_{椭} - V_{球} = B_{球} - B_{椭} > 0$.

由于原子核形状不同，会对核的结合能产生影响，由结合能的半经验公式知

道结合能中只有表面能和库仑能两项受原子核形状的影响(按照液滴模型，球形变为椭球形，核的体积不变，所以体积能不变；形变前后重核的奇偶能变化很小，可以忽略)，所以计算ΔE(球) − ΔE(椭)的值时，可用表面能和库仑能的变化计算. 设球形时的库仑能和表面能为 B_C 和 B_S，形变为椭球时的库仑能和表面能为B'_C和B'_S，则ΔV可表示为

$$\Delta V = V_{椭} - V_{球} = -\Delta B = (B_C + B_S) - (B'_C + B'_S) \tag{13-11}$$

由结合能的半经验公式可知，球形时：

$$B_S = -a_S A^{2/3}, \quad B_C = -a_C Z^2 A^{-1/3} \tag{13-12}$$

原子核为椭球时

$$B'_S = -a_S A^{2/3}\left(1 + \frac{2}{5}\varepsilon^2 + \cdots\right), \quad B'_C = -a_C Z^2 A^{-1/3}\left(1 - \frac{1}{5}\varepsilon^2 + \cdots\right) \tag{13-13}$$

式中，ε是形变参量(参阅 9.4.3 节)，$a_S = 18.33\text{MeV}$，$a_C = 0.714\text{MeV}$.

由式(13-11)～式(13-13)可得原子核的稳定条件为

$$\Delta V = \frac{\varepsilon^2}{5}\left(2a_S A^{2/3} - a_C \frac{Z^2}{A^{1/3}}\right) > 0 \tag{13-14}$$

即

$$\frac{Z^2}{A} < \frac{2a_S}{a_C} \approx 50 \tag{13-15}$$

此为原子核对自发裂变的稳定条件. 可以计算对^{235}U，Z^2/A是 36；对^{246}Cf，Z^2/A是 39，都是稳定的，不会发生自发裂变，然而实际却能观察到一定的自发裂变，只是半衰期非常长，^{246}Cf 为 2000 年，^{235}U 为 10^{17} 年，这可能是势垒穿透现象. 到现在还未看到$Z^2/A>50$的例子，所以很活跃的自发裂变还没有观察到.

2. 裂变势垒与裂变阈能

为什么$Z^2/A<45$的核是稳定的呢？这和B_S和B_C随核形变的变化有关，见式(13-12)和式(13-13)，其关系如图 13-6 所示.

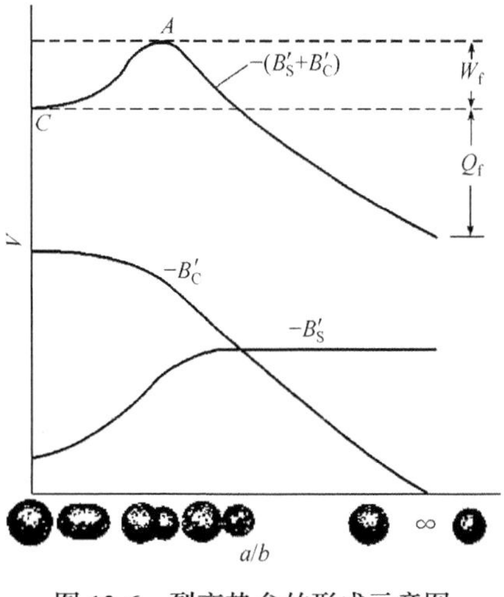

图 13-6　裂变势垒的形成示意图

可见，当原子核由球形向椭球形变化时，随着形变程度的加大，表面能B_S增加，库仑能B_C减少，并且表面能的增加比库仑能的减少要快. 于是，随着原子核的形变加

大，原子核的势能 V 先是增加，直到形变大到某一程度，表面能的增加不如库仑能的减小快，这时原子核的势能开始下降. 这样就形成了裂变势垒，裂变势垒高度为 W_f

裂变势垒峰值的位置就是鞍点(图 13-6 中 A 点)，超过鞍点，势能曲线随形变的增大而下降，形变越来越大，当形变发展到一定程度，裂变核断裂成两部分，断裂时的形变称为断点. 图 13-6 中的下端显示了裂变过程中的形变，包括原点处的球形、椭球、鞍点形变、断点形变和分离的两个球形等形状示意图.

由图 13-6 可见，原子核在球形时的势能比稍有形变时要小，所以不会自发裂变，如果要发生裂变必须越过裂变势垒. 要使裂变核的能量提高达到势垒顶，必须提供给它一定数量的能量. 这个能量叫裂变的激活能，也称裂变阈能，用 δ 表示，大小等于裂变势垒的高度，所以原子核裂变的能量条件为

$$\delta=\frac{m_A}{m_a+m_A}E_a+B_{aA}\geqslant W_f \quad (13\text{-}16)$$

势垒高度 W_f 与 Z^2/A 有关. 当 $Z^2/A\approx 36$ 时，δ 不是很高，随 Z^2/A 增加，δ 会减小，如图 13-7 所示. 而 Z^2/A 较小的核 δ 很高，势垒穿透困难(所以 $Z^2/A<45$ 的核对自发裂变是稳定的).

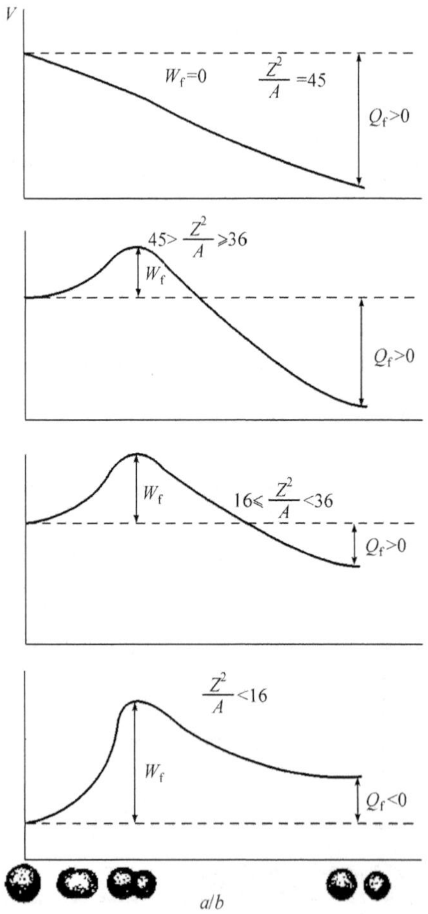

图 13-7　裂变势垒的几种情况

由此可以说明为什么中子引起 ^{235}U 和 ^{238}U 裂变的情况不同. 对 ^{236}U, 裂变势垒高度约为 $\delta=6MeV$, 而中子被 ^{235}U 俘获形成 ^{236}U 放出的结合能是 6.81MeV，此能量足以把 ^{236}U 的能量提高到势垒顶而有余. 所以热中子足以使 ^{235}U 裂变，因此 ^{235}U 叫易裂变核. 而 ^{239}U 的裂变势垒约为 $\delta=6.3MeV$, 但中子被 ^{238}U 俘获形成 ^{239}U 的结合能只有 5.3MeV, 所以慢中子不足以引起 ^{238}U 的裂变，必须中子本身携带 1MeV 以上的能量(快中子)，被 ^{238}U 俘获，再加上结合能才能把 ^{239}U 的能量提高到势垒顶. 所以，慢、快中子都可引起 ^{235}U 裂变，只是慢中子的裂变截面更大. 而只有 $E_a>1MeV$ 以上的快中子才能引起 ^{238}U 裂变，但效率不高，因为快中子的裂变截面小.

13.1.4　链式裂变反应和反应堆

1. 链式裂变反应

易裂变物质，例如 ^{235}U 吸收一个中子发生裂变时，平均释放出 2～3 个中子，这些中子若再引起另外的 ^{235}U 核裂变，产生第二代中子，如此继续，这样一个裂变反应持续不断进行下去的过程称为链式反应.

为实现可控制的链式反应需要一种适当的装置，这种装置就是核裂变反应堆，简称反应堆. 根据引起裂变的中子能量，反应堆可分为热中子反应堆和快中子反应堆. 前者主要利用 ^{235}U 等易裂变核素热中子裂变截面很大的特点，但需要借助专门的慢化剂把裂变放出的快中子(约 2MeV)慢化为热中子(eV 量级)，用天然铀或低浓缩铀就可实现链式反应. 而快中子堆直接利用裂变放出的快中子引起燃料的下次核裂变，考虑到快中子的裂变截面较小，需要用高度浓缩的 ^{235}U 或 ^{239}Pu 作为核燃料. 到目前为止，商用核电站的反应堆主要是热中子堆. 下面内容主要结合热中子堆进行分析.

2. 实现链式反应的条件

产生链式反应的最基本条件为每次裂变产生的中子至少有一个引起下次核裂变. 做到这一点并不容易. 一般的核燃料一次裂变均能提供两个以上的中子，但这并不能保证链式反应持续进行. 因为系统中的中子面临各种与裂变反应竞争的过程：一部分中子被燃料核素吸收，但发生了辐射俘获反应，而非裂变反应，另一部分被非燃料核素吸收，还有一些中子可能逃逸而出. 所以实现链式反应的条件，是把中子的一切非诱导裂变反应的损失考虑进去后，任何一代中子的总数要等于或大于前一代的中子总数. 两者之比叫中子增殖系数(核工程中常称为有效增殖因数)k，有

$$k = \frac{\text{新生一代中子数}}{\text{直属上一代中子数}} \tag{13-17}$$

其中，一个中子由产生到最后被物质吸收，称为中子的一代. 中子一代所经过的时间称为一代时间，用 τ (也称为中子的寿命)表示. 各个中子的历史千变万化(图 13-8)，这里的一代中子和一代时间都是统计平均的概念.

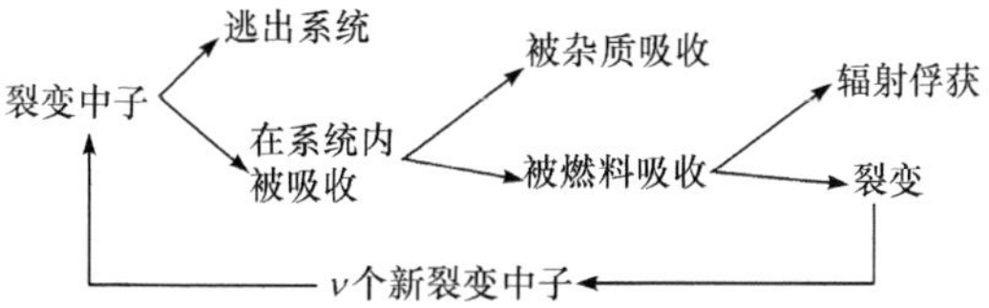

图 13-8　中子的经历

介质中，中子密度 $n(t)$满足方程

$$\frac{\mathrm{d}n(t)}{\mathrm{d}t}=\frac{k-1}{\tau}n(t) \tag{13-18}$$

方程的解为

$$n(t)=n(0)\mathrm{e}^{(k-1)t/\tau} \tag{13-19}$$

可以看到，当 $k=1$ 时，中子密度不变，链式反应恒定，称为临界系统；当 $k>1$ 时，中子密度指数增长，链式反应越演越烈，称为超临界系统；当 $k<1$ 时，中子密度指数降低，链式反应逐渐停止，称为次临界系统. 中子增殖系数 k 是判断链式反应的核心参数.

考虑到式(13-17)在实际问题中很难确定每代中子的起始和终止时间，可根据中子核反应过程的平衡关系来定义 k

$$k=\frac{\text{单位时间生成的中子数}}{\text{单位时间吸收的中子数}+\text{单位时间泄漏的中子数}} \tag{13-20}$$

k 是由堆芯材料、堆芯结构和堆芯大小确定的.

对于热中子堆，为简单分析 k 的影响因素，经常使用以下公式：

$$k=\varepsilon pf\eta\Lambda \tag{13-21}$$

其中，ε 为快中子增殖因子，p 为逃脱共振俘获的概率，f 为热中子利用系数，η 为有效裂变中子数，Λ 为中子不泄漏概率. 这些因子分别对应以下几个反应过程.

裂变放出的快中子可直接引发 ^{238}U 发生裂变放出中子，虽然其裂变反应截面不大，但热中子堆内装载天然铀或者低浓缩铀(^{235}U 的丰度为 3%～5%)作为燃料，^{238}U 含量很高，故裂变的核反应率还是比较可观. 裂变快中子增殖因子 ε 定义为

$$\varepsilon=\frac{\text{快中子裂变产生的中子数}+\text{热中子裂变产生的中子数}}{\text{热中子裂变产生的中子数}} \tag{13-22}$$

快中子在慢化过程中，要通过核共振区，它就有可能被其他各种材料吸收而不发射中子，特别是 ^{238}U(^{238}U 在 6.5～200MeV 有 8 个共振峰)，能够逃脱共振吸收的只是一部分. 一个快中子在慢化过程中未被俘获的概率即逃脱共振概率 p 定义为

$$p=1-\frac{\text{共振区吸收的中子数}}{\text{裂变产生的快中子数}} \tag{13-23}$$

中子被慢化到热能区后，一个热中子可能被核燃料吸收，也可能被其他材料吸收(如慢化剂等). 热中子利用系数 f 定义为

$$f=\frac{\text{燃料吸收的热中子数}}{\text{热中子总数}} \tag{13-24}$$

热中子被核燃料吸收后不一定诱发裂变，也可能发生辐射俘获，设 σ_{f} 为裂变截面，σ_{c} 为俘获截面，设每次裂变平均产生的中子数为 $\bar{\nu}$ ，则有效裂变中子数 η 定义为

$$\eta = \frac{\sigma_f^U \bar{\nu}}{\sigma_f^U + \sigma_\gamma^U} \tag{13-25}$$

对于有限大小的反应堆，堆芯内部产生的中子经过多次碰撞后被堆芯材料所吸收，但边界处的中子可能逃出系统. Λ 为中子不泄漏概率，Λ 与堆芯形状、堆芯尺寸和有无反射层有关. 堆芯表面积与体积之比越大，Λ 越小(球形的 Λ 最大). 当堆芯形状确定后，尺寸越大，中子泄漏的比例越小，Λ 越大. 当堆芯材料与堆芯结构确定后，恰好使得 k=1 的堆芯体积称为**临界体积**，对应的燃料的质量称为**临界质量**. 堆芯确定后，若在堆芯材料外部添加反射层，可将泄漏出的部分中子弹回堆芯，Λ 变大. 总之在反应堆里，必须使系统内中子的产生率和损失率之间建立严格的平衡.

ε、p、f、η 的大小变化与核燃料、慢化剂的组成及其几何排列结构有关. 图 13-9 为热中子堆的堆芯结构示意图. 分析某种因素对 k 的影响，可通过分别分析该因素使 ε、p、f、η 各系数的变化而综合考虑.

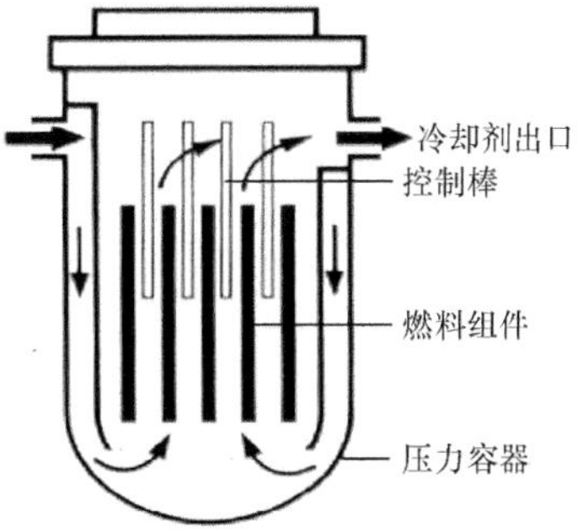

图 13-9　热中子堆的堆芯结构示意图

3. 反应堆的控制

反应堆要保持链式反应，但又不能使链式反应剧烈到不可收拾的地步，这就需要对堆芯进行精确的控制. 反应堆的控制主要通过在堆芯内添加或者减少各种控制材料(热中子吸收截面很大的核素，如镉和硼)来实现. 在热中子堆中，综合利用三种控制方式(控制棒、可燃毒物和可溶性硼酸)可实现紧急停堆、功率调节、补偿反应性等堆芯控制任务.

需要注意的是，热中子反应堆的控制中，缓发中子起着极为重要的作用. 它使得每代中子的平均寿命 τ 变长，不考虑缓发中子时，$\tau \approx 10^{-4}\,\text{s}$；考虑缓发中子时，$\tau \approx 0.0849\,\text{s}$. 这样，如果考虑超临界($k$=1.001)的情况，由式(13-19)看到，不考虑缓发中子时，1s 内中子密度将增大 10^4 倍，即堆芯内功率增大 10^4 倍，这样的堆芯完全不可控；而考虑缓发中子时，1s 内中子密度只增大 1 倍，堆芯可控.

4. 原子弹

对于球形的纯 ^{235}U 裸球，中子的逃脱率 $\propto r^2$，而中子的产生率 $\propto r^3$，所以中子的

$$\frac{\text{泄漏率}}{\text{产生率}} \propto \frac{1}{r}$$

随 r 增加而减小. 当 r 为某个特定值时(r_c)，产生的中子数正好补偿由于吸收和泄漏而损失的中子数. 如果在这样的球内引起了链式反应，那么这种反应将以恒定的速率持续下去，这样的系统称为临界系统，r_c 称为临界半径. 与之相应的核燃

料质量称为临界质量. 对纯 ^{235}U,临界时的球半径 r_c 约 8cm,临界质量 M_c 约 53kg，而对于有反射层的球体，^{235}U 的临界质量只有 15kg[①]. 超过临界体积的 ^{235}U 将是危险的,能发生剧烈的链式反应. 原子弹爆炸发生的就是不可控的链式反应. 此过程中利用的是 ^{235}U 与快中子的裂变反应，而快中子的裂变截面较小，故需要高浓缩铀，甚至武器级(^{235}U 的丰度达到 90%以上)铀.

如果引起裂变的第一代中子数为 N_0，那么经 n 代裂变后，中子数为 N_0k^n. 当 $k>1$ 时,在短时间内会有很多核发生裂变. 对于纯的 ^{235}U 来说,增值系数 $k\approx2$. 假设在一块 ^{235}U 中，由于自发裂变或宇宙射线的中子等诱发一次裂变，那么经 80 代裂变后，其中子可达 1×2^{80}，这大致相当于 1kg 铀的原子数. 设中子的裂变自由程为 10cm，80 次裂变中中子的总自由程为 8m. 快中子的速度约为 $2\times10^7\text{m}\cdot\text{s}^{-1}$，则爆炸将在百万分之一秒内完成. 除 ^{235}U 以外，^{233}U、^{239}Pu 也可以制造原子弹.

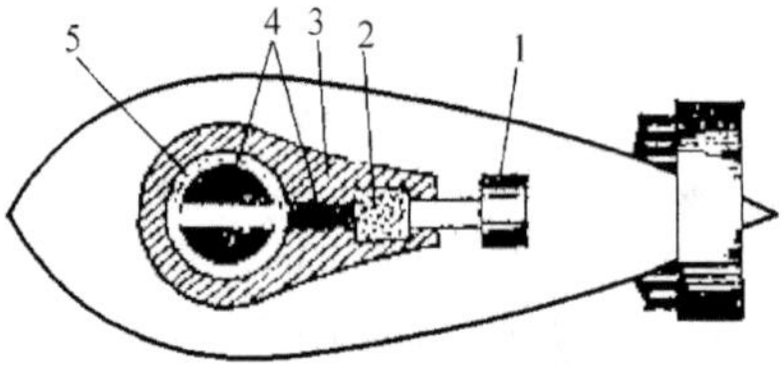

图 13-10　原子弹结构的简单示意

原子弹的结构形式有许多种，但一般是将几块稍小于临界体积的 ^{235}U 放在一个密封的弹壳内. 图 13-10 是原子弹的结构示意图，图中 1～5 分别为引爆装置、普通炸药、弹壳、裂变材料和中子反射层. 引爆时，首先利用引爆装置引发普通炸药的爆炸，爆炸的能量将几个铀块紧紧地集中到一起，使得 ^{235}U 超过临界体积，随即发生链式裂变反应的核爆炸.

*13.2　原子核的聚变

13.2.1　核聚变

轻核的聚变反应很多，从地球上的资源来说，最有意义的是 ^{2}H 核的聚变

$$
\begin{array}{rl}
 & {}^2\text{H}+{}^2\text{H}\rightarrow{}^3\text{He}+\text{n}, Q=3.25\text{MeV} \\
 & \text{H}+{}^2\text{H}\rightarrow{}^3\text{H}+\text{p}, Q=4.00\text{MeV} \\
 & {}^3\text{He}+{}^2\text{H}\rightarrow{}^4\text{He}+\text{p}, Q=18.3\text{MeV} \\
+ & \underline{{}^3\text{H}+{}^2\text{H}\rightarrow{}^4\text{He}+\text{n}, Q=17.6\text{MeV}} \\
 & 6\,{}^2\text{H}\rightarrow2\,{}^4\text{He}+2\text{p}+2\text{n}, 43.15\text{MeV}
\end{array}
$$

即 6 个 ^{2}H 核参加聚变反应，共放出 43.15MeV 的能量，平均每一个 ^{2}H 约放出

① M. S. El Naschie, Chaos, Solitons, Fractals. Remarks to Heisenberg's farm-hall lecture on the critical mass of fast neutron fission[J]. 2000, 11: 1327-1333.

7.2MeV 的能量，平均每个核子约放出 3.6MeV 的能量. 相当于裂变平均每个核子放出能量的 4 倍. 而且在聚变反应中所需的燃料是 ^{2}H，^{2}H 又可从海水中提取，即聚变反应的燃料可以说是取之不尽，用之不竭的，所以轻核的聚变是十分丰富的原子能源，现在人类正研究如何取用这样丰富的能源.

两粒氘核需要多大能量才能克服库仑斥力，互相接近而发生聚变呢？下面作一简单的估计，只有当两氘核的距离小于 10fm 时，核力才会起作用，此时的库仑势能为

$$V=\frac{e^2}{4\pi\varepsilon_0(2R)} \tag{13-26}$$

式中，R 为核半径. 所以若想两个氘核靠近发生核聚变，它们开始相互接近的动能至少为

$$E_{\mathrm{k}}=\frac{e^2}{4\pi\varepsilon_0(2R)}\approx 144\mathrm{keV} \tag{13-27}$$

如果将它作为 ^{2}H 核的热运动的平均能量，即

$$3kT/2\approx 144\mathrm{keV}\Rightarrow T\approx 10^{10}\mathrm{K} \tag{13-28}$$

即需要 ^{2}H 核的温度高达 10^{10}K，^{2}H 核才能产生聚变，这个温度是很高的，至今在实验上无法得到. 即便考虑到势垒的贯穿与能量的统计分布，温度 T 可降低一些，但仍需要 $10^8\sim10^9$K(相当于 10keV 能量)的温度才能产生核聚变，这种需在高温下进行的核反应，称为热核反应. 这样高的温度自然界中只有星体内部才有，且在如此高的温度下，所有的原子都全部电离，形成了物质的第四态——等离子体.

1934 年，在实验室中实现了加速器核聚变，即用加速器加速氘核，高速的氘核轰击含氘的固定靶材，获得了聚变反应. 20 世纪 50 年代初人们在地球上以氢弹爆炸的方式取得了聚变能. 氢弹依靠原子弹爆炸时形成的高温高压，使得氢弹里面的热核燃料氘氚发生聚变反应，释放巨大能量. 可惜这种瞬间的猛烈爆炸无法控制. 要把聚变时放出的巨大能量作为能源，必须对剧烈的聚变反应加以控制，称为受控核聚变. 目前人们考虑利用热核反应来实现受控聚变，即采用高温等离子体热核反应的方式. 为什么实现聚变反应，必须采用等离子体热核反应的方式？为什么不用加速器加速粒子的办法呢？因为在加速器中把 ^{2}H 核加速到所需的能量(几十 keV)是很容易的事，但人们发现，当用加速后的 ^{2}H 核去轰击固定的 ^{2}H 靶时，能够发生聚变反应的次数同射入的快速 ^{2}H 核的数量相比是极其微小的，理论上可算得约为百万分之一. 其余都由于和电子作库仑散射把能量损失掉了. 从而可获得的能量 $\ll$ 加速器消耗的能量. 那么，又可否用两束快速氘核对撞来实现聚变反应呢？实际上由于氘核相互的库仑散射，会导致 ^{2}H 核产生大角度偏转而离开粒子束，另外，两束 ^{2}H 核粒子可以互相穿透，能发生聚变的概率大约是

1/50000. 所以只有用高温等离子体聚变反应的方法获得聚变能. 受控热核聚变是目前人类研究受控核聚变的最主要的方式，也是目前唯一有希望作为能源的受控核聚变方式，但受控热核聚变发生的条件十分苛刻.

13.2.2 受控热核聚变的条件——劳森判据

由前可见要实现聚变反应，并从中获得能量，必须靠高温，但单靠高温还不够，除了把等离子体加热到所需的温度外，还必须满足两个条件：第一，等离子体的密度必须足够大；第二，所要求的温度和密度必须维持足够长的时间. 对于 D-T 聚变反应，这两个条件定量地写为①

$$\begin{cases} n\tau = 3\times10^{20}\,\mathrm{s/m^3} \\ T = 10\,\mathrm{keV} \end{cases} \tag{13-29}$$

此条件称为劳森判据(又称为得失相当条件). n 为等离子体密度，τ 为聚变反应维持的时间，T 为等离子体温度. 近年在聚变研究领域也常用三乘积 $nT\tau$ 或等效聚变功率增益 $Q(Q\propto nT\tau)$值来衡量聚变研究的进展. 若 $nT\tau \sim 3\times10^{21}\mathrm{m^{-3}\cdot s\cdot keV}$ 或 $Q=1$，即聚变能的应用有可能实现(得失相当). 可见高温等离子体的聚变要实现得失相当，必须使一定密度的等离子体在高温条件下维持一段时间，所以我们需要有一个“容器”，它不仅能忍耐 10^8K 的高温，而且不能导热，不能因等离子体与器壁的碰撞而降温. 目前世界上还没有这样的容器. 那么怎样才能把高温等离子体约束起来实现聚变呢？几十年来人们一直在努力研究.

13.2.3 等离子体的约束——实现受控热核聚变的可能途径

1. 引力约束

太阳能是引力约束下的聚变，其内部主要有两个核反应.

(1) 碳循环(又称贝蒂循环).

$$\mathrm{p}+{}^{12}\mathrm{C}\rightarrow{}^{13}\mathrm{N}$$

$${}^{13}\mathrm{N}\rightarrow{}^{13}\mathrm{C}+\mathrm{e}^{+}+\nu_{\mathrm{e}}$$

$$\mathrm{p}+{}^{13}\mathrm{C}\rightarrow{}^{14}\mathrm{N}+\gamma$$

$$\mathrm{p}+{}^{14}\mathrm{N}\rightarrow{}^{15}\mathrm{O}+\gamma$$

$${}^{15}\mathrm{O}\rightarrow{}^{15}\mathrm{N}+\mathrm{e}^{+}+\nu_{\mathrm{e}}$$

$$\mathrm{p}+{}^{15}\mathrm{N}\rightarrow{}^{12}\mathrm{C}+{}^{4}\mathrm{He}+\gamma$$

① Ongena J, Van Oost G. Energy for future centuries: Prospects for fusion power as a future energy source[J]. Fusion Science and Technology, 2012, 61: 3-16.

在循环过程中碳起催化作用，总的结果是

$$4p \rightarrow {}^4He+2e^+ +2\nu_e+26.7MeV$$

(2) 质子–质子循环.

$$p + p \rightarrow {}^2H+e^+ +\nu_e$$

$$p+{}^2H \rightarrow {}^3He + \gamma$$

$${}^3He+{}^3He \rightarrow {}^4He+2p$$

总的结果是

$$4p \rightarrow {}^4He + 2e^+ + 2\nu_e +26.7MeV$$

可见无论是哪种循环，最终结果都是 4 个质子聚变，放出 26.7MeV 的能量.

太阳的巨大质量产生的引力把处于高温的 10^7K(太阳的温度)的等离子体约束在一起发生热核聚变(聚变主要靠势垒贯穿而实现，因为太阳温度 T 低于克服库仑势垒所需温度，即 $T < 10^8$K)，聚变速率十分缓慢. 太阳靠引力将表面层 60000K 中心 1.5×10^7K 的等离子体约束在 7×10^{10}cm 的“容器”内，除了恒星外，地球上无法实现如此巨大的引力条件.

2. *磁约束*

高温的等离子体是不能用容器保持的，因为等离子体与容器壁接触后，即使有微量的融化或蒸发，也会有原子序数 Z 高的物质加在气体中，以至发生大的轫致辐射($\propto Z^3$)，等离子体的温度立刻下降，使核反应终止. 所以人们想到用场来约束等离子体，使它同容器壁隔离. 磁约束的研究已有 40 多年的历史，所谓磁约束是利用带电离子(等离子体)在磁场中受洛伦兹力的作用而绕着磁力线做回旋运动，因而在垂直磁力线方向上就被约束住了，为了防止带电粒子沿着磁力线方向飞散，人们发明了各种磁场的位形，其中最成功的就是托卡马克(Tokamak)位形，是一种环形装置，我们称为环流器. 如图 13-11 所示，一个环形真空室，套在一个变压器的铁心上，构成变压器的次级线圈. 当初级线圈放电时，就会在真空室里感应产生一个大电流(轴向电流)，该电流产生极向磁场. 原绕在真空室外的线圈会在真空室里产生一个沿着环行线圈轴线方向的磁场(环向场)，两场组合形成螺旋形的磁力线，会构成一个轮胎形的磁面，这些一层套一层的磁面就构成了环流器的约束位形. 由于带电粒子之间会发生库仑碰撞，因此带电粒子就会从一个磁面跳到另一个磁面，这种碰撞输运过程决定了粒子的约束时间 τ. 至今实验测得的时间远低于理论预计. 为延长约束时间只好将环做大，欧洲联合环(JET)环直径 5m，但 τ 也仅只 1s.

相比其他的磁约束聚变方式，托卡马克的优势地位的建立源于苏联的 T-3 托卡马克. 1968 年 8 月，阿齐莫维齐宣布在苏联的 T-3 托卡马克上实现了电子温度 1keV，质子温度 0.5keV，$n\tau=10^{18}$s/m^3，这是受控核聚变研究的重大突破，在国际

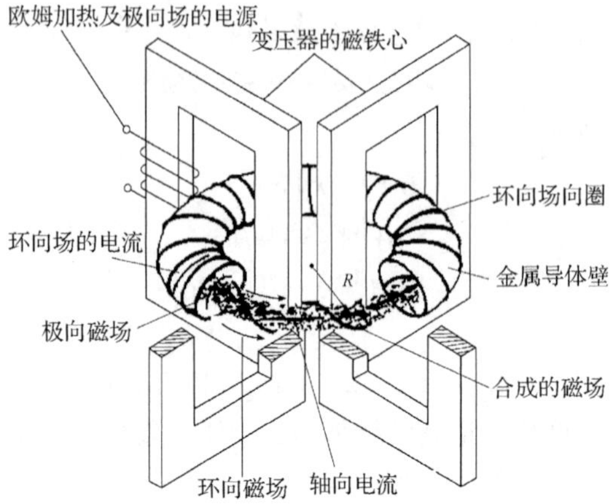

图 13-11　环流器原理图

上掀起了一股托卡马克的热潮，各国相继建造或改建了一批大型托卡马克装置. 其中比较著名的有：日本的 JT-60，美国普林斯顿大学由仿星器-C 改建成的 ST，美国橡树岭国家实验室的 Ormark，法国冯克奈–奥–罗兹研究所的 TFR，英国卡拉姆实验室的 Cleo，西德马克斯–普朗克研究所的 Pulsator 等.

由我国(依托于中科院等离子体物理研究所)自行设计、研制的世界上第一个全超导托卡马克 EAST(原名 HT-7U)核聚变实验装置 2006 年成功完成首次工程调试. 2016 年 2 月，中国 EAST 物理实验获重大突破，成功实现电子温度超过 5×10^7℃、持续时间达 102s 的超高温长脉冲等离子体放电. 2021 年 12 月，EAST 实现 1056s 的长脉冲高参数等离子体运行，这是目前世界上托卡马克装置高温等离子体运行的最长时间. 另外，由核工业西南物理研究院自主设计建造的新一代先进磁约束核聚变实验装置——中国环流二号(HL-2M)于 2020 年 12 月在成都建成并实现首次放电. HL-2M 采用了更先进的结构与控制方式，等离子体电流能力提高到 2.5MA 以上，离子温度可达 1.5×10^8℃，能实现高密度、高比压、高自举电流运行.

托卡马克装置还有一个国际合作的大项目——国际热核实验堆(ITER)，环直径 10m. 该项目由苏联、美国、日本和欧盟于 1985 年发起，希望借助多方力量，利用具有电站规模的实验堆证明氘氚等离子体的受控点火和持续燃烧条件，验证聚变反应堆系统的工程可行性，并实现稳态运行. 2006 年，ITER 正式立项，ITER 计划将历时 35 年，其中建造阶段 10 年，运行和开发利用阶段 20 年，去活化阶段 5 年. 目前该计划由中国、欧盟、俄罗斯、美国、日本、韩国和印度等七方 30 多个国家共同合作，是目前世界上最大的科学合作工程. 目前，ITER 因各种原因计划不断被推迟，2020 年 7 月，ITER 的托卡马克装置在法国启动安装.

目前在托卡马克上产生聚变能的科学性已被证实，但这些结果都是在数秒时间内以脉冲形式产生的，与实际反应堆的持续运行仍有较大的距离，其主要原因在于磁容器的产生是脉冲形式的，磁流体的不稳定性影响托卡马克对等离子的约束性能.

3. 惯性约束

惯性约束比磁约束起步晚，它是试图从另一个极端来解决问题，即干脆不加约束，让等离子体自己飞散，由于离子和电子的惯性，它不能一下子完全散开，在散开之前由惯性决定的约束时间很短，约为 10^{-9}s，但可想办法把密度 n 提高，而实现超过劳森判据的条件，为此必须把等离子体的密度提高到比液态氢的密度还要高 1000 倍，达到 $10^{31}m^{-3}$，这样高的密度是靠极高的压力来实现的，通常是用大功率的激光(或脉冲能束、高能粒子束等)从四面八方射向一个小的靶丸(直径约为 400μm 的小球，内充以 30～100atm 的氘氚混合气体)，在靶丸表面制造成高温使靶丸表面迅速消融、气化，这些向外飞散的气体好比是火箭的排气口中喷出的气体，会产生一个反向的推力，由于气体是向四面八方喷出，因此推力是指向中心的会聚力(是航天飞机的 100 倍). 从而造成一种高压，把靶丸的密度升高到液体的 10000 倍，温度达到 10^8K. 同时点火，即在压缩阶段引入一个高强度短脉冲，非秒量级(类似于火种)，在丸的芯部形成热点. 具体过程如图 13-12 所示. 早在 1964 年我国王淦昌教授就提出了上述惯性约束的思想，因为当时受到激光器和所需高难度激光技术要求的限制，使惯性约束的研究受到制约. 随着激光技术的发展，促进了它的研究. 最近实验证明需 2×10^6J 的激光器照射，才能有正能量输出. 从驱动源来说，目前比较受关注的惯性约束聚变的设计方案有两种：一种是粒子束驱动，包括电子束、重离子束和轻离子束，其中强流、中能重离子束作为驱动源的方案提出得很早，但由于研究成本等问题，发展较为缓慢；另一种就是激光驱动方案，由于激光技术的多次飞跃式发展，激光惯性约束方案也日渐成熟. 激光驱动核聚变简称为激光聚变.

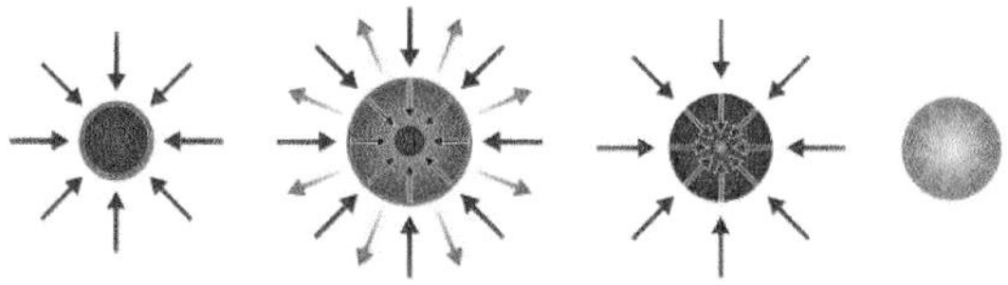

图 13-12　惯性约束核聚变的过程示意图

激光核聚变的思想最早由苏联科学家索洛夫和美国科学家道森先后于 1963 年提出，1964 年，我国核物理学家王淦昌也独立提出激光聚变的想法，撰写了《利用大能量大功率光激射器产生中子的建议》. 今天，世界上大型惯性聚变项目总是和顶级激光系统关联，如美国的国家点火装置(NIF)、法国的 LMJ、中国的神光系列、日本 FIRE XII 期、欧洲的 ELI 等.

美国国家点火装置(NIF)由劳伦斯 · 利弗莫尔国家实验室研制，NIF 是目前国际上研究惯性约束聚变的焦点. 2009 年，NIF 宣布完工. 2010 年 10 月，NIF 完成了其首次综合点火实验，192 束激光系统向首个低温靶室发射了 1MJ 的激光能量. 2013 年 10 月，NIF 首次实现受控热核聚变能量增益大于 1，也就是说核聚变产生的能量比从激光吸收的能量更多，这一结果是激光聚变发展的一个重要里程碑.

我国自王淦昌先生提出激光聚变的设想后，就开始研制高功率的激光发射装置. 1965 年，建成输出功率 10^{10}W 的纳秒级激光装置. 1973 年 5 月首次在低温固氘靶、常温氘化锂靶和氘化聚乙烯上打出中子. 为实现激光聚变而开展的大型科学工程项目——“神光”系列始于 1980 年. 1985 年，“神光”I 号在中国科学院上海光学精密机械研究所(简称上海光机所)顺利建成并投入运行，运行至 1994 年退役，其在激光聚变和 X 射线激光上取得一系列国际一流成果. 1994 年 5 月，神光 II 工程正式启动，于 2001 年装置建成. 神光 II 能同步发射 8 束激光，每束激光输出能量可达 750J. 在激光靶区，强光束可在十亿分之一秒内辐照充满热核燃料气体的玻璃球壳，急速压缩燃料气体，使它瞬间达到极高的密度和温度，从而引发热核聚变. 1995 年，我国开始研制十万焦耳级的超强激光装置——神光 III，设计激光为 48 束. 2007 年，中国工程物理研究院为神光 III 装置举行开工奠基仪式.

目前，惯性约束聚变的研究还处于在实验室里演示点火和提高增益阶段，之后还要验证工程上的可能性，才能谈聚变的商用.

习题与思考题

1. ^{238}U 核俘获一个中子，而中子的动能不小于 1.4MeV 时，才发生裂变反应，求裂变核的激活能(中子在 ^{239}U 核里的结合能为 4.8MeV).
2. ^{235}U 的一次热中子裂变放出的能量是 200MeV. 除中微子带走 10MeV 外，其余均可回收，计算：(1)产生 1W 功率时，每秒需要发生的裂变数；(2)已知 ^{235}U 的热中子总吸收截面为 680.8b. 其中裂变截面为 582.2b，要使反应堆产生 100MW 功率，问每昼夜至少要耗多少克 ^{235}U?
3. ^{235}U 核俘获一个热中子，由于生成核发生裂变，产生 3 个中子和 2 个放射性碎片，碎片转变成稳定的 ^{89}Y 和 ^{144}Nd 核(已知一个核子在 ^{235}U、^{89}Y、^{144}Nd 核中的结合能分别等于 7.59MeV、8.71MeV、8.32MeV，中子在 ^{236}U 中的结合能是 6.4MeV)，求此过程中释放的能量.
4. 已知氘在氢元素中的丰度是 1/6000，计算从 1L 水中提取的氘发生核聚变所放出的能量.
5. 简述缓发中子在反应堆控制中的重要性.
6. 受控热核聚变反应对等离子体系统的要求是什么？

*第 14 章

射线与物质的相互作用

核物理中，把任何类型的快速粒子流(例如 α、β、γ、n、p、介子、放射性核素等)称为射线或核辐射，它们可能产生于原子核的各种核转变过程，也可能直接由加速器产生，或来自宇宙空间.

射线通过物质时，与物质发生反应而逐步损失能量，最后被物质吸收. 而物质吸收了射线的能量，将产生一系列物理和化学变化，此处只关注物理的变化. 研究射线和物质的相互作用有利于我们了解射线的性质，同时它也是射线测量、辐射防护和射线应用的基础.

从微观上看，射线入射靶物质(或称为阻止介质、吸收介质)时，入射粒子会与吸收介质中的原子核及核外电发生相互作用，具体的作用类型和反应结果与入射粒子的种类和能量有关.

14.1 重带电粒子与物质的相互作用

重带电粒子是指比电子质量大得多的带电粒子，如质子、α 粒子和其他重的带电粒子(重粒子).

14.1.1 重带电粒子与物质的相互作用

对于带电的粒子，其与吸收介质的原子核和核外电子存在库仑相互作用，发生弹性或非弹性碰撞. 只有粒子的动能足够高时，才可能与原子核存在核相互作用，但核相互作用的截面(约 $10^{-26}cm^2$)要比库仑相互作用(约 $10^{-16}cm^2$)截面小很多. 所以，在考虑带电粒子与物质相互作用时，我们通常只考虑库仑相互作用.

重带电粒子与核外电子作用时，电子获得能量，若所获得的能量大于它的电离能，电子脱离核的束缚而成为自由电子——电离；若所获得的能量不足以克服原子核的束缚，电子被激发到较高能态——激发；若获得能量小于核外电子的最低激发能——弹性碰撞，此过程发生概率较小，可忽略. 鉴于重带电粒子比电子的质量大得多，单次碰撞过程中能量损失比例较小，则重带电粒子将通过一系列电离和激发核外电子逐步损失能量，最后被物质吸收. 此过程中带电粒子的能量损失称为电离损失. 研究表明：只要不是能量低很重的带电粒子(比α粒子重)，电离损失是带电粒子穿过阻止介质时能量损失的主要方式.

重带电粒子与原子核作用时，原子核获得能量，若所获得的能量大于核的激发能，原子核从基态激发到激发态，此过程称为库仑激发，但发生库仑激发的概率较小，通常可忽略不计；若所获得的能量小于核的激发能，重带电粒子与原子核发生弹性碰撞，原子核因获得动能发生反冲，产生晶格原子位移形成缺陷，即引起辐射损伤，带电粒子的这种能量损失称为核碰撞能量损失，但此能损只对能量很低的较重带电粒子($E/A \leqslant 10\text{keV}$)才重要.

所以，重带电粒子与物质相互作用的主要形式是与核外电子的非弹性碰撞(电离和激发).

注意：重带电粒子使核外电子被电离时，原子最外层电子束缚最松，因而被电离的概率最大. 如果内层电子被电离后，电离态的原子处于高能量状态，通过发射特征 X 射线或者俄歇电子退激.

14.1.2 单位路程上的能量损失——阻止本领

一个速度为v、电荷为ze的带电粒子穿过由原子序数Z的元素组成的纯阻止介质时(其单位体积的原子数目为n_A)，由于与介质原子核外电子发生非弹性碰撞，经过单位路程后的能量损失或阻止本领为

$$-\frac{\mathrm{d}E}{\mathrm{d}x}=\frac{4\pi z^2e^4Zn_A}{m_0v^2}\left[\ln\left(\frac{2m_0v^2}{I}\right)-\ln(1-\beta^2)-\beta^2\right] \tag{14-1}$$

式中，m_0为电子静止质量；$\beta=v/c$，c为光速；I为介质的平均电离能；I是介质原子各壳层电子的激发和电离能的平均值，以 eV 为单位，可近似表示为$I\approx 9.1Z(1+1.9Z^{-2/3})$. 方括号内第二、三项是相对论修正项. 这就是著名的 Bethe-Block 公式.

由式(14-1)看出：①同种入射粒子在不同的介质中，其$-\mathrm{d}E/\mathrm{d}x$与阻止介质的电子密度Zn_A成正比，故高原子序数、高密度的介质对同一粒子有更大的阻止本领；②质子、α粒子等重带电粒子在介质中的阻止本领与其质量无关(因其质量都远大于电子静止质量)，而只与其速度有关. 在忽略方括号内的修正项(只随速度缓慢变化)时，$-\mathrm{d}E/\mathrm{d}x$与$1/v^2$成正比. 例如 1MeV 的质子与 2Mev 的氘核具有相同的阻止本领；③带电粒子在介质中的阻止本领与其所带电荷数z的平方成正比，例如α粒子在介质中的阻止本领是相同速度质子的 4 倍，而相同能量的质子具有比α粒子更强的穿透能力.

忽略方括号内的修正项时，可以推得两种带电粒子在同一介质中的阻止本领满足

$$\frac{(-\mathrm{d}E/\mathrm{d}x)_1}{(-\mathrm{d}E/\mathrm{d}x)_2}=\frac{z_1^2/v_1^2}{z_2^2/v_2^2}=\frac{z_1^2m_1/E_1}{z_2^2m_2/E_2} \tag{14-2}$$

注意:公式(14-1)只适用于高速区的重带电粒子与介质原子核外电子非弹性碰撞引起的能量损失，计算结果与大量实验结果符合不错.

在粒子能量降低到约为 500I(速度 $v\approx 3v_0z^{2/3}$，v_0 为玻尔速度，约为 c/137)附近时，计算结果与式(14-1)完全不符合. 在这附近能区，重带电粒子的电离能量损失过程十分复杂，受到多种因素的影响. 可定性地理解：速度变慢有利于重带电粒子与介质核外电子传递能量，但当速度慢到一定限度后，介质原子中束缚紧的内壳层电子不再贡献于电离碰撞，而且重带电粒子从介质中俘获电子的概率增加，减少其有效电荷，电离碰撞能损因此而减少. 在这能区，至今无满意的理论描述.

对于低能区，J.Lindhard 等提出了重带电粒子阻止本领的 LSS 理论，即

$$-\frac{\mathrm{d}E}{\mathrm{d}x}=z^{1/6}8\pi e^2n_Aa_0\frac{zZ}{(z^{2/3}+Z^{2/3})^{3/2}}\cdot\frac{v}{v_0},\quad v<v_0z^{2/3} \tag{14-3}$$

其中，a_0 为玻尔半径. LSS 理论预测 $-\mathrm{d}E/\mathrm{d}x\propto v$，此规律为部分实验所证实，也与很多实验结果有分歧.

对于更低的能区，重带电粒子与介质原子核间的弹性碰撞逐渐成为能量损失的主要过程. 原则上，可基于卢瑟福散射理论进行计算.

重离子($z>2$)在介质中的能量损失本质上与 p 和 α 粒子是一样的，除了核碰撞的相对贡献更为重要外，主要差别在于重离子在介质中运动时，它可以从介质中俘获电子，也可以继续失去其核外电子. 由于电荷交换，重离子的电荷态在介质中不断变化，引入有效电荷 $z^*(v,Z)=z\gamma(v,Z)$ 的概念，其中 $\gamma(v,Z)$ 称为有效电荷比例. 将式(14-1)分别应用于同样速度的质子和离子，在不是很低的能量下，质子的有效电荷为 1，于是

$$\gamma(v,E)=\frac{1}{z}\cdot\left[\frac{(-\mathrm{d}E/\mathrm{d}x)_\mathrm{h}}{(-\mathrm{d}E/\mathrm{d}x)_\mathrm{p}}\right]^{1/2} \tag{14-4}$$

式中，$(-\mathrm{d}E/\mathrm{d}x)_\mathrm{h}$ 和 $(-\mathrm{d}E/\mathrm{d}x)_\mathrm{p}$ 别为具有相同速度 v 的重离子和质子在同一介质中的阻止本领，从实验上测出其数据后，可得到速度为 v 的某种重离子在介质中的有效电荷.

以上讨论的是重带电粒子在单一元素介质中的阻止本领. 对于化合物介质的阻止本领，可利用布拉格(Bragg)相加规则计算.

对于由 a 个 X 原子和 b 个 Y 原子构成的某一化合物 X_aY_b，根据布拉格相加规则，每个化合物分子的阻止本领可由 X 和 Y 原子的阻止本领给出，即

$$\frac{1}{n_{X_aY_b}}\left(-\frac{\mathrm{d}E}{\mathrm{d}x}\right)_{X_aY_b}=\frac{a}{n_X}\left(-\frac{\mathrm{d}E}{\mathrm{d}x}\right)_X+\frac{b}{n_Y}\left(-\frac{\mathrm{d}E}{\mathrm{d}x}\right)_Y \tag{14-5}$$

式中，各 n 分别代表化合物 X_aY_b、单质元素 X 和 Y 的单位体积的分子或原子的数目.

若用单位质量厚度上的能损来表示，化合物分子的阻止本领的布拉格相加规则为

$$\frac{1}{\rho_{X_aY_b}}\left(-\frac{\mathrm{d}E}{\mathrm{d}x}\right)_{X_aY_b}=\frac{W_X}{\rho_X}\left(-\frac{\mathrm{d}E}{\mathrm{d}x}\right)_X+\frac{W_Y}{\rho_Y}\left(-\frac{\mathrm{d}E}{\mathrm{d}x}\right)_Y \tag{14-6}$$

式中，各 ρ 分别代表化合物 X_aY_b、单质元素 X 和 Y 的密度，W_X 和 W_Y 是 X 原子和 Y 原子在化合物中的重量百分比

$$W_X=\frac{aM_X}{aM_X+bM_Y},\quad W_Y=\frac{bM_Y}{aM_X+bM_Y} \tag{14-7}$$

M_X、M_Y 为 X、Y 的原子量.

显然，布拉格相加规则是一种近似，它忽略了化合物分子中各个原子间的结合能效应. 一般来说，在中、高能粒子入射到中、重阻止介质的情形，近似较好.

14.1.3　电离密度

重带电粒子将吸收物核外电子电离时，原子被分解成一个自由电子和一个正离子，即产生电子-离子对. 电离过程中产生的自由电子通常具有较低的动能，但在有的情形，它们具有足够高(几个 keV)的动能进而可能使介质中的其他原子电离. 由重带电粒子直接引起的电离称作初级电离，电离放出的较高能量的电子进一步引起的电离称作次级电离，两者之和称作总电离.

在阻止介质的单位路程上产生的电子-离子对数目称作电离密度(工程技术中也称比电离密度). 电离密度直接联系于带电粒子在介质中的阻止本领，与带电粒子速度 v，电荷 Ze 以及阻止介质的性质有关. 图 14-1 为 Po 发射的 α 粒子在标准状态(15℃，101325Pa)空气中的电离密度和运动速度 v 随射线深入物质的距离 x 变化的关系曲线(电离密度曲线又称为布拉格曲线). 横坐标是 α 粒子在空气中停止之前剩下的路程，称作剩余射程(等于粒子在介质中的射程 R 与 x 之差). 由图可见，α 粒子在单位路程上产生的离子对数目是不均匀的，开始 α 粒子能量大，v 大，与原子作用时间短，所以原子发生电离的概率小，所以电离密度小，随 x 增加粒子能量减小，v 也减小，与原子作用时间增加，所以电离概率增加，即电离密度增加，当电离密度增加达峰值后，α 粒子能量 E 太小，电离能力变弱，同时 α 粒子还可在空气中俘获电子而中性化，电离密度急剧减小至零. 对重荷电粒子，径迹各点的电离密度不均匀，快到径迹末端时，电离密度最大，这是重荷电粒子在物质中电离作用的重要特点. 对于能量不同、电荷不同的带电粒子，产生的电离密度数值会不同.

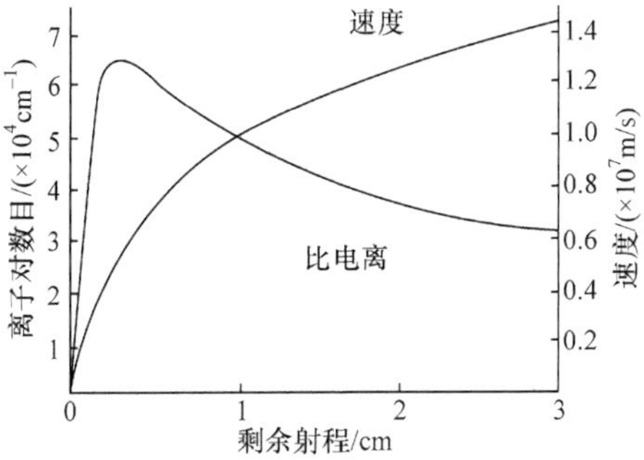

图 14-1　α 粒子的比电离和速度同剩余射程的关系

阻止本领与电离密度的比值，代表带电粒子在阻止介质中平均产生一对离子对所消耗的能量. 实验结果显示其值基本与射线的种类、能量大小无关，只与吸收物质的性质有关. 对于多数气体，产生一对离子对所消耗的平均能量介于 25～43eV，而对于液体和固体介质，其值要小得多，典型值约 5eV. 例如，空气中，无论何种射线，每产生一个离子对所消耗的平均能量约为 35.5eV；Si 中约 3.6eV.

14.1.4　射程

带电粒子在物质中不断损失能量，当耗尽全部动能后就会停止在介质中. 射程 R 为能量 E_0 的粒子射入物质那一点，至能量耗尽最后停下来所经过的距离. 质子、α 粒子等重带电粒子在介质中的路径近似一直线，相同能量的同种带电粒子在相同介质中走过差不多相等的路程，射程与阻止本领有如下关系：

$$R=\int_{E_0}^{0}\frac{1}{(-\mathrm{d}E/\mathrm{d}x)}\mathrm{d}E \tag{14-8}$$

如果知道 $-\mathrm{d}E/\mathrm{d}x$ 随能量的变化关系，可通过上式积分给出射程.

另外，由准直束的透射实验，可以直接测得射程. 图 14-2(曲线 a)为单能 α 粒子在空气中射程的测量结果. 横坐标为探测器与放射源的距离 x(即 α 粒子深入空气介质的距离)，纵坐标为单位时间内探测到的 α 粒子数 $N(x)$. 曲线 a 表明，α 粒子数 $N(x)$，开始几乎不随 x 变化，当距离 x 增至某一数值时，$N(x)$开始减少，并随距离的增加很快下降至零. 说明能量相同的 α 粒子具有差不多相同大小的射程. 曲线 b(高斯分布)是 $-\dfrac{\mathrm{d}N}{\mathrm{d}x}$ 曲线(即曲线 a 的斜率)，表示单位距离上停留下来的 α 粒子数. 当 $N(x)=N_0/2$ 时，$-\dfrac{\mathrm{d}N}{\mathrm{d}x}$ 最大，表明在单位时间内在对应 $N_0/2$ 的 x 附近(即 $\bar{R}$)单位距离

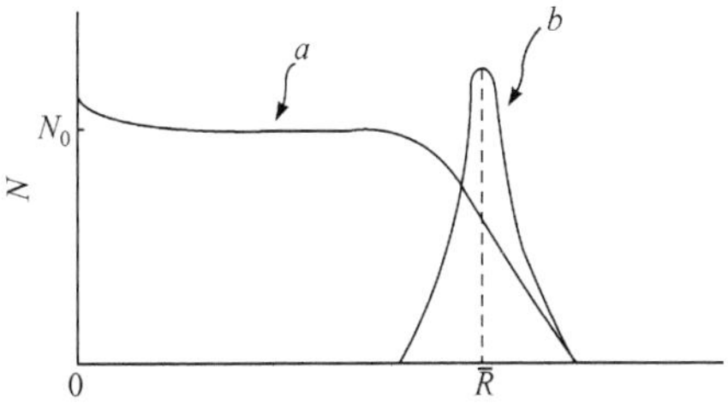

图 14-2　单能 α 粒子在空气中的射程

上停留下来的 α 粒子数最多，此处位置称为平均射程 $\overline{R}$，即具有相同能量的 α 粒子束的射程是围绕平均值 $\overline{R}$ 变化的. 射程的这一特点源于带电粒子在物质中的能量损失是一个统计过程. 一方面，一定能量的带电粒子穿过一定厚度阻止介质时发生碰撞的数目具有一定的概率分布；另一方面，每次碰撞后的能量损失也具有一定的分布. 所以，一束单能的带电粒子穿过一定厚度的介质后，透射的带电粒子不再是单一能量，而是有一能量分布(高斯分布)，自然，带电粒子最终停止的地方亦有一定的分布.

确定的重带电粒子在某种物质中的射程决定于其初始动能 E_0. 例如，对 E_0 为 4～8MeV 的 α 粒子有(空气中)

$$\overline{R}(\text{cm}) = 0.318E_{\alpha}^{3/2}(\text{MeV}) \tag{14-9}$$

对 E_0 为几个 MeV～200MeV 的质子有

$$\overline{R}(\text{cm}) = \left(\frac{E_{\text{p}}(\text{MeV})}{9.3}\right)^{1.8} \times 10^2 \tag{14-10}$$

人们通常整理出各种不同能量的粒子在不同物质中射程 R 的图表备查，如图 14-3 所示.

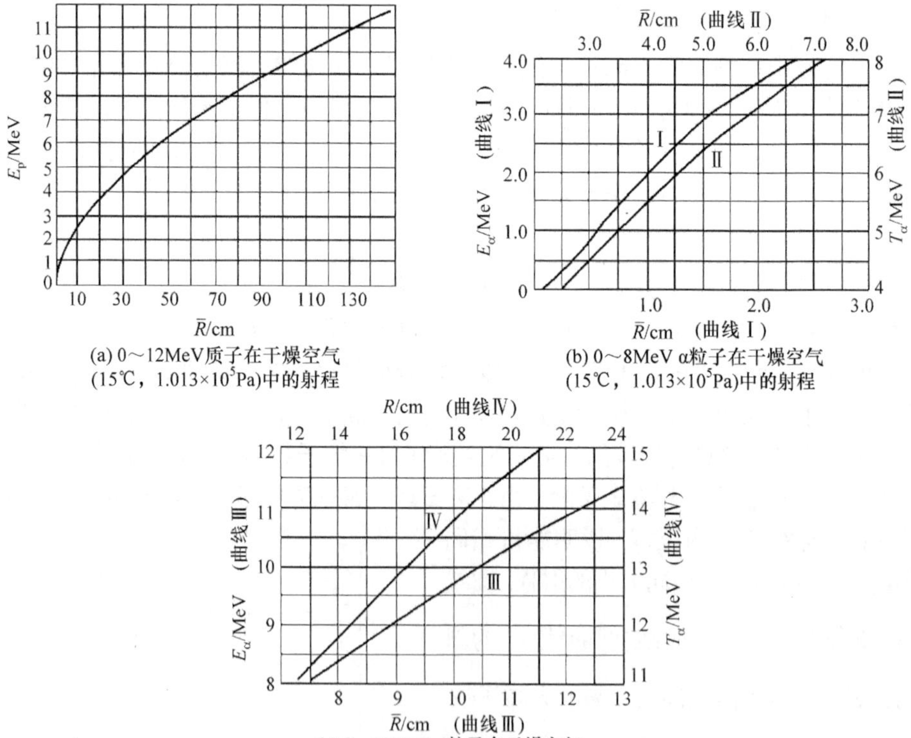

(a) 0～12MeV质子在干燥空气(15℃，1.013×10^5Pa)中的射程

(b) 0～8MeV α粒子在干燥空气(15℃，1.013×10^5Pa)中的射程

(c) 8～15MeV α粒子在干燥空气(15℃，1.013×10^5Pa)中的射程

图 14-3　不同动能的粒子在干燥空气中的射程

α 粒子在不同物质中的射程 R_1、R_2 有如下关系(布拉格经验公式)：

$$\frac{R_1}{R_2}=\frac{\rho_2\sqrt{A_1}}{\rho_1\sqrt{A_2}} \tag{14-11}$$

式中，ρ、A 是相应吸收物质的密度和原子量. 若吸收物是化合物时

$$\sqrt{A}=w_1\sqrt{A_1}+w_2\sqrt{A_2}+\cdots+w_i\sqrt{A_i} \tag{14-12}$$

w_i 为各元素的原子百分数.

另外，速度相同的两种重荷电粒子在同种物质中的射程 R'_1、R'_2 有如下关系：

$$\frac{R'_2}{R'_1}=\frac{M_2 z_1^2}{M_1 z_2^2} \tag{14-13}$$

14.2　快速电子与物质的相互作用

与重带电粒子一样，电子入射介质，与介质中的原子核和电子会发生库仑相互作用，但电子静止质量比质子、α粒子等重带电粒子小三个数量级以上，它与物质的相互作用相比于重带电粒子有明显不同. 电子与介质中电子碰撞能量损失较大(单次碰撞就可能损失一半的能量)；电子与介质原子核发生弹性散射，不损失能量但运动方向变化很大(散射角可能大于 90°)；电子与介质原子核作用会发生速度变化从而发生电磁辐射. 这样使得电子在介质中的路径是十分曲折的，单能电子的射程变化很大.

快速电子射入物质时，电子损失能量的方式主要有两种：电子在介质中因使束缚电子激发和电离而损失能量(电离能量损失)，电子因与介质原子核相互作用显著改变自己的能量状态而发生电磁辐射(辐射能量损失).

注意：电子和正电子与物质的相互作用过程极其类似，只是电子与正电子在介质中的最终命运是不同的. 电子在不断损失能量后被阻止在介质之中并成为介质的电子成员. 而正电子则在它的能量与周围物质达到热平衡时，被负电子吸引，很快与一个负电子相遇而发生湮灭，放出 2 个或 3 个光子. 放出两光子和发射三光子的数量比为 1000∶1. 放出两光子时电子和正电子的静止能量转换成两个方向相反的光子能量之和，每个光子的能量为 0.511MeV.

14.2.1　电离能量损失

我们可以用类似于重带电粒子的方式来处理电子在介质中的电离能量损失. 但存在两点不同，入射电子不像重带电粒子(质量认为是无限大的)，需考虑入射电子和介质电子反应的折合质量，另外入射电子和介质电子作用后无法区分，故

应考虑其交换性质. 根据 Müller 的结果有

$$-\frac{\mathrm{d}E}{\mathrm{d}x}=\frac{2\pi e^4 Zn_A}{m_0 v^2}\left[\ln\left(\frac{2m_0 v^2 E}{2I^2(1-\beta^2)}\right)-\ln 2(2\sqrt{1-\beta^2}-1+\beta^2)+(1-\beta^2)+\frac{1}{8}\left(1-\sqrt{1-\beta^2}\right)^2\right] \tag{14-14}$$

在低速($\beta\approx 0$)时

$$-\frac{\mathrm{d}E}{\mathrm{d}x}=\frac{4\pi e^4 Zn_A}{m_0 v^2}\left[\ln\left(\frac{2m_0 v^2}{I}\right)-1.2329\right] \tag{14-15}$$

它与式(14-3)十分相似. 在忽略电子速度 v 变化缓慢的方括号项的影响后, $-\mathrm{d}E/\mathrm{d}x$ 也与入射粒子速度平方成反比. 在相同能量时,电子速度要比质子等重带电粒子快很多, 因而 $-\mathrm{d}E/\mathrm{d}x$ 要小很多, 即同样能量的电子具有强得多的穿透本领. 例如, 1MeV 的α粒子和电子在 Si 中, 阻止本领分别为 300keV/μm 和 0.37keV/μm. 这些特点显然会影响到对它们的测量.

14.2.2 轫致辐射能量损失

当快速电子掠过原子核附近时, 由于库仑力的作用会有加速度, 因而会辐射电磁波, 我们将这种电磁辐射叫作轫致辐射, 只有电子能量较高时才显现. 按照电磁理论, 单位时间内发射电磁辐射的能量正比于其获得的加速度的平方$(zZ/m)^2$. 所以, 一般重带电粒子穿过介质时辐射能量损失可以忽略, 而电子产生的轫致辐射能量损失必须考虑. 电子在介质中穿过单位路程, 轫致辐射能量损失近似为

$$-(\mathrm{d}E/\mathrm{d}x)_{\mathrm{r}}\approx Z^2 n_A(E+m_0c^2) \tag{14-16}$$

式中, m_0c^2 和 E 分别为电子的静止能量和动能, Z 和 n_A 分别为介质的原子序数和单位体积的原子数. 由式(14-16)看出, 快速电子在原子序数高的物质中容易产生轫致辐射, 辐射损失随粒子能量的增加而增加.

图 14-4 给出了辐射能量损失与电离能量损失随能量的变化. 图中看到, 电子穿过介质时, 低能时电离能损为主, 随 E 的增加, 电离损失减少, 直到最低值. 随 E 继续增加, 出现相对论效应, 曲线又稍有增加, 曲线中最低能量损失值与粒子质量无关, 只与电荷有关. 所以如果电荷相同, 不同质量的粒子, 其最低电离损失相同, 如图 14-4 曲线(1)所示. 所以在云室和核乳胶中及气泡室中质子和电子的径迹是难以分辨的. 在高能时电子以辐射能损为主. 辐射损失随粒子能量的增加而增加, 当 $E<mc^2$ 时, 辐射损失很小; 当 $E>mc^2$ 时, 辐射损失急剧增加, 如图 14-4 曲线(2)所示.

辐射能量损失与电离能量损失之比近似可表示为

$$\frac{(-\mathrm{d}E/\mathrm{d}x)_{\mathrm{r}}}{(-\mathrm{d}E/\mathrm{d}x)_{\mathrm{e}}}\approx\frac{EZ}{700} \tag{14-17}$$

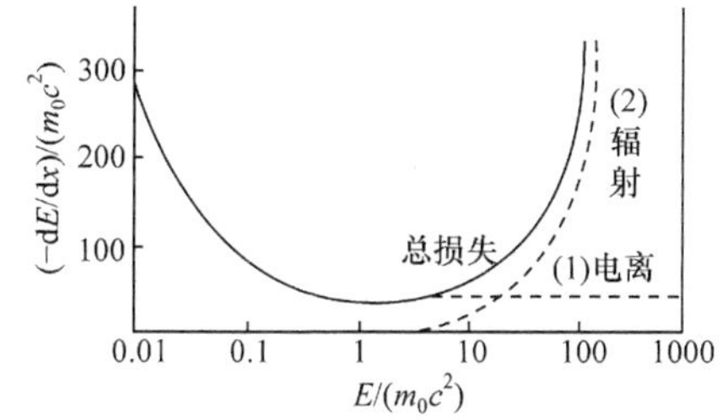

图 14-4　电子在介质中的能量损失

式中，E 的单位为 MeV. 可见对于 9MeV 电子在组织介质铅中，两种能量损失机制的贡献大致相同，差不多都是 1.45keV/μm，对于能量大于 9MeV 的电子，在铅中的辐射能量损失迅速变为主要的能量损失方式.

顺便指出：在折射率 $n>1$ 的物质中，光速 $c'=c/n<c$，c 为光在真空中的传播速度，当快速电子通过这种物质时，它的速度 v 可能大于 c'，这时高速运动着的电子将损失能量，并以电磁波的形式释放出来，此现象在 1934 年由苏联科学家切伦科夫发现，是带电粒子引起物质原子的极化所致. 切伦科夫辐射具有很强的方向性，且辐射只与吸收物的 n 有关，与它的原子序数无关；只与入射粒子的电荷数有关，与它的质量无关. 切伦科夫辐射引起的能量损失比轫致辐射小很多，通常不考虑.

14.2.3　电子的弹性散射

当快速电子通过原子核附近时，在库仑力的作用下，电子运动方向发生改变，但几乎不损失能量，此过程电子与原子核发生弹性散射.

$E_k<10$MeV 的电子通过物质时改变运动方向是弹性散射和非弹性散射的共同作用.

$E_k>10$MeV 的电子通过物质改变运动方向主要是弹性散射的贡献.

电子在物质中经过多次散射，电子的路径可以偏离原方向很大，这与重荷电粒子不同. 所以在原方向上电子数 N 不断减少，满足指数衰减律 $N=N_0e^{-\mu x}$. 例如，E_k=80keV 的电子在空气中前进 1cm，平均偏离原方向 57°，有的偏转角度可大于 90°，这种现象称为反散射(或背散射).

14.2.4　电子的吸收和射程

快速电子与物质作用具有以下特点：

(1) 能量损失率低，因而穿透物质的能力强，例如，E_k=4MeV 的电子，空气中射程为 15m，而 E_k=4MeV 的 α 粒子空气中射程为 2.5cm；

(2) 由于多次散射电子在物质中的径迹非常曲折，其长度往往超过它的射程；

(3) 即使能量完全相同的电子在同一物质中的射程也差别很大，所以通常只说它的最大射程 R_{max}，R_{max} 可由实验测量得出.

由前可知，当电子束通过吸收物时满足 $N=N_0e^{-\mu x}$，式中，N_0 是最初进入吸收物的电子数；μ 是吸收系数，随吸收物原子序数 Z 增加而略有增加.

$$\ln N = \ln N_0 - \mu x$$

把 $\ln N$ 对 x 作图，应得到一直线，根据实验数据作图，有一段是直线，把这直线延长至本底上一点，就是最大射程 R_{max}，如图 14-5(a)所示，对不同能量的 β 射线，用这方法求得相应的最大射程，就可作出能量与射程的关系曲线(图 14-5(b))，以后可以利用此图由射程求电子能量.

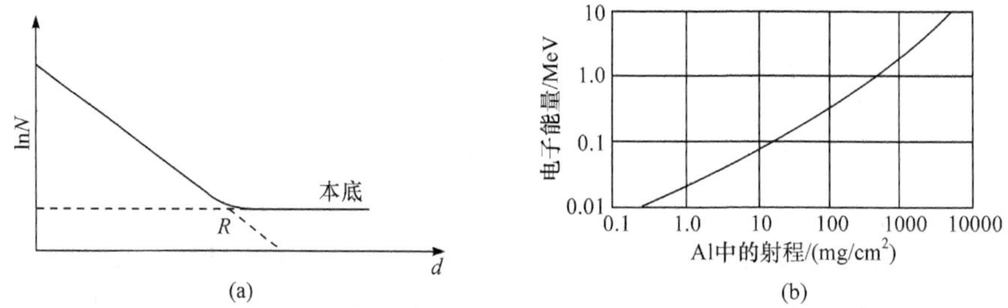

图 14-5　(a)电子射程的测定；(b)电子在 Al 中的射程

由电子在吸收介质中最大射程 R_{max}(mg/cm²)与其能量 E(MeV)间的关系，可总结出经验公式. 如对连续能谱的 β 粒子，在铝中有

$$\begin{aligned} &R_{max}(\text{g/cm}^2) = 0.542E_{max} - 0.133, \quad 0.8\text{MeV} < E_{max} < 3\text{MeV} \\ &R_{max}(\text{g/cm}^2) = 0.407(E_{max})^{1.33}, \quad 0.15\text{MeV} < E_{max} < 0.8\text{MeV} \end{aligned} \tag{14-18}$$

β 粒子最大能量 E_{max}>1MeV 时较准确，E 越大误差越小.

若用线性厚度，对铝粗略估计有 $R_{max}=2E_{max}$(mm)，对空气，$R_{max}=420E_{max}$(cm).

14.3　γ 射线与物质的相互作用

γ 射线和 X 射线分别源于原子核和核外电子能量状态的变化过程，是能量不同的光子(或波长不同的电磁波)，它们与物质相互作用的机制是一样的，只是能量不同，各种作用过程的强度不同. γ 射线与物质相互作用机制显著不同于带电粒子，带电粒子通过与介质原子核和核外电子的库仑相互作用，在其路径上经过多次碰撞而损失其能量. γ 光子则通过与介质原子或核外电子的单次作用，损失很大一部分能量或完全被吸收. γ 射线与物质相互作用主要有三种机制，即光电效应、康普顿散射和电子对效应，还存在其他的反应机制，如瑞利(Rayleigh)相干散射、光核反应等，但在通常情况下这些反应的概率相对要小得多.

14.3.1　原子截面

在准直 γ 射线穿过吸收介质的透射实验中，经准直后进入探测器的 γ 射线的强度服从指数衰减规律(参考 7.4.2 节)

$$I / I_0 = e^{-\mu x} \tag{14-19}$$

式中，I/I_0 是穿过厚度为 x 的吸收介质后，γ 射线的相对强度；μ 为总的线性吸收系数(单位为 m^{-1})，包含 γ 光子被介质吸收和散射两种贡献.

由前面对 X 射线的讨论可知 γ 射线强度在物质中的衰减有两方面的原因：一是真正的吸收，一是散射. 实质上，一束 γ 射线通过一定厚度的吸收物时，其中有的与原子发生作用，有的则没有发生作用就直接通过了，所以 γ 射线与物质的作用是有一定概率的，我们用原子截面(σ_a)描述其概率.

原子截面是原子对射线起作用的概率大小的表示. 仿照原子核反应截面的定义(参见式(12-43))，原子截面可表示为

$$\sigma_a = -\frac{dI}{I_0 n dx}$$

式中，n 为吸收物单位体积内的原子数，解得

$$I / I_0 = e^{-n\sigma_a x}$$

对比式(14-19)可见：$\mu=\sigma_a n$，这是原子截面与吸收系数的关系. 即一束射线经过吸收物质，若衰减得多，那么 μ 值大，或者说原子截面大.

因为原子数密度可表为 $n=\rho N_A/A$，其中 ρ 为材料的质量密度，A 为原子质量数，N_A 为阿伏伽德罗常量. 所以原子截面一般表示为

$$\sigma_a = \frac{\mu A}{\rho N_A} \tag{14-20}$$

式(14-20)的原子截面与 12.3.1 节中的核反应截面的意义相同，只是参与反应的靶是原子而非原子核，单位为 m^2 或者 b.

考虑到 γ 射线的衰减主要包含三种过程，则 γ 射线通过介质时总的原子截面为

$$\sigma_a = \sigma_e + \sigma_c + \sigma_p \tag{14-21}$$

式中，σ_e、σ_c 和 σ_p 分别为光电效应、康普顿散射与电子对效应的原子截面.

14.3.2　光电效应

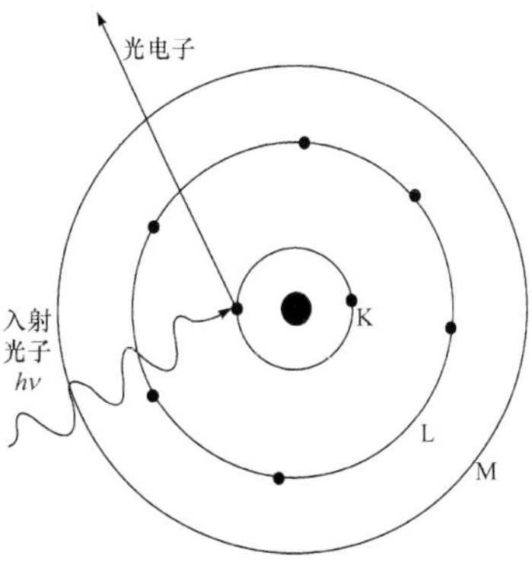

图 14-6　光电效应示意图

光电效应是介质原子作为一个整体与γ光子发生电磁相互作用，γ 光子被吸收，其全部能量传递给一个束缚电子，该束缚电子获得能量变为自由电

子(称为光电子)，如图 14-6 所示. 光电子具有确定的能量 E_e，

$$E_e = h\nu - \varepsilon_i \tag{14-22}$$

式中，ν 为 γ 光子的频率，ε_i 为出射电子在原子中的结合能. 发射光电子后的原子处于高能量电离态，将发射特征 X 射线或俄歇电子退激.

当 γ 光子能量大于介质 K 壳层的电子结合能(ε_K 最大)时，光电子可以出自不同的原子壳层，不同壳层电子发射光电效应的截面是不同的，束缚越紧(ε_i 越大)的壳层电子发生光电效应的截面越大. 对于 K 壳层电子，发生光电效应的截面为

$$\begin{aligned} \sigma_K &= 32^{1/2}\alpha^4\left(\frac{m_0c^2}{h\nu}\right)^{7/2} Z^5\sigma_{th}, \quad h\nu \ll m_0c^2 \\ \sigma_K &= 1.5\alpha^4\left(\frac{m_0c^2}{h\nu}\right) Z^5\sigma_{th}, \qquad h\nu \gg m_0c^2 \end{aligned} \tag{14-23}$$

式中，$\sigma_{th} = \frac{8}{3}\pi\left(\frac{e^2}{m_0c^2}\right)^2 = 6.65\times10^{-25}\,\text{cm}^2$ 为汤姆孙截面，$\alpha = 1/137$ 为精细结构常数.

由式(14-23)看出：σ_K 与介质原子序数 Z^5 成正比，为利用 γ 射线与物质产生的光电效应，可以通过探测光电子来探测 γ 射线，选用高 Z 值的吸收介质对提高探测效率是十分有利的.

注意：根据能量守恒和动量守恒判断，光电效应只能是 γ 光子与束缚电子间的碰撞，不是 γ 光子与自由电子间的碰撞.

14.3.3　康普顿散射

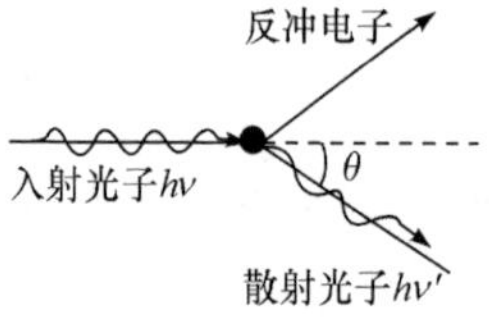

图 14-7　康普顿散射示意图

康普顿散射是 γ 光子与介质中的自由电子发生弹性碰撞，光子损失部分能量，电子获得动能. 图 14-7 为康普顿散射示意图.

根据能量和动量守恒定律，可得散射光子能量 E'_γ 和出射的康普顿电子(也称为反冲电子)的动能 E_e 随散射光子出射角 θ 的变化关系

$$\begin{aligned} E'_\gamma &= E_\gamma \bigg/ \left[1+\frac{E_\gamma(1-\cos\theta)}{m_0c^2}\right] \\ E_e &= E_\gamma \bigg/ \left[1+\frac{m_0c^2}{E_\gamma(1-\cos\theta)}\right] \end{aligned} \tag{14-24}$$

可以看到：当 $\theta = 0°$ 时，$E'_\gamma = E_\gamma$，$E_e = 0$；当 $\theta = 180°$ 时，$E'_{\gamma\min} = E_\gamma\bigg/\left(1+\frac{2E_\gamma}{m_0c^2}\right)$，$E_{e\max} = E_\gamma\bigg/\left(1+\frac{m_0c^2}{2E_\gamma}\right)$，即对于单能入射光子，康普顿散射光子

的出射角θ在0°和180°之间变化，其能量在E_γ和$E'_{\gamma\min}$间变化；而反冲电子只能在90°和0°间发射，其能量相应在0和E_{emax}之间连续变化.

康普顿电子在不同出射角的发射概率是不同的. 康普顿散射的截面为

$$\sigma_{\mathrm{c}} = Z\pi\left(\frac{e^2}{m_0c^2}\right)^2 \frac{m_0c^2}{h\nu}\left(\ln\frac{2h\nu}{m_0c^2}+\frac{1}{2}\right),\qquad h\nu \gg m_0c^2 \tag{14-25}$$

14.3.4　电子对效应

一个γ光子的能量大于电子静止能量的2倍时，会在介质原子核附近的库仑场中转换成一对正负电子，此过程称作电子对效应，如图14-8所示. 电子对效应是高能γ光子与物质相互作用的主要方式. 根据能量守恒有

$$h\nu = 2m_0c^2 + E_{\mathrm{e}^+} + E_{\mathrm{e}^-} \tag{14-26}$$

对于确定能量的γ光子，在电子对产生过程中，正负电子的动能和是一定的. 可通过同时测定正负电子对的总能量来确定γ光子的能量.

注意：γ光子的电子对效应必须要有第三者(原子核)的参与以保证能量和动量守恒定律成立.

研究表明，电子对效应的截面与光子能量E_γ和阻止介质原子序数Z有如下关系：

$$\begin{aligned}&\sigma_{\mathrm{p}} \propto Z^2E_\gamma\ , \qquad h\nu > 2m_0c^2\\&\sigma_{\mathrm{p}} \propto Z^2\ln E_\gamma\ ,\quad h\nu >> 2m_0c^2\end{aligned} \tag{14-27}$$

前面分别讨论了γ射线与物质相互作用的三种机制. 实际上，光电效应和康普顿散射总是存在的，当$E_\gamma > 1.02\mathrm{MeV}$时，电子对效应也会参与其中. 对于不同能量的$\gamma$射线与阻止介质，三种机制的相对重要性可参阅图7-15. 图14-9为不同能

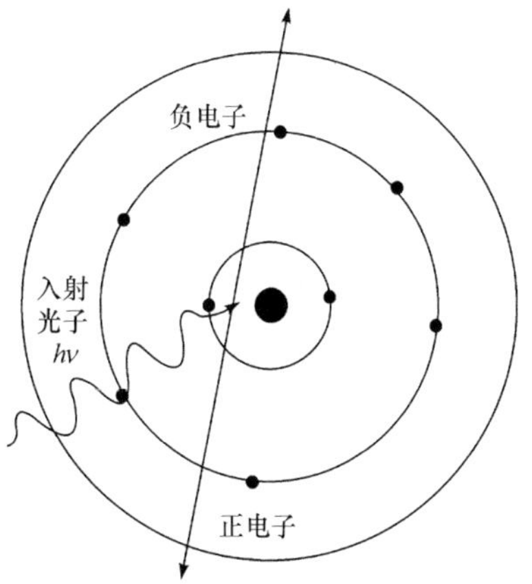

图 14-8　电子对效应示意图

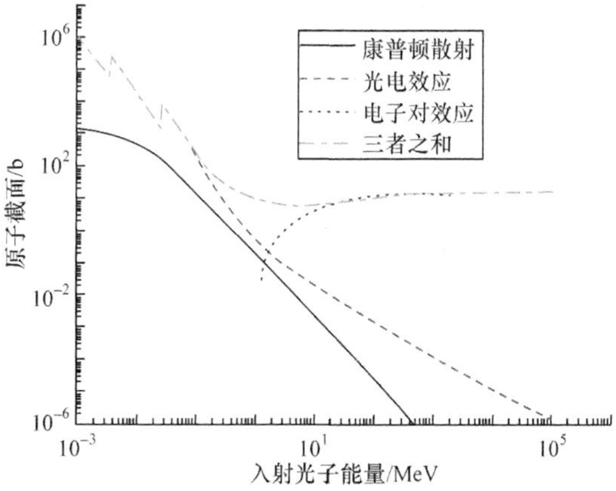

图 14-9　光子在 Cd 中的原子截面

量光子在 Cd 中的各种机制的原子截面. 可以认为：低能 γ 射线在高 Z 介质中光电效应起主要作用，而中间能区康普顿散射起主要贡献，而仅对高能 γ 射线(≥10MeV)和高 Z 介质，电子对效应才变成占压倒优势的过程.

14.4 中子与物质的相互作用

自从 1938 年发现中子能引起重核裂变释放核能后，人们就以很大的精力研究中子及它和物质相互作用的性质，为建立反应堆和制造原子弹提供基础数据. 另外，中子作为探针照射材料形成多种技术，如中子活化分析、中子测井、中子成像等，这些技术应用于其他学科领域展现了非凡的生命力.

中子的研究和应用都需要解决中子的产生问题. 中子作为原子核的基本组成单元，产生于各种核反应中，如重核裂变、$D(d,n)^3He$ 等. 目前所使用的中子源大致分成三类，即反应堆中子源(重核裂变放出中子)、加速器中子源(加速器加速带电粒子打靶发生核反应产生中子)和放射性中子源(放射性核素衰变放出射线与其他核素发生核反应产生中子). 各类中子源都不易得，使得中子的应用受到很大的限制.

中子是电中性的，它与物质中原子的电子相互作用很小，基本上不会因使原子电离和激发而损失其能量，中子在物质中损失能量的主要机制是与原子核发生碰撞，因而，中子比相同能量的带电粒子具有强得多的穿透能力，中子也更难探测和防护.

14.4.1 中子与靶核反应的常用参量

1. 微观截面

中子与原子核的作用，根据中子能量，可以产生各种作用过程，包括弹性散射、非弹性散射、辐射俘获和裂变等，若对应的反应截面依次为 σ_s、$\sigma_{s'}$、σ_γ、σ_f 等，则总的反应截面 σ_t 为

$$\sigma_t = \sigma_s + \sigma_{s'} + \sigma_\gamma + \sigma_f + \cdots \tag{14-28}$$

其中，辐射俘获和裂变等反应使中子被吸收，吸收截面 σ_a 为

$$\sigma_a = \sigma_\gamma + \sigma_f + \cdots \tag{14-29}$$

以上各种反应截面在中子物理中常称为微观截面，微观截面的大小强烈地依赖于入射粒子的能量. 如图 14-10 所示，左图为中子与 ^{235}U 的裂变截面(上)和辐射俘获截面(下)；右图为中子与 H(上)和 ^{27}Al(下)的弹性散射截面.

总体来说，当中子能量不高时，在一些轻核上弹性散射起主要作用，而且在低能部分截面近似为常量. 只有中子的能量超过一定的阈值时，才能在核上产生非弹性散射. 在吸收截面中最重要的是辐射俘获(除了少部分重核素如 ^{235}U 发生裂变)的贡献，这一过程比较多地发生在重核上，在轻核发生的概率较小，它可以

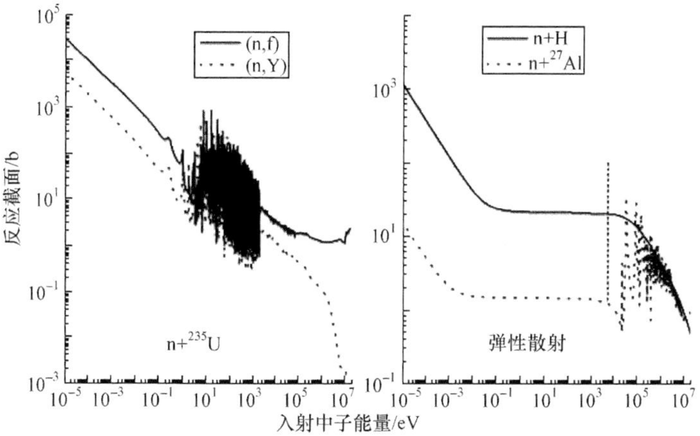

图 14-10　反应截面随能量的变化

在中子的所有能区上发生. 在一般情况下，(n,p)、(n,α)等产生带电粒子的反应截面比较小，除了 ^{10}B、^{3}He 和 ^{6}Li 等少数核外，在吸收截面中常不用考虑.

2. *宏观截面*

中子在介质中发生反应的概率(等于核反应的产额，参阅 12.3.3 节)，既和微观截面有关，也和靶材料有关. 为整体地考虑两者的影响，核反应过程中经常使用宏观截面 Σ ，其为微观截面 σ 和靶物质单位体积内的原子核数目 n 的乘积

$$\Sigma = \sigma \cdot n \tag{14-30}$$

不同的微观截面有相应的宏观截面，例如宏观总截面 $\Sigma_t = \sigma_t n$ ，宏观吸收截面 $\Sigma_a = \sigma_a n$ ，宏观俘获截面 $\Sigma_\gamma = \sigma_\gamma n$ 等.

宏观截面的物理意义很明确，由式(12-51)，中子束穿过一定厚度 x 的介质后，其强度由 I_0 变为 $I(x)$，满足

$$I(x) = I_0 e^{-\Sigma_t x} \tag{14-31}$$

则 Σ_t 表示中子穿过单位长度的靶物质时发生反应的总概率. 单位为 m^{-1}.

考虑两种核素的均匀混合物，单位体积内每种核素的原子数分别是 n_1 和 n_2 ，而两种核素与中子作用的截面分别为 σ_1 和 σ_2 ，则中子在这种物质中的宏观截面为

$$\Sigma = \Sigma_1 + \Sigma_2 = \sigma_1 n_1 + \sigma_2 n_2 \tag{14-32}$$

对于多原子分子，密度为 ρ ，分子量为 M，若分子中第 i 中原子的数目为 l_i，则单位体积内第 i 中原子的数目为

$$n_i = \frac{l_i \rho}{M} N_A \tag{14-33}$$

若中子和第 i 中原子核的反应截面为 σ_i，则相应的宏观截面是

$$\Sigma = \frac{\rho N_{\mathrm{A}}}{M}(l_1\sigma_1 + l_2\sigma_2 + \cdots) \tag{14-34}$$

3. 平均自由程

只要不发生碰撞，中子在介质中沿直线运动，中子在介质中连续两次碰撞之间穿行的距离称为自由程. 由于中子运动的随机性，自由程有长有短，但对于一定能量的中子，自由程的平均值是确定的，称为平均自由程.

由式(14-31)看出，中子在 $x \sim x + \mathrm{d}x$ 介质内发生碰撞的总概率 $P(x)\mathrm{d}x$ 为

$$P(x)\mathrm{d}x = \frac{-\mathrm{d}I}{I_0} = \Sigma_{\mathrm{t}}\mathrm{e}^{-\Sigma_{\mathrm{t}}x}\mathrm{d}x \tag{14-35}$$

此部分发生碰撞的中子的自由程为 x，则总的平均自由程 λ_{t} 为

$$\lambda_{\mathrm{t}} = \int_0^{\infty} x \cdot P(x)\mathrm{d}x = \int_0^{\infty} x\Sigma_{\mathrm{t}}\mathrm{e}^{-\Sigma_{\mathrm{t}}x}\mathrm{d}x = \frac{1}{\Sigma_{\mathrm{t}}} \tag{14-36}$$

同理可以引入散射平均自由程 $\lambda_{\mathrm{s}} = \dfrac{1}{\Sigma_{\mathrm{s}}}$ 和吸收平均自由程 $\lambda_{\mathrm{a}} = \dfrac{1}{\Sigma_{\mathrm{a}}}$，$\Sigma_{\mathrm{t}} = \Sigma_{\mathrm{s}} + \Sigma_{\mathrm{a}}$，则

$$\frac{1}{\lambda_{\mathrm{t}}} = \frac{1}{\lambda_{\mathrm{s}}} + \frac{1}{\lambda_{\mathrm{a}}} \tag{14-37}$$

14.4.2 中子的慢化

不管是核裂变还是其他核反应产生的中子，其能量大都是几个 MeV 的快中子. 但在实际应用中，常利用中子在低能区反应截面较大的特点，需要将快中子减速到能量为 eV 数量级的慢中子. 将能量高的快中子变成能量低的慢中子的过程称为中子的慢化，而中子慢化过程中能量损失的主要机制是中子和靶核发生弹性散射. 以下分析过程都是基于弹性散射.

1. 中子能量的变化

弹性散射中，中子和靶核的动能和动量守恒，但中子会把一部分动能传递给原子核而慢化.

实验室系中，靶核(质量为 m)静止. 中子(质量为 m_{n})初始速度为 v_0，发生弹性散射后，中子在散射角 θ_L 方向以速度 v 飞出，散射前后中子的动能为 E_0 和 E.

容易证明(参阅 12.2 节)：在质心系中，弹性散射前后，中子和靶核的速度数

值不变，只是改变速度的方向(质心系中的散射角为 θ_C). 可计算给出弹性散射前后中子的动能之比为

$$\frac{E}{E_0}=\frac{\frac{1}{2}m_n v^2}{\frac{1}{2}m_n v_0^2}=\frac{1}{(m+m_n)^2}(m_n^2+m^2+2m_n m\cos\theta_C) \tag{14-38}$$

令

$$\alpha=\left(\frac{m-m_n}{m+m_n}\right)^2\approx\left(\frac{A-1}{A+1}\right)^2 \tag{14-39}$$

其中，A 是靶核的质量数，于是

$$\frac{E}{E_0}=\frac{1}{2}[(1+\alpha)+(1-\alpha)\cos\theta_C] \tag{14-40}$$

可以看出，弹性散射后中子能量 E 随质心系散射角 θ_C 而变化. 当 $\theta_C=0°$ 时，$E_{\max}=E_0$；当 $\theta_C=180°$ 时，$E_{\min}=\alpha E_0$. 一般情况下，经过一次弹性散射后

$$\alpha E_0\leqslant E\leqslant E_0 \tag{14-41}$$

对于中子与氢发生弹性散射，$\alpha=0$，中子一次散射有可能损失全部动能；对于石墨(A=12)，$\alpha=0.716$，一次散射最多损失初始能量的 28.4%.

2. 平均对数能量损失

散射后，中子可出射到各个方向. 理论和实验表明：对于动能为几个 eV 至几个 MeV 的中子与原子核的弹性散射，在质心系中是各向同性的，即中子被散射到不同方向上单位立体角 $d\Omega$(图 14-11)内的概率相同. 于是，中子散射到角度范围 θ_C～$\theta_C+d\theta_C$ 的概率为

$$f(\theta_C)d\theta_C=\frac{d\Omega}{4\pi}=\frac{2\pi\sin\theta_C d\theta_C}{4\pi}=\frac{1}{2}\sin\theta_C d\theta_C \tag{14-42}$$

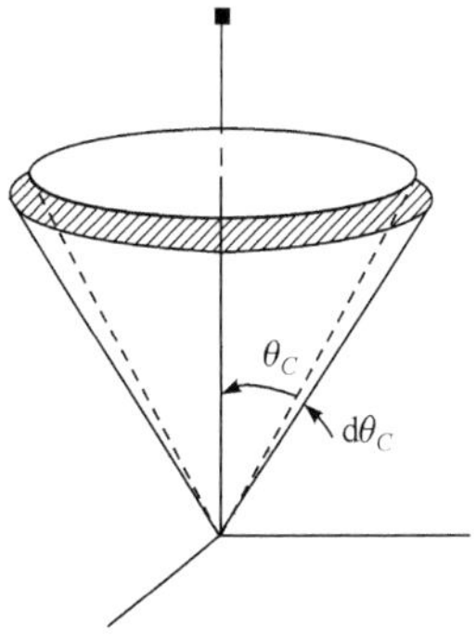

图 14-11　单位立体角 $d\Omega$

若用 $f(E_0\to E)dE$ 表示中子散射到能量范围 E～$E+dE$ 的概率，有

$$f(\theta_C)d\theta_C=f(E_0\to E)dE \tag{14-43}$$

由式(14-40)、(14-42)和(14-43)可得

$$f(E_0\to E)dE=-\frac{dE}{(1-\alpha)E_0},\quad \alpha E_0\leqslant E\leqslant E_0 \tag{14-44}$$

即散射后中子的出射能量在$[\alpha E_0,E_0]$范围内等概率出现.

散射后中子的平均能量为

$$\overline{E}=\int_{E_0}^{\alpha E_0}E\cdot f(E_0\to E)\mathrm{d}E=\frac{1}{2}(1+\alpha)E_0 \tag{14-45}$$

中子一次碰撞的平均能量损失为

$$\overline{E}=E_0-\overline{E}=\frac{1}{2}(1-\alpha)E_0 \tag{14-46}$$

在快中子的不断碰撞慢化过程中，每次碰撞的平均能量损失是不同的. 但是，每次碰撞的平均对数能量损失 $\xi=\langle\ln E_0-\ln E\rangle$ 与碰撞前的能量 E_0 无关，可以计算

$$\xi=\langle\ln E_0-\ln E\rangle=\int_{E_0}^{\alpha E_0}\ln\frac{E_0}{E}\cdot f(E_0\to E)\mathrm{d}E=1+\frac{\alpha}{1-\alpha}\ln\alpha \tag{14-47}$$

利用 ξ 可计算中子能量从 E_i 减少到 E_f 需要经过的平均碰撞次数

$$\overline{N}=\frac{\ln(E_\mathrm{i}/E_\mathrm{f})}{\xi} \tag{14-48}$$

例如，用氢作慢化剂，$\xi=1$，取 E_i=2MeV，E_f=0.0253eV，得 $\overline{N}\approx 18$. 而对于石墨，$\xi=0.157$，$\overline{N}\approx 115$. 可见选用轻靶核(例如 H、D 和 C)作为慢化剂更为有效.

当然，为对中子进行有效的慢化，需选用一个好的慢化剂，它除了要有大的平均对数能损 ξ，还需要大的散射宏观截面 Σ_s 和小的吸收宏观截面 Σ_a.

3. 平均散射角余弦

中子与核发生弹性散射后，其运动方向发生改变. 若散射角为 θ，则 $\cos\theta$ 叫作散射角余弦. 由式(14-42)，可求出质心系内每次碰撞的平均散射角余弦 $\overline{\mu_C}$ 为 0，这是预料中的，因为 C 系内散射是各向同性的.

而 L 系中的平均散射角余弦 $\overline{\mu_L}$ 为

$$\overline{\mu_L}=\int_0^{\pi}\cos\theta_L f(\theta_L)\mathrm{d}\theta_L \tag{14-49}$$

式中，$f(\theta_L)\mathrm{d}\theta_L$ 表示碰撞后中子出射到角度范围 $\theta_L\sim\theta_L+\mathrm{d}\theta_L$ 的概率. 而

$$f(\theta_L)\mathrm{d}\theta_L=f(\theta_C)\mathrm{d}\theta_C \tag{14-50}$$

利用，式(12-31)、(14-42)和(14-50)，可得

$$\overline{\mu_L}=\int_0^{\pi}\cos\theta_L f(\theta_C)\mathrm{d}\theta_C=\frac{1}{2}\int_0^{\pi}\frac{1+A\cos\theta_C}{\sqrt{1+A^2+2A\cos\theta_C}}\sin\theta_C\mathrm{d}\theta_C=\frac{2}{3A} \tag{14-51}$$

平均散射角余弦只和靶材有关，它体现了中子发生弹性散射后各向异性的程度. 如果是重核，$\overline{\mu_L}\to 0$，散射后中子各向同性.

4. 中子的路径

如图 14-12 所示，中子在介质中运动，被吸收前往往经历多次弹性碰撞，每碰撞一次，中子的运动方向即发生变化，运动方向的不断变化使中子在介质中的路径比较复杂. 快中子(MeV 量级)在慢化过程中，弹性散射使中子能量减少明显，但中子变为慢中子(或热中子，eV 量级)后，弹性散射使中子能量的损失很小，此过程主要是中子在不同位置间移动，称为中子的扩散. 扩散的结果是中子从密度大的地方不断向密度小的地方迁移.

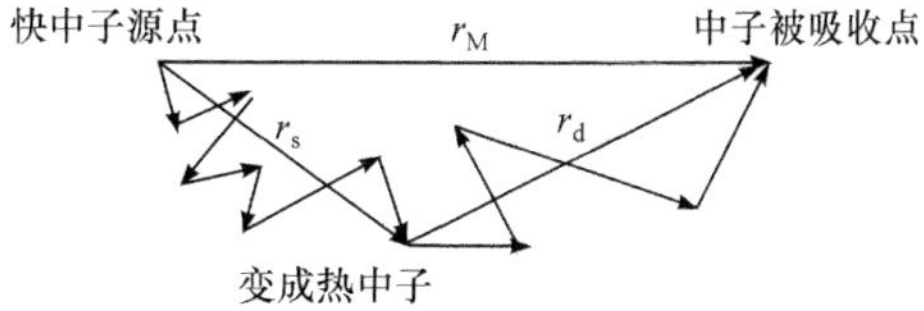

图 14-12　中子路径示意图

虽然不能确定中子在介质中何处被慢化为热中子、何处被吸收，但如果知道中子在介质中运动时的各种宏观截面，可计算给出(需结合具体的情况)快中子慢化为热中子前所走的直线距离平方的平均值$\overline{r_{\mathrm{s}}^2}$，热中子被吸收前所走的直线距离平方的平均值$\overline{r_{\mathrm{d}}^2}$. 快中子被吸收前所走的直线距离平方的平均值$\overline{r_{\mathrm{M}}^2}$满足

$$\overline{r_{\mathrm{M}}^2}=\overline{r_{\mathrm{s}}^2}+\overline{r_{\mathrm{d}}^2} \tag{14-52}$$

$\overline{r_{\mathrm{s}}^2}$、$\overline{r_{\mathrm{d}}^2}$和$\overline{r_{\mathrm{M}}^2}$将分别对应反应堆中非常重要的物理量慢化长度、扩散长度和徙动长度.

习题与思考题

1. 利用 α 粒子在空气中的射程的经验公式，求出能量为 6MeV 的粒子在空气中的射程，以及在铝中的射程($\rho_{铝}=2.7\times10^3\mathrm{kg/m^3}$，$\rho_{空气}=1.226\mathrm{kg/m^3}$，$\sqrt{A_{空}}=3.81$).
2. 已知石墨的密度是 1.6g/cm³，相应中子的$\sigma_{\mathrm{s}}=4.8\mathrm{b}$，求中子在石墨中的散射宏观截面、散射平均自由程、散射时的平均对数能量损失.
3. 重带电粒子、电子、γ 光子与中子入射介质时，主要的能量损失方式是什么？对粒子的探测与防护有何启示？

*第 15 章

粒子物理简介

粒子物理是研究比原子核更深一个层次的物质组分，即研究比原子核更深层次的微观世界中物质结构、物质的性质和超高能情况下，这些物质相互转化的现象，以及产生这些现象的原因和规律，是研究物质微观结构的基础.

15.1 粒子和粒子的相互作用

物质的基本单元：原子→原子核、电子→质子、中子、电子、光子→“基本粒子”，现在人们发现的在“基本粒子”这一层次的稳定粒子共有几十上百种，此外还有共振态粒子统称粒子(有 400 多种). 稳定粒子其寿命 τ 相对较长 $\tau>10^{-16}$s(相对 10^{-22}s 而言的)，是不能通过强作用而衰变的粒子；共振态粒子是两三个粒子短时间结合在一起而成为一个粒子，很快就衰变了，寿命 $\tau<10^{-22}$s，可通过强作用衰变. 它一生所通过的距离只有 10^{-13}cm，所以无法直接测量. 当然有些粒子可能还有内部结构.

15.1.1 四种基本相互作用

在粒子之间存在四种基本相互作用，强相互作用、电磁相互作用、弱相互作用、引力相互作用，如表 15-1 所示.

表 15-1 粒子之间的相互作用

	强度比	力程/m	粒子寿命/s
强相互作用	1	10^{-15}	$\sim10^{-23}$
电磁相互作用	10^{-2}	∞	$10^{-16}\sim10^{-20}$
弱相互作用	10^{-13}	10^{-18}	$>10^{-10}$
引力相互作用	10^{-38}	∞	

四种相互作用的特点如下.

(1) 表现在它们之间强度的差异上. 作用愈强，过程愈激烈，参与作用的粒子的寿命就愈短.

例如，$\pi^0 \to \gamma + \gamma$ 是一种电磁衰变；$\pi^+ \to \mu^+ + \nu_\mu$ 是弱衰变过程. 所以 π^0 的寿命(10^{-16}s)比 π^+的寿命(10^{-8}s)短得多，即发生作用的强弱，可从发生作用的时间长短来估计.

一般所说的稳定粒子都是指寿命 $\tau > 10^{-16}$s 的粒子，所以，它们是不会通过强相互作用而衰变的.

(2) 表现在作用力程上的差别，弱作用仅仅蕴藏在小于核子线度的微观世界里；在原子尺度，强作用几乎不起作用，弱作用完全不起作用.

15.1.2　早期粒子的分类

早期人们按粒子参与相互作用的情况，将粒子分成四大类，如表 15-2 所示.

表 15-2　粒子分类

类别		粒子	自旋	参与作用
光子		γ	1	电磁
轻子		$e^\pm$、ν_e、$\bar{\nu}_e$、$\tau^\pm$、ν_τ、$\bar{\nu}_\tau$、$\mu^\pm$、ν_μ、$\bar{\nu}_\mu$	1/2	电磁、弱作用
强子	重子	p、n、$\bar{p}$、$\bar{n}$ 等	1/2	电磁、弱、强作用
	介子	$\pi^\pm$、π^0 等和它们的反粒子	0	电磁、弱、强作用

光子是电磁作用的传递者，自旋为 1，是玻色子.

轻子，不参与强作用，自旋为 1/2，是费米子，六种轻子可分成三类：电子轻子(e^-，ν_e)、μ 轻子(μ^-，ν_μ)、τ 轻子(τ^-，ν_τ).

强子，是能够参与强作用的粒子，故名强子，又可分为重子(自旋为半整数)和介子(自旋为整数)两类.

重子具有其他粒子所没有的内禀特性，这种性质可用指定的重子数 B 来表示，所有重子的重子数为 1，反重子的重子数为 $B=-1$，其他非重子粒子 B=0. 实验发现任何粒子过程中重子数 B 守恒. 与此类似，对轻子，需指定轻子数表示各轻子的性质“e 轻子的轻子数为 L_e”，μ 轻子的轻子数为 L_μ，τ 轻子的轻子数为 L_τ. L_e、L_μ、L_τ 在任何粒子过程中也是分别守恒的. 光子和介子既不是轻子也不是重子，所以它们的轻子数和重子数都是 0. 轻子数 L、重子数 B 与粒子的电荷数 Q 和质量 M 一样是表征粒子性质的基本物理量.

反粒子：每一种粒子都有反粒子，反粒子的质量、寿命、自旋与粒子相同，而电荷、磁矩、轻子数、重子数、奇异数、磁矩等符号相反. 有些粒子的反粒子就是自己，如光子. 电子的反粒子是正电子，μ^+和 μ^-互为反粒子，正反粒子相互作用(相遇时)要发生湮灭，转化为光子或介子(生成相加量子数为 0 的态).

15.1.3 奇异粒子的发现和奇异数 S

高能粒子研究的初始阶段是在宇宙射线中进行的，后来高能加速器发展了，很多关于粒子的研究工作都在高能加速器中进行，但加速器现在能达到的能量约 10^3～10^4GeV，而宇宙线中可观察到粒子的能量有的高达 10^9GeV，所以高能领域的粒子问题有些仍须在宇宙线中进行研究. 20 世纪 40 年代末 50 年代初随着加速器的发展，人们先后在实验上首次发现了 K 介子(K^0、$K^\pm$、$\bar{K}^0$)和超子(比核子更重的重子) Λ、$\Sigma^\pm$、Σ^0、Ξ^0、Ξ^-，它们具有原来强子所没有的奇异性质，称为奇异粒子. 它们是快产生(10^{-23}s)、慢衰变(10^{-10}～10^{-8}s)，即平均寿命比产生过程长 10^{14} 倍. 快产生说明产生时的相互作用强度是很强的，由产生时间 10^{-23}s 可推知产生时是强相互作用；而它的慢衰变，说明衰变过程粒子的相互作用是很弱的，所以推知衰变时是弱相互作用. 并且它们总是协同产生非协同衰变，即至少有两个奇异粒子一起产生，然后每个奇异粒子再分别单独地衰变. 对这些奇异性质人们用一种新的量子数来表明——奇异数 S. 对奇异粒子奇异数 S 设为 1 或–2、–3，过去熟知的普通粒子 S=0. 强相互作用过程中奇异数守恒，弱相互作用过程中奇异数不守恒(但 ΔS=0，或±1)，服从如下选择定：

$$\Delta S=\begin{cases}0, \text{对奇异粒子的强产生}\\ \pm1, \text{对奇异粒子不产生}\mu\text{和e的弱衰变}\\ \Delta Q=\Delta S=0\text{或}\pm1, \text{奇异粒子衰变为强子和轻子}\end{cases}$$

ΔQ 是奇异粒子和强子间的电荷数改变.

15.1.4 同位旋和盖尔曼–西岛关系

1. 同位旋和同位旋三分量 I_3

从已发现的粒子中，人们看到有些强子质量很接近，且自旋相同，重子数相同，参与强相互作用的性质也相近，行为也相近，只是电量不同. 例如，p 和 n，或 $\pi^\pm$等，后来发现这种分族相似性，是能参与强相互作用的粒子所具有的普遍特性，所以海森伯提出可将每一组这样的粒子描写为一种粒子，只是处于不同的带电状态(例 p、n 统称核子，其两个不同的带电状态分别为质子和中子). 对每一组粒子指定一个数 I——称为同位旋，描写强子的多重态(是由于强作用与电荷的无关性而引入的)，并规定 I 在 Z 方向的分量 I_3=I, I–1,⋯, –I，共 2I+1 个 I_3，用来表示每一组内的强子数目. 对每个粒子指定一个 I_3 的值.

例如，对核子这一组：有两个粒子，即质子和中子(n，p)，需要有两个 I_3，即 $2I+1=2$，所以 $I=1/2$，则 $I_3=\pm1/2$，我们指定对质子 p，$I_3=1/2$，对中子 n，$I_3=-1/2$.

对 π^+、π^-、π^0 粒子组：$2I+1=3$，所以 $I=1$，$I_3=1,0,-1$.

对独立粒子组：Λ^0 或 Ω^0，$2I+1=1$，所以 $I=I_3=0$.

在强作用中 I、I_3 守恒，弱作用中不守恒.

2. 盖尔曼–西岛关系

盖尔曼和西岛从实验发现，粒子的电荷数 Q、同位旋三分量 I_3、重子数 B 及奇异数 S 之间有如下普遍关系：

$$Q = I_3 + (S + B)/2 \tag{15-1}$$

通常令 $S+B=Y$，称为超荷，则上式可表示为

$$Q = I_3 + Y/2 \tag{15-2}$$

这就是盖尔曼–西岛关系.

15.1.5 对称原理(粒子在 C、P、T 操作下的对称性)

下面我们讨论粒子在空间反演(P)、时间反演(T)和正反粒子变换(C)下的对称性问题.

空间反演(P)：即 $\boldsymbol{r} \to -\boldsymbol{r}$ 变化下描述粒子状态的波函数 $\psi(\boldsymbol{r})$ 的对称性，反映了粒子的性质或作用在空间相反方向是否对称.

时间反演(T)：把描述物体进程的时间倒过来，即操作 $t \to -t$.

正反粒子变换(C)：即交换正反粒子，正粒子→反粒子. 如 Q 从“+”→“–”，B 从“+”→“–”，超荷 Y 从“+”→“–”，磁矩反向等.

CPT：是三种变换的联合过程.

CPT 定理：三种变换的联合过程，在强相互作用、电磁相互作用、弱相互作用中都是不变的，即都是对称的.

由 CPT 定理知，若任何相互作用在 T 变换下是不变的，那么，CP 联合变换也是不变的. 弱作用分别在 C 和 P 变换中是不守恒的，而在 T 变换下是守恒的，所以可推知 CP 联合变换也是守恒的. 实际上，弱相互作用中 CP 联合变换不是完全守恒的有 0.2%的例外，所以 T 变换中有微小程度的不守恒.

由以上的讨论可知，描述粒子的物理量现在有质量、寿命、电荷、自旋、轻子数、重子数、同位旋、奇异数、超荷、宇称(内禀)等，各种物理量在三种相互作用下的守恒情况如表 15-3 所示.

表 15-3 三种相互作用下的守恒情况

相互作用	守恒量														
	能量	动量	角动量 J	电荷	电子轻子数 L_e	μ子轻子数 L_μ	τ子轻子数 L_τ	重子数 B	同位旋 I	同位旋分量 I_z	奇异数 S	宇称 P	电荷共轭 C	时间反演 T	联合变换 CPT
强相互作用	√	√	√	√	√	√	√	√	√	√	√	√	√	√	√
电磁相互作用	√	√	√	√	√	√	√	√	×	√	√	√	√	√	√
弱相互作用	√	√	√	√	√	√	√	√	×	×	×	×	×	×	√

15.2 共 振 态

共振态：两三个粒子短时结合在一起，成为一个粒子，称为共振态或激发态，不久就衰变了，若衰变物中有重子，则称为重子共振态；若共振态衰变为两个以上的介子，则称为介子共振态.

15.2.1 重子共振态

共振态粒子的发现，是在 20 世纪 50 年代初发现 π^+介子后不久，介子与核子的弹性散射

$$\pi^{\pm} + p \to \pi^{\pm} + p$$

成了当时研究的热门课题. 1954 年物理学家发现此过程的相互作用截面随能量变化的曲线如图 15-1 所示. 当 π^+的动能为 195MeV 时，呈现一个明显的共振峰，其峰的宽度为 Γ=120MeV，人们设想可将此过程记为

$$\pi^+ + p \to \Delta^{++} \to \pi^+ + p$$

表明 π^+被 p 吸收，形成一个短寿命的新粒子(称为共振态粒子)Δ，然后再衰变. 此共振态粒子 Δ 的质量可如下求得：据能量守恒，共振态粒子 Δ 的总能量 E^*为

$$E^* = E_{ka} + E_{a0} + E_{A0} \tag{15-3}$$

式中，E_{ka}是入射粒子动能，$E_{a0}=m_{a0}c^2$ 和 $E_{A0}=m_{A0}c^2$ 分别是入射粒子和靶核的静能量. 据相对论能量动量关系有

$$P_a = \frac{1}{c}\sqrt{E_a^2 - E_{a0}^2} \tag{15-4}$$

$$P^* = \frac{1}{c}\sqrt{E^{*2} - E_0^{*2}} \tag{15-5}$$

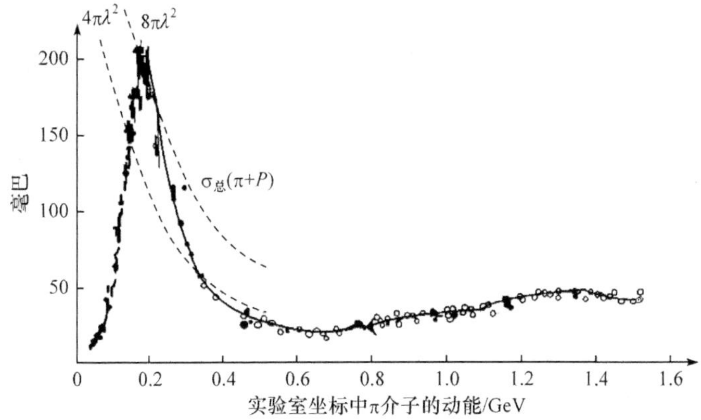

图 15-1　π 介子撞击质子作用截面

据动量守恒，入射粒子动量等于共振态粒子动量，即

$$P^{*}=P_{a} \tag{15-6}$$

由式(15-3)～(15-6)可得

$$E_0^{*}=\sqrt{(E_{a0}+E_{A0})^2+2E_{A0}E_{ka}} \tag{15-7}$$

所以共振态粒子质量为

$$m_{\Delta}=\sqrt{(E_{a0}+E_{A0})^2+2E_{A0}E_{ka}}\,/\,c^2 \tag{15-8}$$

对图 15-1 的情况由式(15-8)可算得共振态粒子 Δ 的质量为

$$m_{\Delta}=1236\text{MeV}/c^2$$

共振态粒子的寿命可用共振峰的宽度 Γ 进行估计. Γ 表示了入射粒子能量的不确定范围，再由不确定关系 $\Delta E\tau\sim\hbar$ 可得

$$\tau=\hbar/\Delta E=\hbar/\Gamma \tag{15-9}$$

对图 15-1 的情况由式(15-9)可算得 Δ 粒子的寿命为 5×10^{-24}s. 如此短的寿命，足以说明该共振态粒子的衰变过程是强相互作用.

由强相互作用过程中粒子系统的总角动量、同位旋、奇异数、重子数守恒可以推得共振态粒子 Δ 的总角动量、同位旋、电荷等物理量.

总角动量 J：因为 π 的自旋为 0，p 的自旋为 1/2，其轨道角动量的可能值为 0, 1, 2, …，所以 $J=L+1/2=1/2, 3/2, 5/2, \cdots$，实验判断为 $J=3/2$.

同位旋：因为 π 的 $I=1$，p 的 $I=1/2$，所以 Δ 粒子的同位旋位 $I=3/2$，同位旋三分量 $I_3=\pm3/2$，±1/2，有 4 个值. 所以这个共振态形成 4 个粒子.

电荷 Q：π 的 S=0，p 的 S=0，所以 Δ 粒子的 S=0；π 的 B=0，p 的 B=1，所以 Δ 粒子的 B=1；由此得 Δ 粒子的超荷 $Y=S+B=1$，再根据盖尔曼–西岛关系 $Q=I_3+Y/2$，可得 Δ 粒子的电荷对应于 I_3 的 4 个值也有 4 个不同值.

总起来我们得到该共振态的粒子有四个分别用 Δ^{++}、Δ^{+}、Δ^{0}、Δ^{-}表示，其数据如下：

$$m=1236\text{MeV}/c^2,\ \Gamma=5\times10^{-24}\text{s},\ J=3/2,\ I=3/2,\ I_3=\pm3/2,\pm1/2,\ Y=1,\ Q=2,1,0,-1.$$

15.2.2　介子共振态

因为介子为玻色子，自旋为 0 或整数，所以介子共振态的自旋大多是 $\hbar$ 或 $2\hbar$ 或更高. 具有介子的一般特性，衰变为介子. 例如

$$\pi^+ + \text{p} \rightarrow \rho^+ + \text{p} \rightarrow \pi^+ + \pi^0 + \text{p} \tag{15-10}$$

式中，ρ^+即是介子共振态，衰变为 π^+、π^0，如图 15-2 所示.

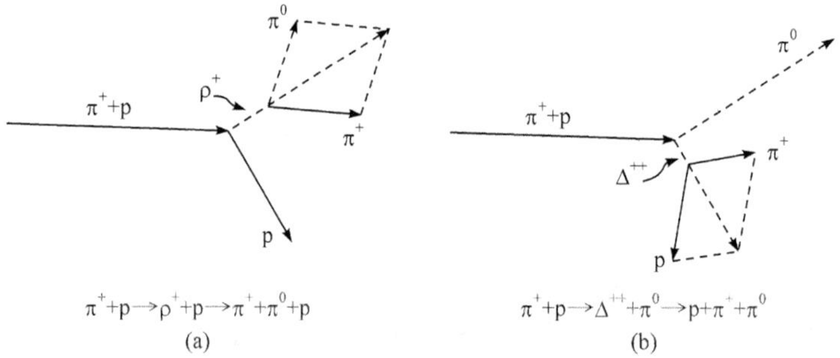

图 15-2　π^++p 相互作用的两种过程

用液氢气泡室测量出粒子径迹. 对气泡室中径迹进行分析可算出 ρ^+的质量. 对大量图片分析计算出的质量数据，描绘作图，如图 15-3 所示. 图中在 m^2=0.56GeV$^2/c^4$ 处出现高峰，由此即可推知 ρ^+ 粒子的质量 m=0.75GeV/c^2(更精密的实验求得 m=0.765GeV/c^2)，同时由共振峰宽度 Γ = 125MeV，可得粒子平均寿命 τ = 5×10^{-24}s.

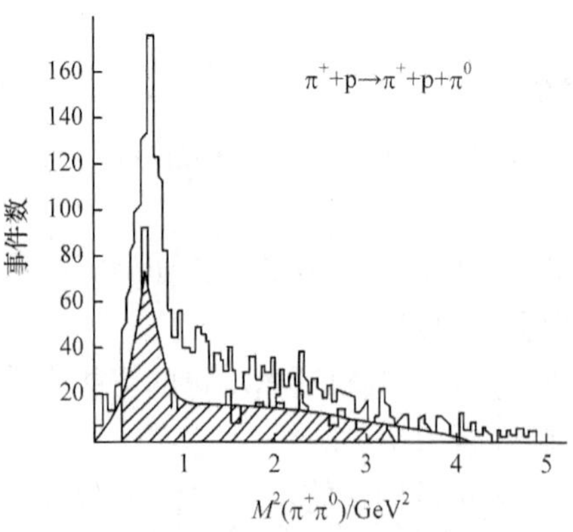

图 15-3　ρ^+的共振峰

同样，从 $\pi^- + \text{p} \rightarrow \rho^- + \text{p} \rightarrow \pi^- + \pi^0 + \text{p}$ 和 $\pi^+ + \text{p} \rightarrow \rho^0 + \text{n} \rightarrow \pi^+ + \pi^- + \text{n}$，可求得 ρ^-、ρ^0 的质量和平均寿命 τ. 后来人们又发现了 ω^0(785)、Φ^0(1019)等共振态粒子.

15.3　粲性粒子的发现

1974 年，丁肇中在美国在 30GeV 的质子同步加速器中，将质子加速到 28.5GeV，打击铍靶，即

$$
\begin{aligned}
&p + Be \rightarrow J + X(\text{强子}) \\
&J \rightarrow e^{+} + e^{-}
\end{aligned}
\tag{15-11}
$$

用双臂磁谱仪观测产生出的正负电子对. 发现能量在 3.1GeV 附近的正负电子对非常多，如图 15-4 所示.

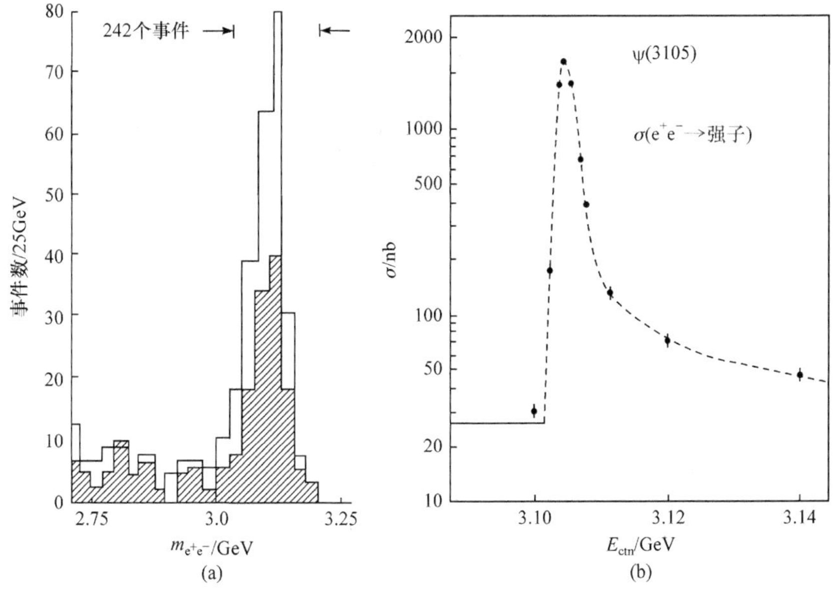

图 15-4　丁肇中等观察到 J 粒子(a)和李希特等观察到 ψ 粒子(b)

在质量 m=3.1GeV/c^2 处，有一个共振宽度 < 5MeV 的尖峰，这就是 J 粒子，其寿命相当长，$\tau \sim 10^{-20}$s，比相同共振态粒子寿命长 10^4 倍(前面的 Δ 粒子 $\tau = 10^{-24}$s). 同时美国斯坦福大学李希特，在 e^+、e^-对撞机上，测到 e^+、e^-的湮灭产物，也发现了质量为 m=3.1GeV/c^2 的 ψ 粒子(在 3.1GeV 出现共振峰)，是上述过程的反过程. 现在人们称其为 J/ψ 粒子. 丁肇中、李希特两人分享了 1976 年诺贝尔物理学奖. J/ψ 粒子的重要特性是它的质量相当重，寿命又特别长，而一般的介子共振态的质量轻得多，寿命却很短(通常人们认为粒子质量越大，寿命越短，因为此时粒子可能的衰变方式越多)，我们称这种性质为粲性，所以 J/ψ 粒子具有粲性. 又计为

ψ(3100). 主要衰变方式为

$$J/\psi \to e^{+}+e^{-}, \quad J/\psi \to \mu^{+}+\mu^{-}, \quad J/\psi \to \omega+\pi^{+}+\pi^{-}(\text{概率小})$$

为表征这些粒子的粲性，引入了一个新的量子数——粲数，用 C 表示. 不具有粲性的粒子 C=0.

李希特以后又发现了具有能量更高的 ψ(3685)、ψ(3772)等一系列具有粲性的粒子. 引入粲数以后，盖尔曼–西岛公式应改写为

$$Q = I_3 + \frac{B+S+C}{2} \tag{15-12}$$

15.4 夸克模型

15.4.1 粒子的内部结构

随着越来越多的粒子被发现，20 世纪 50 年代中期以后，一些物理学家开始怀疑这些粒子或许并不基本. 特别是强子. 对强子内部结构的探索最早是从质子开始的，随着能量更高的加速器的建造，人们可利用高能量电子束来探测质子(或中子)等强子的内部结构. 到 20 世纪 60 年代，人们发现核子内部的电荷、磁矩分布是不连续的，表明核子内部有结构. 至于轻子至今没发现它们有可以辨认的内部结构.

15.4.2 夸克模型

1. 最初的模型

1964 年，盖尔曼等提出了夸克的概念，他们假设，所有的强子都是由比它们更为基本的夸克粒子组成的. 当时他们引入了三种夸克：上夸克(u)、下夸克(d)、奇夸克(s)，相应的反粒子为 $\bar{u}$ 、$\bar{d}$ 、$\bar{s}$ ，称为“三味”(上、下、奇)，各夸克具有的量子数如表 15-4 所示.

表 15-4 夸克和反夸克的有关量子数

夸克	Q	B	I	I_3	Y	C
u	$+2e/3$	+1/3	1/2	+1/2	+1/3	0
d	$-e/3$	+1/3	1/2	−1/2	+1/3	0
s	$-e/3$	+1/3	0	0	−2/3	0
c	$+2e/3$	+1/3	0	0	+1/3	+1
$\bar{u}$	$-2e/3$	−1/3	1/2	−1/2	−1/3	0
$\bar{d}$	$+e/3$	−1/3	1/2	+1/2	−1/3	0
$\bar{s}$	$+e/3$	−1/3	0	0	+2/3	0
$\bar{c}$	$-2e/3$	−1/3	0	0	−1/3	−1

所有介子，重子数 $B=0$，所以由一个夸克和一个反夸克组成. 所有重子，重子数 $B=1$，所以由 3 个夸克组成；反重子由 3 个反夸克组成. 按此方式，可以把数目众多的强子理出一个头绪(可按自旋分族)，并可很好地解释当时已经发现的所有强子及其运动性质，并给出了许多预言. 例如，1963 年，实验中已经发现 9 个共振态重子，自旋都是 3/2，质量都在 1230～1535MeV 之间，平均寿命 $\tau=10^{-23}$s，按夸克模型记为：Δ^{++}(uuu)、Δ^{+}(uud)、Δ^{0}(udd)、Δ^{-}(ddd)、Σ^{+}(uus)、Σ^{0}(uds)、Σ^{-}(dds)、Ξ^{0}(uss)、Ξ^{-}(dss). 夸克模型认为这 9 个粒子应该属于由 10 个粒子组成的一族，预言还应该存在一个由 3 个奇夸克组成的自旋 3/2 的 Ω 重子，且 Ω 带一个单位的负电荷，m=1678MeV，$\tau = 10^{-11}$s. 1964 年美国国家实验室发现了 Ω 粒子(从 10 万张气泡室照片中发现了 Ω 粒子)，从而检验了夸克模型. 虽然夸克的分数电荷假设与已经发现的粒子均为整数电荷的事实不符，且寻找自由夸克的努力也未获成功，但仍被广大的物理学家所接受.

另外，夸克模型还有理论上的问题要解决，即夸克的统计性问题. 因为夸克是自旋为 1/2 的费米子，在夸克模型中，介子由一个夸克和一个反夸克构成，成为自旋为 0 的玻色子，这无问题，但 3 个夸克组成重子就出问题了，例如，Δ^{++}(uuu)是由 3 个 u 夸克组成，Δ^{++}的 I=3/2，所以组成它的 3 个 u 夸克必须相互平行，但 3 个费米子的自旋是不能取平行状态的. 为了解决这个理论的困难，人们引入了又一个新的“自由度”——称为“色”. 将夸克分为“红(R)”“绿(G)”“蓝(B)”三色. 认为组成重子的 3 个夸克分属于 3 个不同“色”，这样就不是全同的费米子了，其自旋可以相互平行，所以现在的夸克理论又称量子色动力学(QCD).

这样我们就有了 3 味、3 色共 9 种不同的夸克. 既然夸克有色，那么为什么人们从未观察到这个量子数呢？“人们是否都是色盲？”对这个问题物理学家们如此回答：色是物质结构夸克层次上的一种守恒的量子数，在强子作为整体时并不显现，所有强子都是无色的(白色). 所有重子由 3 种不同色的夸克组成，以保持整体为白色，介子由夸克和反夸克组成反夸克有反色，所以整体是白色的.

夸克之间是由什么相互作用而结合在一块的呢？按 QCD 理论两个夸克之间是靠强相互作用而结合成强子，而此强作用是通过交换胶子而实现的(图 15-5)，胶子与夸克的耦合强度与夸克的色荷成正比(称为色相互作用). 胶子自身也带色荷，所以胶子间也存在直接作用，共有 9 种不同颜色的胶子，不过因为 $R\bar{R}+G\bar{G}+B\bar{B}=$白. 所以实际只有 8 种独立的胶子(另外还有 8 种反胶子)，无静质量. 1979 年首次发现胶子存在的证据.

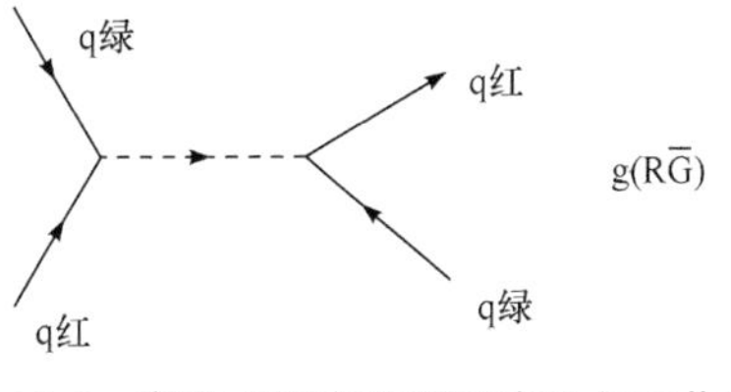

图 15-5　夸克之间交换胶子产生相互作用

夸克之间强作用的特点是"渐近自由""红外禁闭". 所谓"渐近自由"是说在 $r<10^{-17}$m 时，夸克之间的相互作用很弱；而"红外禁闭"是说，夸克的色永远禁闭在强子线度内，强作用使夸克不能分开很大的距离而成为自由夸克.

2. 夸克模型的扩充

1974 年，由于 J/ψ 粒子的发现，引入了一个新的量子数，即粲数 C. 仅靠原有的 3 味、3 色夸克已不能解释粒子的粲性. 所以人们又引入了第四味夸克——称为粲夸克 c，它带有一种新的量子数，即粲数 C=1，自旋 I=1/2，电荷 Q = 2/3，从而可认为 J/ψ 粒子是由粲夸克和反粲夸克组成的，即($C\bar{C}$).

1977 年，实验又发现了一种质量为 9500MeV/c^2(质子质量的 100 倍)的粒子，记为 ϒ. 寿命比 J/ψ 粒子还长. 为描述它的性质，引入了第五味夸克——称为底夸克 b，同时引入一个新的量子数底数 b，底夸克的底数 b=1，Q = –1/3.

物理学家们又根据轻子和夸克的对称性，推知应该有第六味夸克，称为顶夸克 t，顶夸克的顶数 t=1. 因为目前认为轻子和夸克处于物质结构的同一层次，其区别在于夸克带有色荷，因而参与一切相互作用，而轻子不带色荷，不参与强作用. 目前已知的轻子有 6 种，按质量、性质可分成如下 3 代(或按弱电统一理论，自然界中费米子是成组存在的，每组的电荷数之和为 0，每组称为一代)：

第一代	第二代	第三代
$\begin{pmatrix} \nu_e & u \\ e^- & d \end{pmatrix}$	$\begin{pmatrix} \nu_\mu & c \\ \mu^- & s \end{pmatrix}$	$\begin{pmatrix} \nu_\tau & t \\ \tau^- & b \end{pmatrix}$

自 1977 年以来，人们一直在寻找 t 夸克，1995 年美国费米实验室终于从实验上发现了 t 夸克，测出其质量为 $m_t = 193.24\text{u} = (180 \pm 12)\text{GeV}/c^2$.

引入 b、t 夸克和底数及顶数之后，盖尔曼-西岛关系应改写为

$$Q = I_3 + \frac{B+S+C+t+b}{2} \tag{15-13}$$

至此我们有 6 味夸克，每一味有 3 色，所以共有 18 种夸克，可构成至今发现的所有强子.

15.5 标准模型及"基本"粒子的分类

15.5.1 标准模型中的基本相互作用

20 世纪 60 年代以来，形成了粒子物理的标准模型，该模型认为：微观物质

的相互作用有 3 种，即色相互作用、电弱相互作用、引力相互作用.

色相互作用是一种规范相互作用(具有规范不变性)，具有很高的对称性，它的实验表现为粒子间的强相互作用，作用的媒介粒子是胶子. 胶子有 8 种，静质量为 0. 现在人们已经知道，核力不是一种基本作用力，它不过是存在于夸克之间的强作用的一种剩余效应，就像分子的范氏力是起因于电子与原子核的电磁相互作用.

电弱相互作用也是一种规范相互作用，具有较高的对称性，作用的媒介粒子有 4 种，静质量为 0. 在能量 < 250GeV 的范围内，由于对称性自发破缺，统一的电弱相互作用分解为性质极不相同的电磁相互作用和弱相互作用两种. 其中电磁相互作用的媒介粒子是光子，静质量仍为 0；而弱相互作用的媒介粒子是 $W^{\pm}$和 Z 粒子 3 种，都获得了很大的静质量. $W^{\pm}$的静质量约 80GeV，Z 的静质量约 90GeV，于 1983 年被发现.

引力相互作用是普遍存在于所有物质粒子间的一种力. 它的媒介粒子是引力子，静质量为 0.

15.5.2　按标准模型对粒子的分类

用标准模型可对现在认识的“点”粒子(规范玻色子、轻子、夸克)分类，可分为 3 类.

1. 规范玻色子

是 3 种基本相互作用的媒介粒子，共有 13 种，如表 15-5 所示.

表 15-5　规范玻色子

相互作用	强(色)	电磁	弱	引力
粒子	胶子	光子	$W^{\pm}$、Z 粒子	引力子
自旋	1	1	1	2
个数	8	1	3	1

实验上尽管没能观察到自由状态下的胶子，但有其存在的充分的实验证据. 但至今我们还没有引力子存在的证据.

2. 费米子

费米子是自旋量子数为 1/2 的粒子，包括轻子和夸克. 前述 3 代粒子，每一种夸克有 3 种色，所以每一代费米子有 8 种，3 代共 24 种费米子，加上反粒子共 48 种.

3. 希格斯粒子

按弱电统一理论，低能时统一的电弱相互作用的对称性自发破缺的实现，要求自然界中存在一种自旋量子数为 0 的特殊粒子——称为希格斯(Higgs)粒子(或上帝粒子)，它能使原来无质量的媒介粒子 $W^{\pm}$、Z 获得质量，且弱电相互作用对称破缺后，自然界中至少应该有一种中性的 Higgs 粒子存在，理论上对这个粒子的所有相互作用和性质，以及运动行为都有精确的描绘和预言，预计其质量下限 $58.4\text{GeV}/c^2$.

至此，按标准模型，粒子世界是由 62 种粒子构成的，如表 15-6 所示，其中 60 种的存在已被实验证实，有两种(Higgs 粒子和引力子)在实验上还没有观察到其存在的证据. 过去 30 多年，全球粒子物理学家都在苦苦追寻 Higgs 粒子的踪迹，位于瑞士日内瓦市郊的欧洲核子中心与美国费米实验室是两个主要研究平台，不过这条寻找之路走得颇为艰辛. 自然界的“上帝粒子”是在宇宙诞生之初存在的，并不存在于今天的世界中，如果要寻找它，则必须还原宇宙大爆炸时的场景. 这就是欧洲核子研究中心(CERN)花费 90 亿美元打造世界上最大实验项目大型强子对撞机(LHC)的目的：人工模拟宇宙大爆炸，人为创造上帝粒子. 2008 年 9 月 10 日人类在靠近法国和瑞士边境的地下实验室开启了被称为世界规模最庞大的科学工程的大型强子对撞机，开始高速粒子对撞的系列实验. 该对撞机坐落在地下 100m 深的一条周长约 27km 的环形隧道里，它将把两束质子加速到接近光速，并使质子以高达 14 多万亿电子伏特的能量在隧道中相撞，碰撞点将释放巨大的热量和能量，模拟 140 亿年前诞生宇宙的大爆炸后的情形. 如果实验成功，科学家将分析撞击中产生的数百万粒子，求证 Higgs 粒子的存在. 由于 Higgs 粒子会在碰撞后 10 亿分之一秒的时间内衰变，因此科学家安置了几台巨大的粒子探测器负责追踪，由来自 80 多个国家和地区的 7000 多名科学家和工程师共同参与维护和运行这些探测器并进行数据分析，我国也参与到其中且投资了数千万元人民币，并参与了物理分析. 通过 3 年多时间，上亿次实验数据的采集、分析，以及 3000 多位科学家组成的多人合作组内评审，2012 年 7 月，欧洲核子研究中心宣布找到了一种符合 Higgs 玻色子条件的新粒子，其质量约为氢原子核质量的 133 倍，它产生的范围符合理论物理学家针对 Higgs 玻色子出现的计算范畴，其研究发现的标差达到了 5，这意味着 99.99994%以上的可信概率，“对外行来说，是找到了，对内行来说，还需要进一步确认”. 从 2013 年起，欧洲核子研究中心把对撞机能量从 8TeV 提高到 14TeV，希望进一步通过实验测量新粒子的性质. 如果最终确认该新粒子为“上帝粒子”，那么这将是人类探索自然过程中的一大步，使我们能站在一个新的高度，思考我们身处的这个宇宙. 有科学家认为“从科学意义上讲，发现“上帝粒子”比人类登上月球更重要”.

表15-6　新一层次的“基本粒子表”*

类别	粒子名称	符号	质量/($MeV \cdot c^{-2}$)	电荷Q	平均寿命τ	自旋宇称J^P	同位旋I, I_3	轻子数L	重子数B	超荷Y	奇异数S	粲数C	底数b	顶数t
媒介子	光子	γ	$<3\times10^{-33}$	0	稳定	1^-	0,1,0							
	胶子	G	0	0		1^-	0							
	中间玻色子	$W^{\pm}$	80 330±150	±1	$(2.93\pm0.18)\times10^{-25}$s	1								
		Z^0	91 190±5	0	$(2.60\pm0.03)\times10^{-25}$s	1								
	引力子	g	0	0		2								
轻子	电子	e^-	0.510 990 7 ± 0.000 000 15	1	稳定　$>2\times10^{-22}$a	1/2		1	0					
	电子型中微子	ν_e	<0.17	0	稳定	1/2		1	0					
	μ子	μ^-	105.658 389 ± 0.000 034	−1	$(2.197\ 03\pm0.000\ 04)\times10^{-6}$s	1/2		1	0					
	μ型中微子	ν_μ	<0.17	0	稳定	1/2		1	0					
	τ子	τ^-	1 776.9 ± 0.5	−1	$(291.0\pm1.5)\times10^{-15}$s	1/2		1	0					
	τ型中微子	ν_τ	<24	0		1/2		1	0					
夸克或层子	上夸克	u	~5	2/3		$1/2^+$	1/2,1/2	0	1/3	1/3	0	0	0	0
	下夸克	d	~10	$-\frac{1}{3}$		$1/2^+$	$\frac{1}{2},-\frac{1}{2}$	0	$\frac{1}{3}$	$\frac{1}{3}$	0	0	0	0
	粲夸克	c	~1 300	$\frac{2}{3}$		$1/2^+$	0,0	0	$\frac{1}{3}$	$\frac{4}{3}$	0	1	0	0
	奇夸克	s	~200	$-\frac{1}{3}$		$1/2^+$	0,0	0	$\frac{1}{3}$	$-\frac{3}{2}$	−1	0	0	0
	顶夸克	t	~177 000	2/3		$1/2^+$	0,0	0	1/3	4/3	0	0	0	1
	底夸克	b	~4 300	−1/3		$1/2^+$	0,0	0	1/3	−2/3	0	0	−1	0

*本表基本数据取自American Institute of Physics,Particle Physics Booklet,July(1996). 因为反粒子和相应的粒子具有相同的质量、寿命、自旋等量子数和相反的电荷、宇称、轻子数、重子数等量子数. 因此，对反粒子的性质不再列出. 由于高能物理实验的不断进展，粒子的数据也在不断更新. 读者若对数据感兴趣，可由网址http://pdg.lbl.gov/查询最新消息.

最近有实验表明，轻子和夸克可能还有亚结构. 这都有待人们的进一步探索.

习题与思考题

1. π^-—p 碰撞中，除形成共振粒子$\Delta(1236)$外，当 π 介子在 L 系中的动能分别为 612MeV 和 899MeV 时，还观察到两个共振峰，求该共振态粒子的质量.
2. 试指出下列每一种衰变属于何种相互作用：

$$\pi^-\rightarrow\mu^-+\bar{\nu};\quad \Sigma^0\rightarrow\Lambda^0+\gamma;\quad \rho^+\rightarrow\pi^++\pi^0(\tau=4\times10^{-23}\text{s}).$$

3. 试根据奇异数 S 的变化判断 Ω^-的下述弱衰变中的哪一种是不可能的：
   (1)$\Omega^-\rightarrow\Lambda^0+K^-$；(2)$\Omega^-\rightarrow\Xi^-+\pi^0$；(3)$\Omega^-\rightarrow\Xi^0+\pi^-$；(4)$\Omega^-\rightarrow\Sigma^-+K^0$.
4. 试确定下列反应中的未知粒子 X 可能是什么粒子：

$$K^-+p\rightarrow K^++X$$

习题参考答案

第 1 章

1. b=3.97×10^{-15}m

2. 3.02×10^{-14}m

3. $\frac{\Delta N}{N}=\int_{\pi/2}^{\pi}nt\mathrm{d}\sigma=\int_{\pi/2}^{\pi}\left(\frac{1}{4\pi\varepsilon_0}\right)^2\pi\left(\frac{Ze^2}{E_\alpha}\right)^2\frac{\cos\theta/2}{\sin^3\theta/2}t\frac{\rho}{A}N_0\mathrm{d}\theta=8.5\times10^{-4}\%$

4. 5800K

5. 1.09×10^{15}Hz，0.603×10^{15}Hz，钡

6. 5.74×10^{5}m/s；

7. 6.58×10^{15}Hz，2.188×10^{6}m/s

8. 13.6V, 10.2V

9. 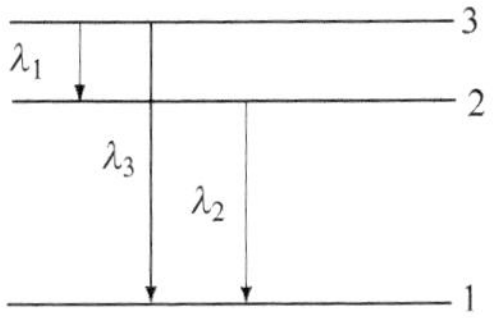

λ_1=656.5nm

λ_2=121.5nm

λ_3=102.5nm

10. 轨道半径之比为：$\frac{r_{He^+}}{r_H}=\frac{1}{2}$，$\frac{r_{Li^{++}}}{r_H}=\frac{1}{3}$

电离能之比为：$\frac{E_{He^+}}{E_H}=4$，$\frac{E_{Li^{++}}}{E_H}=9$

第一激发能之比为：$\frac{E_{1He^+}}{E_{1H}}=4$，$\frac{E_{1Li^{++}}}{E_{1H}}=9$

莱曼系第一谱线波长之比为：$\frac{\lambda_{1He^+}}{\lambda_{1H}}=\frac{1}{4}$，$\frac{\lambda_{1Li^{++}}}{\lambda_{1H}}=\frac{1}{9}$

11. 可以

12. $\Delta\lambda$=0.179nm

13～16. 略

第 2 章

1. 6.63×10^{-24}kg · m/s，1.24×10^{4}eV=1.986×10^{-15}J

2. 0.01225nm，2.862×10^{-4}nm

3. 略

4. 1.99×10^{-5}nm

5. 3.22×10^{-24}kg · m/s, 37.8eV；3.22×10^{-24}kg · m/s，6.22keV

6. 3.09×10^{-5}

7. 1.46×10^{7}m/s

8. (1)112eV；(2)0.0038；(3) 0.25

9. (1) 0、1、2、3、4；(2) 0、±1、±2、±3、±4、±5；(3) 5；(4)18，不考虑电子自旋时为 9

10. 略

11. $E=\dfrac{\pi^2\hbar^2}{2m}[(n_x/a)^2+(n_y/b)^2+(n_z/c)^2]$，$n_x$、$n_y$、$n_z$为正整数

12～14. 略

第 3 章

1. 1.85V；5.37V

2. $T_{3S}=4.144\times10^{6}$/m；$T_{3P}=2.447\times10^{6}$/m；$T_{3D}=1.227\times10^{6}$/m；$T_{4F}=0.685\times10^{6}$/m

3. $\Delta s=2.229$；$\Delta p=1.764$

4. 可能的跃迁示意如图

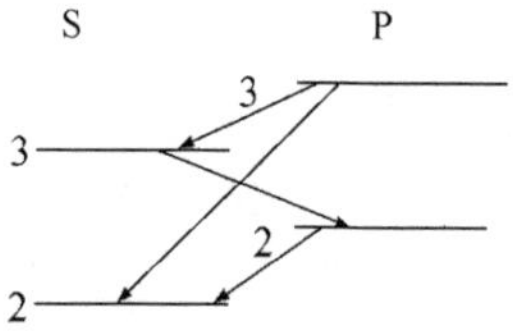

5. 略

6. $\Delta\lambda=0.000539$nm

7. $\Delta T=3.655\text{m}^{-1}$

8.75.7eV

9～11. 略

第 4 章

1. $^1P_1$; $^1D_2$; $^1F_3$; $^3P_{2,1,0}$; $^3D_{3,2,1}$; $^3F_{4,3,2}$

2. $\theta_L=106°46'$; $\theta_S=70°32'$

3. (1)能级示意如图 (2)能级示意如图

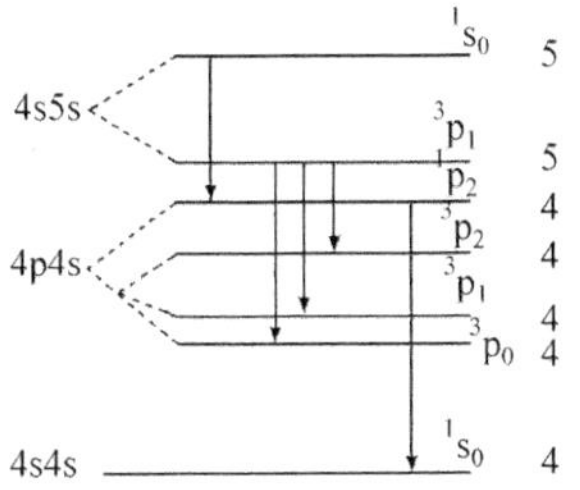

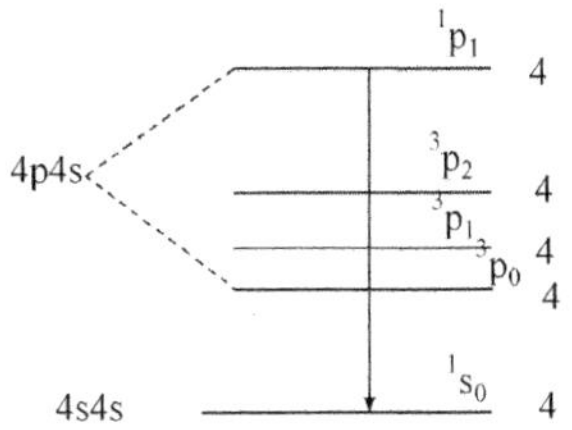

4. 略

5. 能级示意如下图

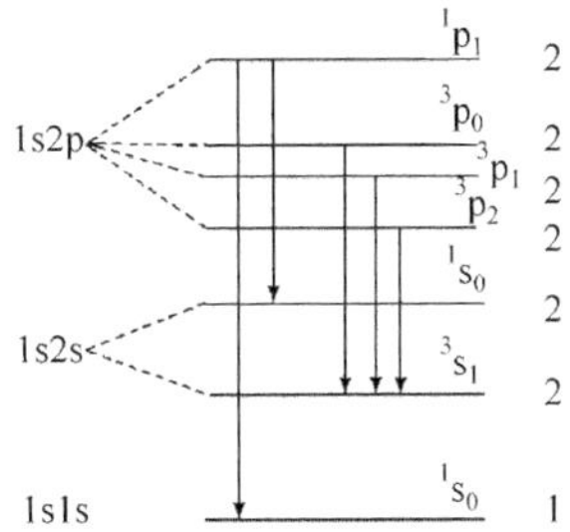

6. 1:2

7. $(1/2,1/2)_{1,0}$，$(1/2,3/2)_{2,1}$

8～9. 略

第 5 章

1. Z=15 的磷，Z=46 的钯

2. 可以填 10 个；略

3. $\sigma_s=9.18$；$\sigma_p=9.6$；$\sigma_d=10$；略

4. (1) 2, (2) $2(2l+1)$; (3) $2n^2$

5. $^3P_0$，$^4S_{3/2}$

6～7. 略

第 6 章

1. (1) $2J+1=4$, (2) $\mu_J=0.7746\mu_B=4.4834\times10^{-5}$eV/T

2. B=1.00T

3. (−13/15, −11/15, −1/15, 1/15, 11/15, 13/15)L，6 条；能级跃迁图略

4. λ=414.05nm

5. 均分裂为 3 条，能级跃迁图略

6. 4 条，λ_{min}=589.546nm，λ_{max}=589.654nm

7. B=15.8T

8. ν=1.9×10^9/s

9. g=2；原子处于 $^2S_{1/2}$

10～11. 略

第 7 章

1. 1×10^5eV，λ_{min}=0.0124nm

2. 略

3. d=0.285 nm

4. 可以

5. x_{Al}=3.41×10^{-3}m；x_{Cu}=1.03×10^{-4}m

6～9. 略

第 8 章

1. 4.28×10^{29}C · m；略

2. 3.31×10^{-47}kg · m^2, 0.142nm

3. 0，1.51×10^{-2}eV，4.54×10^{-2}eV

4. 13

5. 1.00076

6. 2.4×10^3eV/nm^2，0.14nm

7. 只能跃迁到转动激发态

8. 1.24×10^{14}Hz，9.72×10^2N/m

9. 201.3m^{-1}

10. 略

第 9 章

1. 127.62MeV，14.4MeV

2. 7.68MeV

3. 2.3fm，6.9fm，9.0fm

4. 分别有 2、2、1、2 个成分

5. 0.72MeV，−5.8×10^{-37}MeV

6. $M(^{64}Cu)$=63.914u，$M(^{107}Ag)$=106.878u，$M(^{140}Ce)$=139.878u，$M(^{238}U)$= 237.999u

7. 基态时，最后一个核子填充 $f_{7/2}$、$p_{3/2}$、$g_{7/2}$，所以核自旋分别为 7/2、3/2、7/2

8～11. 略

第 10 章

1. 23.36mCi
2. 略
3. 11.7d
4. 2.3×10^9a
5. 5.1×10^9a
6. 1835 年
7～8. 略

第 11 章

1. 能，E_d=4.878MeV; E_α=4.79MeV
2. E_{d1}=5.4MeV; E_{d2}=4.587MeV; E_γ=0.813MeV
3. 0.112MeV
4. 0.96W
5. 2.91MeV
6. 19.6keV
7. 78eV, 49eV
8. 略
9. 容许，容许，容许，容许，三级禁戒，一级禁戒
10. 1.91eV
11. E_{Rk}=1.48eV，E_{ke}=4.8eV
12. E_R=1.955×10^{-3}eV，v =40.7m/s
13. $2.66\times10^6s^{-1}$
14. (0^-，1^-，2^-)，4^+，(2^+，6^+)，1^+，3^+
15～17. 略

第 12 章

1. 3.25MeV
2. 3.0Mev，4.8MeV，7.0MeV
3. E_{th1}=16.64MeV，E_{th2}=4.39MeV；略
4. σ=0.11b
5. 1×10^8Bq
6. 17.6MeV、18.13MeV、19.15MeV、19.84MeV
7～8. 略

第 13 章

1. 6.2MeV
2. 3.29×10^{10} 次/s，130g
3. 190MeV
4. 4.2×10^{6}kJ
5～6. 略

第 14 章

1. 空气中 4.67cm，铝中 2.9×10^{-3}cm
2. 38.61m^{-1}，2.59cm，0.157
3. 略

第 15 章

1. $1520\text{MeV}/c^2$，$1688\text{MeV}/c^2$
2. 弱作用，电磁相互作用，强作用
3. (1)、(2)、(3)均可能；(4)不可能
4. 可能是Ξ^-粒子

参 考 文 献

褚圣麟. 1979. 原子物理学. 北京: 高等教育出版社.

过惠平. 2017. 原子核物理导论. 西安: 西北工业大学出版社.

蒋明. 1983. 原子核物理导论. 北京: 原子能出版社.

卢希庭. 2000. 原子核物理. 2 版. 北京: 原子能出版社.

王永昌. 2006. 近代物理学. 北京: 高等教育出版社.

徐克尊, 陈向军, 陈宏芳. 2019. 近代物理学. 4 版. 安徽: 中国科学技术大学出版社.

杨福家. 2019. 原子物理学. 5 版. 北京: 高等教育出版社.

杨福家, 陆福全. 2018. 应用核物理. 北京: 高等教育出版社.

附　　录

附录 I　常用物理常量①

真空中光速	$c=2.997\ 924\ 58\times10^{8}\mathrm{m/s}$
基本电荷	$e=1.602\ 176\ 6208(98)\times10^{-19}\mathrm{C}$
普朗克常量	$h=6.626\ 070\ 040(81)\times10^{-34}\mathrm{J\cdot s}=4.135\ 667\ 662(25)\times10^{-15}\mathrm{eV\cdot s}$
	$\hbar=h/(2\pi)=1.054\ 571\ 800(13)\times10^{-34}\mathrm{J\cdot s}=6.582\ 119\ 514(40)\times10^{-16}\mathrm{eV\cdot s}$
玻尔兹曼常量	$k=1.380\ 648\ 52(79)\times10^{-23}\mathrm{J/K}$
阿伏伽德罗常量	$N_A=6.022\ 140\ 857(74)\times10^{23}/\mathrm{mol}$
真空介电常量	$\varepsilon_0=8.854\ 187\ 817\times10^{-12}\mathrm{A\cdot s\cdot V^{-1}\cdot m^{-1}}$
真空磁导率	$\mu_0=4\pi\times10^{-7}\mathrm{V\cdot s\cdot A^{-1}\cdot m^{-1}}=1.256\ 637\ 0614\times10^{-6}\mathrm{V\cdot s\cdot A^{-1}\cdot m^{-1}}$
电子静质量	$m_e=9.109\ 383\ 56(11)\times10^{-31}\mathrm{kg}=0.510\ 998\ 9461(31)\mathrm{MeV}/c^2$
中子静质量	$m_n=1.008\ 664\ 915\ 88(49)\mathrm{u}$
	$=1.674\ 927\ 471(21)\times10^{-27}\mathrm{kg}=939.565\ 4133(58)\mathrm{MeV}/c^2$
质子静质量	$m_p=1.007\ 276\ 466\ 879(91)\mathrm{u}$
	$=1.672\ 621\ 898(21)\times10^{-27}\mathrm{kg}=938.272\ 0813(58)\mathrm{MeV}/c^2$
玻尔磁子	$\mu_B=he/(4\pi m_e)=9.274\ 009\ 994(57)\times10^{-24}\mathrm{J/T}$
	$=5.788\ 381\ 8012(26)\times10^{-5}\mathrm{eV/T}$
核磁子	$\mu_N=he/(4\pi m_p)=5.050\ 783\ 699(31)\times10^{-27}\mathrm{J/T}$
	$=3.152\ 451\ 2550(15)\times10^{-8}\mathrm{eV/T}$
玻尔半径	$a_0=\varepsilon_0 h^2/(\pi m_e e^2)=0.529\ 177\ 210\ 67(12)\times10^{-10}\mathrm{m}$
里德伯常量	$R_\infty=1.097\ 373\ 156\ 8508(65)\times10^{7}/\mathrm{m}$
精细结构常数	$\alpha=e^2/(2\varepsilon_0 hc)=1/137.035\ 999\ 139(31)=7.297\ 352\ 5664(17)\times10^{-3}$
原子质量单位	$1\mathrm{u}=1.660\ 539\ 040(20)\times10^{-27}\mathrm{kg}=931.494\ 0954(57)\mathrm{MeV}/c^2$
电子伏特	$1\mathrm{eV}=1.602\ 176\ 6208(98)\times10^{-19}\mathrm{J}$

① 摘自 Mohr P J, Newell D B, Taylor B N. CODATA recommended values of the fundamental physical constants: 2014[J]. Rev. Mod. Phys., 2014, 88: 035009.

附录Ⅱ　一些核素的性质①

核素				原子质量/u	丰度(%)或衰变类型	半衰期 $T_{1/2}$
Z	符号	A	I^{π}			
0	n		1/2+	1.008 665	β^-	10.6 min
1	H	1	1/2+	1.007 825	99.9885	
	H	2	1+	2.014 102	0.0115	
	H	3	1/2+	3.016 049	β^-	12.32 a
2	He	3	1/2+	3.016 029	1.34×10^{-4}	
	He	4	0+	4.002 603	99.999 866	
3	Li	6	1+	6.015 123	7.59	
	Li	7	3/2–	7.016 003	92.41	
	Li	9	3/2–	9.026 790	β^-	178.3 ms
4	Be	9	3/2–	9.012 183	100	
	Be	10	0+	10.013 535	β^-	1.51×10^{6} a
5	B	10	3+	10.012 936	19.9	
	B	11	3/2–	11.009 305	80.1	
	B	12	1+	12.014 353	β^-	2020 ms
6	C	12	0+	12.000 000	98.93	
	C	13	1/2–	13.003 355	1.07	
	C	14	0+	14.003 242	β^-	5 700 a
7	N	13	1/2–	13.005 739	β^+	9.965 min
	N	14	1+	14.003 074	99.636	
	N	15	1/2–	15.000 109	0.364	
8	O	15	1/2–	15.003 066	β^+	122.24 s
	O	16	0+	15.994 915	99.757	
	O	17	5/2+	16.999 132	0.038	
9	F	18	1+	18.000 937	β^+	109.77 min
	F	19	1/2+	18.998 403	100	
10	Ne	20	0+	19.992 440	90.48	
	Ne	21	3/2+	20.993 847	0.27	
	Ne	22	0+	21.991 385	9.25	
11	Na	21	3/2+	20.997 654	β^+	22.49 s

① 原子质量参阅 Wang M, Huang W J, Kondev F G, et al. The AME 2020 atomic mass evaluation(II). Tables, graphs and refernces[J]. Chinese Phys. C, 2021, 45: 030003. Kondev F G, Wang M, Huang W J, et al. The NUBASE2020 evaluation of nuclear physics properties[J]. Chinese Phys. C, 2021, 45: 030001. Huang W J, Wang M, Kondev F G, et al. The AME 2020 atomic mass evaluation (I). Evaluation of input data, and adjustment procedures[J]. Chinese Phys. C, 2021, 45: 030002. 其他参数参阅 https://www.nndc.bnl.gov/nudat2/.

续表

核素				原子质量/u	丰度(%)或衰变类型	半衰期 $T_{1/2}$
Z	符号	A	I^{π}			
11	Na	23	3/2+	22.989 769	100	
	Na	24	4+	23.990 963	β^-	14.997 h
12	Mg	24	0+	23.985 042	78.99	
	Mg	25	5/2+	24.985 837	10.00	
	Mg	26	0+	25.982 593	11.01	
	Mg	27	1/2+	26.984 340	β^-	9.458 min
	Mg	28	0+	27.983 875	β^-	20.915 h
13	Al	27	5/2+	26.981 538	100	
	Al	28	3+	27.981 910	β^-	2.245 min
14	Si	28	0+	27.976 927	92.223	
	Si	29	1/2+	28.976 495	4.685	
	Si	30	0+	29.973 770	3.092	
15	P	29	1/2+	28.981 800	β^+	4.142 s
	P	30	1+	29.978 313	β^+	2.498 min
	P	31	1/2+	30.973 762	100	
	P	32	1+	31.973 908	β^-	14.268 d
16	S	32	0+	31.972 071	94.99	
	S	33	3/2+	32.971 459	0.75	
	S	34	0+	33.967 867	4.25	
17	Cl	34	0+	33.973 762	ε	1.5266 s
	Cl	38	2–	37.968 010	β^-	37.24 min
18	Ar	39	7/2–	38.964 313	β^-	269 a
	Ar	40	0+	39.962 383	99.6035	
19	K	39	3/2+	38.963 706	93.2581	
	K	40	4–	39.963 998	β^-(89.28); ε(10.72)	1.248×10^9 a
	K	41	3/2+	40.961 825	6.7302	
20	Ca	40	0+	39.962 591	96.94	
	Ca	41	7/2–	40.962 278	EC	9.94×10^4 a
	Ca	44	0+	43.955 481	2.09	
21	Sc	44	2+	43.959 403	ε	3.97 h
	Sc	45	7/2–	44.955 907	100	
	Sc	46	4+	45.955 167	β^-	83.79 d
22	Ti	46	0+	45.952 626	8.25	
	Ti	47	5/2–	46.951757	7.44	
	Ti	48	0+	47.947 941	73.72	
	Ti	49	7/2–	48.947 864	5.41	
	Ti	50	0+	49.944 786	5.18	

续表

核素				原子质量/u	丰度(%)或衰变类型	半衰期 $T_{1/2}$
Z	符号	A	I^π			
23	V	51	7/2–	50.943 958	99.750	
24	Cr	50	0+	49.946 042	4.345;2ε	$>1.3\times10^{18}$ a
	Cr	51	7/2–	50.944 765	ε	27.704 d
	Cr	52	0+	51.940 505	83.789	
	Cr	53	3/2–	52.940 646	9.501	
	Cr	54	0+	53.938 877	2.365	
25	Mn	54	3+	53.940 456	ε	312.20 d
	Mn	55	5/2–	54.938 043	100	
26	Fe	54	0+	53.939 608	5.845	
	Fe	55	3/2–	54.938 291	ε	2.744 a
	Fe	56	0+	55.934 936	91.754	
	Fe	57	1/2–	56.935 392	2.119	
27	Co	59	7/2–	58.933 193	100	
	Co	60	5+	59.933 815	β^-	1925.28 d
	Co	60m	2+	59.933 878	IT(99.75%);β^-(0.25%)	10.467 min
28	Ni	58	0+	57.935 342	68.077	
	Ni	60	0+	59.930 785	26.223	
	Ni	61	3/2–	60.931 055	1.1399	
	Ni	62	0+	61.928 345	3.6346	
	Ni	63	1/2–	62.929 669	β^-	101.2 a
29	Cu	63	3/2–	62.929 597	69.15	
	Cu	64	1+	63.929 764	ε(61.53%); β^-(38.50%)	12.701 h
	Cu	65	3/2–	64.927 789	30.85	
30	Zn	64	0+	63.929 141	49.17	
	Zn	65	5/2+	64.929 241	ε	243.93 d
	Zn	66	0+	65.926 034	27.73	
	Zn	67	5/2–	66.927 127	4.04	
	Zn	68	0+	67. 924 844	18.45	
	Zn	69	1/2–	68.926 550	β^-	56.4 min
	Zn	69m	9/2+	68.926 608	IT(99.97%);β^-(0.03%)	13.756 h
31	Ga	69	3/2–	68.925 573	60.108	
	Ga	70	1+	69.926 022	β^-(99.59%);ε(0.41%)	21.14 min
	Ga	71	3/2–	70.924 703	39.892	
32	Ge	70	0+	69.924 249	20.57	
	Ge	71	1/2–	70.924 952	ε	11.43 d
	Ge	72	0+	71.922 076	27.45	
	Ge	73	9/2+	72.923 459	7.75	
	Ge	74	0+	73.921 178	36.50	
	Ge	76	0+	75.921 403	7.73	

续表

核素				原子质量/u	丰度(%)或衰变类型	半衰期 $T_{1/2}$
Z	符号	A	I^{π}			
33	As	74	2−	73.923 929	ε(66.00%); β⁻(34.00%)	17.77 d
	As	75	3/2−	74.921 595	100	
34	Se	76	0+	75.919 214	9.37	
	Se	77	1/2−	76.919 914	7.63	
	Se	78	0+	77.917 309	23.77	
	Se	79	7/2+	78.918 499	β⁻	3.26×10^{5} a
	Se	80	0+	79.916 522	49.61	
	Se	82	0+	81.916 700	8.73	
35	Br	79	3/2−	78.918 338	50.69	
	Br	80	1+	79.918 530	β⁻(91.70%);ε(8.30%)	17.68 min
	Br	81	3/2−	80.916 288	49.31	
36	Kr	80	0+	79.916 378	2.286	
	Kr	81	7/2+	80.916 590	ε	2.29×10^{5} a
	Kr	82	0+	81.913 481	11.593	
	Kr	83	9/2+	82.915 175	11.500	
	Kr	84	0+	83.916 496	56.987	
	Kr	85	9/2+	84.912 527	β⁻	10.739 a
	Kr	86	0+	85.910 611	17.279	
37	Rb	85	5/2−	84.911 790	72.17	
	Rb	87	3/2−	86.909 181	27.83; β⁻	4.97×10^{10} a
38	Sr	86	0+	85.909 261	9.86	
	Sr	87	9/2+	86.908 877	7.00	
	Sr	88	0+	87.905 612	82.58	
	Sr	90	0+	89.907 729	β⁻	28.90 a
39	Y	89	1/2−	88.905 838	100	
	Y	90	2−	89.907 142	β⁻	64.053 h
40	Zr	90	0+	89.904 699	51.45	
	Zr	91	5/2+	90.905 640	11.22	
	Zr	92	0+	91.905 035	17.15	
	Zr	93	5/2+	92.906 471	β⁻	1.61×10^{6} a
	Zr	94	0+	93.906 313	17.38	
	Zr	96	0+	95.908 278	2.8; 2β⁻	$>2.35\times10^{19}$ a
41	Nb	93	9/2+	92.906 373	100	
	Nb	94	6+	93.907 279	β⁻	2.03×10^{4} a
42	Mo	92	0+	91.906 807	14.53	
	Mo	94	0+	93.905 084	9.15	
	Mo	95	5/2+	94.905 837	15.84	
	Mo	96	0+	95.904 675	16.67	
	Mo	97	5/2+	96.906017	9.60	
	Mo	98	0+	97.905 404	24.1	

续表

核素				原子质量/u	丰度(%)或衰变类型	半衰期 $T_{1/2}$
Z	符号	A	I^{π}			
42	Mo	99	1/2+	98.907 707	β^-	66.976 h
	Mo	100	0+	99.907 468	9.82; $2\beta^-$	7.3×10^{18} a
43	Tc	97	9/2+	96.906 361	ε	4.21×10^{6} a
	Tc	97m	1/2–	96.906 465	IT(96.06%);ε(3.94%)	91.0 d
	Tc	98	(6)+	97.907 211	β^-	4.2×10^{6} a
	Tc	99	9/2+	98.906 250	β^-	2.111×10^{5} a
	Tc	99m	1/2–	98.906 403	IT(100.00%);β^-(3.7E-3%)	6.0067 h
	Tc	100	1+	99.907 652	β^-	15.46 s
44	Ru	96	0+	95.907 589	5.54	
	Ru	99	5/2+	98.905 930	12.76	
	Ru	100	0+	99.904 210	12.60	
	Ru	101	5/2+	100.905 573	17.06	
	Ru	102	0+	101.904 340	31.55	
	Ru	104	0+	103.905 425	18.62	
45	Rh	103	1/2–	102.905 494	100	
	Rh	105	7/2+	104.905 688	β^-	35.36 h
46	Pd	102	0+	101.905 632	1.02	
	Pd	104	0+	103.904030	11.14	
	Pd	105	5/2+	104.905 079	22.33	
	Pd	106	0+	105.903 480	27.33	
	Pd	107	5/2+	106.905 128	β^-	
	Pd	108	0+	107.903 892	26.46	6.5×10^{6} a
	Pd	109	5/2+	108.905 951	β^-	13.7012 h
	Pd	110	0+	109.905 173	11.72	
47	Ag	107	1/2–	106.905 091	51.839	
	Ag	108	1+	107.905 950	β^-(97.15%);ε(2.85%)	2.382 min
	Ag	109	1/2–	108.904 756	48.161	
48	Cd	106	0+	105.906 460	1.25;2 ε	$>3.6\times10^{20}$ a
	Cd	110	0+	109.903 007	12.49	
	Cd	111	1/2+	110.904 184	12.80	
	Cd	112	0+	111.902 764	24.13	
	Cd	113	1/2+	112.904 408	12.22; β^-	8.00×10^{15} a
	Cd	114	0+	113.903 365	28.73; $2\beta^-$	$>2.1\times10^{18}$ a
	Cd	116	0+	115.904 763	7.49; $2\beta^-$	3.3×10^{19} a
49	In	113	9/2+	112.904 060	4.29	
	In	115	9/2+	114.903 879	95.71; β^-	4.41×10^{14} a
50	Sn	116	0+	115.901 743	14.54	
	Sn	117	1/2+	116.902 954	7.68	
	Sn	118	0+	117.901 607	24.22	
	Sn	119	1/2+	118.903 311	8.59	
	Sn	120	0+	119.902 203	32.58	

续表

核素				原子质量/u	丰度(%)或衰变类型	半衰期 $T_{1/2}$
Z	符号	A	I^{π}			
50	Sn	121	3/2+	120.904 243	β⁻	27.03 h
	Sn	122	0+	121.903 445	4.63	
	Sn	124	0+	123.905 280	5.79;2β⁻	>1.2×10^{21} a
51	Sb	121	5/2+	120.903 811	57.21	
	Sb	123	7/2+	122.904 215	42.79	
52	Te	122	0+	121.903 045	2.55	
	Te	124	0+	123.902 818	4.74	
	Te	125	1/2+	124.904 431	7.07	
	Te	126	0+	125.903 312	18.84	
	Te	128	0+	127.904 461	31.74; 2β⁻	2.41×10^{24} a
	Te	130	0+	129.906 223	34.08; 2β⁻	≥3.0×10^{24} a
53	I	123	5/2+	122.905 590	ε	13.2235 h
	I	127	5/2+	126.904 473	100	
	I	131	7/2+	130.906 126	β⁻	8.0252 d
54	Xe	128	0+	127.903 531	1.9102	
	Xe	129	1/2+	128.904 781	26.406	
	Xe	130	0+	129.903 509	4.0710	
	Xe	131	3/2+	130.905 084	21.232	
	Xe	132	0+	131.904 155	26.9086	
	Xe	134	0+	133.905 393	10.4357;2β⁻	>5.8×10^{22} a
	Xe	135	3/2+	134.907 231	β⁻	9.14h
	Xe	136	0+	135.907 214	8.8573,2β⁻	>2.4×10^{21} a
55	Cs	133	7/2+	132.905 452	100	
	Cs	137	7/2+	136.907 089	β⁻	30.08 a
56	Ba	134	0+	133.904 508	2.417	
	Ba	135	3/2+	134.905 688	6.592	
	Ba	136	0+	135.904 576	7.854	
	Ba	137	3/2+	136.905 827	11.32	
	Ba	138	0+	137.905 247	71.698	
57	La	139	7/2+	138.906 363	99.9119	
58	Ce	140	0+	139.905 448	88.450	
	Ce	141	7/2–	140.908 286	β⁻	32.511 d
	Ce	142	0+	141.909 250	11.114,2β⁻	>5×10^{16} a
59	Pr	141	5/2+	140.907 660	100	
60	Nd	142	0+	141.907 729	27.152	
	Nd	143	7/2–	142.909 820	12.174	
	Nd	144	0+	143.910 093	23.798; α	2.29×10^{15} a
	Nd	145	7/2–	144.912 579	8.293	
	Nd	146	0+	145.913 122	17.189	
	Nd	148	0+	147.916 899	5.766	
	Nd	150	0+	149.920 901	5.638;2β⁻	0.91×10^{19} a

续表

核素				原子质量/u	丰度(%)或衰变类型	半衰期 $T_{1/2}$
Z	符号	A	I^{π}			
61	Pm	145	5/2+	144.912 756	ε(100.0%);α(2.8Eβ–7%)	17.7 a
	Pm	148	1–	147.917 481	β^-	5.368 d
62	Sm	144	0+	143.912 006	3.07	
	Sm	147	7/2–	146.914 904	14.99;α	1.06×10^{11} a
	Sm	148	0+	147.914 829	11.24;α	7×10^{15} a
	Sm	149	7/2–	148.917 191	13.82	
	Sm	150	0+	149.917 282	7.38	
	Sm	152	0+	151.919 739	26.75	
	Sm	154	0+	153.922 216	22.75	
63	Eu	151	5/2+	150.919 857	47.81; α	$\geqslant1.7\times10^{18}$ a
	Eu	153	5/2+	152.921 237	52.19	
64	Gd	154	0+	153.920 873	2.18	
	Gd	155	3/2–	154.922 629	14.80	
	Gd	156	0+	155.922 130	20.47	
	Gd	157	3/2–	156.923 967	15.65	
	Gd	158	0+	157.924 111	24.84	
	Gd	160	0+	159.927 061	21.86;2β^-	$>3.1\times10^{19}$ a
65	Tb	159	3/2+	158.925 354	100	
	Tb	161	3/2+	160.927 577	β^-	6.89 d
66	Dy	160	0+	159.925 204	2.329	
	Dy	161	5/2+	160.926 939	18.889	
	Dy	162	0+	161.926 805	25.475	
	Dy	163	5/2–	162.928 737	24.896	
	Dy	164	0+	163.929 181	28.260	
67	Ho	165	7/2–	164.930 329	100	
	Ho	166	0–	165.932 291	β^-	26.824 h
68	Er	164	0+	163.929 208	1.601	
	Er	166	0+	165.930 301	33.503	
	Er	167	7/2+	166.932 056	22.869	
	Er	168	0+	167.932 378	26.978	
	Er	170	0+	169.935 472	14.910	
69	Tm	169	1/2+	168.934 219	100	
70	Yb	170	0+	169.934 767	2.982	
	Yb	171	1/2–	170.936 331	14.09	
	Yb	172	0+	171.936 387	21.68	
	Yb	173	5/2–	172.938 216	16.103	
	Yb	174	0+	173.938 868	32.026	
	Yb	176	0+	175.942 575	12.996	
71	Lu	175	7/2+	174.940 777	97.401	
	Lu	176	7–	175.942 692	2.599; β^-	3.76×10^{10} a

续表

核素				原子质量/u	丰度(%)或衰变类型	半衰期 $T_{1/2}$
Z	符号	A	I^{π}			
71	Lu	177	7/2+	176.943 764	β^-	6.647 d
72	Hf	176	0+	175.941 410	5.26	
	Hf	177	7/2−	176.943 230	18.60	
	Hf	178	0+	177.943 708	27.28	
	Hf	179	9/2+	178.945 826	13.62	
	Hf	180	0+	179.946 560	35.08	
73	Ta	181	7/2+	180.947 999	99.98799	
74	W	182	0+	181.948 206	26.50	
	W	183	1/2−	182.950 224	14.31; α?	≥6.7×10^{20} a
	W	184	0+	183.950 933	30.64	
	W	186	0+	185.954 365	28.43;2β^-	>2.3×10^{19} a
75	Re	185	5/2+	184.952 958	37.40	
	Re	187	5/2+	186.955 752	62.60; β^-(100.00%)	4.33×10^{10} a
76	Os	186	0+	185.953 838	1.59; α	2.0×10^{15} a
	Os	187	1/2−	186.955 750	1.96	
	Os	188	0+	187.955 837	13.24	
	Os	189	3/2−	188.958 146	16.15	
	Os	190	0+	189.958 445	26.26	
	Os	192	0+	191.961 479	40.78	
77	Ir	191	3/2+	190.960 591	37.3	
	Ir	193	3/2+	192.962 924	62.7	
78	Pt	194	0+	193.962 683	32.86	
	Pt	195	1/2−	194.964 794	33.78	
	Pt	196	0+	195.964 955	25.41	
	Pt	198	0+	197.967 897	7.36;2β^-?	
79	Au	197	3/2+	196.966 570	100	
	Au	198	2−	197.968 244	β^-	2.6941 d
80	Hg	198	0+	197.966 769	9.97	
	Hg	199	1/2−	198.968 281	16.87	
	Hg	200	0+	199.968 327	23.10	
	Hg	201	3/2−	200.970 303	13.18	
	Hg	202	0+	201.970 644	29.86	
	Hg	204	0+	203.973 494	6.87	
81	Tl	203	1/2+	202.972 344	29.524	
	Tl	205	1/2+	204.974 427	70.48	
82	Pb	204	0+	203.973 044	1.4; α	≥1.4×10^{17} a
	Pb	206	0+	205.974 465	24.1	
	Pb	207	1/2−	206.975 897	22.1	
	Pb	208	0+	207.976 652	52.4	
83	Bi	209	9/2−	208.980 398	100; α	2.01×10^{19} a

续表

核素				原子质量/u	丰度(%)或衰变类型	半衰期 $T_{1/2}$
Z	符号	A	I^{π}			
84	Po	210	0+	209.982 874	α	138.376 d
	Po	212	0+	211.988 868	α	0.299×10^{-6} s
85	At	216	1–	216.002 423	α(100.00%);β^-(<6.0E–3%); ε(<3.0E–7%)	0.3×10^{-3} s
86	Rn	219	5/2+	219.009 479	α	3.96s
	Rn	220	0+	220.011 392	α	55.6 s
	Rn	222	0+	222.017 576	α	3.8235 d
87	Fr	223	3/2–	223.019 734	β^-(99.99%);α(6.0E–3%)	22.00 min
88	Ra	226	0+	226.025 408	α(100.00%);^{14}C(3.2E–9%)	1600 a
	Ra	228	0+	228.031 069	β^-	5.75 a
89	Ac	227	3/2–	227.027 751	β^-(98.62%); α(1.38%)	21.772 a
90	Th	232	0+	232.038 054	100; α(100.00%); SF(1.1E–9%)	1.40×10^{10} a
91	Pa	231	3/2–	231.035 883	α(100.00%); SF(<1.1E–9%)	3.276×10^{4} a
92	U	233	5/2+	233.039 634	α	1.592×10^{5} a
	U	235	7/2–	235.043 928	0.7204; α	7.04×10^{8} a
	U	238	0+	238.050 787	99.2742; α(100.00%); SF(5.4E–5%)	4.468×10^{9} a
93	Np	237	5/2+	237.048 172	α(100.00%);	2.144×10^{6} a
	Np	239	5/2+	239.052 938	SF(<2E–10%)β^-	2.356 d
94	Pu	239	1/2+	239.052 162	α(100.00%); SF(3E–10%);	2.411×10^{4} a
	Pu	240	0+	240.053 812	α(100.00%); SF(5.7E–6%)	6561 a
95	Am	241	5/2–	241.056 827	α(100.00%); SF(4E–10%)	432.6 a
	Am	242	1–	242.059 547		46.02 h
96	Cm	245	7/2+	245.065 491	α(100.00%); SF(6.1E–7%)	8423 a
97	Bk	247	(3/2–)	247.070 306	α<100.00%	1380 a
98	Cf	249	9/2–	249.074 850	α(100.00%); SF(5.0E–7%)	351 a
	Cf	252	0+	252.081 627	α (96.91%); SF(3.09%)	2.645 a
99	Es	253	7/2+	253.084 821	α(100.00%); SF(8.7E–6%)	20.47 d
100	Fm	255	7/2+	255.089 963	α(100.00%); SF(2.4E–5%)	20.07 h

续表

核素				原子质量/u	丰度(%)或衰变类型	半衰期 $T_{1/2}$
Z	符号	A	I^{π}			
101	Md	255	(7/2–)	255.091 082	ε (93.00%); α(7.00%)	27 min
102	No	259	(9/2+)	259.100 998	α(75.00%);ε (25.00%); SF(<10.00%)	58 min
103	Lr	260		260.105 504	α(80.00%); ε(<40.00%); SF(<10.00%)	180 s
104	Rf	263		263.112 461	SF(100.00%);α	10 min
105	Db	267		267.122 399	SF(100.00%)	73 min
106	Sg	269		269.128 495	α(≈100.00%)	3.1 min
107	Bh	270		270.133 366	α	60 s
108	Hs	270	0+	270.134 313	α	22 s
109	Mt	278		278.156 487	α(100.00%);SF	8 s
110	Ds	281		281.164 545	α?	13 s
111	Rg	281		281.166 757	SF(≈100.00%);α(13.00%)	17s
112	Cn	285		285.177 227	α(100.00%)	30 s
113	Nh	286		286.182 456	α(100.00%);SF	20 s
114	Fl	288		288.187 781	α(100.00%)	0.52s
115	Mc	289		289.193 971	α(100.00%);SF	0.22 s
116	Lv	292	0+	292.201 969	α(100.00%)	18 ms
117	Ts	293		293.208 727	α(100.00%);SF	14 ms
118	Og	295		295.216 178	α(≈100.00%)	680 ms

表中符号：β^-—β^-衰变；β^+—β衰变；EC—轨道电子俘获；ε—β^+ + EC；α—α衰变；SF—自发裂变；IT—同质异能跃迁.